近代日本と物理実験機器

京都大学所蔵 明治・大正期
物理実験機器

永平幸雄
川合葉子

［編著］

京都大学学術出版会

本書は　財団法人日本生命財団の出版助成を
得て刊行された

はじめに

「百工技術の事方今最も急務たるを以て此の年三月始めて構内に製作学教場を開設し生徒六十名を募集す」[1].

これは1874（明治7）年東京開成学校年報の中に報告されている「製作学教場生徒進歩の概略」という項の書き出しである．岩倉使節団に加わって産業と教育の実状を視察して帰ったばかりの文部官僚たちが，開成学校の一隅に開設したこの教場で，文部省としてははじめて技術者の養成を目指したのである．科学教育を重視した普通教育を展開しようと決心していた彼らにとっては，そこで必要になる薬品や理化学器械を可能な限り早く国産化することが急がれていた．そしてそのための技術者の養成が急務となっていたのである．しかしこの教場は，専門教育の拡充のみを目指していた学校内部からは必要性を理解されず，開設から3年後，卒業生も出さず，開成学校から改組された大学にはふさわしくない施設という理由で廃止されてしまう．

この教場で製作されるはずであった機器は，教科書に書かれている物理現象や法則を理解するために必要不可欠な教育用物理器械群であった．明治初期に開講した中等以上の学校は，すべてエリート教育を目標としたもので，外国人教師が外国語で授業を行った．使用した教科書には数多くの機器の図版が掲載されており，官立学校では，それらの機器を海外から高額で購入していた．科学教育を全国に普及するとすれば，日本人の教師を育成しなければならず，師範学校を含めて使用されるべき機器の国産化が急がれた．製作学教場が廃止された後，理化学機器の普及，斡旋には教育博物館が当たった．

こういう背景を持つ，中等教育で使用された物理実験機器群が本書の主役である．本書で紹介する物理実験機器は，旧制第三高等学校とその諸前身校から曲折を経て京都大学に引き継がれ，それからさらに半世紀の間保存されてきた機器群である．それは，かつては大学の階段教室に隣り合った準備室に，埃にまみれて無造作に並べられている，どこにでもありそうな実験機器であった．それらの機器が，いつの間にか「どこにでもあるもの」ではなくなり，これほどのまとまりで保存されてきたこと自体が貴重な存在になっていると，筆者たちが気付き始めてすでに20年近くが経過している．それ以来，機器の1つ1つが背景に持っている科学史的な意味や，購入されたいきさつなどを調べ始めると，それらが決してどこにでもある機器ではないことが一層はっきりと理解されるようになった．そこで私たちは，これらの機器を「第三高等学校物理実験機器コレクション」，略して「三高コレクション」と呼ぶようになったのである．

三高コレクションの実験機器を本書のような形で多くの方に知っていただきたいと考えるようになったのは，1冊の本との出会いからであった．それはGerard L'E. Turnerの *Nineteenth Century Scientific Instruments* である[2]．この本にはヨーロッパの有名な博物館に収蔵されている，由緒のある物理実験機器の

i

写真が短い解説とともに数多く収録されており，機器の発展の歴史が科学の分野ごとに記述されているという，極めて贅沢な構成になっている．私たちは，このように写真を多く載せ解説をつけた三高コレクションのカタログをいつか出したいと，その日を期しながら，機器の整理や考証を積み重ねてきたのであった．

Turner のこの本の序章は，

> 科学機器委員会は，科学機器の保存，とりわけ 19 世紀および 20 世紀の科学機器の保存を強く主張する．

という，1981 年 9 月 1 日にブカレストで行われた第 16 回国際科学史学会における委員会の全員一致の決議を冒頭において書き始められている．19，20 世紀は，科学，およびその研究のための機器が急激に変化し，発展した世紀であり，それがために，かつて科学や技術の発展に大きな寄与をした機器でさえ，今や不必要なものになり，本来の使用目的も分からなくなって，失われていくという世紀でもある．この事態に対する強い危機感を表現したのが上の決議であった．この委員会の書記であった Turner は，機器の保存の気運を高めるためにこの本を出版したのであった．次いで 1984 年 10 月 23 日から 26 日にかけてアムステルダムで科学機器のシンポジウムが開催され，その時の論文集が *Nineteenth-Century Scientific Instruments and Their Makers* として出版された[3]．1998 年には *Instruments of Science, An Historical Encyclopedia* が出版されている[4]．

これらの書籍によって，私たちが日本で抱いている危機感，すなわち，19，20 世紀の科学機器が失われつつあり，その科学史的な意味が後世に伝達できなくなりつつあるという危機感が，国際的な科学機器に関する歴史研究者と共通したものであることを確認することができた．そして，19 世紀の科学機器の保存という課題が，国際的な課題になっていることをあらためて意識したという意味で，この 3 冊の書籍は私たちの作業にとって貴重な存在であった．さらにそれぞれの特色ある内容が，本書の構成にとって参考となった．

三高コレクションの物理実験機器は，第三高等学校とその前身校が明治の初期から 1945 (昭和 20) 年までに購入した機器のうち，幸いにも破棄されることなく現在に至ったものであって，データが整理されている機器だけで 562 点に上っている．本書で取り上げるのは，そのうちの明治・大正期 (1925 年まで) に購入された 442 点であって，この中からさらに 200 点を選んで，第 3 章に写真と解説をつけて紹介した．

明治政府が確立されるまでは，産業と関連して発達するような物理学研究は，日本に存在していなかった．経験的な技術を科学で裏付けることを必要とするような産業基盤がまだ成立していなかったわけで，実験を主軸においた科学教育も成立していなかった．したがって三高コレクションのうち，購入年代が古いものほど輸入に依存している率が高い．442 点を購入経路別に見てみると，購入経路が明確なものが 207 点あり，その内訳は

ドイツから輸入したもの	51 点
イギリスから輸入したもの	37 点
アメリカから輸入したもの	32 点
フランスから輸入したもの	12 点
スイスから輸入したもの	2 点
オランダから輸入したもの	1 点
輸入品合計	(135 点)
国産	72 点

となっている．残りの 235 点は製造元が不明ということであって，その中にも輸入品と推定されるものが多

い．上の135点の輸入品は製造元がはっきりしていて，それゆえ三高コレクションから科学機器製造業者の世界的な展開の一端を窺うことができるのである．これらの製造業者は歴史が18世紀に遡るものもあるが，多くは19世紀に創業されて急速に発展した業者である．

そこで本書の構成として，第1章においては，科学機器製造業者の国際的な展開を概観し，その基盤となっていた欧米の産業の発展に関する日本政府の認識を検証し，教育用科学機器の導入から国産化に至る道筋を検討した．第2章では，個々の機器に関するデータの整理の方法や，購入経路の同定の仕方を紹介し，第三高等学校とその前身校が教育研究の内容の充実とともに科学機器を購入してきた経過を詳しく展開した．

本書の眼目は第3章である．ここでは，コレクションの中でも代表的な200点の機器を選んで分野ごとに9節に分け，各節のはじめに，紹介される機器を中心にした科学と科学機器の発展史を叙述し，その後に各機器の写真と解説とを配した．三高コレクションが物理学のすべての分野に関して均等に存在しているわけではないので，個々の分野の発展史としては偏りのある記述になっているが，ここでの叙述は，三高コレクションに関する解説を補うための発展史として読んでいただきたい．

私たちの調査は，まずそれぞれの機器に関する文書資料の蓄積から始まった．資料は大まかにいって4種類ある．第1が三高関係の資料，第2が当時使用された教科書類，第3が国内外の科学機器カタログ類，第4が公文書類である．

三高コレクションの特徴の1つは豊かな参考資料に恵まれているということである．京都大学総合人間学部図書館付属の「舎密局〜三高資料室」には，各年度の年報や購入台帳のたぐいから，書籍，器具，備品などの購入伝票も含めて，膨大な文書資料が保存されている．この文書資料は1994年に出版された『史料神陵史』[5]の執筆と並行して整理され，整理番号が付されて，利用の便が図られるようになった．学校史としては『史料神陵史』に先行したものが3種類編集されていた．第1は1934（昭和9）年に公刊された『神陵小史』[6]，第2は1942年に印書報告されて，公刊には至らなかった『稿本神陵史』[7]，第3は1980年に出版された『神陵史』[8]であってそれぞれに特徴を持つ学校史である．このように回数を重ねた経緯は，『史料神陵史』の冒頭に林屋辰三郎氏が寄せた「『史料神陵史』の公刊」と題する一文の中に述べられている．

このような資料が存在したので，各時代の学校の時間割や学生の状態，使用した教科書，購入した機器の価格や購入経路なども調べることができた．しかし私たちが機器の調査を始めた頃は，まだ資料は整理されておらず，物理機器に関する資料を見つけだすことは，それなりに難事業であった．整理された現在も，資料が膨大であるために本調査で使用した資料の現物と，「舎密局〜三高資料室」によって付された整理番号をすべて照合して記述するところまでには至っていない．

もう1つ，三高コレクションの恵まれた条件として挙げられるのは，明治初年以来使用された物理の教科書類が，京都大学総合人間学部の図書館に多量に保存されていることである．この教科書類に関しては，岡本正志氏と川合の共同研究として文部省の科学研究費の助成を受け，保存されている物理教科書の悉皆調査が行われた[9]．この調査が，機器の調査・研究に展望をもたらすことになった．第3章の各節では，それぞれの分野の専門的な教科書も参考にしたが，ほとんど全分野を通じて参考にした教科書に次の3種がある．

A. Ganot, *Elementary Treatise on Physics Experimental and Applied* [10]

A. P. Deschanel, *Elementary Treatise on Natural Philosophy* [11]

Müller-Pouillets Lehrbuch der Physik und Meteorologie [12]

これらの教科書は19世紀末から20世紀初頭にかけて，新しい分野を補いながら版を重ねており，教育機器製造社や取扱店から刊行された商業用カタログにも，各国の科学博物館収蔵品カタログの解説にも，数多

く引用されているものでもある．今回の調査で，私たちはあらためて商業用カタログの歴史的資料価値に気づくことになった．調査を始めた頃は，当時の各国製造業者のカタログを国内で探し出すことはほとんど不可能のように考えていたが，金沢大学に保存されている多くのカタログの閲覧を許していただき，また，その他多くの機関のご助力を得て，参考にすることができた．

カタログの中には，ロンドンの John J. Griffin and Sons 社が 1873 年に出版したカタログや，1856 年に出版され 1993 年に複刻になったニューヨークの Pike 社のカタログなど，機器の解説が詳しく，当時はそのまま教科書として，あるいは製造の手引きとして使用できたのではないかと思われるものもある．多くの教科書やカタログを比較，検討することができ，その上で本書の記述が可能になったわけではあるが，機器の解説にはその主要なものを挙げるにとどめた．しかし，それらの機器が国内で最初に記載されたと思われるカタログや教科書は，分かっている限り指摘しておいた．

本書をまとめてみて，私たちは近代日本の科学機器発展史の研究としては，ようやくその入り口に到達したという思いである．ここに紹介するような教育用機器の発展史は，科学史，技術史，教育史，産業史からさらには経営史にわたって調べなければ理解できないことが多い．さらに科学機器には研究用の精密測定を可能にするものから，計測・制御，測量などさまざまの機能を持つものが含まれており，材質も多種多様であり，個々の製造業者は小規模経営で，統計的にも把握しにくい業態である．ヨーロッパにおいても科学機器委員会の決議以来，ようやく個々の企業の洗い出しが始まり，地域や業種によっては数字も把握できるようになってきた段階である．これらの小規模製造業者には，一人の技術者が製造販売を始め，共同経営者を見つけ，あるいは雇用者を増やして，規模を拡大していく例が多い．ところが技術者の社会的地位は比較的低く，製造した機器が優れていても，製造者の履歴が分かりにくいことが多い．この傾向は日本ではさらに強い．

日本における科学機器業界の初期の発展を研究するにあたって参考にさせていただいたのが，内田星美氏著『時計工業の発達』[13] と，鈴木淳氏著『明治の機械工業——その生成と展開』[14] である．『時計工業の発達』は，明治維新期の輸入によって始まった個別工業界の分析であって，輸入の取り扱いや修理などにより市場を確保し，技術力を蓄積して製造業を展開していく過程を，豊富な資料を駆使して記す，実証的で密度の高い研究である．科学機器の場合と比べ，輸入や修理などで誘起される需要の規模に格段の違いがあると推測できるものの，蓄積される技術には共通部分もあり，個別企業の規模やその消長などについての分析など学ぶべき点が多い．そして工業として発展していく時の担い手の形成に着目して構成されているところが興味深い．

『明治の機械工業』では，「画期的な機械の製造事例や大規模工場の発展過程ではなく，同時代の諸産業の求めに応じて展開した機械類の製造・修理体制の全体像として」把握した機械工業の実証的研究が追求されている．その中で，「明治期の機械工場は現存しない中小工場が多く，社史や記録が乏しいのみならず，同時代の統計にすら把握されない場合が多いため，全体的な把握は困難である」という指摘があるが，事情は機器製造業でもまったく同じである．

教育用科学機器は，機械類やさまざまな測定機器類の国内製造が展開するよりも以前に，国産化に踏み切られることになった．この国産化を可能にした条件と，担い手の形成の問題は，私たちにとっても大きな問題であった．そこで，技術伝習の先覚者ともいうべき佐賀藩出身の佐野常民と，開成学校製作学教場の中心的存在であった長田銀造に焦点を当てて，第1章である程度の解明を試みたが，機器の紹介を基本的な主題とする本書では，問題の糸口に到達するのにとどまった感がある．

第2章の年代区分は三高コレクションの整理のために行ったものである．大学分校時代までに購入した機

器については，その一部を『科学史研究』などに発表しているが[15]，今回は，「舎密局〜三高資料室」の資料を引用しながら全体を書き改めた．この第2章の叙述，および，各機器の解説から分かることであるが，三高コレクションの機器の製造，納入に最も多く関わっているのは島津製作所である．それにもかかわらず本書には，島津製作所と第三高等学校との関係が深くは論じられていない．明治初期から存在し，教育用科学機器のみならず広く科学機器一般の製造会社として成功を収めた島津製作所については，さらに調査が必要であると，私たちは考えている．後日を期したい．

以上のように，機器の調査も，歴史に関する研究もまだ多くの課題を残しており，準備が万全でないことを承知の上で今回出版に踏み切ったのは，紹介する機器に関する情報が，多くの人々の共通の知的財産となり，そこから新たに課題を見つけて，研究を始める人々が増えることを望むからである．三高コレクションは2000年12月から京都大学総合博物館に収蔵されている．博物館のホームページの中には三高コレクションのページも設置されており，現在収録されている機器数はまだごく少ないが，本書で紹介しているような機器については，画像を含むデータのデジタル化を行っているので，逐次機器数を増加させていく予定である．

さらに，国内に存在する近代物理実験機器については，金沢大学および石川県教育委員会に第四高等学校ゆかりの約1000点の機器が整理保存されており，また神戸大学，大阪教育大学，岸和田高等学校などにおいても，それぞれの前身校から受け継がれ，保管されてきた物理機器が保存する方向で整理されつつある．また2000年に国立博物館に預託された「トヨタコレクション」は約1300点を数える江戸時代を中心とした機器史料である．このようなコレクションの存在が明らかになり，次第に増えてきていることは嬉しい限りである．三高コレクションのホームページは将来，近代物理学実験機器に関する研究を行う人々の情報交換や研究交流などを行える場として，機能を強化していきたいとも考えている．本書とあわせて利用していただければ幸いである．

* * *

本書は，1982，3年に行われた最初の同定作業に始まって，画像を含むデータのデジタル化に至るまでの，三高コレクションの調査研究に当たった研究者の共同研究として構成した．執筆等の責任分担は次の通りである．

第1章，第3章第1，2，3，4節，と各節の機器，および第8節の一部	川合葉子
第2章，第3章第6，7 (7-6を除く)，9節，および各節の機器	永平幸雄
第3章第5節およびその機器	加藤利三
第3章第7節7-6，第8節8-2，およびその機器	木方　洋
第3章第8節8-1，およびその機器	高橋哲郎
第3章第9節の機器	鉄尾実与資
機器写真撮影，および補論「古典機器を撮影する」	不可三頼子

全体のとりまとめは永平幸雄，川合葉子が当たった．記載事項に間違いがあれば，この両名の責任である．また対象が広範な分野にわたっていることから，調査が不十分なところも少なくない．お気づきのことに関して，ご叱正，ご教示などをいただければ，まことに幸せである．

本書に先立って，1995年に三高コレクションの全機器を簡易撮影して，手作りのカラー版写真集を30冊作成したが，その当時の総合人間学部長の児嶋眞平名誉教授以降，歴代の学部長には実験機器の保存や調査に関するさまざまなご援助をいただいた．また総合人間学部の物理教室の方々には，本書に掲載した写真撮影

のために，実験室の使用などを許可していただき，さらに冨田博之教授，宮本嘉久教授にはさまざまなご助言，ご協力をいただいた．心からお礼を申し上げたい．一部の機器については，京都国立近代美術館の御好意で場所をお借りして撮影をすることができた．御協力を感謝している．

神陵史研究会の諸先生方には，1992年に三高物理学関係蔵書の調査と関連して行ったシンポジウムにご協力いただいて以来，研究会にも参加させていただき，討論を通じて多くのご教示をいただいた．歴代代表の海原徹，宮本盛太郎両先生のお名前を記して，深くお礼を申し上げるとともに，初代代表であられた故阪倉篤義先生の暖かい励ましを今なお思い出して，自らの励みとしていることを書き添えたい．

機器の保管と調査には広いスペースが必要であったが，総合人間学部図書館の地下室および地下書庫を長期にわたって使用させていただいた．また，「舎密局～三高資料室」の貴重な資料を閲覧・コピーさせていただいた．図書館職員の方々，とりわけ参考係の方々，川北恵美子掛長，小山美智子氏に感謝したい．藤井祐生技官には，調査の初期の段階から機器の保存管理などについてご助言，ご協力をいただいたことにお礼を申し上げたい．また，旧第三高等中学校物理実験場の写真は京都大学百年史編集委員会の西山伸先生のご好意で使用を許していただいた．さらに史料収集に関しては，大阪経済法科大学の図書館，および総合科学研究所の職員の方々にもご協力を頂いた．記してお礼を申し上げたい．

本書は，我が国では最初の歴史的な解説をつけた教育用物理実験機器の研究書を目指したが，この企画を多くの写真と豪華な装丁で実現できたのは，ひとえに日本生命財団の出版助成を賜ったことによる．財団関係者の方々に深く感謝申し上げると同時に，本書の刊行を京都大学学術出版会にご推薦いただき，同助成を受ける上で並々ならぬお力添えをいただいた，当時の日本物理学会会長・佐藤文隆京都大学名誉教授，および日本科学史学会の会長・菊池俊彦中央大学名誉教授に心より御礼申し上げる．

三高コレクションは昨年12月をもって京都大学総合博物館に収蔵されるようになった．この件では同博物館の城下荘平助教授に大変お世話になった．お礼を申し上げるとともに，今後は同館を中心に，三高コレクションに関する研究が一層展開できることを期待したい．

三高コレクションに歴史的な解説をつけるためには，広い範囲にわたる多量の資料に接しなければならなかった．そういう資料については，本当に多くの方々からご助言や情報提供をいただいて，本書が成立した．一人一人のお名前を挙げることはできないが，そのどなた一人が欠けても本書が不完全なものになったと思われる．私たちの深謝をお受け取りいただきたい．木下晴世氏から頂いた資料収集に関するご助言とご助力は特記しなければならない．また，宮田昌明氏には「舎密局～三高資料室」の古文書を解読していただいた．小山俊樹氏，高橋真憲氏には資料整理を手伝っていただいた．写真撮影には，200組の機器の整備や運搬という，目立たないけれども慎重さと体力を要する仕事が付随していたが，それを受け持って下さったのは鉄尾耕平氏と永平幸子氏であった．私たちはこれらの方々に深く感謝している．

なお，最後になったが，長期間にわたって本書刊行に大変ご尽力下さった京都大学学術出版会および，編集担当の鈴木哲也氏には，お礼の言葉もないほどである．とりわけ鈴木氏は，私たちの作業を辛抱強く見守り，適所で適切な助力を惜しまれなかったことが本書の完成に大きな力となった．私たちの心からの感謝をお受けとりいただきたい．

2001年6月

永平幸雄
川合葉子

参照文献

[1] 文部省第二年報 (1875), p. 405.
[2] Turner, G. L'E. *Nineteenth-Century Scientific Instruments* (1983).
[3] de Clercq, P. R. *Nineteenth-Century Scientific Instruments and their Makers* (1985).
[4] Bud, R. & Warner, D. J. *Instruments of Science, An Historical Encyclopedia* (1998).
[5] 神陵史資料研究会編『史料神陵史 —— 舎密局から三高まで』(1994), 神陵史資料研究会.
[6] 阪倉篤太郎編『神陵小史』(1939), 三高同窓会.
[7] 「舎密局〜三高資料室」蔵『稿本神陵史』(1942).
[8] 神陵史編集委員会編『神陵史 —— 第三高等学校八十年史』(1980), 三高同窓会.
[9] 岡本正志「旧第三高等学校の明治期物理書の調査研究」, 冊子平成4-5年度科学研究費研究成果報告書『京都大学教養部図書館の明治期物理学関連図書に関する研究』(研究代表者川合葉子) (1994), pp. 32-42. なお, この冊子には, 「三高舶載物理書明治期現存分」の購入年順と著者別のリストがつけられている.
[10] Ganot, Adolphe, *Elementary Treatise on Physics Experimental and Applied* tr. by E. Atkinson. 同書は1851年に初版が出されて以降累版され, 1913年の25版では1208ページに及ぶ大部な書となった. 各国語に翻訳されたが, 本書では英訳書を使用した.
[11] Deschanel, Augustin Privat, *Elementary Treatise on Natural Philosophy* tr. by J. D. Everett. 同書に関しては1868年のフランス語版をEverettが英訳し1873年に出版した. その後英訳書の累版がなされ, 1901年に15版が出されている.
[12] Pfaundler, Leopold, *Müller-Pouillets Lehrbuch der Physik und Meteorologie* I〜IV (1905〜14).
[13] 内田星美『時計工業の発達』(1985), セイコーライブラリー.
[14] 鈴木淳『明治の機械工業 —— その生成と展開』(1996), ミネルヴァ書房.
[15] 永平幸雄, 川合葉子, 鉄尾実与資「明治19以前の京都大学旧教養部旧蔵物理実験機器の分析」『科学史研究』Vol. 33 (1994), pp. 129-138. 「第三高等中学校 (明治19-27年) 時代の京都大学旧教養部所蔵物理実験機器の分析」『科学史研究』Vol. 35 (1996), pp. 188-197.

■目次

はじめに

第1章　日本の近代化と物理実験機器

第1節　科学機器産業の国際的な展開　*4*

    1-1　教育用科学機器の種類　*4*
    1-2　技術専門教育の展開と教育用科学機器　*5*
    1-3　大学における科学教育の確立と科学機器産業　*8*

第2節　岩倉使節団が見た米欧の近代産業　*12*

    2-1　西学の要は究理を本となす　*12*
    2-2　学制と外国人教師　*16*

第3節　初期の理化教育と教育科学機器群　*19*

    3-1　Gratamaと舎密局　*19*
    3-2　無国籍の市民Verbeck　*22*

第4節　製作学教場，科学機器製作の出発点　*26*

第2章　第三高等学校における物理学教育・
研究の歴史と実験機器コレクション

第1節　機器台帳による三高コレクションの購入年の決定　*40*

第2節　明治19年以前の諸前身校時代　*42*

    2-1　明治19年までの物理実験機器コレクション　*42*
    2-2　物理器械数の推移　*43*
    2-3　諸前身校における物理教育と担当教師　*44*
    2-4　実験機器の購入経路　*47*

第3節　第三高等中学校時代（明治20-27年）　*57*

    3-1　明治20-27年の物理実験機器コレクション　*57*
    3-2　第三高等中学校の物理教育　*58*
    3-3　水野敏之丞と電波研究機器　*60*
    3-4　測量機器の購入経路　*63*

第4節　専門学校としての第三高等学校時代（明治28-30年）　*66*

    4-1　第三高等学校の成立　*66*
    4-2　明治28-30年に購入された物理実験機器　*67*
    4-3　第三高等学校における物理教育と物理学教師　*69*
    4-4　村岡範為馳とX線の研究　*70*

  4-5 いくつかの実験機器の購入経路 *72*

第 5 節 第三高等学校・大学予科時代 (明治 31 年以降) *74*

  5-1 大学予科時代の第三高等学校 *74*
  5-2 明治 31 年から大正 15 年までの物理実験機器 *74*
  5-3 物理学教科表と物理学担当教師 *75*
  5-4 いくつかの興味深い実験機器とその購入経路 *78*

第 3 章 第三高等学校由来の物理実験機器

第 1 節 力学 *85*

  1-1 単一器械 *85*
  1-2 ジャイロスコープ *87*
  1-3 度量衡標本と天秤 *88*
    力学の各実験機器

第 2 節 流体力学 *96*

  2-1 大気と真空 *96*
  2-2 気圧と温度 *99*
  2-3 比重計 *102*
    流体力学の各実験機器

第 3 節 音響学 *113*

  3-1 弾性体の振動 *113*
  3-2 振動数の測定 *114*
  3-3 音叉の発達 *116*
  3-4 波動模型 *119*
    音響学の各実験機器

第 4 節 熱学 *131*

  4-1 輻射熱の検出 *131*
  4-2 温度の直接測定 *140*
  4-3 熱量計 *141*
  4-4 内燃機関 *142*
    熱学の各実験機器

第 5 節 光学 *152*

  5-1 反射と屈折，回折と干渉 *152*
  5-2 望遠鏡と顕微鏡 *156*
  5-3 カメラルシダと投影機 *161*
  5-4 偏光器と検糖計 *164*
  5-5 分光器 *168*
  5-6 ヘリオスタット *172*
    光学の各実験機器

第6節　静電気と磁気　*195*

    6-1　静電起電器　*195*
    6-2　検電器と電気計　*198*
    6-3　医療用電気機器　*202*
    6-4　地磁気の測定　*207*
    静電気と磁気の各実験機器

第7節　電磁気学　*219*

    7-1　電池　*219*
    7-2　電磁相互作用　*221*
    7-3　電磁力で回転を起こす装置　*222*
    7-4　抵抗器と抵抗測定　*223*
    7-5　電流計と電圧計　*227*
    7-6　電気通信　*236*
    7-7　電気照明　*240*
    電磁気学の各実験機器

第8節　真空放電とX線　*268*

    8-1　放電管　*268*
    8-2　X線管　*276*
    真空放電とX線の各実験機器

第9節　測量と航海術　*292*

    9-1　経緯儀　*292*
    9-2　水準器　*293*
    9-3　六分儀　*296*
    9-4　磁気コンパス　*302*
    9-5　クロノメーター　*302*
    測量と航海術の各実験機器

補論　古典機器を撮影する　*309*

資料　*313*

    1　第三高等学校物理実験機器コレクションの製造業者・納入業者一覧　*313*
    2　第三高等学校物理実験機器コレクションの一覧表　*323*
      1．分類別　*323*
      2．購入年順　*331*

第3章各機器の参考文献と図版の出典　*339*

索引（人名・製造業者名／機器名／一般事項）　*343*

■第3章で解説する実験機器一覧

分類／機器名	機器番号	掲載頁
第1節　力学		
滑車台とろくろ	No. 1060	93
対円錐	No. 1126	93
ジャイロスコープ	No. 48	94
度量衡標本	No. 60	88-89
化学天秤	No. 99	94
ポンド分銅	No. 37	95
第2節　流体力学		
マグデブルクの半球	No. 5	106
空気の浮力を示す装置	No. 6	106
真空鈴	No. 53	107
真空落下試験器	No. 51	107
ゲーデ水銀ポンプ	No. 254	108
ラングミュア凝結式ポンプ	No. 291	108
ブルドン真空計	No. 151	109
フォルタン気圧計	No. 1145	109
アネロイド気圧計	No. 62	110
携帯用アネロイド気圧計	No. 52	101
説明用アネロイド気圧計	No. 168	102-103
ダニエル湿度計	No. 70	110
ファーレンハイトの浮きばかり	No. 171	111
ニコルソンの浮きばかり	No. 170	111
ボーメ比重計	No. 7	112
第3節　音響学		
音波干渉管	No. 180	124
トレヴェリアンロッカー	No. 106	124
サヴァールの歯車	No. 15	125
サイレン	No. 16	116-117
ガルトン調子笛	No. 232	125
エアリーの複振子	No. 1141	126
カレイドフォン	No. 240	126
メルデの振動実験装置	No. 78	127
躍動炎実験器と回転鏡	No. 81	127
共鳴器一組	No. 239	128
音叉	No. 11	128
標準音叉	No. 202. 3	129
サヴァールの応響器	No. 109	129
オルガンパイプ	No. 13	130
リード・オルガンパイプ	No. 1075	130
友田氏波動模型	No. 1144	121

分類／機器名	機器番号	掲載頁
第4節　熱学		
金属反射凹鏡一対と球	No. 21	132-133
ランフォード示差温度計	No. 54	145
コルベの示差温度計	No. 208	145
メローニの熱電堆	No. 50	134-135
ルーベンスの熱電堆	No. 264	146
ボロメーター	No. 148	146
温度計（紙箱入り）	No. 1200	147
標準温度計	No. 136	147
ベックマン温度計	No. 230	148
沸騰点試験器	No. 80	148
最高最低金属温度計	No. 177	149
バイメタルスイッチ	No. 255	149
ラヴォアジェとラプラスの氷熱量計	No. 172	150
ライヘルトの氷熱量計	No. 178	150
アンドリューズのカロリファー	No. 179	151
リース電気空気温度計	No. 76	138-139
ガソリンエンジンの模型	No. 280	151
第5節　光学		
三角プリズムと支持台	No. 17	177
三角プリズムと支持台	No. 18	177
プリズム（6個）	No. 155	178
円柱鏡	No. 139	178
魔鏡（2個）	No. 43	179
立体鏡	No. 89	179
フレネルの複鏡	No. 137	180
光の回折試験装置および付属品	No. 182	180
光の再合成器	No. 183	154-155
天体望遠鏡	No. 20	156-157
顕微鏡	No. 39	181
顕微鏡	No. 41	181
読み取り顕微鏡（測微顕微鏡）	No. 216	158-159
移動顕微鏡	No. 229.2	182
水平顕微鏡	No. 252	182
反射測角器	No. 90	183
写景用カメラルシダ	No. 19	183
顕微鏡用カメラルシダ	No. 203	184
顕微鏡用カメラルシダ	No. 303	184
幻灯機のスライド	No. 56	162-163
日光顕微鏡	No. 110	185
手動ヘリオスタット	No. 64	172-173
投影器	No. 161	185
投影器	No. 162	186

分類／機器名	機器番号	掲載頁
幻灯機用スライド画（32枚）	No. 1035	186
メガスコープ	No. 257	187
反射・透過両用投影器	No. 242	187
ネレンベルグの偏光装置	No. 23	164-165
検糖計	No. 65	166-167
偏光試験装置	No. 113	188
ミッチェルリッヒの検糖計	No. 211	188
教育用簡易偏光器	No. 287	189
半影検糖計	No. 1088	189
分光器	No. 22	190
直視分光器	No. 164	190
顕微分光器	No. 111	168-169
携帯用直視分光器	No. 184	191
友田式スペクトル投影装置	No. 243	191
定偏角分光器（写真機）	No. 292	192
ヒルガー小型水晶分光写真機	No. 305	192
石英水銀灯	No. 258	193
ルンマーゲールケ板	No. 273	193
階段格子	No. 293	194
自動ヘリオスタット（時計仕掛）	No. 163	174-175

第6節　静電気と磁気

分類／機器名	機器番号	掲載頁
ラムスデンの摩擦起電機	No. 34	196-197
火花電圧計	No. 191	213
ビオー二重球	No. 32	213
起電盆	No. 46	214
ウイムズハースト静電高圧発生装置	No. 224	214
ヴォルタの凝集検電器	No. 194	215
フェヒナー型はく検電器	No. 144	215
トムソン象限電位計	No. 130	200-201
トムソン象限電位計	No. 131	131
ドレザレック象限電位計	No. 249	202-203
クラーク磁石発電機	No. 25	204-205
誘導電流刺激装置	No. 28	131
電気誘導試験器	No. 212	217
伏角針	No. 27	208-209
伏角計	No. 44	217
振動磁力計	No. 142	218
地磁気感応器	No. 189	210-211

第7節　電磁気学

分類／機器名	機器番号	掲載頁
ダニエル標準電池	No. 134	246
クラーク標準電池	No. 159	246
ザンボニーの乾電堆	No. 122	247

分類／機器名	機器番号	掲載頁
エールステズ試験器	No. 26	247
電流による磁石の回転を示す装置	No. 188	248
電流旋転器	No. 45	248
ロジェーの跳躍螺旋	No. 29	249
ワルテンフォーフェルの振子	No. 248	249
導線が磁石の周りを回転する器	No. 187	250
導線が磁石に巻き付く実験装置	No. 186	250
直流電動機	No. 24	251
三相回転磁場説明器	No. 246	251
すべり抵抗器	No. 47	252
メーターブリッジ	No. 67	252
PO型ホイートストンブリッジ	No. 73	224-225
栓型ホイートストンブリッジ	No. 166	253
標準抵抗器	No. 120	253
標準抵抗器	No. 214	254
コールラウシュブリッジ	No. 218	254
検流計	No. 79	255
説明用電圧計	No. 235	255
無定位電流計	No. 95	256
投影用電流計	No. 167	256
正接電流計	No. 59	228-229
正接正弦電流計	No. 96	257
正接正弦電流計	No. 176.1	257
正弦示差兼用電流計	No. 215	258
ヴィーデマン電流計	No. 97	258
トムソングレーデッド電流計	No. 75	259
トムソングレーデッド電圧計	No. 84	231
携帯用無定位検流計	No. 147	259
保線工夫用検流計	No. 146	260
PO型水平検流計	No. 145	260
トムソン反射検流計	No. 74	232-233
ダルソンバール電流計	No. 284	261
講義用ダルソンバール電流計	No. 263	261
ダルソンバール電流計	No. 199	262
リーズ型ダルソンバール電流計	No. 286	262
ダッデル熱電流計	No. 269	234-235
ウエストン可動コイル型電圧計	No. 135	263
電流電圧計	No. 290	263
ダイヤル電信機	No. 35	264
モールス電信機の模型	No. 36	239
モールス電信機	No. 49	264
電信機の模型	No. 58	265
ヒューズマイクロフォン	No. 77	265
ロッジ電気共鳴装置	No. 262	266

分類／機器名	機器番号	掲載頁
火花コヒラー説明用無線電信機	No. 278	240-241
チクレル無線電信機	No. 198	242-243
白熱電灯製造順序標本	No. 251	266
グロー放電管	No. 267	267
第8節　真空放電とX線		
ガイスラー管	No. 121	271
ガイスラー管	No. 132	283
ド・ラ・リーヴ管	No. 197	283
クルックス管	No. 158	284
クルックス管（花形入り）	No. 213	284
クルックス管（車輪入り）	No. 219	285
熱作用を示すクルックス管	No. 225	285
ゴルトスタイン管（星形）	No. 1016	286
偏向極板入り陰極線管	No. 268	274-275
陰極線管	No. 261	286
逆電流を示す装置	No. 196	287
エベルト燐光管	No. 250	287
X線用真空管（初期）	No. 115	276-277
X線用シアン化白金バリウム紙	No. 116	288
誘導コイル	No. 117	288
フリュオロスコープ	No. 129	289
ガス入りX線管（冷陰極管）	No. 259	289
微焦点ガス入りX線管	No. 288	290
ガス入りX線管	No. 296	290
クーリッジ管（熱陰極管）	No. 281	279
X線硬度計	No. 289	291
X線分光器	No. 304	291
第9節　測量と航海術		
天体経緯儀（フランス製）	No. 69	294-295
トランシット（イギリス製）	No. 1068	304
トランシット（アメリカ製）	No. 102	304
経緯儀の模型	No. 221	305
タキオメーター	No. 1291	296-297
Yレベル	No. 1115	305
ダンピーレベル	No. 1119	306
六分儀	No. 1290	298-299
携帯用六分儀	No. 101	306
汽船用コンパス	No. 253	307
プリズムコンパス	No. 68	300-301
航海用精密時計	No. 160	307

凡例

[本書全体に関わって]

1：引用文は原則として原文に忠実に載録した．ただし，第1章等，長文の引用が多い部分では，読者の便をはかるため，原文のカタカナをひらがなに改め，句読点を補うなど，読みやすくすることを心がけた．また旧字体は適宜新字体に改めた．

2：本文中の著者による補足は（ ）で，引用文中の補足は［ ］で示した．

3：西暦と年号については，日本の事項に関係ある箇所は，1887（明治20）年のように年号による表記を併記した．

4：固有名詞のうち，人名については原綴で表記し，各章，および第3章各節の初出については，判明する限りフルネームと生没年を記入するように心がけた．生年没年のいずれかだけが判明している場合には，それぞれ (1850-)，(-1870) のように記入している．しかし機器名に含まれる人名はカタカナ表記とした．また地名はカタカナ表記とし，大学名に含まれる地名や，機器・会社名等は原則として原綴で表記し，和訳が一般化している機関名は，和訳に原綴りを併記した．

5：カタログの発行年等で，正確には不明であっても特定の年に近いと判断される場合には，「c 1889」のように表記した．

6：京都大学および旧制第三高等学校の諸前身校の名称については，資料によって「大坂」「大阪」いずれの文字も使用されている．本書では，公刊された『京都大学百年史』の編集方針に従って「大阪」の文字を用いて統一した．もちろん，資料の引用文においては，原文のままとしている．

[コレクションカタログに関わって]

1：三高コレクションの機器の内，明治大正期に購入した機器から200点を選んで，写真と機器の解説を収録した．一部はカラー写真とした．

2：台帳と実験機器から判明する事項

　三高コレクションは，9冊の実験機器台帳から，品目名，購入年，購入金額，納入業者が判明する．また，製造業者は実験機器に製造所名などが刻印され，あるいはプレートなどがついている時のみ，認定することにした．これらの事項を機器名の後に項目別に掲載した．台帳に記載されていた「品目」名は「台帳記載名称」として記した．

3：機器の名称

　各実験機器の名称は，理化学辞典等に基づいて可能な限り現代の名称を用いた．しかし，歴史的な実験機器であるので，現在では使用されていないものも多く，その場合には，当時の物理学教科書や，製造業者などの商品カタログの名称を用いた．欧文名も同様である．

4：機器番号

　「Cat. No.」で始まる番号は，三高コレクションの整理のためにつけた機器番号である．同名の機器が存在する場合，この機器番号によって区別される．1, 2章の本文中においても三高コレクション中の実験機器を引用する場合は，この機器番号を使用した．

5：大きさの測定

　大きさの単位はmmである．実験機器の場合，複雑な形をしているものが多いので，大よその大きさを知る目安として，支持台の直径や全高などを測定して，大きさとした．機器の使用法によって大きさが変動する場合（たとえば望遠鏡の鏡筒などのように，一部を伸縮して調節するもの）については，その機器を収納する状態で測定して大きさとした．

6：購入年

　購入年がはっきり特定できる場合には，「1886（明治19）年」のように記したが，1881年にすでに存在していた機器は，購入年を特定できないので「1881（明治14）年以前」とした．

7：機器記載事項

　実験機器に，製造業者名とその所在地，性能，製品番号等が記されている場合には，「刻印」，「目盛」，「機器記載事項」などの欄を設け，実際の記述に忠実に記載した．

8：叙述

　各機器の解説には，それぞれの実験機器の使用法，機器の使用目的，機器の構造，当時の物理学教科書やカタログでの取り扱い等を叙述した．機器の歴史的意味については，基本的には，第3章の各節の本文に記載するよう心がけた．

9：参考文献

　各機器の解説に関わる参考文献は簡略な記述で示し，著者の名前（欧文の場合には姓のみ）と発行年のみを記した．文献の全記述は，「3章の参考文献」に掲載した．また参考文献として頻繁に使用した *Instrument of Science* は I. S. に，*Dictionary of Scientific Biography* は D. S. B. というように，省略した．

10：関連図版

　保存実験機器には一部の部品が失われていて，全体の形態や使用方法などが分かりにくいものがある．その場合には，当時の物理学教科書やカタログの図版を文中に掲載し，理解の助けとした．

近代日本と物理実験機器

京都大学所蔵 明治・大正期
物理実験機器

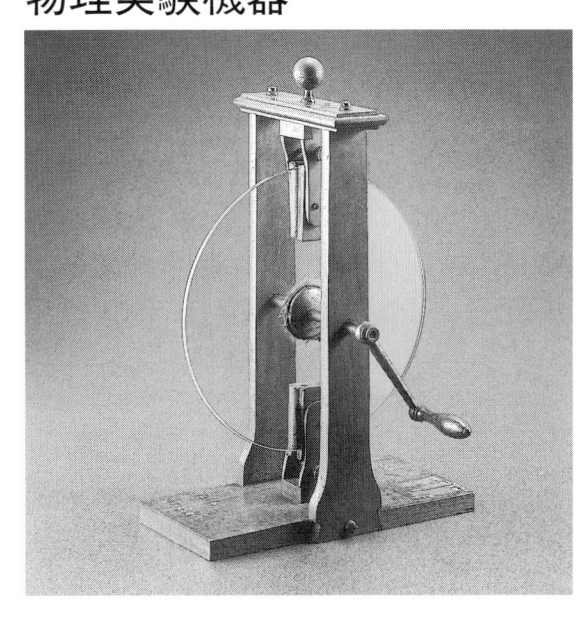

永平幸雄
川合葉子

[編著]

第1章
日本の近代化と物理実験機器

　第三高等学校は，1869年の舎密局設立以来，政府の教育政策の変遷に沿って幾度となく校名を変更し，教育内容の変更を余儀なくされながらも，1897年に京都帝国大学の設立を見るまでは，関西で唯一の官立学校であり，最上級の学校であり続けた．その期間に，どのようにして現在の三高コレクションが購入されてきたかという詳細は，次章で述べられる．それに先立ってこの章では，ヨーロッパで科学機器産業が成立する過程を概観し，ついで日本において，幕末の技術伝習にはじまり，官業による教育用理化器械の国産化から民間製造業者が成立するまでの過程を考察する．

　第1節では，ヨーロッパにおける科学機器製造業の成立のプロセスを，技術専門教育の成立，および，大学における科学教育の成立と関係付けて，少し詳しく見ておきたい．古典に依存した古い教育制度の中に科学教育が取り込まれるためには，工場制生産が広範に展開して，技術教育や科学教育に対する要求が発生してくるという社会的条件が前提になる．そして，機械制工場が発展していくに従って，その先端的な技術の課題を解決するために製造業者や技術者が研究機関や教育機関を持つことと，科学機器製造業者たちが1つの業界にまとまって発展することには，大きな相関関係がある．

　第2節では，明治政府が展開した教育政策の基礎にある，ヨーロッパ近代社会に対する認識を検証しておきたい．政府は劇的なともいえる教育改革を行う．その改革のキーワードの1つは科学教育であった．しかしそれは科学や技術を育成する教育ではなかった．

　第3節では，幕末から明治にかけて日本に滞在して，日本の科学教育の確立に大きな寄与をした二人の外国人に焦点をあて，彼らが日本の近代化にどのように寄与した

のかを見て行きたい．

　一人は最初にわが国に教育用理化学機器を持ち込んだ人物で，大阪に設置された舎密局の教頭となった Koenraad Wolter Gratama（日本での呼称はハラタマ，1831-88）である．彼は日本の公立教育機関が契約した，基礎科学に関する最初の外国人教師であった．

　いま一人は Guido Herman Fridolin Verbeck（日本での呼称はフルベッキ，1830-98）で，大学南校から開成学校の教頭を務め，学制や，岩倉具視らの全権使節団の米欧歴訪について助言したことでよく知られている．彼は，長崎の佐賀藩校致遠館で英語を教えながら，明治政府のもとで活躍する人材を育てた．

　第4節では，「はじめに」でも紹介した開成学校製作学教場が現実に果たした役割について考察する．政府はここで，教育用科学機器を製造する技術者の育成に取り組むことを目標として掲げるが，技術者を生徒から育成するという意味では，この試みは数年であえなく挫折する．しかしながらこの教場は，数年の間，教育用科学機器を製作し，製品を国内の学校に供給し，その技術を伝習する工作場になっていた．

　舎密局に持ち込まれた Gratama の教育用機器は東京に持ち去られてしまう．その後に第1節に登場するような各国のメーカーで作られた機器を購入し，あるいは国産の初期の機器を購入して，第2章に述べられるように，第三高等学校の前身校の教育内容が充実する度合いに応じて，物理機器が揃えられていった．こうして現在の三高コレクションが成立した．その結果，同コレクションは，幸いにも19世紀の世界的な科学や技術の発展を反映したコレクションとしての一面を持つことになった．それとともに，19世紀後半，各国でほぼ共通して使用された，実験を重視した物理教育の教科書の内容に対応した機器群となっている．機械制工業に基礎を置いて日本の近代化を図ろうとした明治政府は，その初期には，本書で紹介するような実験機器を使用する科学教育によって，日本の近代を切り開こうとしたのである．

第1節　科学機器産業の国際的な展開

　　　　　工場制度からは，我々がロバート・オーエンにおいて詳細にその跡を追うことができるように，未来の教育の萌芽が出てきたのである．
　　　　　　　　　　　　　　　　　　　　　　　　（『資本論』機械と大工業より[1]）

1-1　教育用科学機器の種類

　三高コレクションに保存されている機器には，研究を目的として購入し，使用された機器も存在するが，多くは教育用科学機器である．19世紀末から20世紀中頃までに出版されていた教育用科学機器のカタログを見ると，次のような種類のものが含まれている．

（Ⅰ）昔から人類が経験的に認識し，利用してきた原理を，演示や実験用の模型にしたもの —— 滑車台とろくろ（Cat. No. 1060）や，斜面など．

（Ⅱ）科学者が実験の過程で開発した器具，またはそれを演示や実験用にデザインしたもの ——「カニャールのサイレン」（Cat. No. 16）のように，開発した科学者や，教育用に改良した人物が特定できるもの．

（Ⅲ）技術者が開発し，現場で広く使用されているもの，またはその一部の模型 —— 圧力計（Cat. No. 151）や，ポンプなど．

（Ⅳ）玩具や文化娯楽用品として開発されたもの —— 幻灯機，写真機など．

図1-1　三高コレクションのサイレン/Cat. No. 16（本書第3章3節116-117頁参照）

カタログにはⅡ，およびⅢの類型のものが多く含まれており，18，19世紀の科学や産業の発達を反映して，開発発明されたものがたちまち教材として使用されていったと推測できるものが多い．

こういう発達の仕方をしてきた機器であるので，まず研究室や生産現場で使用される機器の製造業者が先行して現れた．機器の種類としては，研究室で使用される機器の他に，測量機器や，生産工程での計測や制御に使用される機器が入っていた．歴史的には，こういう測量機器のたぐいは，いつ誰が使用し始めて誰が改良したかも分からないままに優れた機能が付加されてきたものが多いが，それが精密測定と関わり合うようになると，誰の手が加わったのかという記録が幾分かは残り始める．

以上のようなものを，ここでは科学機器として把握しておこう．これらの機器を製造していた個別の機器製造業者としては，18世紀からの歴史を持つものもあったが，19世紀に入って創業する機器製造業者が圧倒的に多く，彼らはそれぞれに専門とする領域を持っていた．しかしこの段階では，1つの工業としてくくられるようなまとまりも，規模も持たなかった．素材や工法に広がりがありながらも，あくまで，機能として精密測定を目指すものを主体とし，あるいはそこから派生する機器も製造するという業態であった．

科学機器の発達は科学の内在的な発展の中で起こったように見えていても，産業の何れかの分野の発達と深く関連していることは，科学史，技術史や産業史の研究の蓄積から教えられることであるが，大工場制生産が展開されて，技術の先端部分の開発に関わる問題が直接研究機関のテーマとして提起されるようになると，その関連はさらに明白になる．このような問題を受け止める研究機関や大学の設立も19世紀に多く見られるようになり，研究機関と関連を持ちながら営業を展開する機器製造業も増加した．

1-2　技術専門教育の展開と教育用科学機器

教育用科学機器の製造が，計測機器やある種の科学機器製造業の副業として，あるいは教育機器製造業を専門として，展開するようになったのは，基本的に19世紀後半のことであった[2,3]．それは資本主義的な工場制生産が本格化して，未熟練工が大量に工

場に吸収されるようになるとともに，工場に雇用される新しい技術者層が形成され始めた時期に当たっており，産業界側からも政府側からも，職業教育や技術者養成の専門教育に取り組まざるを得ない時期になっていた[4]．すでに18世紀末には各国で先行的な取り組みが始まっており，そこでは科学教育を中心にした新しいカリキュラムが作られていった．科学の最も新しい知識は，まずこのような場所で教育の素材になり，また，このような教育活動が科学の体系化にも役立っていったと思われる．

19世紀になると，その社会的な要請は既存の教育体系にも影響を及ぼし始め，国によって展開の仕方に違いはあるものの，まず中等教育で，伝統的な教養主義に基づく旧来のコースに対抗して，自然科学を取り込んだ実業主義的な別コースが形成されるようになった．このコースの形成を支えたのは，産業資本家，技術者，研究者をはじめ，産業の発達に伴って広がった職域を持つ知識層を含んでいた．彼らは旧勢力のさまざまな妨害に遭いながら，旧来のコースが独占的に持っていた大学入学資格を緩和させ，ついには同等の資格を認めさせていった．こうして教育の近代化が19世紀のフランスやドイツで起こっていった[5]．次いで，中等普通教育の中に自然科学が正当な科目として組み込まれていく過程では，資本主義的な生産活動がさらに広く展開され，それを担う新興市民層が形成されて，相応の社会的地位を主張する社会的な変動を伴うことになった．

最初に近代的なエリート技術者の養成機関として確立されたのは，フランス革命のさなかにAntoine Laurent Lavoisier (1743-94)の死という代償を払いながら設立されたエコール・ポリテクニク (Ecole Polytechnique) であった．19世紀初頭のフランスの優れた科学者たちが教壇に立ち，工学の基礎としての数学，物理学，化学を重視したカリキュラムが構成され，自然科学教育の規範が作られていくことになった．ここから優れた科学者・技術者が多数現れ，めざましい活動を展開したことは，周辺諸国への強いインパクトになった．

ドイツにはその影響が早く現れ，1821年にベルリンに工業学校が設立され，どの都市にも急速に類似の学校の設立が広がった．「実際，ほどなくしてドイツはあらゆる大都市が工芸学校 (Polytechnikum) を有した」とD. S. L. Cardwellは述べている[6]．これらの学校は次第に地位が引き上げられ，大学としての認可に必要な条件が満たされて行き，1860年以降になるとそれぞれが工科大学 (Technische Hochschule) に格上げされていった．伝統的な大学がそれをどのように見ていたかは別として，工科大学の充実はドイツの産業界にとって大きな意味を持ったに違いない．

産業革命が最初に起こったイギリスでも，19世紀初頭には各都市で職工学校を設立する運動が広がった．この運動の引き金になったのは，George Birkbeck (1776-1841)が開いた講座とされている．Glasgow大学自然哲学教授J. Andersonの遺贈によって1796年に開設されたAnderson's Collegeの自然科学講座の自然哲学教授にBirkbeckが任ぜられた．彼が開講したこの自然科学講座は一般市民も聴講ができた．そして夜間には，昼間それぞれの工場で働いている職工たちのために講義が行われた．この講義と，Anderson's Collegeに併設された職工図書館が，最初の職工学校

(Mechanics' Institutes) といえるかもしれない，と Cardwell はいう[7]．それまでにも職工に学習の機会を提供する試みは各地であったが，この Birkbeck の講義は好評で，彼が 1804 年にロンドンに移った後も続けられた．そして彼の後を継いでこの講座を受け持ったのは『工場の哲学』の著者 Andrew Ure であった．

　この Anderson's College は，19 世紀後半，日本の技術教育の始まりに大きな影響を持つことになる．1863 年，長州藩から Matheson 商会の世話で亡命して，イギリスに留学した中の一人である山尾庸三が，グラスゴーで造船所の職工となり造船技術を学びながら出席していたのは，この Anderson's College の夜間講座であった[8]．後に山尾は工部省で工部大学校の設立に関与し，Glasgow 大学教授 William John Macquoen Rankine (1820-72) や H. Matheson の推薦を得て工部大学校の都検（校長）に選ばれた Henry Dyer (1845-1917) を日本に受け入れることになる．Dyer は職工の家に生まれ，この Anderson's College の夜間講座から Glasgow 大学に進学し，Rankine のもとで工学を専攻していた．Dyer が来日してから，Dyer と山尾が同じ時期に同じ講座で学んでいた事情が相互に分かって，二人の信頼感が増した．山尾は Dyer の理想とする技術教育の展開に協力することになった．そして Dyer および彼とともに来日して工部大学校の教育に関わったイギリス人教師たちは，帰国後に日本での経験を生かして，イギリスの技術教育を発展させた．この工部大学校の成功の基礎には，造船学校で実際に働いて，技術を学びながら職工学校に通った山尾が，技術教育の重要性，必要性を体験としてよく理解していたことがあった．

　グラスゴーでの Birkbeck の成功は，他の都市に職工学校が広がることを容易にした．彼自身もロンドンで 1823 年に創立された職工学校（現在の Birkbeck College）の設立に関与した．この職工学校の最初の講義要目には化学，数学，流体静力学，応用化学，天文学，および電気学が含まれていた．「この後，運動は驚くべき早さで広がった．1826 年以前にすべての大都市と多くの小都市が職工学校を持ち，そして，これらの内のいくつかのものは数百名の員数を擁し，二，三の最大のものは千名台に達するものもあった」と Cardwell は述べている[9]．これらの職工学校の内容は一様ではなく，その都市の成り立ちや主要な産業の影響を受けながら，設立されたと考えられる．重要なことは，これらの職工学校が経営者や技術者を含む市民の運動によって設立されていったということである．1851 年のイギリスの国勢調査には，700 の職工学校の所在と開講されたクラスの性格が記録されているという[10]．

　以上のような各国の技術教育の発展が，各国の普通教育にも影響を与え，先に述べたような中等教育の改革が始まっていった．こうして，工業における技術の習得や伝承の形態が，個別的なものから，社会的，組織的，体系的なものに移行し，技術教育や，普通教育としての科学教育が展開されるに従って，教育用科学機器の需要が広がっていった．

1-3　大学における科学教育の確立と科学機器産業

　大学の側でも科学機器の普及と関連するような変化が起こり始めていた．ロンドンに University College が設立されたのは 1826 年のことであった．Cardwell は設立の事情を次のように書いている．「Thomas Campbell (1777-1844), Jeremy Bentham (1748-1832), および Henry Peter Brougham (1778-1868) によって推進されたこのカレッジは，イギリスの大学のしきたりとは対照的に，スコットランド系とドイツ系によって組織された．その目的は，大学から閉め出された人々や，教育の機会を奪われた中産階級の要求を満たすことであった．」「新しいロンドン大学は，最初からその講義要目に，従来の大学が認可していた古典文学，理論物理学を加えた数学のみならず，一般に大学によって無視されていた科目 ── 化学，実験哲学（物理学），植物学，経済学，地理学などの進歩しつつある科学をも取り入れていた」[11]．この大学がすぐに従来の大学と同等に扱われるはずはなかったが，集中的に非難されたのはこの大学の宗教教育の欠如であったという．

　日本の科学教育史との関連で見れば，スコットランド系の Jardine Matheson 商会の斡旋で 1863 年に密出国してイギリスに渡った長州藩の五人の留学生がこの University College の化学教授 Alexander William Williamson (1824-1904) の指導を受けていたことを挙げなければならない．宗派にこだわらない大学の存在が，日本の留学生の受け入れを可能にしていたのである．先に述べた山尾庸三もその一人であった．彼がこのカレッジを経由してグラスゴーに最適の留学先を見つけることは，それほど難しいことではなかっただろう．Glasgow 大学の新しい技術との結びつきや，市民に対する開放性は，少なくとも Joseph Black (1728-99) と James Watt (1736-1819) の時代まで遡ることができ，またそこにスコットランド系の市民が University College を設立する有力な勢力であり得た理由があった．このカレッジには，長州藩に続いて薩摩藩からも 15 人の密出国者が留学した．

　この時期の科学機器製造業は，ごく少数の例外を除いて，ほとんどが小規模経営で，創業者は徒弟奉公の年季が明けた後，独り立ちして自分の技術を生かして作業場や店を持ち，事業を広げてきたという経歴の持ち主であった．たとえば，Hermann Ludwig Ferdinand von Helmholtz (1821-94) に協力して，音響機器で優れた仕事を残した Karl Rudolph Koenig (1832-1901) はプロイセンの Koenigsberg 大学で物理学を修め，しばらく研究生活に入った後，パリで徒弟奉公をした後，独立してパリに店を持った[12]．バロメーターや測量機器の製造販売で営業実績を上げ，1870 年頃にはさらに規模を拡大しようとしていたイギリスの Negretti ＆ Zambra 社の創業者 Enrico Negretti (1822-97) は，1830 年，彼が 12 歳の時にイタリーからイギリスに渡り，その後機器製造業者のところで徒弟奉公をして，1843 年に事業を始めている[13]．Julius Plücker (1801-68) とともに真空放電の実験をして，ガイスラー管で有名になった Heinrich Geissler (1814-79) は父親も母方の家族もガラス工場の親方であり，彼は徒弟奉公の

後，科学実験用のガラス細工を仕事としていくつかの大学の近辺を渡り歩き，最終的にBonn大学の近くに作業所を持った[14]．

このようにヨーロッパでも伝統的な技術については，それを徒弟奉公という形で引き継ぎながら，当時の最先端の技術を切り拓くという転換期に直面していたわけで，さらに数十年も経てば，技術の伝達の仕方はまったく変貌して，科学的な素養なしには引継ぎ得ない性質の技術をもって業界全体が展開し始めていた．科学機器製造や測定機器製造などの分野は，その事業所の規模が小さく，統計などには現れにくい地味な存在ではあったが，あとから見れば，基幹産業の技術革新や，巨大プロジェクトの成否と直接絡み合っている機器の開発がこの小さな業界に期待されていたわけであり，大学の研究室では直接生産現場の問題を研究テーマとして取り組み，研究者の注文に応えて科学機器メーカーが機器の製造にあたるということが現在よりも活発に行われていた．それはたとえばGlasgow大学のWilliam Thomson (1824-1907) とJ. White社や，Bonn大学の教授たちとGeisslerとの関係を想起すればよい．

しかし個々の機器メーカーでは対応のできない問題も顕わになってきていた．さまざまな単位の標準化や，材料の開発や標準化などから，いくつかの業種に共通の問題などについて，業主たちは組合を作り，研究会を持ち，国家の援助を求め，あるいは自分たちの問題を解決する研究所を設立する運動をした．このような働きかけに国家がどう対応したかという結果が，1851年のロンドン大博覧会から始まる万国博覧会で競われることになった．1851年には，イギリスは最初に産業革命を起こし，多くの植民地を持つ国としての技術の優位性を誇示できたかに見えた．フランスもいち早く技術教育を取り入れ，度量衡の国際基準を提案した国としての展示品に自信を持っていた．博覧会では各国の技術の最先端を示す展示品が並び，優れた製品には国際審査委員会による賞が与えられた．精密機器が属する第10部で，イギリスは179の賞を獲得し，次いでフランスが36を獲得した[15]．ドイツはこの博覧会で強い刺激を受けたに違いない．1860年代に各地の工芸学校が工科大学に格上げされていくのは，このような刺激と無関係ではない．

ヨーロッパから海を隔てたアメリカでも，国家と産業と大学の新しい関係が起こっていた．1862年，合衆国政府は，農学と工学のための大学に無償で土地の購入資金を賦与するという土地供与法を通過させた．この法の適用を受けた公有地交付大学 (Land-grant college) と呼ばれる大学は，1880年までに45校に上った．その中でも興味が持たれたのは，1865年のMassachusetts工科大学の設立であった．設立者はWilliam Barton Rogersで，ボストンに工科大学を設立するための技術者協会を組織し，研究会を持っていた．設立に同意した37名の署名者の中には，ボストンで機器製造業を営んでいたRitchie社の創業者であるEdward Samuel Ritchie (1814-95) が加わっていた[16]．

こういう潮流に比べて，イギリス政府，およびイギリスの伝統的な大学の，自然科学に対する理解は極めて緩慢なものだった．形式的な制度でその指標を見ると，Cambridge大学の優等卒業試験が自然科学に拡大されるのは1851年，Oxford大学の場合

ZEITSCHRIFT

FÜR

INSTRUMENTENKUNDE.

Organ

für

Mittheilungen aus dem gesammten Gebiete der wissenschaftlichen Technik.

Herausgegeben

von

E. Abbe in Jena, Fr. Arzberger in Brünn, C. Bamberg in Berlin, C. M. v. Bauernfeind in München, R. Fuess in Berlin, H. Haensch in Berlin, E. Hartnack in Potsdam, W. Jordan in Karlsruhe, H. Kronecker in Berlin, A. Kundt in Strassburg i. E., H. Landolt in Berlin, V. v. Lang in Wien, L. Loewenherz in Berlin, S. Merz in München, G. Neumayer in Hamburg, J. A. Repsold in Hamburg, A. Ruepreeht in Wien, K. Schellbach in Berlin, F. Tietjen in Berlin, G. Westphal in Celle.

Redacteur: Dr. Georg Schwirkus.

Erster Jahrgang. 1881.

Berlin 1881.

Verlag von Julius Springer.

Monbijouplatz 3.

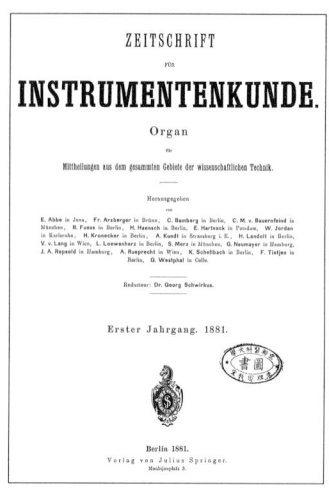

図1-2　Zeitschrift für Instrumentenkundeの創刊号の表紙/Z. Instrumentenkunde (1881) より

は1853年のことであった．これは自然科学を修めた卒業生の就職先があまりなかったということと無関係ではなかった．また，19世紀末から20世紀にかけて優れた科学的な業績を重ねたCavendish研究所がCambridge大学内に設立されるのは1874年のことであった．

しかし，このCambridge大学Trinity Collegeを卒業したHorace Darwin (1851-1925) とAlbert Dew-Smithが1881年にCambidge科学機器会社を設立した時に，科学機器製造業者の新しい成立形態が始まったといってもよい．Charles Robert Darwin (1809-82) の息子で，幼い頃から機械が好きだったHorace Darwinは，数学の学位を得た後，ケント州のEaston and Anderson社で3年間修業して大学の町に戻ってきた．生理学者Michael Fosterの学生で，研究のかたわら，研究室の機器の管理を受け持っていたDew-Smithは，機械工Robert Fultherが作業場を持つ援助をして，研究に必要な機器を作らせていた．Dew-SmithとDarwinはFultherから作業場を買い取って，Cambridge Scientific Instrumentsの共同経営を始めたのであった．経営者二人が十分な専門性を持っていたために，生理学以外にも大学のさまざまな分野の研究者から注文を取り，精密な機器の設計や製造で評価を上げ，各国の研究者の注文を受け，別の製造業者との取引や，政府機関との取引も増加していった[17]．近代的な経営を始めた二人の共同経営者と，注文を出す研究者との間には，まったく独立で対等な関係が成立していた．

1871年に普仏戦争がドイツの勝利で終わり，ドイツ帝国の統一が達成されたことは，ドイツの産業にとっても，その一部分に過ぎない科学機器製造業にとっても，極めて大きな進歩をもたらした．国家のすべての機能が新しい首都ベルリンに集中したので，多くの機器メーカーがベルリンに本拠を置いて新しい事業を始め，そこで容易に顧客を見つけられるようになった[18]．1871年までの政情が不安な時期には，研究者が外国に研究場所を見つけたり，技術者たちは外国で事業を始めるか，雇われるか，ということが続いていたが，ようやく自国に安定した基盤を見いだしたわけである．学会等もベルリンに本部を置くようになった．1881年にはDeutsche Gesellschaft für Mechanik und Optikがベルリンに設立され，雑誌*Zeitschrift für Instrumentenkunde*を出版し始めた．1877年には国立物理工学研究所が設立され，初代所長にHelmholtzが選ばれた．この研究所は研究者や科学機器製造業界の要請と，Ernst Werner von Siemens (1816-92) が寄贈した基金によって設立されたものだった[19]．この研究所に集まった科学者達が，高温の輻射熱を測定する技術を確立し，その過程で，20世紀の物理学の基礎となった電子論が確立されていくことになった．そのいきさつは，第3章の「4-1 輻射熱の検出」のところで，関係する機器の発達とともに，くわしく述べられ

図1-3(右)　Cambridge Scientific Instrument社が製造した，ドレザレック象限電位計/Cat. No. 249 (本書第3章6節202-203頁参照)

近代日本と物理実験機器

る．

　イギリスやフランスの産業界がドイツの技術力に脅威を感じるようになるのは，1867年のパリの万国博覧会からのことで，この時にKrupp社の鋼鉄製品が展示された．日本もこのパリの万国博覧会にははじめて参加しており，江戸幕府と佐賀藩，薩摩藩がそれぞれ別に出品していた．そして1873年のウィーン万国博覧会にはGottfried Wagener（日本での呼称はワグネル 1831-92）を顧問として参加出品するかたわら，澳国博覧会事務副総裁であった佐野常民（1822-1902）は，この博覧会を職工たちに西欧技術の伝習をさせる機会にすることを計画した．最初70人の伝習生を帯同する計画を立て，それは果たせなかったが，渡航者の中から24名の滞在を延長して技術伝習を継続することを政府に認めさせた[20]．さらに岩倉具視特命全権大使をはじめとする使節団は，米欧を回った後の帰路に，日程を合わせて博覧会を見学している．使節団の公式報告書に準ずる『特命全権大使米欧回覧実記』には，各国競って自国の物産を展示している様子を，「これ太平の戦争にて，開明の世に，最も要務の事なれば，深く注意すべきものなり」と記している[21]．各国の展示品よりもその奥にあるものを見つめて帰ってきたというべきだろう．

第2節　岩倉使節団が見た米欧の近代産業

> 科学も，自然力と同じことである．電流の作用範囲内では磁針が偏向することや，周囲に電流が通じていれば鉄に磁気が発生することに関する法則も，ひとたび発見されてしまえば，一文の費用もかからない．
>
> （『資本論』機械と大工業より[22]）

2-1　西学の要は窮理を本となす

　幕末には，欧米の資本主義的な工場制生産がすさまじい勢いで発展し，それに基づいて海運業が発達して，その活動がアジアまで及んで来ていたことが，維新への1つの契機となったわけである．長崎の近辺の諸藩はもちろん，幕府でも，さまざまな規模や手段で欧米各国の生産活動の規模と水準を知り，もはや幕藩体制では対応できないと認識していった．交易あり，戦闘あり，密出国あり，使節団あり，その中で，日本全体がまとまった規模での近代化と生産力の増強に取り組まなければ，欧米各国と対等にはなり得ないという認識が維新への動きを加速することになった．

　明治政府という形で日本の統一を果たした時，新政権の国内での政治的，経済的基盤は極めてもろいものであった．対外的には，幕末に幕府が結んだ不平等条約によって不利な外交，交易条件が押しつけられ，新政府はそれを継承していた．このような新政府が成立して間もない時期に，政府の有力者を中心に約50人規模の使節団が構成され，彼らは1871（明治4）年12月23日から1873（明治6）年9月13日までの長期にわたって12か国を訪問し，視察している．帰国して編纂した公式の大部な報告の他

に，『特命全権大使米欧回覧実記』(以下『実記』とする) 100 巻が出版されている[23]．使節団は各国で日本国民の代表として歓待され，各国の実状を披瀝してもらったので，知り得たことはできるだけ国民に公開しなければならないと考えて，書記官二人に記録させたものであると，「例言」に書かれている[24]．ここでの書記官二人とは，この書の編者久米邦武 (1839-1931) と，アメリカで随員となった畠山義成である．久米邦武は佐賀藩の出身で，元藩主鍋島直正の推挙で使節団に入った．

この歴訪では，各国政府に対する表敬と条約改正延期の交渉とともに，先進諸国の制度や文物について実状を視察調査することが大きな目的となっていた．さらに，一般的な視察とは別に法制，国家財政，教育などの重点項目については，専任の理事官を中心にグループを作って，使節団の本体とは別にさらに詳しい調査を行っていた．その調査の結果はそれぞれに『理事功程』としてまとめられている．文部省の『理事功程』は田中不二麻呂 (1845-1909) がまとめたものとして，特に有名である．京都大学に保存されているものは「明治十年再版」となっている．内容は15巻からなり，各国の普通教育，師範学校，および，各種専門学校について調査した内容がまとめられている．このような調査や通訳には現地の留学生が協力をしている．『実記』のための調査に久米とともにあたった畠山義成は，薩摩藩留学生としてイギリスに渡って前節に述べた University College に入り，後にアメリカに渡って Rutgers College に学び，アメリカから使節団の随員となって，帰国後は文部省に属して，開成学校校長兼外国語学校校長となっている．田中不二麻呂には日本から長与専斉 (1838-1902) など五人の随員が同行したが，現地で協力して通訳や調査に当たった留学生の中には，後に同志社を起こした新島襄 (1843-90) や，工業教育の創始や教育博物館 (国立科学博物館の前身) の設立に尽力した手島精一 (1849-1918) などがいた．使節団は歴訪の先々で，すでに滞在している日本人を動員して目的を果たしていった．その際，密出国による留学生は政府からの留学生に切り替えられていった．

さらにこの歴訪中にその後の教育に関する2件の人事が実質的に決定されている．その1つはアメリカで行った文部省の最高顧問としての「学監」に該当する人物の選考であり，当時駐米公使であった森有礼 (1847-89) が事前調査にあたり，木戸孝允 (1833-77) や田中不二麻呂が直接面談した上で，最終的には Rutgers College の David Murray (1830-1905) に決まっている[25]．今ひとつはイギリスで工部大学校の都検に Dyer を選んだことであり，山尾庸三の依頼に基づき伊藤博文 (1841-1909) が，イギリスに滞在している間に，Dyer および他六人の教師を決めている[26]．

帰国してまとめられた『実記』には，使節団が見聞したところの詳しい叙述と，編者の注記が截然と分けられて記述されている．リバプールの造船所では，乾ドックで建造，修理されている蒸気船を見学し，港で荷物の積み卸しに備え付けられている起重器を事細かに描写していて，有名である．この描写には，編者がとりわけ力を込めているように感じられる．それは起重器の中に編者がたびたび強調する助力，省力の器械の典型を見たからで，その叙述の後に次のような注釈が入っている．なお，この箇所は現代文になおしている．

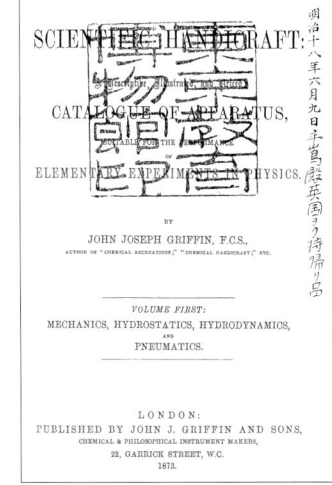

図1-4 手島精一が明治18年に英国から持ち帰ったJ. J. Griffin社のカタログ/Griffin (1873) より

輪軸とはすなわち車輪のことである．これは槓桿（てこ）から転化したもので，車軸の直径を輪の直径に比べて6分の1に作れば輪周の力を5分の1に節約できる．直径が10分の1であれば9分の1に節約できる．だから歯車で力を移し送れば，さらにその力を節約できる．

およそ滑車輪軸は，みな助力原器の1つで，器械の原理はこれから生じる．鶴頚秤（かくけいしょう）（クレーンのこと）は歯車を組み合わせて根本に据え付け，縄の先を輪槽にかけて張ったりゆるめたりを自在にできるようにしたものである．そもそも省力の原理というのは，力を減らすのに従って時間を多く必要とする．時間が増えるのは距離が増えるからである．したがって，縄の長さは，省力が多いほど伸びることになる．そこで輪を根本で回転させて長縄を引き締めれば，その縄から定滑車に力を伝えて，活滑車に移し，重量物が上がるに従って縄はますます縮まり，これを輪軸に巻く．これが鶴頚秤を製作した工夫である．たとえば輪軸5分の1まで力を省き，さらに活滑車で半分にし，あるいは4分の1にすれば，根元で200ポンドあるいは100ポンドの力を使って車輪を回転すれば1トンの荷物は上がるだろう．ただし縄の長さはこれに反して1間を引き上げるのに10間もしくはさらに長いものが必要だろう．西洋の鶴頚秤は水力や蒸気力で輪軸を運転するものもあるが，多くは人力で運転するものだから他に器械がいるわけではない．わが国では製鉄がまだ開けてないので，2000斤以上に耐える輪軸を作り，それで大きな力を省くというわけにはいかない[27]．

「例言」には「注記は編者の論説で，畠山と意をあわし，時間があれば人に質問し，復命の後に再三校訂を加え，理，化，重諸科，統計，報告，歴史，地理，政法等の書を調べて」などと書かれ，「各理事官の理事功程中より抄録し」「時には各人各書の語を，己の辞にて鬭縫し」叙述が使節団の共通の認識であることを強調し，帰国後も調査を深めたことを述べている[28]．編者久米が『実記』を編集するために，「理，化，重諸科の書を調べ」た形跡と思われる文書が存在して，最近久米美術館から出版された．その中に，オランダの物理学教科書の訳稿が収められている．これは佐賀医学校の教員金武良哲が講義で訳述したものを，久米が訂修したという訳稿であって，出版も考えたらしい．原著はP. van der Burg (1808-89) 著 *Schets der Naturkunde* (1855)で，書かれた時期については，「1873-77 (明治6-10) が確実視されるが，1885 (明治18) 年より少し後という判断もあり得る」と推定されている[29]．手稿には完成度の違うものがあるので，時期のばらつきも起りうる．

内容としては，現代風にいうと，物質一般の性質，力学，流体力学とあって，音響の途中までである．その力学に相当するところ，「もののことわり巻二　固形体の運動」に，『実記』の起重器の解説と対応するところがあり，「助力の器を論ず」，「輪軸滑車を論ず」，「斜面とネジと螺旋との理を論ず」などの項目があって，滑車，てこなどの，原著にはない手書きの挿し絵が多数書き込まれている[30]．ここの箇所を特に引くのは，物理器械に関連する例として分かりやすく，力学の最初に扱う単一器械がほぼ出揃っており，しかも久米が『実記』をまとめるために努力した内容が具体的に分かるから

図 1-5　三高コレクションのダイヤル電信機/Cat. No. 35（本書第 3 章 7 節 264 頁参照）

である．この訳稿には「叙」がつけられている．これも文章としては途中までで，未完であるが，その中に金武良哲が久米に言った言葉として「西学の要は窮理を本となす」と書かれている[31]．「窮理」は物理の意味である．この言葉は 12 国歴訪の中で直接得た認識でもあったであろう．物理というものがこのように把握されていたのである．

調査，見聞の叙述と注記は，穀倉で行われていた省力化についても，各種繊維工場についても，製鉄場，兵器工場，化学工場などについても展開されていく．まことにどん欲に視察し調査したものだと思う．調査に関しては，おそらく多くの人の協力があったであろう．使節団はロンドンで電信寮を見学していた．もとは各会社が取り扱っていた電信を 1870 年に政府が統括したばかりである．電信機器は種々あって各会社から寄せ集めたままであった．発信は字を指したり記号を指したり，着信も線であったり文字であったり，それぞれに一得一失があるという．本書の第 3 章 7-6 電気通信のところに当時の電信機の例を見ることができるが，この状態で，イギリスでは電報が年間 1270 万件あって，80 万ポンドの利益を得ているという統計である．国内の電線の長さは 22,319 英里，海外は 12,382 英里，日々通信しているので，世界を掌に見るようなものだ，という現状を記録している．注記には，「電信を伝える術を発明してからは，各国各都市間も電線で意を通している．そのために市街の間を電線が蜘蛛の巣のように張られている．そもそも電気は宇宙に充満し，小さいので至らないところはない．その使い方を知れば，風を利用するように多くの利用の仕方がある．銅線を走らせると，千里も瞬間に通ってしまう．摩擦や交感で発生させる」などという説明がある中で，「玻璃にこれを盛る，万雷も馴致すべし」という文がある．ガラス管内の空中放電を観たのであろうか．「天より人に資する所の利用は，実に不可思議なりと言うべし」と結んでいる[32]．さらに，ドイツではジーメンスの電気機器製作場に行くが，その

記述は極めて短い[33]．使節団にとっては電気の利用はまだ先のことである．しかし，日本国内の電信事業は，東京〜横浜間で 1870 年に始まっている．

　使節団が見た世界は蒸気の時代であった．鉄と石炭があれば産業は栄えると各国でいわれ，鉄の巨大な力学的器械が大きな力を示していた．ロンドンに入ってまもなくの頃の注記には「現在のヨーロッパ各国はみな文明を輝かし，富強を極めているが，これは 1800 年以後のことで，この景況に至ったのはわずかに 40 年に過ぎない．1830 年代に汽船鉄道の便が始まって，貿易の様相が一変した．英国の人民は最初に気づいて政府に迫り，製作の芸術を開くような教育を興そうという議論を起こしたのは，今を隔たるわずか 34 年前からであった」と述べる[34]．まずは汽船，鉄道の運行を目標としたのであろう．

　先に視察団がアメリカロッキー山鉄道でミズリー河に近づいた時に，移民を内陸に送致する列車と行き会って，西部開拓に思いを致して編者が注記に記したことがあった．「民力の多きも其の至宝たる価を生ぜしむるには，あに漫然にして希望すべきものならんや．米国の紳士みな熱心に宗教を信じ，盛んに小学を興し，高尚の学を後にして，普通の教育を務む．ここに其の故を察すべし．流民傭奴の頑魯なる，其の明善の心を啓誘するは，敬神にあらざれば不可なり，その学知の益を与えるは，まず言語筆算物理の切なるものよりす，生活の芸略定まる，之に規則を与え，之に功程を課して，之を厳督し，信賞必罰，自ら之が先を率いて生産を興す，故に民心みな其の方向を一にして，富殖の源を培養するにより，国の興る勃如なり」「東洋の沃土も，其の人力を用いざれば，国利は自然に興らず，収穫も自然に価を生ぜず，夢中に二千年を経過したり，今より國の為に謀るものの夫ここに感発して，奮興するところを思はざるべからざるなり」[35]．歴訪はまだ始まったばかりのこの時に，帰国してからの決意が述べられていると見るべきであろうか．歴訪を通してさらに，工業を興すための教育が急がれなければならないという認識は強められて帰国することになった．

2-2　学制と外国人教師

　明治政府が発足してまもなく，Verbeck が開成学校の教頭に迎えられた．この人事は大隈重信（1838-1922）が中心になって進めたが，大隈と Verbeck の関係は次節で述べる．東京に着いた Verbeck には教育だけにとどまらない問い合わせがあったようである．この間彼が新政府に行った助言は多岐にわたるが，その中で最も重要と考えられているのが，1869 年 6 月に大隈に密かに渡されていた "Brief Sketch" で岩倉使節団の出発に先立って，直接岩倉具視にも説明されたものであった．この Brief Sketch が 12 か国歴訪の手引き書であったことは現在ではよく知られたことだが，その当時は極秘にされていた．使節団派遣の実務は，提出者，日付ともに不明で，日本人の提言であるように装った「事由書」に従って行われたが，その内容が Brief Sketch の翻訳であったことは検証されている．

　1872（明治 5）年に学制は布告される．しかし，12 国歴訪までの政府には，日本の近

代化を推し進める，すなわち，工場制生産を成立させるための社会基盤の整備と，それと並行して欧米の知識，技術の急速な取り込みが緊急の課題となっていたのであって，そのための各方面の指導者を大急ぎで育成すること，したがって，外国人技術者を雇い入れての技術伝習と，外国人教師によるエリート教育だけが視界にあるように見える．その上に普通教育の普及を教育政策の課題として加えたために，国内にさまざまなひずみを醸成しながら，教育行政が進行することになった．『実記』に書かれているように，日本の近代化と殖産興業という政府の方針に国民を教導する仕組みとして，普通教育は位置付けられたのであるが，やがて政府はこの仕組みを国民の思想統制の道具と見なすようになる．

ともあれ全国を8大学区，1大学区を32中学区，1中学区を210の小学区に分けるというのが学制の最初の計画であった．学制の公布で展開された内容は次のようなものであった．中等教育では外国人教師による，外国語教科書を使用した数学，物理，化学教育を中軸にする学校を正則として，教科書を国語に訳して教える学校を変則とした．この外国語学校はすぐに英語学校に切り替えられていく．普通教育では藩校と寺子屋を一本化して小学校にまとめ，黒板の前に机と椅子を並べるという形式がとられた．その小学校に推薦された図書の一覧が文部省の年報に掲載されているが，その多くが急いで作られた翻訳本であった[36]．このような例を見るだけでも，今までの慣習も，国民生活の実態も無視した改革ということができる．そして，さまざまな抵抗や反発を巻き起こしながらも，この改革が実行されていくのである．

このような制度を実行するとなると，教員養成を急がなければならなかった．そしてその師範学校に備え付けることを求めて，物理化学機器のリストが領付された．実験重視の科学教育を取り入れて，普通教育の各レベルに科学教育を浸透させる努力が払われたのである．こうして，科学教育は学制布告による劇的な教育制度改革の1つの眼目になる．学制もVerbeckの助言によるといわれているが，実際に施行された制度に，彼がどういう意見を持ったのであろうか．使節団が帰国した時には，Verbeckは文部省からはずされて，彼よりは穏健，かつ保守的で，国家の教育行政に対する考えも事前に調査されたMurrayが学監に着任することになっていた．

Verbeckの考え方を表す言葉として，Brief Sketchの中に次のような一節がある．

　抽象的な理性の結果というよりは，昔から数時代にもわたる実践と経験によることの多い事柄についての書物の上だけの知識が何になろうか．理屈だけなら私に答えを聞き，書物を読んで知ることができる．しかし，西洋文明を完全に評価するためには目で見，肌で感じとるべき何物かがある．その文明の理論を他の場所へ紹介することができるよう，その文明を完全に理解しようとすれば，どうしても直接に体験することが必要である．2つの目で見た証拠ほど確信を持てるものはない．西欧諸国の現状を十分に理解するようになるには，根底にある条理を知るだけでなく，実際の活動を観察することが必要である[37]．

Verbeckはここで，戦争や革命もあれば，国家の滅亡も経験しながらの数世紀にわ

たる歴史の上に，工場制生産があり，その発展を保障する科学や技術が発達してきたのであり，その発展を確保するために人々が闘いとってきた政治形態や法律や諸制度があることを実感して理解するように，明治の若い指導者たちに期待したのであろう．しかしその期待はどれほど理解されたであろうか．Brief Sketch は各国での調査項目や，調査にあたる理事官の人数から，調査，視察の結果を記録を取って公表することまで，詳しい助言を行っているが，その細目は忠実に実行された．しかし彼が前段で述べている，各国歴訪を勧めた意味については，どれほどの注意が払われたか不明である．彼らが自分たちの当面する問題意識からだけ，各国の産業やそれに伴う制度を見聞し，理解して帰ったとしてもやむを得ないことであった．

　使節団がニューキャッスルで羅紗工場を訪問した時の注記に，編者は「東洋西洋は開化の進路に於て，已に甚だしき隔絶をなしたるに似たれども，其実は，最も開けたる英仏にても，此盛を致せるは，わずかに五十年来のことにすぎず」という[38]．ならば隔絶の原因は何かといえば，東洋では「人民の遊惰なるなり」「才の劣るに非ず，智の鈍きに非ず，只済生の道に用意薄く，高尚の空理に日を送るによる」といい，「西洋の民は之に反し，営生の百事，皆屹屹として刻苦したる余りに，理，化，重の三学を開き此学術に基づき，助力器械を工夫し，力を省き，力を集め，力を分かち，力を均しくするの術を用い，其の拙劣不敏の才智を媒助し，其の利用の功を積みて，今日の富強を致せり」．さらに具体例を挙げて，日本において，牧草で獣禽を育てることをしなかったのは，「是智至らざるに非ず，勉強を厭えるなり」，輪軸に木より鉄を用いる方がいいのはすぐ分かることであるのに製鉄を起こさなかったのは，「是理深きに非ず，進歩の精神乏しきなり」，綿や絹を染めることができるのに，獣毛を染められないのは，「是術難きに非ず，其の刻苦の足らざるなり」という．

　ここでいう「学術」も，「機械の工夫」も，実は視察の際に聞き取り，書籍で得た知識に過ぎない．編者久米は見聞した工場などの工程を詳しく叙述することができるほどに理解していたが，かつてのイギリスで「器械の工夫」がどのように産業を変化させ，「学術」がそれにどのように関係していたかということは，理解できるはずがなかった．そこで，彼の注釈は新しい「高尚の空理」に陥ることになり，彼我の比較は極めて精神論的にならざるを得ないのである．これは武士層が日本国内の在来産業からひどく乖離した状態に置かれており，とりわけ工芸などの生産現場の実情を知らなかったことに起因していた．同じ時期にウィーン万国博覧会に参加して，自費でもよいからと技術伝習を望んだ人々の，具体的で切実な技術習得に対する意欲と比較すると，あらためてこの乖離の深刻さを認識しないわけにはいかない．

　日本が招いた外国人教師も，この事実に悩まされることになった．この少し後，工部大学校で Dyer が行った教育方法は，「万事を書物から学ぶことに慣れ，それよりはるかに重要な実践的経験や観察を無視しがちな日本人」学生に，後期2年間を実地学として，工部省の各寮の工事に直接当たらせ，責任分担をさせたという[39]．Dyer にしても，Verbeck にしても，Wagener にしても，それぞれに，実際の経験を重視して，経験や観察から重要なものを体得させようと努力していることが，それぞれの軌

跡から理解できる．それは彼らが工学者や科学者であったことにも由来していたが，それ以上に近代的な市民としての自覚や思想を日本人に伝えようとしていたのではないか．それはDyerが一般教養を重視して，「教養ある専門家」としての技術者を育成しようとしたことにも現れている．ヨーロッパに生まれ育った彼らにとって，近代社会の合理的思考と社会性を基盤にしてのみ，科学や技術が存在することは自明のことであった．

しかし彼らの思うところは，士族出身の日本の指導者たちには理解できなかったのではないだろうか．日本の指導者の多くは，これらの外国人教師の思想に共鳴する基盤を持っていなかったであろうし，そのゆとりもなかった．さしあたっては各方面の指導者を育成し，叱咤激励して殖産興業に努め，国力を向上させ，国内を統一しなければならなかった．その目標のためには，『実記』に書かれた「50年の隔絶」を努力で埋めようとする心意気がなければ，明治という時期は乗り越えられなかったのであろう．しかしながらこういう認識からは，日本の職人たちを留学させ，技術伝習を奨めるという発想は出てこない．またこの認識からは，技術者を育成する必要性は導かれなかった．

技術者の伝習に熱心であった佐野常民は，政府が学制を定めたが，実際に適しないものや，まったく設立されていないものがあるといい，天下万民がそれぞれに必要な教育を理解し，それに応じて実用の学を努めるべきだという．そして，「教育は其の国情によって各国異なるのが自然である．ところが最近みだりに外国を尊び，自国をさげすみ，世の論者には普通専門の諸科目をみな外国語で学ぶべきだという人がいる．外国語を学んでその国の学問を修めることは必要であるけれど，内国人民は国語で普通専門の諸科目を学ぶようにならなければいけない．そうでなければ，西洋において，学問にラテン語を使用しているのと同じではないか．外国語と自国語では難易を異にするのだから，それでどうして文運を興し不学の徒をなくすることなどできようか」と，大意このような意見をウィーン万国博覧会の報告として提出している[40]．実はこの考え方が技術伝習を実行した時の基本にあって，それがWagenerとも共鳴していた考えであろうと思う．

第3節　初期の理化教育と教育用科学機器群

> 新しい，さらに高度の生産関係は，その物質的存在条件が古い社会自体の胎内で孵化されおわるまでは，けっして古いものにとって変わることはできない．それだから，人間はつねに，自分が解決しうる課題だけを自分に提起する．
> 『経済学批判』序言より[41]

3-1　Gratamaと舎密局

基礎科学を中心にした近代的な教育を導入しなければならない状況は，幕末にはす

でに起こっていた．しかし武士階級がその必要性をどれだけ自覚的に把握していたか，極めて疑わしい．幕府の取り組みとして見えてくるものは，まず1855（安政2）年に始まる長崎の海軍伝習で直接軍艦の操船法を学ぶというものであり，次いで医学伝習だった．最初，オランダ海軍から派遣された軍人は，操船技術の伝授を目的として来日した．しかし伝習生には基礎科学の素養がまったくなかった．そこで軍人たちが教師となって，物理や化学を教えなければならなかった．幕府側の責任者は勝海舟（1823-99）であった．

第2次海軍伝習の教官団の中に，『長崎海軍伝習所の日々』の著者 Willem Johan Cornelis Kattendijke（1816-66）と陸軍軍医 J. L. C. Pompe van Meedervoort（1829-1908）が加わっていた．Pompe によって幕府の公式の西洋医学伝習が始まり，医学所と，付置の養生所が設けられた．Pompe の後任が Antonius Franciscus Bauduin（1822-85）で，彼は1862（文久2）年に来日して，養生所で医学とともに理化学を教えていたが，理化学の教育を独立させることを幕府に強く働きかけた．

1864（元治元）年に分析究理所が独立して，そこに迎えられたのが Gratama であった．彼は官立学校に公式に招聘された最初の理化学の教師であって，1866（慶応2）年4月に物理化学の教育用実験器具を携えて着任した．Gratama の授業はオランダ語で行われ，生徒の一人が通訳した．通訳にあたったのは，その後もずっと Gratama に随行する三崎嘯輔である[42]．生徒たちは25歳から40歳まで年齢に幅があり，自然科学の素養は，当然のことながら，まったくなかった．オランダで高等教育に従事していた Gratama は困惑した．しかしながらこれが当時の日本のエリート教育であった．そしてこの学生の中から医学や科学の先覚者が出ることになる．ここで最初にまともな実験授業が行われたと推測される．長崎の平石家には「分析道具品立帳」が所蔵されていて，1866年4月に精得館所蔵の化学実験器具の図入目録を写したものという．これは Gratama が来日した直後であって，彼が実験に使用する準備のため作られた目録であろうと考えられている．59種250点の化学実験器具が図解されているという．貴重な資料だと思う[43]．

Bauduin は幕府に医学所と分析究理所を江戸に移すように交渉していたが，その交渉が実って，江戸に理化学校を開設することを決定したという通知が1866年12月に届き，幕府と Gratama の間に1867（慶応3）年2月1日から向こう3年間の期限で雇用約定が結ばれる．この時期の Bauduin の動きには，幕府がアメリカ，イギリス，フランスなどと修好条約を結んでいくことに対して，オランダが長年保持してきた対日外交での優位性を失いかけていることに対する焦りが明らかに感じられる．しかし1862年に幕府は，同じ長崎で英語の教習所を置き，翌年には洋学所と名称を改め，英語とフランス語の教育を始めた．そして1864年には Verbeck を英語教師として迎えていたのである[44]．幕府もヨーロッパ各国における産業の状況を把握しており，オランダ語による理化学校を設けることには消極的になっていた時期であった．

Gratama は海路横浜を経て江戸に入るが，その年に政権が交代し，無為に待つ時間が多いという状態で，一度も授業を行うことなく江戸を撤退することになった．明治

図 1-6 『舎密局開講之説』の表紙/「舎密局〜三高資料室」蔵

政府は幕府とGratamaとの契約を引き継いで，理学校設立の計画を大阪に移した．それが舎密局であり，第三高等学校の前身であった．開校まで紆余曲折があり，1869年6月10日（明治2年5月1日）ようやく開校の日を迎えることになるが，それに先立つ準備が大変な仕事となった．すでにGratamaがオランダへ注文していた理化学実験器具と薬品類は，彼の移動とともに長崎から江戸，大阪へと開梱されないまま回送されて，放置されていたものが400余箱あったといわれる．Gratamaは舎密局助教となった三崎嘯輔とともに整備にかかったが，磁器，ガラスは破損し，鉄や銅の器具は錆び，木製の器具は腐食して，装置の組み合わせ方が分からなくなっており，また薬品のラベルは剝落して薬品名も分からなくなっていた．そこで数百の薬品を自分で試験して名称を確定し，機器類についても工匠を呼んで原図によって修理を行わせて，2か月かかって整備を終え，その目録を作成したという[45]．

開講当日，Gratamaはよく準備された演説を行い，三崎嘯輔が訳した．この翻訳が『舎密局開講之説』という表題の冊子として残されている．この後祝宴を行い，主だった人々には西洋料理のもてなしがあり，生徒や助手取締から手僕に至るまでには，日本料理がふるまわれた．その参会者の名簿が残っている．その中に，「常職人　長田銀造」の名がある[46]．彼が器具類の修復のために呼び寄せられた工匠であり，原図を見て修理をしたわけであるから，この時舎密局の器具については詳しく知ることになった．さらにこの経験を通じて，物理機器に関する知識や技術を修得したと思われる．後に東京開成学校内に製作学教場を開設することになった時，舎密局開講に合わせて整備した機械，書籍，試薬，雑器のすべてを開成学校に移管することになり，長田銀造が受取人として派遣されてきた．この移管については1874（明治7）年3月14日付の長田銀造の署名捺印がある受取証が残されている[47]．

第三高等学校にはその前身校も含めて，物理器械の目録または原簿が系統的に残され，保存されてきているが，舎密局開講前の目録というものを私たちはまだ発見していない．保存されている目録類のリストを第2章に記載しているが，中に最も古いも

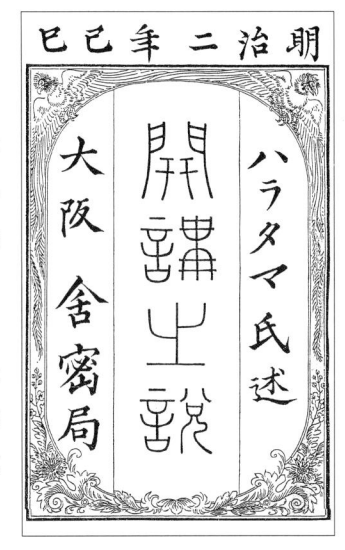

のとして，1873（明治6）年の「旧理学所御備　理学用機械目録　乙」というものがある．これは移管の直前の目録であって，種類数で376点，個数で907点記載されている．移管後にはこの内種類数で39点，個数で61点が残されていた[48]．したがって移管した器械は，1869年に整備された器械，すなわちGratamaが取り寄せた器械であろうと考えられる．なお1873年の理学用機械目録には甲乙があり，甲は化学の実験器具に対応している．Gratamaは1871（明治4）年に契約が終わり，すでに離日していた．

3-2　無国籍の市民Verbeck

安政の開国以来英語の通詞を必要とした幕府は，長崎に語学教習所を設置していたが，1863（文久3）年になってこれを英語稽古所と改称した．これは公教育としては最初の英語学校とされている．さらに翌年には洋学所と改称され，学頭には幕府の唐通詞の何礼之助と平井義十郎が任命されて，何は英語，平井はフランス語の初歩を教えていた．何礼之助（1840-1919）は維新後大阪洋学校の督務を1869（明治2）年から2年間務め，その後岩倉使節団に加わる人物であり，大阪洋学校は舎密局と合併されて大阪開成所となる．ところで1863年は，長州藩から五人の藩士が留学先にイギリスを選んで密出国した年である．1856（安政3）年に開設された江戸の蕃書調所は1862年に洋書調所，その翌年には開成所と改称するという変化が起こっていた．1864（元治元）年，長崎の洋学所ではアメリカ領事を通して一人の外国人英語教師を依頼した．それがVerbeckであった．

Verbeckはオランダで生まれ，アメリカで宣教師としての教育を受けて，同じ志を持つ女性Maria Manionと結婚して，1859（安政6）年に夫婦で来日していた[49]．長崎には二人の先輩宣教師がいた．彼らはまだキリシタン禁制が続いている中で無理な布教をするのではなく，日本人の関心が高い科学技術の書籍などを売り，その中で漢訳聖書を布教に使っていた．Verbeckも病気で帰国した先輩宣教師の後を引き継いで，科学技術や地理の書籍の販売から始め，長崎の町中に住み，日本語を学びながら，英語を教え始めていた．その生徒の中には幕府の通詞や，各藩から洋学を学ぶために派遣されてきた藩士もいたようである．彼らを通して，Verbeckはその人柄と学識を見込まれて，洋学校の英語教師を依頼されたのであろう．

Verbeckは土日を除いて毎日出勤し，上級英語を教えた．その生徒の中から，後に明治政府で活躍する人が何人も出た．1864年に洋学校は新校舎を建て，済美館と名称も変えた．さらに1866（慶応2）年には，Verbeckは長崎に佐賀藩が新しく開いた藩校致遠館の校長になることを依頼された．致遠館の設立には大隈重信が中心となり，学頭には副島種臣（1828-1905）がついた．Verbeckは済美館と致遠館の両方で英語を教えたが，英語だけを教授する公教育よりは，致遠館の自由な雰囲気を楽しんだようである．中級英語を教えるかたわら，初級英語の教師をしていた大隈たちに，聖書やアメリカ憲法などを教材にして，高度の英語を講義していたという．こういう講義がどれだけ若い人々を引きつけたことであろう．大隈はすでにこの時オランダの憲法を読

んでいたという．

　幕末，佐賀藩は極めて先進的な藩であった．久米邦武の「物理学」訳稿の「叙」は「泰西の学，我が佐賀県は特に勝れ，夙に闢けたり．牛痘を種え化学を試み，砲を鋳し，銃を冶す．兵は則ち火器，医は則ち蘭術，すでに行はるること三十年の前なり．」と誇らかに書き始められる[50]．長崎に近く，福岡藩と隔年に長崎警護に当たっていたことから，外国からの情報に明るく，藩主鍋島直正(1714-71)が率先して節倹と殖産に努め，軍事力を強化し，洋学を奨励した．洋式の大砲の鋳造に取り組んだが，そのために，藩内で可能な旧来の技術を動員し，職人を外からも集め，幕府方技術陣との技術交流を行って，反射炉を築造し，1851(嘉永4)年以後15年間に194門の鉄製砲を製造している．また蒸気船も1863年に着工，1865年に完成している．造船は一隻限りで，後は購入に切り替えているが，必要な技術水準を認識するだけでも貴重な経験というべきであろう[51]．こうして，薩摩藩ほど多角的でないとはいえ，洋式工業の経験を重ねた後，薩摩藩ともどもパリの万国博覧会に出品参加したのである．そしてVerbeckを招いて藩校を作り，若手藩士には洋学を奨励していた．

　当時，宣教師たちは各国それぞれの宗派の教会から派遣されてきており，Verbeckの場合はNew Yorkに本部があるオランダ改革派教会(Dutch Reformed Church)の海外伝導局主事であったJohn Mason Ferris(1825-1911)に連絡を取り，いろいろな依頼をしていた．VerbeckがFerrisに当てて送っていた手紙が，Rutgers大学に隣接したオランダ改革派教会の神学校に保存されていた．これを高谷道男氏が明治学院創立百周年を期に翻訳して，『フルベッキ書簡集』として1977年に出版されている[52]．その中にVerbeckが注文した書籍のリストがある．これは致遠館を拠点として示された日本の青年たちの知的要求と，それに応えたVerbeckの好意の証明でもある．以下にそれを挙げてみよう．

学校用のテート著，自然哲学	24冊
同書　小型本	24冊
商業辞典	4冊
民法	6冊
刑法	6冊
ウェーランドの経済原論	6冊
同（近刊）	6冊
ダナ編　ホイートン　国際公法	3冊
ウルゼーの国際公法	6冊
統計学の標準的な図書	6冊
ストーレーの合衆国憲法釈義	3冊
合衆国憲法（小冊子）	60冊

　これは1868（慶応4）年12月18日付の書簡で，すでに10月16日に依頼した学校用の書籍の確認であって，翌19日の書簡では別の1通の注文書があったようである[53]．

その内容は分からない．その2通分全部を注文した人は，割高になってもいいから郵送を希望していると書いている．代金は藩主の手元から出ていると考えられる．

鍋島直正は必要な書籍のための出費はいとわなかったといわれ，大砲製造と造船のために，オランダ語の技術に関する書籍を中心に購入していたと考えられている．ところが1861（文久元）年に藩士を三人英語稽古のため長崎に出したというあたりから，英語に切り替えたようである．この年長崎に設置する銃砲について調査し，エンフィールド銃，アームストロング砲の輸入とともに，英語英学の発展となったと『佐賀藩銃砲沿革史』に述べられている[54]．1863（文久3）年には，佐賀藩でアームストロング砲が製造されている．

そのような佐賀藩でこれらの書籍，とりわけ60冊の合衆国憲法がどのように使われたかということが興味深い．この時期，佐賀藩の中では共和政体についての学習や理解が進んでいたらしいという証言が他にもある[55]．佐賀藩は洋式炭鉱経営や，大砲鋳造にあたって，精錬方という，小規模ながらも研究部門を持っており，幕府の長崎海軍伝習に藩士や精錬方の技術者も併せて48名を参加させ，幕府が伝習をうち切ると，すでに造船所をおいていた三重津の設備を拡張して伝習帰りの者を教導に任じて，藩内で伝習を続けた．このように，藩として系統的，組織的に技術水準を上げていることを考えると，単に大砲や蒸気船のコピーを他藩に先駆けて製造したという以上に，そういう技術が成り立つ社会基盤についての議論も，藩内ではあり得たのかも知れない．明治政府になってからの佐賀出身者の活躍も，それならば理解できるというところがある．

しかしこのような佐賀藩の西欧の技術や文化の取り込みも，国産方の利益を藩主の手元に一極集中し，軍事技術に直結させるために身分的規制を強化するという藩政改革の上に成り立っていたことに注意しなければならない．さらにこのような藩内の秩序が，在来の伝統的な産業技術をとにもかくにも結集して，反射炉の建設を可能にしていたのも事実である[56]．この時期に佐賀藩をはじめ各藩で行われた反射炉の築造から，大砲の製造，蒸気船の建造などについて，『明治前日本機械技術史』には「反射炉の建設にしろ蒸気船の建造にしろ，蘭学者の翻訳知識と在来の伝統的な産業技術の結合によってもたらされたものであった」「見よう見まねで，近代的な工作機械も持たずに近代技術に挑戦した結果は惨たるものであったが，伝統技術の水準と限界を認識することによって，新技術開発の手がかりをつかんだのは，大きな収穫であった」と指摘している[57]．しかし，日本社会が新技術開発の担い手の問題を認識して取り組み始めるためには，その後もまだ長い年月を要したのである．

1869（明治2）年，Verbeckは新政府の招請を受けて，開成学校（後，大学南校）の教頭として東京に移り住み，同時に公儀所に列席し，最高立法機関の諮問に答えることとなっていた．Gratamaがようやく舎密局の開局にこぎつけた年である．開成局の教頭は，さきにGratamaに対して用意された地位であった．Verbeckが，Gratamaとは違って，明治政府の中枢になる人々の深い信頼を得たのはなぜだろうか．その最大の理由は，Gratamaがオランダ海軍軍医として来日したのに対して，Verbeckは背後

に国家を背負うことなく来日して，自立した近代的な市民として人々に接したことにあった．

　Verbeck は基本的には共和制を支持し，自由主義的なものの考え方をしていた．それは彼の生い立ちと関係があった．Verbeck がオランダで生まれた年にベルギーが独立し，その影響を受けてオランダに自由主義運動が高まった．オランダに，王権を制限して市民的権利を確立する憲法が制定されたのが，Verbeck が 18 才の時だという．国際色が豊かで，ユトレヒトの理工科学校 (Polytechnic Institute of Utrecht) を彼の進路に選んだ Verbeck 一家もこの運動に共鳴する立場だったと思われる．一家からはすでに何人かがアメリカに渡っていた．その中の一人から誘われて，彼はアメリカに労働移民として渡り，土木技師として働きながら，宣教師となって東洋に行く決心を固めていった．その経験の中で深まった知性と，広がった学識で，日本の新しい国造りを目指している青年たちの教育に当たったのである．

　Verbeck は人々の知的要求に対して真摯に答え，的確に助言をし，助力を惜しまなかった．質問は機械工学から経済，国際法などまで広範囲に及び，それにできる限り答え，必要とあれば書籍を取り寄せる世話をしている．助言をした時にはそれを他人には口外せず，後になって思い出として語られてはじめて世間に知られたということが多くあった．

　彼は自分の協力によって日本の近代化が進み，思想，信条，とりわけ信仰の自由が保障されるようになることを期待していた．それは彼が残した書簡などからも窺える[58]．このような態度が人々の信頼を得る根拠となったことがよく分かる．彼は宣教師としては風変わりな人物と見られていたが，彼に関しては「宣教師は侵略の手先」という心配を誰も持たなかったようである．彼のそのような思想信条が，彼の背後にある海外伝導局や，アメリカの国家としての意図と同じであったかどうかは分からない．長崎在住中に多くの名士の子弟などのアメリカ留学を幹旋した．横井小楠の甥二人，勝海舟の息子，薩摩藩，福井藩の藩士などに幹旋の労を執った．東京に移ってから岩倉具視の息子二人についても依頼を受けた．彼らは Ferris の仲介によって Rutgers College に留学することができた．Rutgers College はオランダ改革派教会によって創設された歴史を持っていた．

　開成学校の教頭になってからは，幾人かの外国人教師の幹旋に尽力した．その一人が，福井藩から藩校明新館の理化教師を依頼されて招聘された William Eliot Griffis (1843-1928) であった．Griffis は Rutgers College から送られた形になっていた．Griffis が明新館に着任してまもなく廃藩置県となったので，彼は Verbeck に招かれて大学南校化学教授として東京に移った．任期を終えて帰国した後，日本を紹介する著作を多く発表した．そして Verbeck の死後，*Verbeck of Japan; A Citizen of No Country* という伝記を出版した[59]．Verbeck はオランダの国籍を捨てており，また，アメリカの滞在期間が短かったので，アメリカ市民の資格を取ることができなかった．Verbeck はそのことの意味を，来日した時には意に介していなかったのではなかろうか．彼は思想的にも自立した市民であることに重きを置いた，国籍を持たないコスモ

ポリタンであった．長崎在住中も出島には近寄らなかったという．日本政府の仕事から離れた時，一時アメリカに住むことを考えるが，再び日本に戻り，日本国内通行自由の特許状を交付されて，事実上の永住権を得た．

　Verbeck はまた，大学南校時代に神田孝平 (1830-98) の依頼を受けて，教育用理化学機器を取り寄せている．やはり Ferris に依頼して，1000 ドル分の機器を Pike & Son 社から購入している．Pike & Sons 社の創業者 Benjamin Pike (1777-1863) はロンドンで生まれ，1798 年にニューヨークに渡って，1804 年に店を持って仕事を始め，1870 年頃は彼の三人の息子が店を継いでいた．光学機器を主に，製図用の機器や物理機器も扱っていたが，長男の Benjamin Pike Jr. の名で 1856 年に出版されている *Pike's Illustrated Catalogue of Scientific Instruments* は 2 巻からなっており，1 巻が 389 ページ，2 巻が 287 ページあって，教科書になりそうな詳しい解説がついているもので，それが最近合本して復刻されている[60]．ところで，この神田孝平が購入した機器はどこで使用したものか分かっていない．

　Verbeck に依頼したもの以外にも，東京開成学校に諸芸学が置かれていた時期に，諸芸学科の生徒のために授業用の物理器械を仏国に注文したいという，校長畠山義成から田中文部小輔宛明治 7 年 3 月 29 日付の文書が残っている．文部省関係だけでも，各国から招聘した外国人教師が，それぞれ自国から高価な機器を取り寄せるということが起こっていたと思われる[61]．政府の財政状況が決して安定していないこの時期に，外国人教師の人件費だけではなく，教材費の膨張も無視できない事態になっていたと思う．これはやがて開成学校に製作学教場を設置する 1 つの要因になっていった．

第 4 節　製作学教場，科学機器製作の出発点

> 人間が呼吸するためには肺が必要であるように，自然力を生産的に消費するためには「人間の手の形成物」が必要である．
>
> 　　　　　　　　　　　　　　　　　　（『資本論』機械と大工業より[62]）

　開成学校製作学教場は，日本で最初に教育用科学機器を製作した公営の作業場になった．製作学教場を設置した目的は，速成の技術者養成であったが，実際には，生徒の予科の授業と平行して，学校内の機器の修理と，国内の諸学校に領付するための機器，博覧会出品用の機器の製作が，この教場の職員の仕事になった．この教場の設置は Wagener の助言によるといわれているが，Wagener を新政府のもとにつれてきたのは佐野常民ではなかろうか．佐野は新政府の中で，最も技術者養成に熱心であった．その背景について見ておこう．

　佐野は佐賀藩士の家に生まれ，11 才の時，鍋島直正の侍医佐野孺仙の養子となった．15 才で江戸に出て以来，鍋島直正に命じられて，佐賀藩にゆかりの古賀桐庵 (1788-1847) や伊東玄朴 (1800-71) の塾や，京都の広瀬玄恭 (1821-70) の塾に入り，また，適塾にもしばらく在籍して蘭学を学んでいる[63]．伊東のところでは塾頭を務め，直正と伊東

との間の洋式技術に関する質問応答の仲介をしていた．1850（嘉永3）年に藩が反射炉築造を決定すると長崎に呼び戻されるが，帰途京都の広瀬塾から四人の職人を連れ帰り，精錬方を発足させ，その主任となる．この四人の中に田中久重（1799-1881）とその養子儀右衛門がいた．長崎海軍伝習が始まると，佐野自身も参加するとともに，佐賀藩からの伝習生のまとめ役となり，幕府伝習生が到着する4か月前から伝習を開始させ，他藩に比較して顕著な伝習効果を上げた．

藩が蒸気船の建造を決め，三重津に造船所を設置すると，佐野はその責任者を命じられた．幕府の海軍伝習が中止になると，三重津造船所の設備を拡充して海軍所を作り，「長崎伝習帰り」の藩士を教導にして藩内での技術伝習を計り，佐野はそこでも責任者になっている．1867（慶応3）年のパリ万国博覧会には佐賀藩から派遣されていた．ウィーン万国博覧会の頃は工部省にあって，「澳国博覧会事務副総裁」として博覧会に政府から派遣されたことはすでに述べた．この時の学生職工70人を技術伝習に伴うという計画は認められていない．しかし渡航者の中から24人が実際に技術伝習を行って帰った．一人一人の伝習先を斡旋し，世話をしたのは，オーストリアと日本の双方から顧問を委嘱されていたWagenerであった[64]．佐野が佐賀藩時代に常に技術部門の責任者であったことが，新政府のもとで技術伝習にこだわる素地になっていた．

Wagenerはハノーヴァーに生まれ，工業学校に学んだあと，Goettingen大学でCarl Friedrich Gauss（1777-1855）に師事して学位を取り，スイス．フランスでいくつかの仕事を経験した後，1868年長崎の石鹸工場建設のために来日していた．そこで有田焼に出会い，改良，技術指導のため佐賀に赴いた．1871（明治4）年に上京して，大学南校および東校の数学，物理，化学を担当していた．

Wagenerはオーストリアに赴く前に，「低度の工業教育を行う施設と博物館の設置」を提言していったという．Wagenerのこの時の提言については，手島精一が「明治初年の工業教育は程度の高い方は注意されていたけれども，低い程度の工業教育はまったく考えが及んでいなかったのであります．然るに明治6，7年頃，ドイツの工芸化学者のワグネルという人が時の文部省に建白して，その意見が原因となって，程度の低い工業学校が設けられるようになったのです．……時の文部卿に建白して申すには「高等な工業教育もむろん必要ではあるが，他に実地の低い教育をする学校が大いに必要である」と云って，それに起因して明治7年に開成学校の内に製作学教場というものが設けられるようになったのである」と「工業教育の回顧」の中で述べている[65]．私たちはWagener自身の建議を見ることができていない．しかし，当時の工業教育が，技術指導者や，技術官僚を育成することに向けられていたのに対して，彼は，広く各方面で実際に技術の開発や継承を担う人材を育成することが必要であると説いていたことが，この手島の証言から推測できる．Dyerたちの考え方に通じるものがある．

Wagenerの建議は一部の文部官僚には理解されたようである．岩倉使節団に参加して，ウィーン万国博覧会を見学して先に帰国した文部卿木戸孝允と田中不二麻呂は，この低度の工業教育の場として開成学校内に製作学教場設置の準備をしている．その

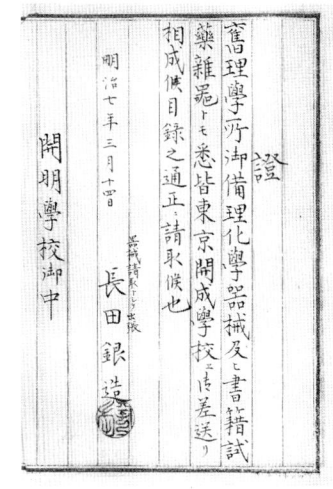

図1-7　長田銀造の理化学器械の受取証／「舎密局～三高資料室」蔵

1つが，長田銀造が行った Gratama の理化器械の移管であった．『文部省第二年報』所収の「明治七年東京開成学校年報」に収められた「処務概旨」では，このことについて，「此月（二月）大坂旧理学校に蔵する理化学器械薬品及静岡県学校の化学器械薬品を搬移す．先是校中蔵する所の理化学器械薬品甚だ寡少なりしに是其数殆ど三倍の多きに至れり」[66] と記している．

製作学教場は Wagener の帰国を待って 1874（明治 7）年 3 月 12 日に開設される．製煉学と工作学に分かれ，市川盛三郎，熊沢善庵などが教員となっていたが，教員の中に工術の担当として東京平民の長田銀造が入っていたことと[67]，「邦語を以て諸般の工職物品製造等実地に就き，各一技術を専修せしむ」[68] としたことの 2 点が特徴的であった．

長田銀造は，すでに述べたように，舎密局が開講する前の準備段階で，常職人として原図を見ながら Gratama が取り寄せた物理器械の修理に当たっていた．開講時，舎密局には職人が二人いて，それぞれ月給が 20 両という記載がある．長田がどの時期まで大阪にとどまっていたのかはよく分からないが，舎密局が理学校と名称を変えた明治 3 年の職員の中に，「工作方　一人　月給　金二五両」という記載があって，この時三等助手が 7 両 2 分，精錬方手伝が 3 両となっており，他の職員に比べて破格の月給である[69]．前年度から引き続いて長田が物理機器の保全を担当していたと考えられる．次いで同年 10 月開成所と名称を変えた後は職人に関する記載はなくなる．

長田の前歴は分からないが，舎密局に呼ばれた時はすでに工匠であった．そして舎密局・理学校在職中に物理器械に関する知識を確実に蓄積していたと推測できる．理学校から直接開成学校に移動したかどうかは不明であるが，製作学教場の開設に際して，邦語で工作指導に当たる人物は彼をおいて他には存在しなかったであろう．中川保雄氏は「明治初期における理化学器械製造業の形成」の中で，開成学校製作学教場についても詳しく考察して，「長田銀造がその製作技術を身につけたのは，東京開成学校製作学教場時代であり，ピンセットや定規から始め，欧米の理化学器械をそっくり模造するまでに至った」と記述している[70]．しかし中川氏のこの論文執筆時には，舎密局関連の資料は見やすい状態ではなかった．今回の調査で，長田の前歴を少し遡ることができたといえる．

製作学教場開設の時，生徒は製煉 32 人，工作 29 人，一技一芸はもとより一学も修めてないものがほとんどであった．予科本科それぞれ一年半と決めていた．さらに「明治七年三月以降，学用諸器，薬品，及其の他各種の物品修繕等，勉めて製作学教場に於て之を製造し，以て漸々外国人の助力を仰がず，また逐次に学用機械薬品等の輸入を減ぜしめん事を期す．仍て今年中同場に於いて製せし所の器械薬品中最も著しき者を左に掲ぐ」[71] という記述がある．ここにピンセット以下 34 種の物理器械の名称が上がっている．そしてここに記述された内容が，製作学教場の主要な，しかも重要な機能となっていくのである．教場にはまだ旋盤などの工作機械はなかったようである．この年，学監 Murray が着任，Griffis が任期満了で帰国，Verbeck は前年辞職していた．

翌1875（明治8）年の年報によると，製作学教場の工作場で製造した物品178種2916個，化学薬品81種．このうち化学器械26種，薬品52種（他に前年製造したもの57種）を京都府博覧会に出品．物理器械23種を文部省に送り，本省の指示で同種の器械65種をフィラデルフィア博覧会出品用として製作している．「そもそも此の工作場は，工作生徒に百工技術を教授するところと雖も該生徒未だ実地に業を学ぶべき地位に至らざるを以て方今に在っては該場所役の工人をしてもっぱら本校所用の諸器械を造補せしめ傍ら府県諸学校の請求に応じ中小学所用の器械を製造せしむるの用に属するが如し」[72] ということである．この工作場は仮設であり，工作器具もまだ揃ってない．この年の9，10月に1850円で螺旋盤，鑽孔器械，鉋削器械を購求したので多少は便利になるだろうが，工作器具はまだまだ不足している．機械の修理は枚挙にいとまがないが，新たに製作したものだけを表に示すとして171種をリストアップしている[73]．これらの製品を何人で作っていたかは不明である．内容はほとんど木工でできるもの，金属の鋳造と加工でできるものなどが多いが「ポラリスコウプ」や「七色板」などの光学機器，「カロリメトル」や「汽機雛形」など熱学用機器，その他力学，音響，静電気など極めて多様な製品が並んでおり，前年とは大きな違いが見られる．

この年は開成学校本科の生徒の授業でも実験を重視した授業が行われていることが年報に現れており，2月には薬品製錬所が落成し，7月には化学試験室が新築される．中は実験室と講義室に分かれている[74]．そこで「将来学業進歩に関する要件」[75] の中では熔鋳試験所と工作場新築の要望が強く出されている．続けて，本校には現在法学，化学，工学，物理学，製作学の5専門学科があるように見えるが，物理学，製作学は設置の趣旨が違っているから，法学，化学，工学の3専門があるというべきだろう．専門大学校にふさわしい学科を増設することが急務ではないか．そのために，普通科卒業生だけを入学させる純然たる専門大学校になるべきである．以上のような趣旨が述べられていた．ここに挙げられた物理学は，諸芸学に含まれていたフランス語物理学専攻であって，教員育成が目的であった．

翌1876（明治9）年の年報には「教授申報」の項に製作学教授ワグネル以下各教員が講義および実地指導をしていることが報告されている．その中に製作教員長田銀造の名があり，彼は工作予科第2級生に実地工器試用を教えている．Wagener は3月まで講義をして，4月からフィラデルフィア万国博覧会に参加するため渡米しており，外国人教師二人がその後の代講を務めている[76]．この万国博覧会は教育博覧会ともいわれ，教育に関するシンポジウムなども並行して行われており，Murray や手島も参加していた．Murray はこの時，東京に設立予定の学術博物館に展示する教育関連物件の収集購入を依頼されていた[77]．各機器メーカーのカタログ類も，この時精力的に集められたと考えられる．

製作学教場は1877（明治10）年2月で廃止になる．開成学校は東京大学に移行し，この年の年報は東京大学法理文三学部年報となっている．「處務の事」の中に，「二月製作学教場を廃す，該教場は明治七年二月の創建に係りて，之を設置する所以の主意は，元来百工技術は我が今日の急務たるに，本校化工等の学科たる頗る高尚に過ぎて，其

の過程を践修し一科専門を卒業せしむるに至るは数年の久しきを要せざるを得ず，因ってまず実地に就き，別に其の浅近の術業を教え，速成の生徒を造り，目下の急需に応ぜんとするに在り，然るに本校化学工学に従事する生徒は既に普通学を履修せしものなるが故に，其学科高尚なりと雖も卒業の期却って該教場に従事するものよりも速やかなるに至り，且つ本校現今の位置殆ど一大学の体を成せるを以て，右等浅近の学科を教うるは其の本旨にあらざるを以て，茲に其の場を廃するに至れるなり，然りと雖も該場生徒の如きは己に理化学等の一斑を得たるを以て，右設置は固より一簣に欠くの功と為すべからざるなり」と廃止の理由を述べている[78]．

製作学教場廃止に伴い，生徒は退校させられた．田中不二麻呂は，「開成学校中製作学教場廃止届」において，「着手之順序商量候得ば製煉工作中之一技のみを教授するは充全の専門学科を増設するに比すれば稍不急に属し候」と述べる[79]．製作学教場を廃した政府，文部省および，東京大学の行政官や日本人教授たちは士族出身者であった．従来の産業についても，近代社会の産業と技術がどのようにして成立し，誰に担われて発達するかということについても，まったく無知であったといわねばならない．

この時期の政府が唱える殖産興業に直結する技術教育は，東京開成学校の化学や工学，および工部大学校に開設された各科目であったことは確かである．しかし製作学教場では，それらの技術の最も基礎にある科学的知識を国民全体に広げるための教材の製作に努力し，また，製作する人材を育てようとしていたのである．そのことが明確に意識されて，製作学教場が設置されたわけではなかった．この時の開成学校内の認識は，1932年に発行された『東京帝国大学五十年史』の中で，「製作学科2科生徒の学業進歩は意外に速やかにして，相当の成果を挙げつつありしが，専門学科としての化学科および工学科の進歩とともに，製作学教場の如き浅近実用のものを併置するは，専門学校としての体面を得たるものにあらざるべしとの議起こり，明治十年二月に至ってこれを廃止せり」として追認されている[80]．これに対して東京職工学校を前身とする東京工業大学の六十年史には，「其の頃はまだ世人の考えは甚だ幼稚且つ不穏当で，工業の眞意義が分からない．ただ盲目的に工業は職工の仕事である．学問も何も

図 1-8(右)　三高コレクションのネレンベルグの偏光装置/Cat. No. 23
図 1-9(下)　同装置の基台に刻印された「東京大学理学部工作場造品」の文字

近代日本と物理実験機器

第1章 日本の近代化と物理実験機器

ない職工の為すべきことで，こんな事に金を費やすのは馬鹿げている，というような意見が多く，そして遂に……廃止することになったのです」という手島精一の言葉を引用して，開成学校の処置に批判的な人々の声を代表させている[81]．

手島精一 (1849-1918) は 1870 (明治 3) 年にアメリカに渡り，留学中に岩倉使節団の通訳としてアメリカ，イギリスの各地を回って帰国した後，1877 (明治 10) 年東京開成学校監事となり，翌年製作学教場事務取締を兼務していた．フィラデルフィア万国博覧会には，田中不二麻呂に随行し，日本出品事務を担当していた．すでに述べたように Wagener も Murray もそれぞれの役割を持ちながら同行していた．その間に事態が動いたともいえる．

製作学教場の工作場は大学の工作場として残り，この年 4 月以降も物理機器を作り続けた．年報には「是年二月乃至八月の間において諸府県の依頼に応じ本部工作場において物理学機械中等七組下等三組を製造し以て之を送付す」と記載され，1 組 75 点で，代価は中等 386 円，下等 244 円 65 銭と決められていた．この年の職員表には，工作方 1 名，製作方 3 名，日給工作方手伝い 2 名の記載がある[82]．翌 1878 (明治 11) 年の年報には製作方 3 名のみとなり，1877 年 9 月に本部工作場製造の物理器械 35 種や人体解剖雛形などが内国勧業博覧会に出品され，同年 10 月から 12 月にかけて物理機械 16 種や楷製人体解剖模型などがパリ万国博覧会出品のため漸次文部省に廻致されたと記述されている[83]．1879 年の年報には，工作方はもう現れない．パリ万国博覧会出品の製作で，製作学教場の役割は終了したと見るべきであろう．

三高保存機器の内，ネレンベルグの偏光装置 (Cat. No. 23) には，基台にはめ込まれた真鍮の円盤に「東京大学理学部工作場造品」と刻まれている．上のような事情を見てくると，この製品は 1877 年に製作されたことが明らかである．この時期の工作場で製造されたものが残されていたということに，やはり一種の感懐を覚える．大阪教育大学には，この装置と同じ東京大学理学部工作場製の偏光装置と，東京開成学校製作学教場製の偏光装置の 2 台が保存されている．当時公立師範学校に導入された物理機器が模造国産品ではなかったかという中川保雄氏の仮説を支持する物的証拠である．しかし，中川氏がアメリカ製品を見本とした模造としていることには，まだ検証の余地が残る．

工作場が東京大学理学部に引き継がれた理由として，大学理学部の諸学科に必要な機器を工作場で製作し，輸入の増加を抑える必要があったことと，理学部工学科の工学実習が必要であったことを中川氏が挙げているが，それには同意しがたい．その理由としては，第 1 に，工作場の工作機械と技術は，各専門科に必要とされていた機器を製造する水準に達していなかったことが挙げられる．第 2 に，技術者を育成して，工作場の水準を上げて，やがて国産品で自給するという思考が欠如していたために，製作学教場が廃止されたと推測されるからである．前後して，工部省工学寮で測量機を国産化しようと努力していた藤島常興 (第 2 章で詳述) に製造廃止の命が出て，彼は解雇される．おそらく，この時期に，国産化よりは外国から製品を購入した方が経済的で，時間的にも早いという意見が優勢になったのであろう．技術者育成派ともいう

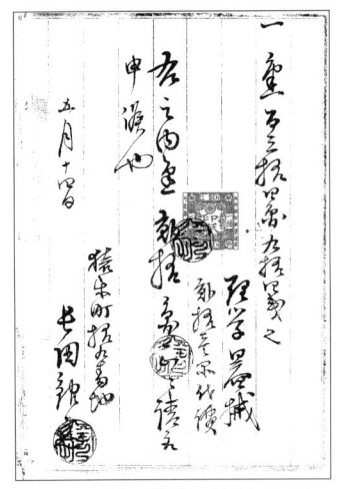

図 1-10 長田銀造の明治 11 年の受取証 /「舎密局～三高資料室」蔵

べき手島は教育博物館に転出し，Wagener は解雇された．

開成学校には器械掛が工作方とは別に置かれていた．この器械掛が，大学移行後も存在して，器械の発注，購入，他の学校との交渉に当たっている．1878 (明治 11) 年度年報には，外国から来着した諸器械 27 種 295 個，その第 1 は物理学用器械 21 種 27 個，第 2 は化学用器械 3 種 55 個，第 3 が工学用器械 3 種 213 個，その他内国で製造した器械 5 個などという記載がある[84]．大阪英語学校は，この東京大学三学部器械掛を通じて，工作場製造の物理機器を購入し，輸入品購入の斡旋を受けている．専門科で使用する程度の計器類がいつから日本で製作できるようになるかということは，なお検討を要することであろう．

工作場が新たな技術者を養成する場になっていたことを証明する資料が存在する．明治初期の職人人名録ともいうべき『東京名工鑑』に，内国博覧会に開成学校が出品したもののうち 2 点を製造したことで「理学機械工　元鉄砲師　森戌作　29 才」が上がっている[85]．経歴は，12 才から鉄砲師としての修行に入り，1873 年に武庫司に勤め，造兵司に改革した時に解雇され，1874 (明治 7) 年から 1877 年まで開成学校理学機械製造所の雇い工として勤めたが，病気のために退職し，病気が治ったので 1878 年 3 月から本郷区元町に開業して，もっぱら長田の注文を受け理学機械を製造しているが，次々と注文があって繁盛しているということである．嘱品元として「神田錦町開成学校理学機械製造所支配人長田銀造」と記載されている．この資料は，教育用科学機器は工作場の内部だけでなく，外部にも広がりをもって製造され，内国博覧会までは，長田が工作場においてまとめ役をしていたことの傍証と見てよい．

また，「器械鍛冶　元鉄砲工　竹澤彌助　33 才」は内国博覧会に文部省から出品した蒸気器械を製造して，ここに挙げられている．工具を二人雇用しており，嘱品家は本町鰯屋および丸屋善七で，この両人から依頼を受けて，理学，化学，エレキ，医療器械のたぐいを製作している．経歴には，父が石川県下で鉄砲工をしており，24 才で家業を継ぐが，1870 (明治 3) 年より大阪造兵司の雇い工となること 1 年，「その後同所開成学校製作所の職工となりて諸器械を製造せり，然るに，同 5 年該校東京開成学校に合併なりしによって出京し，同校に使役せられ，同 10 年 10 月該製作所廃止により」神田区錦町で開業し，繁盛しているという[86]．上に引用した，大阪造兵司の中に開成学校製作所があったという事実は，今のところ他の文書などから確認することはできていない．製作学教場を構成した人々の出自を知る資料として興味深い．

『東京名工鑑』には，田中久重など[87]，電気工や器械工なども数人挙げられているが，ここでは製作学教場と関係する 2 例を紹介することにとどめる．こうして，工作場を中心に教育用科学機器を作り続けた職人たちは，民間の教育科学機器製造業の創始者として，あるいはその下請けとして，教育博物館を中心に営業を始めることになった．教育博物館から長田が製造する器械の斡旋をするという広告が出されるのは，1878 (明治 11) 年 10 月のことである．次いで製煉社，藤島常興も製作者に加わる．『東京名工鑑』には，藤島のところに弟子，雇い工などが 15 人いたと記載されている[88]．教育博物館では，普通教育に関して，教育用品の展示の他，地方からの注文，送付などの

事務を請け負い，講習会や学芸講演会などを開催して，啓蒙にも努めた．このような活動については手島の努力に負うところが多かった．手島，佐野たちがこの時期に教育機器の展示や，国産化に努力した背景には，禄を失った士族の授産を助けるという目的もあった．

大阪英語学校は，この年長田から21個の理学器械を134円94銭で購入し，内金20円を払って契約しているが，日付は5月14日で，「猿楽町19番地長田銀造」と自署している[89]．この時大阪英語学校校長高良二が直接出向いて注文したことが，8月7日付，長田銀造代理藤村明芝の書簡に書かれている[90]．猿楽町にはすでに店舗もしくは工房を開いていたということになるが，舎密局に出向する前からの住所であるかどうかは分からない．購入した21個の理学器械については，次章で考察する．

Wagenerは東京での職を失い，しばらく京都舎密局で陶磁器の研究を続ける．この時島津源蔵親子との出会いがあり，島津製作所発展に寄与することになった．島津源蔵（1838-94）は父清兵衛の代から仏具師で，父の元で修業を積み，1875（明治8）年，35才の時に独立して京都の木屋町二条に仕事場を開き，理化学機器製造業を始めた[91]．創業に至る経過は，島津製作所の社史などからも明らかではない．しかし，背景としては京都の学術の水準や，槇村正直（1834-96）を中心とした勧業政策との関連を考えなければならない[92]．京都には『理学提要』の著者として知られていた広瀬元恭が蘭学塾時習堂を幕末から開いていた．佐野常民も一時ここに学び，ここから田中久重たち四人の職人を伴って佐賀に帰り，精錬方を立ち上げたことからも分かるように，広瀬の塾は，町人が理学を学び，かつ諸国の同学の士と交流する場となっていた．

また，木屋町二条は槇村が勧業事業を展開した地域の中にあって，京都舎密局と近く，高瀬川の最上流に面している．この立地は源蔵個人の選択によるものとは思えないが，それを立証する資料は見つかっていない．京都舎密局にWagenerが招かれて，島津源蔵が日常的に接する立場にあったことが，島津製作所の発展の基礎となったことは疑う余地がない．

先に挙げた長田や森，竹澤をはじめ，藤島，島津源蔵はそれぞれ，日本の在来産業の中で修行をし，明治のごく初期に近代工業の技術者への転換を図っている．彼らは教育用物理機器の模造から始めなければならなかったが，その段階で，すでに在来産業の中で伝えられてきた技術からの飛躍が必要であったに違いない．そこでは近代科学の知識を取り込まなければならなかった．また教育用であっても，機器の原理を理解していないと，使用に耐える機器を製造するのは不可能であったから，作業場で物理学を理解する努力もしたのであろう．彼らは内国博覧会に製品を発表し，あるいは審査員になって，技術を研鑽し，また，技術者の育成に努めた．

1881（明治14）年5月26日の東京職工学校の創立は日本の工業が中堅技術者を育成するだけの基盤を持つようになったことを意味していたともいえる．そして翌1882（明治15）年には，島津製作所の最初の『理化器械目録表』が出版された．島津製作所が教育用にとどまらない科学機器メーカーとして発展し得た理由については，さらに検証を必要とする．

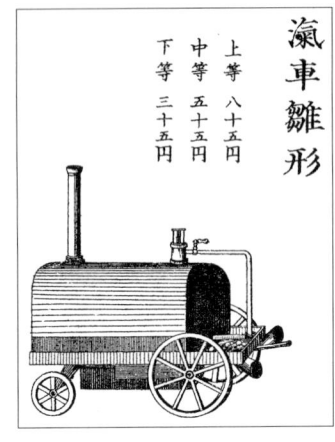

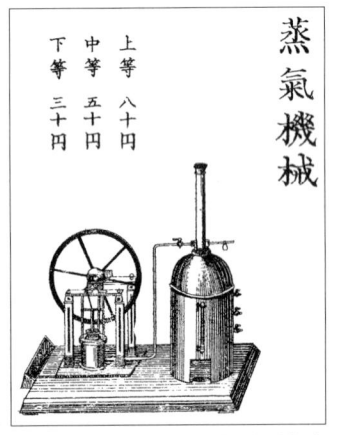

図1-11 『理化器械目録表』/島津製作所（1882）より

第 1 章 文献 ─────────

[1] Marx, Karl, *Das Kapital* (1867). マルクス＝エンゲルス全集刊行委員会訳『資本論』第1巻第1分冊，大月書店 (1968), p. 630.

[2] De Clercq, P. R. ed., *Nineteenth-Century Scientific Instruments and Their Makers* (1985).

[3] Williams, Mari E. W.: *The Precision Makers* (1994). 永平幸雄・川合葉子・小林正人訳『科学機器製造業者から精密機器メーカーへ』，大阪経済法科大学出版部 (1998).

[4] 18世紀末からの科学と社会の発展については，Cardwell, D. S. L.: *The Organization of Science in England* (1972). 宮下晋吉・和田武編訳『科学の社会史』，昭和堂 (1989) に仏独米との比較をしながら，イギリスにおける科学の組織化を論じている．

[5] 科学教育を取り込んだ近代中等教育の成立とその国際比較については，望田幸男編『国際比較近代中等教育の構造と機能』，名古屋大学出版会 (1990) から示唆を受けたことが多かった．

[6] 前出宮下他(4), p. 40.

[7] 同上 p. 49

[8] 三好信浩『日本工業教育成立史の研究』，風間書房 (1979), pp. 262-271.

[9] 前出宮下他(4), p. 51.

[10] 同上 p. 89

[11] 同上 p. 55

[12] Shankland, R. S., "Koenig, Karl Rudolph" (in C. C. Gillispie ed., Dictionary of Scientific Biography). または第三章第三節を参照．

[13] Turner, G. L'E.: *Nineteenth-Century Scientific Instruments* (1983), pp. 230-231. または第三章第三節を参照．

[14] Kangro, H.: *Geissler, Johann Heinrich Wilhelm* (in C. C. Gillispie ed., Dictionary of Scientific Biography)；または第三章第八節を参照．

[15] 前出永平他(3), p. 17.

[16] Lagemann, Robert T.: *The Garland Collection of Classical Physics Apparatus at Vanderbilt University* (1983).

[17] 前出永平他(3), pp. 37-43.

[18] Brachner, A.: "German Nineteenth-Century Scientific Instrument Makers" (1985), pp. 117-157, in de Clercq (2).

[19] 前出永平他(3), p. 55.

[20] 前出三好(8), p. 223.

[21] 久米邦武編田中彰編『特命全権大使米欧回覧実記 全5冊』(1977-82) 第五冊, p. 22, なお原著のカタカナは，読みやすくするために，ひらがなに直した．

[22] 前出マルクス(1), p. 501.

[23] 前出久米(21)第1冊, p. 406.

[24] 同上 第1冊, p. 11.

[25] 吉家定夫『日本国学監デイビッド・マレー その生涯と業績』，玉川大学出版部 (1998).

[26] 前出三好(8), p. 283.

[27] 前出久米(21)第2冊, pp. 138-9. なお，この部分で久米が行った計算については，高田誠二『維新の科学精神』，朝日新聞社 (1995) の中で考証が行われている．

[28] 同上第1冊, pp. 14-15；原著のカタカナは，ひらがなに改めた．

[29] 高田誠二「『米欧回覧実記』と久米手稿『物理学』」田中彰・高田誠二編著『『米欧回覧実記』の学際的研究』，北海道大学図書刊行会 (1993), pp. 263-272.

[30] 久米美術館編『久米邦武文書　二　科学技術史関係』吉川弘文館 (2000), pp. 47-90.
[31] 同上, p. 3.
[32] 前出久米(21)第2冊, pp. 104-106.
[33] 同上第3冊, pp. 320-321.
[34] 同上第2冊, p. 66.
[35] 同上第1冊, pp. 162-163.
[36] 『文部省第三年報明治八年』(1878), pp. 617-23.
[37] 梅溪昇『お雇い外国人 ── 政治・法制 ──』, 鹿島研究所出版 (1971), pp. 244-245.
[38] 前出久米(21)第2冊, p. 254.
[39] 前出三好(8), p. 289.
[40] 田中芳男, 平山茂信編『澳国博覧会参同紀要』(1897), pp. 42-45.
[41] Marx, Karl: *Zur Kritik der Politischen Oekonomie* (1859), 杉本俊郎訳『経済学批判』, 大月書店 (1966), p. 16.
[42] 芝哲夫『オランダ人の見た幕末・明治の日本 ── 化学者ハラタマ書簡集』, 菜根出版 (1993), p. 8.
[43] 同上 p. 9.
[44] 大橋昭夫・平野日出雄共著『明治維新とある御雇い外国人 ── フルベッキの生涯』 (1988), p. 146.
[45] 神陵史資料研究会編『史料神陵史 ── 舎密局から三高まで』, pp. 27-28.
[46] 同上, p. 36.
[47] 『旧理学所御備書籍試薬目録　丙　雑器』(1874)「三高〜舎密局資料室」蔵.
[48] 『旧理学所御備　理学用機械目録　乙』(1873) および『開明学校残留器械目録』(1874). 永平幸雄, 鉄尾実与資, 川合葉子「資料　理学所所蔵物理学器械目録」大阪経済法科大学・総合科学研究所年報第18号 (1999), pp. 93-110.
[49] 以下 Verbeck に関しては前出大橋他(43), および, Griffis, William Elliot *Verbeck of Japan, A Citizen of No Country* (Fleming H. Rrvell Co. 1900) によるところが多い.
[50] 前出久米美術館(30), p. 2.
[51] 前出三好(8), pp. 33-37.
[52] 高谷道男編訳『フルベッキ書簡集』, 新教出版社 (1977).
[53] 同上 pp. 138-140.
[54] 秀島成忠編『佐賀藩銃砲沿革史』原書房・明治百年史叢書 (1972), p. 276.
[55] 前出大橋他(44), p. 165.『高橋是清自伝』の中の, 1871年頃, 唐津藩校教師であった時の経験が引用されている.
[56] 長野暹『佐賀藩と反射炉』, 新日本出版社 (2000).
[57] 同上 p. 328.
[58] 前出高谷(52), 書簡の各所に彼の信条がつづられているが, 特に, 「信教の自由に関する覚え書き」, pp. 222-224.
[59] 前出 Griffis(49).
[60] Pike, Benjamin Jr. *Pike's Illustrated Catalogue of Scientific Instruments; With a new introduction by Deborah Jean Warner*, Norman Publishing (1993).
[61] 文部省往復目録233「諸芸学科用器械仏国ヘ注文ノ件」, 東京大学史史料室保管.
[62] 前出 Marx(1), p. 504.
[63] 佐野の履歴については, 前出三好(9)による.
[64] 土屋喬雄『G・ワグネル維新産業建設論策集成』, 北隆館 (1944), p. 32.
[65] 東京工業大学『東京工業大学六十年史』(1940), pp. 51-52.

[66] 『文部省第二年報明治七年』(1876)，p. 391．以下，文部省の年報の引用文については原文のカタカナをひらがなに改め，句読点を施した．

[67] 同上 p. 408．

[68] 同上 p. 391．

[69] 前出神陵史資料研究会(45)，p. 116．

[70] 中川保雄「明治初期における理化学器械製造業の形成」『科学史研究』Vol. 17 (1978)，pp. 101-110．

[71] 前出文部省(66)，p. 413．

[72] 前出文部省(36)，p. 543．

[73] 同上 pp. 545-546．

[74] 同上 p. 532．

[75] 同上 pp. 550-551．

[76] 『文部省第四年報明治九年第一冊』(1878)，p. 343．

[77] 前出吉家(25)，p. 162．

[78] 『文部省第五年報明治十年第一冊』(1879)，p. 414．

[79] 前出三好(8)，p. 238．『公文録文部省之部』(1879，明治10年3月)．

[80] 『東京帝国大学五十年史』(1932)，p. 332．

[81] 『東京工業大学六十年史』(1940)，p. 54．

[82] 前出文部省(78)，p. 415．

[83] 『文部省第六年報明治十一年』(1881)，p. 338．

[84] 同上 p. 337．

[85] 東京府勧業課『東京名工鑑』坤 (1879，明治12)，p. 105．

[86] 同上 pp. 96-97．

[87] 同上 pp. 94-96．

[88] 同上 pp. 175-179．なお，藤島常興については，中川保雄「藤島常興：封建時代の伝統的職人と明治初期工業化政策との結びつき(I)，(II)」『科学史研究』(1979) Vol. 18，pp. 140-147，207-214．

[89] 『神陵史資料 780019 明治十一年小譯證書 従一月至六月 大阪英語学校』「舎密局〜三高資料室」保管．

[90] 同上

[91] 島津製作所『島津製作所の歩み 科学とともに100年』(1975)，p. 11．

[92] 今津健治氏は上の冊子に「初代源蔵の創業に思う」という一文を寄せて，幕末の国内における京都の学術，技術の水準が高かったことを，指摘している．

第2章
第三高等学校の物理学教育・研究の歴史と実験機器コレクション

　三高物理実験機器コレクションの数は，1945 (昭和20) 年までの分で562点，明治大正期に限っても総数442点に上り，それらの豊富な実験機器は第三高等学校およびその諸前身校における物理教育と物理学研究を物語る貴重な歴史資料であり，ひいては近代日本の物理教育の実像に迫る貴重な一次資料と成り得る存在である．本章では，それらの実験機器と京都大学総合人間学部図書館付属の「舎密局〜三高資料室」に保管されている豊富な古文書を通して，第三高等学校およびその諸前身校での物理学教育，物理学研究の実態を明らかにしたい[1]．

　第三高等学校は1869 (明治2) 年の舎密局以来，度重なる校名変更，学校教育内容のさまざまな変遷などの，紆余曲折を経てきている．保存実験機器は，明らかにそれら諸学校の教育内容の変遷と対応して，購入され，利用されている．そのため，ここでは4つの時代，① 1886 (明治19) 年以前，② 1887 (明治20) -1894 (明治27) 年，③ 1895 (明治28) 年-1897 (明治30) 年，④ 1898 (明治31) 年-1926 (大正15) 年，に区分して叙述していく．

　まず1番目の時代は，1886 (明治19) 年の帝国大学令の発布により，第三高等中学校が生まれる前までである．この時期は校名変更が激しく行われ，学校制度が模索され，確立されていく時代である．2番目の時代は，1894 (明治27) 年に高等学校令が出されるまでで，基本的に，帝国大学へ進学する生徒のために予備教育を行っていた学校の時代である．3番目の時代は，高等学校令により第三高等中学校が第三高等学校となり，大学予科を持たない「準大学」としての専門教育を行っていた時代である．4番目の時代は，1897 (明治30) 年に京都帝国大学が発足し，第三高等学校が大学予科のみをもつ旧制高等学校として1950 (昭和25) 年まで存続する期間である．

第1節　機器台帳による三高コレクションの購入年の決定

　多くの三高実験機器コレクションには，備品番号，名称，製造業者名の何れかが記載されている．たとえば，1900 (明治33) 年購入の「電流による磁石の回転を示す装置」(Cat. No. 188) の場合，白字で「E. 55，ファラディー氏廻転磁石」と書かれ，朱色で「三三九四」と塗り込まれている．シールが3枚貼られており，それには，「3394　42. 7調属電気」，「3394」，「明治卅5年3月　第3394」と書かれている．つまり，過去何度か，備品整理のために，シールが貼られたり，書き込まれたりしたわけである．最も古い備品番号は，朱書きのもので3394である．その後，1902 (明治35) 年3月にシールが貼られ，1909 (明治42) 年7月にも調べ直され，「電気」に分類分けされたことが分かる．白地のE 55は新しい備品番号である．この3394の番号を機器台帳と照合することによって，購入年，購入価格等が分かる．

　三高コレクションの場合，機器台帳の保存状況は非常に良好である．1873 (明治6) 年から1974 (昭和49) 年までの長い期間にわたって表2-1のように11冊の台帳が存在する．この内，実験機器の特定に役立つのは，1881 (明治14) 年以降の9冊の台帳である．明治14, 16, 17年の台帳は，当該年度における実験機器の名称，在来数，増数，減数，現在数が記載されている．明治19年の目録では，それらの項目に加えて，番号，単価，合計価格が記載されており，はじめて備品番号がつけられ，購入金額が記入された．明治21-24年の『第三高等中学校器械模型標本目録』以降の台帳では，機器の所蔵や増減の状況を調べた従来の単年度機器所蔵調査目録ではなく，機器の購

図2-1　三高コレクション「電流による磁石の回転を示す装置」(Cat. No. 188 第3章7節248頁参照)．木台上に備品番号と名称が書かれ，製造業者のプレートが付けられている．

表2-1 実験機器の目録・台帳類とそれらに記載された物理器械の件数

記載年	目録あるいは台帳名	記載件数
明治6年	旧理学所御備　理学用機械目録　乙	376
明治7年	開明学校残留器械目録	39
明治14年	書籍器械目録（大阪中学校）	160
明治16年	大阪中学校器械模型標本薬品目録	202
明治17年	大阪中学校器械模型標本薬品目録	205
明治19年	第三高等中学校器械模型標本并薬品目録	223
明治21-24年	第三高等中学校器械模型標本目録	312
明治24-28年	第三高等中学校器械模型標本原簿	493
明治28-37年	第三高等学校器械模型標本原簿	855
明治40-大正12年	器械類原簿	866
明治21-昭和49年	備品監守簿	3031

入の都度書き加えて機器を管理していく方式の台帳，すなわち累積目録に変わった．さらに「納入人」や「備考欄」が加わって，より詳細な記述となった．

これらの台帳を使えば，機器の購入年等が判明する．先の実験機器「電流による磁石の回転を示す装置」の例で見れば，備品番号3394を手がかりに明治28-37年の『第三高等学校器械模型標本原簿』を調べれば，品目名は，「ファラディー氏廻転磁石」，購入年は「明治35年」，購入金額は「11円4銭2厘」，納入人は「独乙ライボルトナッフフォルゲルト会社」であることが分かる．実験機器には製造会社のプレートも貼られ，そこには「MECHANISCHE WERKSTATTEN E. LEYBOLD'S NACHFORGER CÖLN a RHEIN」と彫り込まれており，ドイツのケルンにあった E. Leybold 社の製品であることが分かる．

機器台帳中に備品番号が記載されているのは明治19年台帳以降であり，備品番号をたどるやり方ではそれ以前の台帳には遡れない．そこで，1886（明治19）年以前の購入かどうかの照合には，明治14，16，17年目録に記載されている機器の名称を利用した．たとえば，「マグデブルクの半球」（Cat. No. 5）の場合，機器そのものに朱書きで「三〇七」，シールに「A 20 マグデブルグ半球」と書かれている．明治19年台帳には「マグデベルグ半球　マグデベルグ，ヘミスフヒヤ　1個　307　2円50銭」と記載されていることから，この機器が1886（明治19）年にはすでに存在していたことが分かる．さらに明治14年台帳には，「マグデベルグ半球　マグデベルグ，ヘミスフヒヤ　在来数1個　現在数1個」と書かれており，1881（明治14）年以前にすでに入手されていたものであることが機器の名称の一致から分かる．このような照合によって，1881（明治14）年まで遡ることができる．

すべての実験機器に製造業者の記名があるわけではなく，また台帳にすべての機器の納入人名が記入されているわけではないが，実験機器やその収納箱に記載されている文字と9冊の機器台帳から，実験機器に関する情報を可能な限り入手した．

第2節　明治19年以前の諸前身校時代

2-1　明治19年までの物理実験機器コレクション

　この時期の保存機器数は全部で76点（そのうち47点を本書に掲載）である．1886（明治19）年8月に調査された実験機器目録『第三高等中学校器械模型標本幷薬品目録』の物理器械の記載件数すなわち種類数は223点である．したがって1886（明治19）年8月時点で物理器械が223点存在したことになり，そのうち76点が現存しているので，現存率は34%となる．非常に現存率が高く，110年以上の長期間の保存を考えると，驚くべき数字である．

　明治14-19年の4冊の実験機器台帳によると，1881（明治14）年以前に購入された機器は52点，明治15-16年購入の機器は9点，明治17年は4点，明治18-19年は11点であった．1881（明治14）年以前の機器数が多いが，それ以前のいつ購入されたかについては，機器保管台帳が1871（明治14）年以前にはなく，今のところ不明である．

　実験機器に刻印やプレートがあって製造会社名が分かるものがある．76点のうち，製造業者が判明したのは24点で，判明率は32%である．明治大正期全体の判明率は52%であり，この期の製造業者の判明率は他の時期に比して低い．製造業者から製造国名が分かるが，それをみてみると，イギリス7点，アメリカ5点，日本5点，フランス3点，ドイツ3点，オランダ1点である．英米の比率が高く，それらの国との関係が深かったことを示している．

　購入価格についてみると，最も高額なのはフランス製の天体望遠鏡の400円で，次いでイギリス製分光器300円，オランダ製の六分儀200円，ドイツ製顕微鏡180円と続く．日本製で最も高額なのは，明治初期の実験機器製造業者，藤島常興製作の伏角計90円である．島津製作所の製品で最も高額なのは「ビオー二重球」の3円50銭で，他と比較して非常に低額である．特に輸入品に高額な器械が見られるが，それは，この頃から，第三高等学校が実験器械購入に非常に積極的であったことを示している．教育博物館（国立科学博物館の前身）が理化学器械の学校への普及のために1880（明治13）年1月に器械斡旋の広告に出した小学物理器械一式が65円（長田銀造製で総数48点）[2] であった．また東京府は府立師範学校用の物理器械の購入を文部省に要求したが，それに対して，1877（明治10）年に文部省督学局は，東京開成学校製作学教場製の物理器械53種の総額が上等645円80銭，中等386円5銭，下等240円65銭となることを回答している[3]．これらの金額と比較すると，第三高等学校の当時の前身校がいかに高額な製品を購入していたかが分かる．

2-2 物理器械数の推移

　第三高等学校はその最古の前身校として1869(明治2)年創立の舎密局にまで遡ることができる.舎密局創立の年から1886(明治19)年までの時期に,物理実験器械をどれだけ購入し,教育設備としてどれだけ充実させてきたのであろうか.それは,11冊の実験機器台帳,1876(明治9)年以降毎年度に発刊された学校年報,その他,「舎密局〜三高資料室」の古文書類から明らかにすることができる.

　舎密局創設当時,多数の実験器械が存在した.それは舎密局教頭としてオランダから赴任してきたKoenraad Wolter Gratama(1831-88,日本ではハラタマと呼ばれる)が持ち込んだものであった.舎密局開講に向けた準備の中でGratamaは,約400箱に梱包されていた理化学器械・薬品類が長崎,江戸,大阪と転々と移動する中で,破損したり錆びたりしていたので,それらを2か月かけて整理した(本書第1章21ページ参照)[4].これらの実験器械はその後,舎密局が開成所,第4大学区第1番中学,大阪開明学校と校名を変える中でも保持され続けた[5].しかし,1874(明治7)年3月,物理学実験器械の国産化を推し進めるために東京開成学校内に製作学教場が設けられ[6],その教場設置に必要な実験器械としてこれらの実験機器が注目され,文部省の命令により[7],1873(明治6)年11月から1874(明治7)年3月にかけて東京開成学校へ移管された[8].

　この移管によって,目録記載件数すなわち種類数で376点,個数で907個あった物理器械[9]が,種類数で39点,個数で61個に激減してしまう[10].その規模は種類数では10分の1,個数では15分の1に及ぶ.しかし,その後漸次実験器械を増やし,1877(明治10)年刊行の大阪英語学校年報『明治九年(従一月至八月)年報』には,「3月11日物理用器械殆ド百個着校ス是レ文部省ヨリ交付スル所ニシテ以来之ヲ授業上ニ使用シ実物試験ノ便ヲ得タリ」[11]と書かれており,同書中の器械数一覧表にも94個増加したことが記されている[12].その後,1879(明治12)年4月に大阪英語学校から大阪専門学校に改称され,理科・医科の2専門科がおかれるに伴い,物理実験器械の充実も一段と進むことになる.1879(明治12)年9月から1880(明治13)年8月までの1年間に161個増やして,計274個になる[13].ほぼ倍増である.さらに明治14年9月-15年8月で302個の増加[14],明治15年9月-16年8月に172個の器械数増[15]が見られる.

　このように1869(明治2)年から1886(明治19)年までの物理実験機器については,舎密局以来の実験機器が明治6-7年に東京開成学校に持ち出されて,所蔵物理器械は払底した状態になってしまったが,その後,1876(明治9)年に増数を果たし,1879(明治12)年頃からさらに充実されていった.したがって,三高実験機器コレクションのうち,1881(明治14)年以前購入の機器は,舎密局以来のものはほとんどなく,1876(明治9)年,1879(明治12)年以降の購入のものが主であると推定できる.

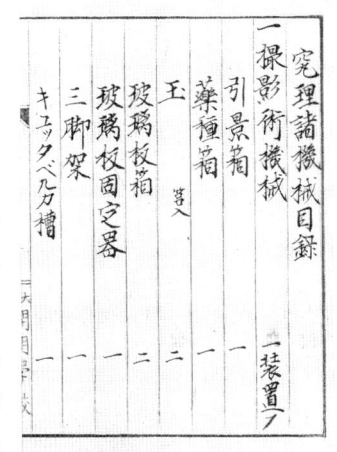

図2-2 理学所の所蔵物理機械目録/「旧理学所御備理学用機械目録乙」「舎密局〜三高資料室」蔵

2-3　諸前身校における物理教育と担当教師

　1886 (明治19) 年までは，明治日本の学校制度が激しい紆余曲折をたどりながら，制度を確立していく時代であった．1886 (明治19) 年3月に帝国大学令，4月に師範学校令，小学校令，中学校令が公布され，戦前期日本の基本的な教育制度の枠組みが形成された．この期の第三高等学校の前身校も激しい制度改革の波を受け，短期間の内にさまざまな学校名の変更を行うことを余儀なくされている．

　舎密局は1869 (明治2) 年5月に開所式を行い，Gratama (ハラタマ) を中心として日本ではじめての理化学校が成立するが，翌年の1870 (明治3) 年5月には，理学所と改称し，造幣寮所管となる．さらに同年10月には洋学校と合併して，大阪開成所として発足する．ここまでは学校の性格としては，専門教育を指向する学校，すなわち大学に準ずる位置を目指した学校であった．しかし，1872 (明治5) 年8月に学制が発布され，それに伴い，大阪開成所は第4大学区第1番中学となり，より高等な専門教育を目指す生徒のために普通教育を施す学校に変わった．第1番中学も8か月と短命で，その後の1873 (明治6) 年4月に，東京の開成学校，長崎の広運学校とともに，専門学科を有する大阪開明学校に変わった．しかし1年後，東京の開成学校のみが専門教育機関として存続し，やがては東京大学へと発展していく一方，大阪開明学校は，長崎の広運学校とともに英語学校となる[16]．

　1874 (明治7) 年に大阪英語学校が発足する．それ以前の学校は極めて短命であったが，大阪英語学校は比較的長く存続し，4年3か月続く．同年は全国に7つの官立英語学校が作られ，この段階で欧米諸国からの学術移入の手段としての英語の地位が確立し，フランス語，ドイツ語が後退した．官立英語学校は，当時の最高学府となった東京開成学校へ連結する予備教育機関となった．1877 (明治10) 年になると，経費節減を理由に東京と大阪を除く官立英語学校と官立師範学校が廃止され，東京開成学校と東京医学校は合併して東京大学となった．明治12年に大阪英語学校は大阪専門学校と改称され，東京の「大学」に対して大阪は一段低位の「専門学校」という教育水準が設定されたのである．大阪専門学校は本科と予科を持ち，本科には理学科と医学科が設けられた．大阪専門学校の1879 (明治12) 年12月現在の生徒数は本科生10名，予科生201名であり，未だ専門学校としての実体を整えていなかったが，その整備が整う前に，わずか1年8か月で，大阪中学校と改称された．1880 (明治13) 年発足の大阪中学校は全国で唯一の官立中学校となり，他の府県立学校の模範的な中学校像を創出することが期待された[17]．大阪中学校は比較的長く存続し，5年7か月続いたが，1885 (明治18) 年関西に大学の設置を求める意見書「関西大学創立次第概見」が文部省に出され，それが契機となって，同年7月，大阪中学校は大学分校と称され，理学，文学の2専門科と予科を置くことになった．しかし1886 (明治19) 年の帝国大学令，高等中学校令に基づき，東京大学は帝国大学に，大学分校は第三高等中学校に変わった．大学分校時代はわずか9か月間と短命で，大学としての実体が伴わないままに終わった．

以上のように第三高等学校の前身校は，1869（明治2）年の舎密局以来，激しい校名変更を繰り返してきた．大阪英語学校と大阪専門学校のように，校名からだけ見れば，大学予備教育を行う普通教育の学校と専門教育を行う学校の間で揺れ続けてきたように見える．しかし，大阪専門学校でも本科生はほとんど在籍せず，専門教育としての実態が伴わないままで終わっていることから分かるように，第三高等学校の前身校は実質的には大学予備教育の場として普通教育の学校として推移したと言えよう．ただ，わずかな期間であれ専門学校時代を経る中で，それを機に，学校設備，教師，図書，物理学実験機器等を充実させ，1897（明治30）年の京都帝国大学の実現に向けてその実力を蓄積させていった．

　1886（明治19）年以前の物理学教育については，物理学教科書，物理学担当教師によって，その状況が理解できる．まず教科書であるが，諸前身校の発行した学校一覧および年報によって，各学年配当の使用物理学教科書が分かる．1876（明治9）年の大阪英語学校から1887（明治20）年の第三高等中学校までの使用教科書の一覧は表2-2に挙げた．大阪英語学校では英語で普通教育を行っていたので，英語の物理学書が使用されている．表2-2のクエツケンボスはQuackenbos[18]，シンプソンはSimpson[19]を

表2-2　第三高等学校の諸前身校における各学年配当の物理学教科書リスト

学校一覧・年報	年次	物理教科書	学年
明治9年年報（大阪英語学校）	明治9年1月-8月	クエツケンボス	上等第2年第1期
		ガノー	上等第3年第1期
第8学年年報（大阪英語学校）	明治9年9月-10年8月	シンプソン	上等第6級
		ガノー	上等第5級
		クエツケンボス	上等第4級
第9学年年報（大阪英語学校）	明治10年9月-11年8月	ガノー第46葉[*1]	上等第6級[*2]
		ガノー第132葉	上等第5級
		ガノー第146葉	上等第4級
		ガノー第227葉	上等第3級
		ガノー第291葉	上等第2級
		ガノー第368葉	上等第1級
大阪中学校一覧	明治14年15年	改正物理全誌	初等中学科第3年
		士都華氏物理学	高等中学科第1年，第2年第2級
		士都華氏物理学，改正物理全誌[*3]	高等中学科第2年第1級
大阪中学校一覧	明治16年9月-17年8月	改正物理全誌	初等中学科第3年
		士都華氏物理学	高等中学科第1年，第2年第2級
		士都華氏物理学，改正物理全誌	高等中学科第2年第1級
大学分校一覧	明治18年9月-19年8月	スチュアルト氏物理学	予備科第2年
第三高等中学校一覧	明治19年9月-20年8月	スチュアルト氏物理学	予科第1級

＊1）「葉」はページを示す．「ガノー書46ページまで」を意味している
＊2）級の数字の小さい方が上級生
＊3）士都華氏物理学には，気象学の章がないので，『改正物理全誌』で補われた

指している．何れも高学年の上等で教えられている．表中のガノーはW. G. Peck訳のGanot物理学書[20]で，明治10-11年の大阪英語学校の年報では，上等第6級―第1級までの段階でそれぞれ授業で読み進む予定のページが書かれている．2年間で1冊を読み終えることになっているが，これらの英語物理学書は当時大学予科段階でよく使用された教科書である[21]．大阪中学校になると，日本語で普通教育を行うようになり，物理学教科書も『改正物理全志』[22]や『士都華氏物理学』[23]が使用される．何れも翻訳物で，中等教育程度の物理学書である[24]．

物理学を担当していた教師は，1869（明治2）年5月―1870（明治3）年12月まではGratamaである．GratamaはオランダのUtrecht陸軍医学校に1847年に入学し，1853年に同校の教師として採用され，物理学，化学，解剖学等を教えた．1864年にUtrecht大学で化学の学位，66年には同大学医学部で医学博士号を取った[25]．

Gratamaがオランダに帰任後，物理学を担当したのは，ドイツ生まれのHerman Ritter（1828-74，日本ではリットルと呼ばれる）である．RitterはGöttingen大学で化学を学び，同大学で，尿素合成で有名なFriedrich Wöhler（1800-82）のもとで博士の学位を得た．金沢藩の招きで来日したが，金沢には行かず，大阪の理学所へ来た．理学所が第4大学区第1番中学になって普通教育を施す学校に変わると，Ritterは東京開成学校に移り，同校の鉱山学教師となった[26]．GratamaとRitterは，経歴からも分かるように，当時の日本にあっては最高の専門的理化学を教えることのできる人物であった．

Ritterの後を継いで物理学教師となったのは，Isaac Eaton（1843-）である．1878（明治11）年の大阪英語学校の校表[27]によれば，Eatonの担当は，上等1，2級の物理と化学，上等3，4，5級の物理，下等1級の会話，下等3級の史学と書取であり，物理の教科書としてPeckのGanot物理学書を使用していた．Eatonは1872（明治5）年，神戸に居留中に兵庫県に語学教師として月給100円で雇用され，次いで1873（明治6）年大阪税関に商品の英文送り状を読み取る人員として雇われた．Eatonは給料の不足を訴えたが，聞き入れられず，3か月間勤めただけで辞職した．同年，第三大学区第一番中学に月給150円で語学教師として雇われ，大阪英語学校時代の1879（明治12）年2月までの6年間勤務した[28]．Eatonは1877（明治10）年の天皇臨幸の際に「天覧授業」として学生の物理実験を指導し，6種の実験を6名の生徒に行わせている．それらの実験の中には「車ノ転動ニ依テ音響ヲ発スル事　張安一」のような「サヴァールの歯車」（Cat. No. 15）を使った実験，「マグデボルグ半球　山口満　小林精一」のような「マグデブルクの半球」（Cat. No. 5）を使用した実験があり，三高コレクション中の実験機器が利用されていたことが推測される[29]．

大阪英語学校時代も後期になると，ようやく中等普通教育を担える日本人教師が育ち，外国人教師から日本人教師への切り替えが行われていった．実際，1881（明治14）年の大阪中学校には外国人教師が一人もいなくなった．そうした状況下でEatonの後を継いで物理学を担当したのはアメリカ留学から帰国したばかりの田村初太郎（1852-1915）である．『第三高等学校職員録』[30]によれば，田村は明治11-27年の16年

間勤務し，哲学，倫理，英語，物理，化学を教えていた．田村初太郎は，江戸八丁堀で生まれ，幕府の洋学校である東京の開成所（後の東京大学）に1864年に入学し，英学と数学を学んだ．2年後には開成所英学教授手伝になって初学生に句読を教え，5人扶持をもらうようになった．田村は江戸幕府の直参であり，当時，幕府は開成所教員の直参化を進めていたのである[31]．明治維新とともに開成所が廃止となり，田村の父が浜松添奉行を命ぜられたので父とともに静岡に帰り，田村は年俸100両で静岡藩学校英学4等教授となった．1870 (明治3) 年大学南校へ修学するため東京に戻るが，密かにアメリカへの洋行を志し，5月にアメリカ船チャイナ号に乗船し，日本を脱出国した．そして，オレゴン州フォレストグローヴ (Forest Grobe) 市のPacific Universityの中学校に入学し，校長の下男として働きながら勉学した．1871 (明治4) 年岩倉具視の特命全権大使一行がサンフランシスコに滞在している時に，勝安房の計らいで脱出国の罪が許され，官費生の扱いとなった．その後，留学生の整理を目指した学制改革「学制二編追加」が1873 (明治6) 年に出されるに伴い，文部省より帰朝を命ぜられる．しかし，田村は自費滞在を願い出て米国滞在を許可され，1876 (明治9) 年に大学を卒業，バチェラー・オブ・アーツ (Bachelor of Arts) の学位を得た．卒業後メリーランド州のエリコットシティー (Ellicott City) に行き，同地のセント・クレメント・ホールという学校の監事兼教員となる．翌1877 (明治10) 年オハイオ州Oberlin神学校に入学し，キリスト教・第2組合教会の洗礼を受けた．1878 (明治11) 年，父の死亡で急遽帰国したが，渡米時17歳，帰国時25歳で，アメリカ滞在8年であった．帰国後，大阪浪花教会の牧師沢村保羅の紹介で，田村は大阪英語学校の教員に月給60円で採用された．田村はキリスト教の布教に努め，1879 (明治12) 年，沢村保羅が創設した大阪梅花女学校の校長に選ばれてそれを兼職する．1890 (明治23) 年に第三高等中学校が発足すると教諭の名称が廃止となり，田村は教授となって英語，ドイツ語，ラテン語を受け持った．1894 (明治27) 年に第三高等学校が発足して第三高等中学校が廃止となると，田村は非職となり，静岡県尋常中学校浜松分校校長を嘱託されたが，翌年その嘱託が解かれ，京都の平安女学院教頭嘱託になった[32]．

田村もEatonも物理学を専門とする教師ではなく，英語の教師である．1890 (明治23) 年から第三高等中学校に勤務した帝国大学理科大学物理学科卒業の水野敏之丞から専門的な物理学者が教壇に立つことになった．

このように使用物理学教科書，物理学担当教師等を概観すると，明治2-5年までの舎密局，理学所，大阪開成所時代は，関西で最高の水準を持つ高等専門教育機関を目指していたといえるが，その後はごく短期間，専門教育機関の時期はあったけれども，基本的には大学予科の普通教育を行う学校であった．

2-4 実験機器の購入経路

京都大学総合人間学部の図書館には「舎密局〜三高資料室」があり，第三高等学校およびその前身校が所蔵してきた多量の古文書が保管されている．その中には，さま

第2章　第三高等学校の物理学教育・研究の歴史と実験機器コレクション

ざまな実験機器の購入経路を示す興味深い文書が多数含まれている．ここではそれらの古文書から三高実験機器コレクションの購入経路を探っていく．

すでに述べたように，Gratamaが持ち込んだ実験機器が明治6-7年に東京開成学校に移管された後，所蔵実験機器は激減するが，1876（明治9）年および1879（明治12）年以降に徐々に充実させていく．1874（明治7）年の東京開成学校への移管後にわずかに残された機器は『開明学校残留器械目録』で分かるが，それ以後で，前身校の実験機器所蔵目録の最も古いものは明治14年の『書籍器械目録（大阪中学校）』である．したがって，目録からは，三高実験機器コレクションの購入年を1881（明治14）年以前に遡って明らかにすることはできない．しかし，三高資料室の古文書に基づけば，いくつかの機器の購入年や購入経路が明らかになる．

本書に掲載の「六分儀」（Cat. No. 1290, 298-299頁参照）には，「G. Whitbread, Hurst Van Keulen Amsterdam」と彫り込まれており，目録から1881（明治14）年以前に200円で購入されたことが判明している．刻印からこの六分儀（セキスタント）はアムステルダムの著名な科学機器メーカーVan Keulen社のものであることが分かる．同社の創業はJohannes I van Keulen（1634-1715）が「書籍商および直角器製造業者」として1678年にアムステルダムの書籍商ギルドに登録して始まった．海図作成で有名となり，六分儀や八分儀等の航海用機器を製造し，オランダの海運業の成長とともに栄えていき，その没落とともに衰えていった．4代目のGerald Hulst（1733-1801）の時代には外国の機器を購入し，それに自社名を入れて販売する小売業を行っている．「G. Whitbread London, Hurst Van Keulen Amsterdam」の記名の入った八分儀が各地にいくつか現存しているが，これはロンドンの光学・測量機器メーカーG. Whitbread社の製品に自社名を入れて販売したものである．こうしたことから，三高コレクションに保存されている六分儀も同様にG. Whitbread社の製造になることが分かる．Hulstの死後，機器製造業は衰退し，小売業のみを行うに至った．同社は1885（明治18）年に倒産し，所持商品は競売にかけられたが，その時の測量機器の競売目録に他の数社とともにWhitbread社製品の名が見られる[33]．

1876（明治9）年の大阪英語学校長・高良二と東京の開成学校器械掛・三原親長との間での「六分儀」の購入に関する往復書簡が「舎密局〜三高資料室」にある[34]．その内容を以下で要約する．6月17日，開成学校から大阪英語学校宛に，「セキスタントを払い下げてほしいとの大阪英語学校の要望に対して，オクタントならば払い下げ可能であるが，どうしてもセキスタントがほしいと言うことであれば，長田銀造が持ち合わせているセキスタントがあるので，それでよければ45円で買ってはどうか」と書き送っている．それに対して大阪英語学校は6月26日に「セキスタントを購入したい．長田銀造には，送料を足して開成学校の方で立て替え払いをしてほしい」と返答している．開成学校は7月1日に三菱郵船で送ったことを伝え，8月21日には郵船費25銭を加えて全部で45円25銭を立て替えたことを書いている．これらの書類を見ると，大阪英語学校と開成学校がいかに機器購入で互いに緊密に協力しあっていたかが分かる．この古文書に出てくる六分儀が三高コレクションの六分儀であるとの証拠は残念

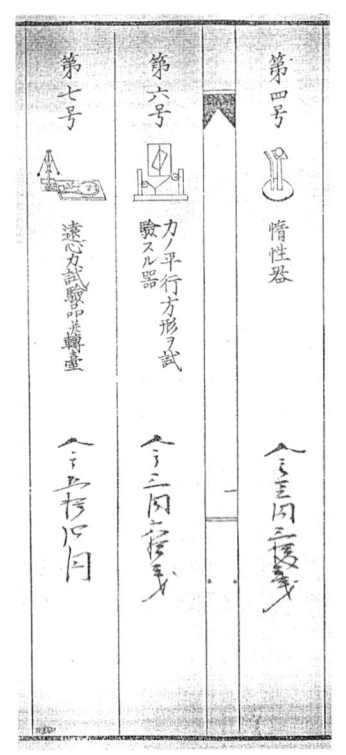

図2-3　明治10年の東京府購入の物理器械／東京都立公文書館より

ながら得られていないが，1881 (明治 14) 年の目録に同名の「角度測量器　セキスタント」が記載されていること，また明治 9-14 年にセキスタントの移動を示す文書が残されていないことから，この 1876 (明治 9) 年の 7-8 月に手に入れたセキスタントである可能性は非常に高いとみることができる．

1879 (明治 12) 年 4 月に大阪英語学校は大阪専門学校に改称され，医科と理科の 2 学科がおかれたが，その専門学科の実験設備を整えるために，この頃，実験機器が積極的に購求された．1878 (明治 11) 年 5 月 14 日付けで長田銀造が提出した物理学器械 21 点，134 円 94 銭の請求書とその「購求目録」が舎密局資料室に残っている[35]．その目録では価格，機器名がそれぞれ載せられており，それらは，「惰性器」，「力ノ平行方形ヲ試験スル器」，「尖木」，「アトウース氏装置」，「酒精準」等々である．何れも初等，中等段階の物理実験機器である．実際，それらの機器名は，1877 (明治 10) 年に東京府が小学師範学校の実験機器として東京開成学校製作学教場から購入したもの[36]と一致する．たとえば，大阪英語学校購入目録で「力ノ平行方形ヲ試験スル器　金三圓六拾銭」は東京府購入目録でもまったく同じ機器名，同じ価格である．21 点の内名称が異なるのは 3 点のみで，「應響ヲ試験スル器」が「應応響試験器」になっているようにわずかな記述の違いでしかない．価格については，バーカ氏水車で 8 円が 7 円 80 銭になっているようにほとんど違いはないものと，惰性器のように 3 円 30 銭が 1 円 32 銭で違いが比較的目立つ機器があるが，21 点中異なるのは 6 点のみである．製作学教場作成の機器には上等，中等，下等があったので，そのために価格に違いが出たものと考えられる．これらの実験機器がどのようなものであったかは興味深いところであるが，残念ながら，三高実験機器コレクション中には残っていない．しかし，大阪英語学校が，長田銀造が製造した実験機器を多量に購入し，しかもそれらが，東京府が小学師範学校のために東京開成学校製作学教場から購入したものと機器名称，金額ともほぼ一致することは非常に興味深い．

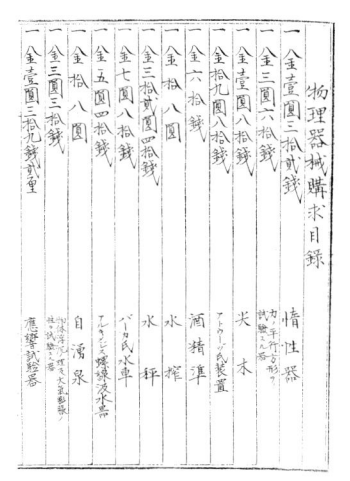

図 2-4　大阪英語学校が長田銀造に注文した物理器械の目録／「舎密局〜三高資料室」蔵

1878 (明治 11) 年 2 月 1 日，大阪英語学校長・高良二から文部大輔・田中不二麻呂宛に，「学校用の天体望遠鏡を海外から取り寄せたいが，100 円ぐらいのものであるので，海外に直接注文しては荷造り運輸等手数がかかり過ぎて不都合である．よい機会はないものかと考えていたら，パリ万国博覧会に文部省から出張することを聞いた．それでその事務官がパリで買い求めてほしい」との内容の要望書を出した．その返事が 5 日にあり，文部省学務課長・野村素介から大阪英語学校長・高良二宛に，「貴校が要望してきた望遠鏡の件の文書中に，望遠鏡と書かれていたり，天眼鏡と書かれていたりして不統一であるから英語かフランス語で書いてくること．また 1 組なのか，1 基なのか分からないから，要望書を書き直してほしい」旨の手紙が届いた．それを受けて 8 日に大阪英語学校から文部省宛に「テレスコープ 1 基要望する」との返信が出された．パリで 1878 (明治 11) 年に開催された万国博覧会は日本がはじめて独立パビリオンを建てた博覧会であるが，この時，文部省より九鬼隆一が派遣されていた．大阪英語学校は，九鬼にパリでの望遠鏡購入を依頼し，代金 150 円を送った．九鬼は 12 年 5 月に帰朝したが，望遠鏡購入の件はどうなっているのか，と問いただす手紙が大

阪専門学校総理・服部一三より文部省会計課長・辻新次宛に出された．その返事が6月14日にあり，「九鬼事務官にとって，天文学者に問い合わせたり，その事務を執ったりすることは多忙であったので，仏国在留文部四等属・中川元に代金を渡して買い入れを任せた」旨であった．中川元は，1878（明治11）年，文部省より師範学校の調査のために，フランスに派遣された．同年，同じ目的で派遣された人物には，他に，ドイツに村岡範為馳，イギリスに西村貞がいる．中川は東京外国語学校訓導を努めており，フランス語に堪能であることが認められたのであろう．中川は調査の仕事とともに，九鬼の補佐役・通訳の仕事も命ぜられた[37]．望遠鏡購入もその仕事の一環として九鬼から任されたのであろう．九鬼事務官がフランスを発つ時には，「すでに買い入れが済んで，今運搬途中である」と回答してきた[38]．

　明治初期の実験機器輸入の仕組みはどうなっていたのであろうか．1874（明治7）年，文部省は，無秩序に行われていた海外留学生の整理に踏み切り，6月に海外留学生監得を置き，官費留学生の監督・指導に当たらせた．留学生監得は，その任務以外の兼務事項として，①海外各国の教育事情の報告，②外人技師・教師の雇い入れの周旋，③書籍・器械の購入実務が課せられた．そして，1875（明治8）年には目賀田種太郎がアメリカに派遣され，同9年には正木退蔵がイギリスに派遣された[39]．後に取り上げるが，実際，三高の前身校は正木退蔵を通して実験機器を購入している．したがって留学生監得のいないフランスからの購入を前述のようにして九鬼隆一に依頼したのであろう．

　三高コレクション中に，1881（明治14）年以前購入の天体望遠鏡（Cat. No. 20）が1台含まれている．天体用，地上用の両方に使える望遠鏡で，筒の長さは1m20cmである．望遠鏡の筒にA. PRAZMOWSKI 1. R. BONAPARTE PARISと彫り込まれていることから，パリのボナパルト通り1に住所をもつA. Prazomowskiの製造になることが分かる．Adam Prazomowski（1821-）は1839年ワルシャワの天文台の助手となり，1846-9年にはポーランドの測地測量に従事する．1860年に日食観察のためにスペインに派遣され，政治的な理由で63年にパリに亡命する．そこで光学機器製造業者Edmond Hartnackのもとで働き，やがて共同経営者となり，Prazomowski-Hartnack社を名乗るが，70年にドイツ生まれのHartnackはパリから追放される．1876年からはPrazomowskiの名称を使うが，1881年からはBezu-Hausserに変わる[40]．HartnackとPrazomowskiは望遠鏡，顕微鏡，ヘリオスタット等の光学機器を製造販売した．したがって1876（明治9）年から1881（明治14）年まで，Prazomowskiの名が使用されており，その間に購入されたものと見なすことができる．九鬼隆一が

図2-5　1879（明治12）年に九鬼隆一を通して購入されたものと推定される天体望遠鏡/Cat. No. 20（第3章5節 156-157頁参照）

近代日本と物理実験機器

1879 (明治12) 年に購入したことと一致する。三高コレクションの天体望遠鏡はほぼ間違いなく1879 (明治12) 年購入のものであろう。

1879 (明治12) 年になり，大阪専門学校時代に入ると，これまでより高度な実験機器を東京大学3学部から購入している。12年9月8日に開明学校時代から勤務していた職員白井唯一名で，電気器1組とその他18種の器械の代価を東京大学三学部へ送金したことを示す書類と，その実験機器の品目名と価格のリストが残っている[41]。それによると，合計金額は172円5銭，東京から大阪までの運送料は13円35銭で，3つの箱に入れて送られてきた。それらの中で品目名から，どのような機器か明瞭に判明するものだけを挙げると，「音叉」，「サイレン」，「排気装置」，「カメラルシダ」，「マノメーター」，「カメラ」，「分光器」，「電気石挟」，「ネレンベルグの偏光装置」となる。これらの機器の名称から分かるように，大阪英語学校時代の物理学教科書 Peck's Ganot では扱わない「電気石挟」，「ネレンベルグの偏光装置」のような偏光実験装置や「カメラルシダ」が含まれている。これらは Atkinson の訳したいわゆる『大 Ganot 物理学書』に図版入りで詳しく取り扱われており，専門学校での物理教育用に用意された当時としては高度な水準の実験機器といえる。

上記の「ネレンベルグの偏光装置」とは Nörrenberg Polariscope のことであり，この時に10円で購入され三高コレクション中に現存している (Cat. No. 23)。この偏光装置の台にはめ込まれた真鍮円板に「東京大学理学部工作場造品」と円弧状に彫り込まれている。それらの字はきれいに揃っておらず，一見して機械ではなく，手作業で彫り込んだものであることが分かる。第1章で詳しく述べたように，1874 (明治7) 年，物理学器械の輸入依存から脱し，その国産化を推し進めるために，東京開成学校に製作学教場が設けられ，物理実験機器の製造が行われた。しかし，指導的な科学者・技術者の養成期間として成長しつつあった東京大学の体制と矛盾を起こして，1877 (明治10) 年に東京大学が発足するとともに廃止となった。廃止後，製作学教場は理学部工作場として引き継がれた。三高コレクション中の「ネレンベルグの偏光装置」はそこで製造され，大阪専門学校に譲り渡されたのである。まったく同じ偏光装置が大阪教育大学に2台現存しており，1つは三高コレクションと同じ東京大学理学部工作場製で，もう1つは東京開成学校製作学教場製である[42]。

大阪専門学校となり，医科が設置されると，外国人教師が必要となる。その教師を斡旋したのは，イギリス滞在の海外留学生監得・正木退蔵である。正木の斡旋により，Edinburgh 大学の Fredrick W. D. Fraser は月給銀貨400円で1880 (明治13) 年4月から1885 (明治18) 年4月まで勤めることになり，同年4月9日に着任した。しかし，同年12月に大阪中学校に改称されるに伴い，翌年2月に解雇された。Fraser は着任する前に外科器械96点，472円48銭7厘分購入し，大阪専門学校へ送った[43]。

正木退蔵 (1845-96) は長門国に生まれ，1859年吉田松陰に師事し，1871 (明治4) 年にロンドンに留学し，University College の著名な有機化学者 Alexander William Williamson (1824-1904) のもとで学んだ。明治7年に帰国し，開成学校教官となる。明治9-14年に留学生監得として再びロンドンに赴き，帰国後は，東京工業大学の前身で

ある東京職工学校の初代校長となる．正木は帰国時に，日本の近代化学の基礎を築いた Robert William Atkinson (1850-1929) を連れ帰り，開成学校の教師に推薦した．また，John Milne (1850-1913) とともに日本の地震研究を築いた Edinburgh 大学の James Alfred Ewing (1855-1935) を東京大学教授として適任であると報告し，その結果 Ewing は 1878 (明治 11) 年に東京大学理学部機械工学教師として招聘された．このように正木は留学生監得として日本の近代科学発展の上で大きな役割を果たしたのである[44]．

正木退蔵より大阪専門学校総理・服部一三宛に出された，書籍，実験器械購入の際の支払い明細書が「舎密局〜三高資料室」に所蔵されている[45]．それによると正木は1880 (明治 13) 年 4 月 2 日に文部省より 1000 円，英金で言えば 136 ポンド 10 シリング 11 ペンスを受け取ったが，5 月 6 日に英金 126 ポンド 12 シリング 7 ペンスを支払い，残金は英金 9 ポンド 18 シリング 4 ペンスであると報告している．支払いの内訳を見ると，エジンバラの科学機器メーカー Kemp 社 (支払額は 18 ポンド 1 シリング 1 ペンスで 18£.1s.1d と記述する．以下同じ記載形式)，ロンドンの科学機器メーカー Elliott Brothers 社 (5£.15s.0d)，バーミンガムの光学機器メーカー James Parkes 社 (18£.16s.9d)，ライプチッヒの J. Schneider 社 (293.5 マルク)，エジンバラの外科器械製造業 Archibald Young 社 (3£.7s.6d)，エジンバラの医薬品製造業 Macfarlan 社 (2£.2s.10d)，ロンドンの書籍医療機器販売業者 Henry King Lewis (22£.14s.0d) が挙げられている．

これらは Fraser が，大阪専門学校での医学教育のために注文したもので，それぞれ請求書と領収書が残っている．James Parkes 社の請求書には「3 English Medical Microscopes... £6.5.0」と書かれており，同社からは顕微鏡を 3 台購入し，1 台あたり 6 ポンド 5 シリングであったことが分かる．日付は 1880 年 2 月 2 日，宛先は

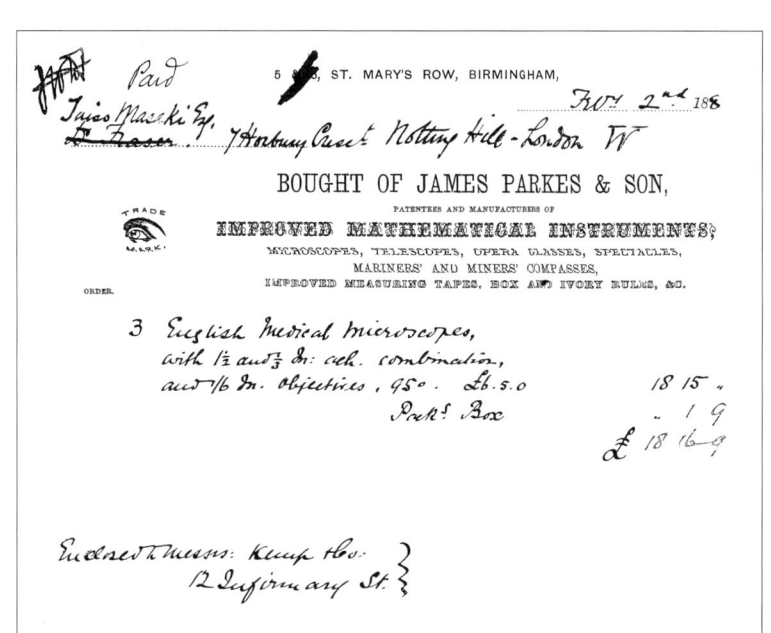

図 2-6　顕微鏡 3 台購入に対する J. Parkes & Son 社の請求書/「舎密局〜三高資料室」蔵

図2-7 ルンコルフ誘導コイル/Negretti & Zambra (c 1871) より

「Taiso Masaki Esq」となっており，Esq. は Esquire の略で，「様」を意味するので，正木退蔵宛の書類である．この時購入した3台の顕微鏡のうち2台が三高コレクション中に現存する (Cat. No. 40 および Cat. No. 41)．保存されていた顕微鏡の鏡筒に J. Parkes & Son Patentees, Birmingham と彫り込まれている．Patentees は特許権保持者を意味している．同社の創業者 James Parkes は 1839 年からバーミンガムで営業し，1845 年に J. Parkes & Son 社と社名変更した．光学機器メーカーで，1851 年のロンドンの大博覧会に出品している[46]．

Elliott Brothers 社の請求書には「1 Du Bois Reymond Coil 1 Key Wire Case」と書かれ，Coil が£4. 4. 0 で Key が£1. 7. 6 となっている．宛先は Taiso Masaki Esq で日付は 1880 年 2 月 11 日である．これは三高コレクションの「誘導電流刺激装置」(Cat. No. 28) にあたる．1849 年に生理学者 Du Bois-Reymond が発表した装置で，電磁誘導を利用して生体に対する電気刺激を調節できるようになっており，実験生理学用の器械である．この機器の外見がメーカーによってさまざまに変容することはいくつかのメーカーのカタログによって分かるが，三高コレクションの機器は，ロンドンの Science Museum に保管されている Elliott Brothers 社製の誘導電流刺激装置とまったく同じである[47]．このことからも，同機器は上記請求書のものであることが分かる．

田村初太郎が購入を希望した物理実験器械のリストがある[48]．それには「田村氏ノ請求ノ分」として，List of Physical Apparatus to be purchased of Negretti & Zambra, 122 Regent Street W London との表題が書かれ，12 点の実験機器名のリストが英文で載せられている．それらを訳して列挙すると，ルンコルフ誘導コイル，ガイスラー管，アトウッドの落下試験器，カセトメーター，メロニーの熱電堆，ライデン瓶，電気盆，オルガンの風袋，氷州石，携帯用アネロイド気圧計，空気ポンプ，影消し付き幻灯機で，それぞれ価格も書かれている．1871 年の Negretti & Zambra 社のカタロ

グ[49] と比較してみると，田村氏リスト中の電気盆すなわち「Electrophorus, 9-inch 2 £ 2s」はカタログの「Electrophorus Improved, with vulcanite or ebonite plate, 9-inch 2 £ 2s」と機器名称および価格とも完全に一致する．しかし，「Rumkorff's Coil, 3 1/2 inch spark 15 £ 15s」はカタログ中の「Negretti and Zambra's Improved Rumkorff's Induction Coil, to give 4-inch spark in air 15 £ 15s」の記述と比べると，火花長が 3.5 インチに対して 4 インチと，わずかな違いがある．アトウッド落下試験器の場合では 24 £ と 21 £ の価格の違いがあり，必ずしも一致していない．Negretti & Zambra 社のカタログは 1871 年以降，74 年，78 年にも出版されているので，おそらく田村が 1871 年以外のカタログを使用したために，この違いが出てきたのであろう．カタログが更新されると，価格や名称等は少しずつ変化していく．田村の購求リストの実験機器がその後の実験機器台帳に見あたらないので，おそらく要求は通らなかったと思われるが，Negretti & Zambra 社のカタログを使用して注文していたことが分かる．

　Negretti & Zambra 社の創設者は，Enrico Angelo Ludovico Negretti (1818-79) と Joseph Warren Zambra (1822-97) である．Negretti はイタリアのコモ (Como) で生まれ，ロンドンに移り，温度計製造業者の C. Tagliabue に弟子入りした．Zambra の父はコモの近くの Careno からロンドンにやって来たが，Zambra も Negretti と同じ C. Tagliabue で働いた．したがって，二人は同郷であり，また二人はガラス吹き工で同じ温度計製造に携わり，同じ業者のもとで働いていた同僚であった．1850 年に Negretti & Zambra 社が創設され，同社は二人の子供たちに引き継がれていった．創設後，気象器械の分野で高い評判を得，1851 年に最高温度計で特許を得た．英国の気象学者 James Glaisher (1809-1903) が大気の上層を研究するために気球に乗って観測し，高度 11 km の上空に達した際に使用した気圧計は，同社の改良したアネロイド気圧計であった．また，英国の海軍中将 Robert Fitzroy (1805-65) の勧めで，軍艦上での重砲の発射時に起こる激しい振動に対して水銀気圧計が耐えることができるように改良を行ったのも同社であった．1878 年には海底用温度計を改良製造した．こうした製品の改良とその品質の高さで評判をとった Negretti & Zambra 社は，19 世紀末にかけて光学機器，理化学機器にも販売製品の範囲を広げていった[50]．1881 (明治 14) 年，海軍省水路局は測量機器を高田商会を通してイギリスの 5 社に注文しているが，その中に Negretti & Zambra 社の製品 (合計 4 点 30 個，合計金額 91 £ 10 s) が含まれている．その文書には「フヒヅロイス氏マリンゴンバロメートル水銀晴雨計　原價五拾五磅　拾個」，「海底温度器　原價貳拾五磅　拾個」と記載されており，同社の気象機器が多量に購入されていたことが分かる[51]．

　1880 (明治 13) 年 12 月に大阪専門学校は大阪中学校に改称されたが，この頃から，貿易商社を通して実験機器を輸入する事例が現れ始めた．1881 (明治 14) 年 5 月に丸善商社に宛てた洋書と実験器械の購入申込書が「舎密局〜三高資料室」にある[52]．甲乙丙の 3 種の書類が作られ，甲の文書では「物理器械 No. 1. Robinson's Anemometer, 2. Microphone, 3. Lactometer, 4. Harmonium, 5. Bunsen's Battery 50 Cells」と記載さ

図2-8 伏角計/Ganot (1906) より

れている．すなわち，「1．ロビンソン風力計，2．マイクロフォン，3．牛乳計，4．リードオルガン，5．ブンゼン電池50個」が注文されたのである．さらにおおよそ6か月でアメリカより取り寄せることができ，手数料は荷造り・運賃・保険料・税金等をすべて含めた合計額の5％であると記されている．この受注書の宛先は大阪中学校，発信人は丸屋善介である．このうち，三高コレクションに残っているのは，牛乳の濃度を測る「牛乳計」(Cat. No. 38)であるが，本書には掲載していない．乙の文書は，書籍32点をアメリカから取り寄せる注文書であり，丙の文書は，書籍7点をイギリスから取り寄せる注文書である．5点の器械は，何れも物理学教育用にも使用できるが，一般的な器具でもある．たとえば，風力計やブンゼン電池は，一般的に使用されるものであり，牛乳計も牛乳を扱う生産者，取扱業者に使用されるものである．丸善商社経由で機器の輸入を行った書類は，これ以降見当らない．

　この大阪英語学校時代に購入されたもので1883 (明治16) 年購入の「伏角計」(Cat. No. 44) は，製作者の点で非常に興味深い器械である．この伏角計の真鍮製水平度盛盤に「明治十五年十二月古光堂藤島製造」と彫り込まれており，科学機器製造業者・藤島常興が1882 (明治15) 年に製造したものであることが分かる．藤島常興 (1829-89) は，山口県長府の刀剣装飾等の金属細工を家業とする家に生まれた．明治維新後の1868-70年に藤島は政府から山口県豊浦郡の測量を命ぜられ，その時の経験がもととなって測量機器の重要性を認識し，その製作に努力を傾けるようになった．藤島はウィーン万国博覧会に技術伝習生として参加し，博覧会終了後，約半年間ウィーンの測量機器製造業者のもとで訓練を受けた．帰国後工部省製作寮に勤めて測量機器製作に意欲を傾けるが，1877 (明治10) 年にその製作寮が廃止になったので，独立して1878 (明治11) 年に測量器械・理学器械の製作所を開いた．1881 (明治14) 年の第2回内国勧業博覧会に製作所から出品し，六分儀と経緯義でそれぞれ進歩，有効の2賞牌を授賞しており，高い測量機器製作能力を示した．その製作所は，1883 (明治16) 年，藤島の長男の死を契機に，藤島製器学校に改められた．藤島の製作所は測量機器製造において当時の日本では高い技術力を示した．しかし，欧米諸国の製品とでは大きな技術力の差があり，藤島の目指した測量機器の国産化の夢は果たし得なかった[53]．事実，当時多数の測量器械を必要としていた海軍は，それらを欧米からの輸入に頼っていた[54]．三高コレクションの「伏角計」(Cat. No. 44) は，明治初期の日本で測量機器国産化を目指した藤島常興の製造したものであり，当時の日本で最高水準の機器製作技術が駆使されていた製品である．藤島は1886 (明治19) 年以降，古貨幣の調査・模造に力を入れ，『大日本古金銀貨大全一目表』[55] を著しているが，それには「古光堂主人藤島常興」と記され，「伏角計」中の刻印と同じ「古光堂」の名が見られる．

　1881 (明治14) 年以前のいつ購入されたかは分からないが，興味深い保存機器として E. S. Ritchie 社の製品で「ねじプレス」(Cat. No. 1) と「滑車台とろくろ」(Cat. No. 1060) がある．両機器とも黒塗りの金属部分に金色の同じ字体で E. S. RITCHIE & SONS BOSTON と塗り込まれている．Ritchie 社の創業は，Edward Samuel Ritchie (1814-95) に始まったが，E. S. Ritchie & Sons の名称になったのは1867年で，

ボストンの物理学機器・航海用機器メーカーである．Ritchie は，1862 年の液体コンパス（Liquid Compass）の改良，誘導起電器の改良等，科学機器で多くの特許を取り，その液体コンパスはアメリカ海軍に採用された．液体コンパスは，羅盆（compass bowl）に液体を満たして羅牌（compass card）の振動を抑える仕組みの器具であり，船の速力が増加して，その振動が増すとともに重要視されていった．Ritchie 社は 1880 年には 12 人の職人を雇い，年商 4 万ドルの商いを行っていた[56]．中川保雄氏によれば，島津製作所の最も古いカタログ，1882（明治 15）年の『理化器械目録表』に記載された物理実験器械は Ritchie 社のカタログ中の器械と類似しており，明治初期には島津製作所は Ritchie 社の製品をモデルとして製作したか，あるいは同社の製品を販売したかどちらかであるとされている．また 1878（明治 11）年に文部省が公立師範学校に公布した物理器械の名称と Ritchie 社のカタログ中の器械の名称との比較から，文部省も島津製作所と同様なことを行っていたと中川氏は推論したが[57]，この点については第 1 章を参照してほしい．三高コレクション中の「滑車」が島津製作所の 1882（明治 15）年カタログ記載の滑車の図と完全に一致したことは，島津製作所が Ritchie 社のカタログを見本として自社カタログを作成し，販売したという中川氏の推論を支持している．しかし，コレクションの「滑車」が島津製作所を通して購入されたのか，それとも直接 Ritchie 社から購入されたのかは分からない．ともかく Ritchie 社が明治初期の日本の実験機器製造と非常に関係が深い科学機器メーカーであったことは確かである．

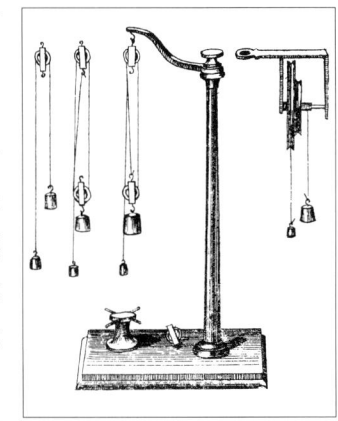

図 2-9　滑車／島津製作所（1882）より

第 3 節　第三高等中学校時代（明治 20-27 年）

3-1　明治 20-27 年の実験機器コレクション

1886（明治 19）年に発布された諸学校令によって，帝国大学，高等中学校等が成立し，日本の近代学校制度の基本的枠組みが確立した．この高等中学校は後の旧制高等学校の原型となり，制度史の点では，それ以前の模索の時代からようやく脱した段階の学校であった．第三高等中学校は 1886（明治 19）年の 4 月に発足し，1894（明治 27）年 9 月の第三高等学校への編成替えまで 8 年間存続し，第三高等学校の諸前身校の中で最も安定した学校であった．

明治 20-27 年購入の三高実験機器コレクションは 33 点である．購入年は 1888 年 1 点，89 年 5 点，90 年 7 点，91 年 8 点，92 年 3 点，93 年 2 点，94 年 7 点と，ほぼ平均して分布している．分類別では，電磁気 10 点，光学 5 点，熱 4 点，製図 4 点，音 3 点，測量 2 点，流体力学 2 点，計量 2 点，力学 1 点で，電磁気学と光学が多い．

製造業者が判明したのは 11 点で，判明率は 33% である．国別では日本 5 点，イギリス 4 点，フランス 1 点，スイス 1 点で，1886（明治 19）年以前と比べると日本製品が増

えており，この頃からようやく日本にも科学機器メーカーが育ちつつあることを示している．イギリスの4点の内2点はロンドンのElliott Brothers社，2点はグラスゴーのJ. White社，スイスの1点はベルンのHermann & Phister社の製品である．フランスの1点はパリのBalbreck社であるが，その他にフランス製であるが，メーカー名までは分からないのが3点あり，1点はアネロイド気圧計，2点は製図用具である．日本製では，2点が守谷製造の天秤と分銅で，あとはそれぞれ1点ずつが，島津製作所と教育品製造合資会社の製品である．もう1点は機器に「当校製」と書かれているニュートンリングで，つまり第三高等中学校で製作されたものである．

　実験機器の保管台帳は，年を追うごとに整備されていき，記載項目も増えていった．この頃には『第三高等中学校器械模型標本目録　明治21年—明治24年』，『第三高等中学校器械模型標本目録　明治24年—明治28年』の2つの台帳が作られたが，これらの台帳から，はじめて納入者の名前が記入された．この文書と保存実験機器を照合することで，3点以外はすべて納入者が判明した．「島津製作所」が17点，「宮田籐左ヱ門」が3点，「杉本宗吉」2点，「文部省」からの移管2点，「田原鑛之介」2点，「高田商会」1点，「岩本金蔵」1点，「教育品製造会社」1点，「尾崎米吉」1点であった．島津製作所の納入品が最も多い．島津製作所は1875（明治8）年に京都木屋町二条で創業を始め，一方，第三高等中学校は1889（明治22）年8月に大阪から京都吉田の地に移転してきた．このことにより，島津製作所は地理的にみて，第三高等中学校へ実験機器を納入する際に非常に有利な立場に立てたのである．

　購入価格の点で最も高額な機器は，パリのBalbreck社製「経緯儀」で600円であり，他にはJ. White社製の「Thomson's graded voltmeter」の220円74銭と「Thomson's graded galvanometer」121円，Elliott Brothers社製の「PO型ホイートストンブリッジ」220円と「トムソン反射検流計」93円50銭，Hermann & Phister社製「検糖計」155円，が挙げられる．これらの高額な機器はすべて，イギリス，フランス，スイス等ヨーロッパ諸国の製品である．また，これらの輸入物理実験機器の納入者は「宮田籐左ヱ門」「高田商会」「文部省」「杉本宗吉」であり，「島津製作所」の名はない．つまり，この表でみる限り，第三高等中学校は島津製作所を通して物理実験機器を輸入していなかった．島津製作所の納入機器の中で最も高額なものは「リース電気空気温度計」と「ケイターの可逆振子」で両方ともわずか8円，最も廉価な機器は「比重瓶」の70銭である．島津から購入した17点の機器の平均は3円60銭で，比較的廉価な実験機器が島津から購入されていたことを示している．

3-2　第三高等中学校の物理教育

　1886（明治19）年に発布された中学校令によって，それまでの中学校は尋常中学校と高等中学校の2種の学校に分けられた．高等中学校は全国に7つ設けられ，ナンバースクール，すなわちその後の旧制高等学校の原型となった．高等中学校の教育目的は2つあり，1つは帝国大学進学のための予備教育であり，もう1つは高等な専門教育

を行うことであったが，実際には大学予備教育が中心となって推移した．東京大学は帝国大学に再編成され，従来4年間の学科過程を3年に短縮し，それまで1年生で教えていた学科過程を高等中学校におろした．したがって，高等中学校の最高学年では従来の中学校高等科より1年レベルが上がったのである．この諸学校令を定めた文部大臣森有礼は，1887（明治20）年の演説で，高等中学校の特徴を「帝国大学ハ学問ノ場所ニシテ中学校小学校ハ教育ノ場所ナリ特リ高等中学校ハ半ハ学問半ハ教育ノ部類ニ属ス」[58]と述べている．高等中学校は「半ば研究半ば教育」という任務が与えられ，研究機関としての仕事が新たに付け加えられたのである．それに呼応するかのように，1890（明治23）年にはそれまでの教諭・助教諭の呼称を廃止して教授・助教授が使用されるようになった．

第三高等中学校の発足時には，尋常中学校が未整備でその卒業生が少なく，本科に入ることのできる学力を持った生徒は少数であった．そこで，本科に入る前の教育課程として予科3年間を設け，尋常中学校上級の3年間に相当する部分の課程を設置した．それでも入学生が少ないので，さらに下級の別科2年間を設けた．第三高等中学校はいわば，付属の尋常中学校を内部に設けていたことと同じであったが，この措置は他の高等中学校でも同様に取られた．1887（明治20）年9月に本科が開設され，本科一部が法科文科課程で，本科二部が理科工科課程に相応した．本科二部生は1888（明治21）年にはじめて1名が入学し，1889（明治22）年になってようやく2年生が6名，1年生が14名となった．それに対して，予科生と別科生は合計で409名も在籍していた．1893（明治26）年時点でも本科二部生85名に対して予科生284名という状況であった．

第三高等学校における物理教育のカリキュラムは『神陵史』[59]と『史料神陵史』[60]によって一部が判明する．予科の第2，3級では物理学の科目が配当されていないが，予科最上級の予科第1級では，週33時間中の3時間割り当てられ，使用教科書は『スチュアルト氏物理学』が挙げられている．1893（明治26）年時点の本科2部では，1年で物理は「理論」を4時間，天文は「地球天体，太陽系恒星等」を1時間学習する．2年では，物理は「実地測定演習」が3時間，力学は「運動学，分子力学」が2時間配当されている．1892（明治25）年の山口高等中学校でも，同じようなカリキュラムになっており，予科最上級での使用教科書は『スチュアルト氏物理学』で，本科1年では「……物理・化学・天文・測量・圖畫は口述或は実験とす」とあり，本科2年では「物理・測量・圖畫は口述或は実験とす」とされている[61]．どちらの高等中学校でも，本科上級生になると，実地測定演習，すなわち「生徒が実験を行う授業」の形態が入ってきている．

大阪中学校から第三高等中学校になって，物理学の担当教師にも，専門的な物理学教育を遂行できる人材が必要となった．1878（明治11）年から勤務している田村初太郎は，先に述べたように，経歴から言っても英語学の教師であるし，実際の担当についても物理学以外に英語や哲学を担当していた人物である．しかし1889（明治22）年頃から予科生が減少し，本科2部生が増加してきて，明治23年には37名，明治24年に

は62名となる．本科で専門的な物理教育を実行できる教師が求められ，帝国大学を卒業したばかりの水野敏之丞が1890（明治23）年に第三高等中学校教師として東京から赴任してくる．水野は，物理，天文，地質，鉱物の科目を担当し，田村は物理学の担当からはずれた．また同時に「物理教室物品監守主任兼物理教室物品取扱主任」も田村が免ぜられ，代わりに水野が命ぜられて[62]，物理実験機器の管理が水野に移った．

水野敏之丞は久留米藩家老の家に生まれ，上京して慶應義塾から大学予備門に進み，帝国大学理科大学物理学科に入学し，1890（明治23）年第三高等学校教授として京都に赴任した．1893（明治26）年第一高等中学校に転任し，1898（明治31）年京都帝国大学理工科大学の助教授として赴任する．大正3年に理工科大学が理科大学と工科大学に分離するに伴い，水野は初代の理科大学長となる．水野は第一高等中学校教授時代に日本で初期にX線の発生実験を行い，撮影に成功した科学者の一人であった[63]．京都帝国大学時代に無線電信の研究を海軍省から委嘱され，物理教室と伊勢湾の間で実験を行った．無線電話に関する実験においても瀬戸内海で航行中の船舶と陸上とで通信を試みてその有効なことを確信したが，これは日本ではじめての無線電話の実験であった．しかし，これらは軍事的な研究であったので発表はされなかった．このように日本における無線通信の実用化に尽力して電波研究の面で活躍した人物である[64]．第三高等中学校は，帝国大学で物理学を専門に学んだ物理学研究者を教師として迎えたわけである．

3-3　水野敏之丞と電波研究機器

1886（明治19）年以前の三高実験機器コレクションが物理教育用の実験機器であるのに対して，水野敏之丞が着任した1890（明治23）年以降の実験機器には研究用機器が現れる．1888（明治21）年にドイツの物理学者 Heinrich Rudolf Hertz (1857-94) がはじめて電波の発生に成功した．当時ミュンヘンにいた第一高等中学校教諭の村岡範為馳はそれを日本に伝え，その翌年には長岡半太郎が追試を行い，東京数学物理学会で講演した[65]．水野は，その電波の発生に関心を持ち，「始から電磁光説に大興味を感じて居たから，自然電波の研究に熱心着手することになった．是は明治廿五年頃……漸く一の簡単なる電気振動器と電気協振器を自作し，之に由て以て電波に関する諸実験を遂行することを得た」[66] と述べている．1892（明治25）年から第三高等中学校で始めた研究は1895（明治28）年には結実し，東京大学理学部紀要（英文）に掲載された．論文のタイトルは「電波感知器としての錫箔格子」[67] である．水野は火花放電で波長約60 cm の電波を発生させ，その受信装置として，3.5 cm×5.1 cm の長方形の錫箔に細長い切れ込みを平行に97本入れ，細くて非常に長い銀箔を作った．水野は，この論文で，この銀箔が電波を受けるとその見かけの抵抗が変化するので電波受信装置として使用できることを報告した[68]．

この研究で使用した実験機器として，水野の論文で記載されているのは抵抗測定に使ったホイートストンブリッジだけである．しかし，それ以外にこの実験に必要な機

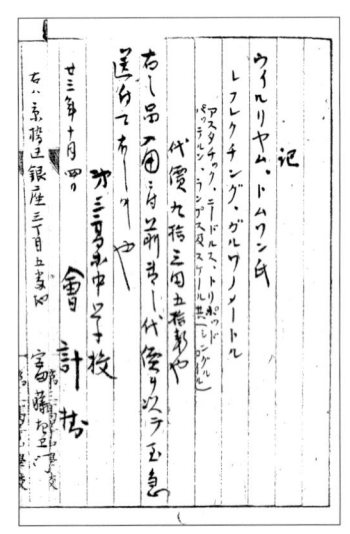

図2-10　明治24年のトムソン反射検流計の宮田籐左ヱ門宛注文書／「舎密局〜三高資料室」蔵

器は，電池のような消耗品やアンテナのような自作する必要のあるものを除けば，電波の発生に必要な誘導コイル，微弱な電流を測定できる検流計や電流計である．これらの実験機器のうち誘導コイルはすでに 1889（明治 22）年に購入したもの（三高コレクション中にあるが，本書には掲載していない）があるが，それ以外の実験機器を水野は第三高等中学校で購入し，それらは三高コレクション中に保存されている．水野が購入したのは，1891（明治 24）年購入の「トムソン反射検流計」(Cat. No. 74)，「PO 型ホイートストンブリッジ」(Cat. No. 73)，「トムソングレーデッド電流計」(Cat. No. 75) と 1894（明治 27）年購入の「トムソングレーデッド電圧計」(Cat. No. 84) の 4 点である．1891 年購入の 3 点は宮田籐左ヱ門を通して輸入され，1894 年購入の 1 点は高田商会を通して輸入された．

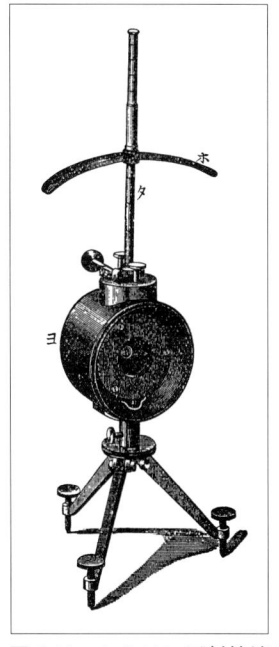

　トムソン反射検流計は，William Thomson (1824-1907) が，1857-65 年に敷設された大西洋海底電線ケーブルの微弱な電気信号を検知するため 1857 年に発明した検流計[69] と同型のものである．この検流計の信号の判読には，速い反射光線の動きを読み取る熟練度が要求されたために，1867 年同じく Thomson が発明したサイフォンレコーダーに取って代わられる[70]．しかし，実験室では非常に鋭敏な検流計として後々まで長く使用された．

図 2-11　トムソン反射検流計/酒井佐保（1896）より

　水野が第三高等中学校に着任するのは 1890（明治 23）年 9 月であるが，その翌月に第三高等中学校会計課から宮田籐左ヱ門宛にトムソン検流計の詳細な品名がつけられた注文書が発送されており[71]，赴任後すぐに注文されたことが分かる．しかし，ロンドンから検流計の到着が遅れ，再三にわたって督促するが，明治 23 年度の会計年度中に間に合わない．宮田は商品の遅れをわびながらも，Elliott Brothers 社で在庫がなく新規に製造しているので遅れたのであり，海外注文の場合起こり得る事態であると弁明している[72]．会計課は同機器の購入費を翌 24 年度の予算に入れ込むことを宮田籐左ヱ門に通知した．確かに，翌年度の明治 24 年 4 月 24 日付けで水野が校長宛に出した 24 年度予算書には，反射検流計の購入が計上されている．その予算書では「トムソン反射検流計 93 円 50 銭，未定器械 56 円 50 銭，薬品 50 円，雑品 6 円で総額 206 円」[73] が計上されており，反射検流計の金額が総額の半額程度を占めており，当時としては高額な買い物であったことが分かる．この検流計は ELLIOTT BROS London と刻印されており，Elliott Brothers 社の製品である．

　PO 型ホイートストンブリッジはイギリスの郵政省で使用されたので Post Office の名がつけられた．携帯に便利なように箱型になったホイートストン型抵抗計である．これについては，1891（明治 24）年 6 月 19 日付の臨時措置品請求書[74] に「ポスト・オフヒス・パターン・レジスタンス・ボックス」との品名で請求され，同 22 日の文庫係の受け取りが記入されており，通常予算ではなく，臨時費用で購入されたことを示している．この抵抗計にも ELLIOTT BROS London と刻印されている．

　トムソングレーデッド電流計とトムソングレーデッド電圧計は両方とも，W. Thomson が 1881 年に特許を取った製品と同型である．電流計と電圧計の主な違いはコイルの抵抗部分だけであり，基本的に同じ構造をしている．その特徴は広範囲の電

流，電圧を測定できることである．

　この電流計は，水野の校長宛の明治25年度分予算として「器械　タムソン氏・グレーデッド・カーレント・メートル　121.000」が請求されていることから水野の要求によって購入されたものであることが分かる．しかし実際には臨時備品として明治24年6月22日に文庫係に届き，24年度中に入手されている．電圧計は，納入業者の高田商会が明治26年8月の注文請書で27年3月31日までに「タムソン氏グレーデッドボルトメートル　但英国倫敦府エリオットブラザース会社ノ製造ニシテ会社カタログE-3第貳四九号ノモノ」を納入すると約束しており[75]，この約束に基づいて購入されたものである．電流計の磁針の金属ケースにはSIR WH THOMSON'S J. WHITE PATENTと，また電圧計の磁針ケースにはSIR W. THOMSON'S PATENT N° 258 J. WHITEと彫り込まれている．このことからW. Thomsonが特許を取った製品であることと，J. White社の製造になることが分かる．

　4点の機器はすべてElliott Brothers社に注文されたものであり，トムソングレーデッド電圧計の注文請書中に，「英国倫敦府エリオットブラザース会社ノ製造ニシテ会社カタログE-3第貳四九号ノモノ」と書かれているように，注文は同社のE-3カタログに基づいている．このカタログは内閣文庫に所蔵されており，Elliott Brothers: (E-3) *Catalogue of Electrical Test Instruments Manufactrued by Elliott Brothers* で，「日本政府図書」の印と「TAKATA…」の印，「…1893」の印が見られる．1893（明治26）年に入手したもので，高田商会の所有であったことを示している．4点の実験機器の注文書に記されている機器名は，すべてこのカタログの英文名に対応する．たとえば，トムソン反射検流計の注文書には「ウイリヤム．トムソン氏レフレクチングガルワノメートル　アスタチック．ニードルス．トリポッドパッテルン．ランプス及スケール共（シングルコイル）」と記されているが，カタログでは反射検流計の図版とともに「Sir W. Thomson's Reflecting Galvanometer, with astatic needles, tripod pattern, short thick wire, with lampstand and scale… £12 s. 12 d. 0」と記載されており，その機器名は注文書に書かれた品名と完全に一致する．トムソングレーデッド電圧計の注文請書中の「第貳四九号ノモノ」については，「249 Graded Voltmeter £20 s. 0 d. 0」のように，番号が完全に対応する．同カタログの16-18ページにはAgents For Sir William Thomson's New Standard Electric Instrumentsのタイトルがついている．非常に他種類の実験機器を扱う科学機器メーカーではそれらすべてを自社で製造することができないので，他社の製造品を販売することがよくある．Elliott Brothers社は，W. Thomsonの特許に基づく電気測定機器を製造していたJ. White社の製品の販売代理店であったことを示している．トムソングレーデッド電流計・電圧計は同社の製造品であり，事実，機器にもJ. Whiteの刻印がある．

　Elliott Brothers社は，製図器械製造業者のWilliam Elliottが1817年に創業した会社で，1850年に2人の息子が参加してWilliam Elliott & Sons社となった．1856年頃に，1747年創立の老舗企業Watkins and Hill社を吸収して，扱い商品の範囲を拡大して急成長し，19世紀におけるイギリスで最も有名な科学機器メーカーの一つと

なった[76].

　J. White 社は 1850 年にグラスゴーで創設されたスコットランドの科学機器メーカーで 19 世紀後半に隆盛を誇った．W. Thomson は，J. White (1850–) の工場を頻繁に訪れ，アイデアを出して科学機器を製造させた[77]．2 人の協力により，1858 年の反射検流計，1867 年のサイフォンレコーダー，1876 年のコンパス等，数々の電気測定機器・測量機器が生み出された．J. White はグラスゴー大学の科学機器製造の指名業者でもあった．1905 年には合弁会社 Kelvin & James White, Ltd になった[78]．

　水野が注文した 4 点の内 3 点については，宮田籐左ヱ門が納入業者であった．宮田籐左ヱ門 (1861–) は東京の時計測量器械商・玉屋商店の主人である．その父は，安政の頃から時計商，鏡商を行っていたが，明治初年から測量器械も販売するようになった[79]．1901 (明治 34) 年に合名会社玉屋商店となり，1906 (明治 39) 年には 10 人の職工を雇っていた．優良な測量機器を供給して成長し，大正 8 年には 42 人の職工を雇用する規模に至っている[80]．玉屋商店の大正 1 年の商品目録には扱い商品として「度器　双眼鏡　諸試験機械類　測量　製図　気象器械類」を挙げている[81]．1914 年の東京大正博覧会では，「天文経緯儀」を物理学用器械部門に出品し，最上位の金牌を得ているし，「製図器械」の出品では製図・測量部門の銀牌を得ている[82]．玉屋商店は著名な測量機器輸入・製造販売業者であった．第三高等中学校は玉屋商店から製図・測量器械を多量に購入し続けていくが，物理実験機器を購入したのは，上記 3 点以外にはなく，この後は島津製作所や大手の輸入業者・高田商会からの購入になる．

　このように第三高等中学校は，森有礼の述べた「半ば研究半ば教育」の性格に沿って，水野敏之丞の電波研究が行われ，そのための研究機器が海外から購入された．第三高等中学校になって，はじめて従来の教育機器購入のみであった物理実験機器に物理学研究機器が現れたのであり，それが三高コレクションに保存されている．

3-4　測量機器の購入経路

　この時期に第三高等中学校が入手した測量用器械は 2 点で，「天体経緯儀 (フランス製)」(Cat. No. 69) と「プリズムコンパス」(Cat. No. 68) である．両方とも三高コレクション中に保存されている．三高資料室の『寄贈物品書留簿　会計係』[83] に「佛製九吋経緯儀　脚共　壱組　文部省　金六百円」，「アシツトコンパス　壱組　文部省　金弐拾円」との記載がある．他に「オクタント」，「ヤルド鏡」，「球分鏡」の 3 点も同様に記載されているが，これらは残存していない．これら 5 点は文部省から 1890 (明治 23) 年 8 月 20 日に寄贈され，その時の価格がそれぞれ評価されているのである．

　経緯儀は望遠鏡を使って天体の位置や地上の対象物を精密角度測定する測量機器である．三高コレクションの「天体経緯儀」は，機器台帳に「天体経緯儀 (仏国製 9 吋)」と記載されており，天体用に使用され，分度盤の直径が 9 インチの大きな経緯儀であることが分かる．機器本体の垂直分度盤には「Balbreck aine Const a Paris」と彫り込まれている．Balbreck は 1854 年に創設されたパリの測量機器メーカーで，後に

Balbreck Aine & Fils 社となる．1900 年のパリ万国博覧会に同社が出品した経緯儀は三高コレクションの経緯儀と同型の製品である．その博覧会では，フランス製品カタログ，ドイツ製品カタログがそれぞれの国の業者団体によって作成され，両国の科学機器メーカーが激しく競い合った．フランス製品カタログに同社製経緯儀の図版と説明書きがついている．それによると，「方位角高度経緯儀で，2 つの望遠鏡，2 つの直径 24 cm の分度盤，水平分度盤に 2 つの副尺，垂直分度盤に 4 つの副尺がついている」と記載されており，三高コレクションの「天体経緯儀」と分度盤の大きさや副尺の数等が完全に一致する[84]．

この「天体経緯儀」の水平分度盤には「C. & J. Fabre & Brandt Yokohama Osaka」と彫り込まれている．これは横浜と大阪に店を構える Fabre & Brandt 商会から輸入された機器であることを意味している．同商会の創業者はスイス人 James Fabre-Brandt (1841-1923) で，Fabre は，スイス政府が 1862 年に日本と修好条約を結ぶために特派使節団を江戸に派遣した時，初代駐日公使 Aime Humbert の書記官として来日した．使節団が帰国した後もそのまま日本に残り，横浜居留地に Fabre & Brandt 商館を建てて，武器，諸機械，時計，宝飾品等の貿易業を営んだ．幕末の物情騒然たる中にあって，Fabre は，当時の薩摩藩武器購入係・大山弥助（後の大山巌）に最新式のスナイドル後装銃を安価な値で提供していた．明治元年になって，Fabre は日本婦人松野久子と結婚し，大阪川口十番に支店を開設した．当時スイスは時計産業の世界の中心地となっており，Fabre & Brandt 商会はそれらの輸入販売を行い，日本の時計産業の成長に大きな寄与をした[85]．

「天体経緯儀」が収納されている箱には，「経緯儀　参謀本部　測量課」と黒墨で書かれている．1878 (明治 11) 年に陸軍の参謀局が廃され，参謀本部とその下部組織として地図課と測量課が設置された．1884 (明治 17) 年，測量局が設けられ，地図課と測量課は廃止され，かわって三角測量課，地形測量課，地図課が設けられた．したがって参謀本部測量課の名称は，明治 11-17 年の間でのみ使用されたことになり，三高コレクションの「天体経緯儀」はその期間にフランスから輸入されたものであることが分かる．陸軍省は当初，フランス式測量を取り入れており，大量に測量機器を購入した時期が一度あった．1879 (明治 12) 年に「経緯儀，クラノフラフ，クロノメートル，子午儀，水準儀，六分儀等」の測量器具 64 点，計 23,870 円の機器をフランスから購入したのである．しかしドイツ留学から帰国した田坂大尉の具申に基づいて，1882 (明治 15) 年からドイツ式測量に変わっていった[86]．したがって，三高コレクションの「天体経緯儀」が 1879 (明治 12) 年に購入された多数の測量機器の 1 つである可能性は非常

図 2-12　1979 (明治 12) 年に陸軍参謀本部測量課が購入し，その後文部省を経て第三高等中学校に渡ったと推定される天体経緯儀/Cat. No. 69 (第 3 章 9 節 294-295 頁参照)

近代日本と物理実験機器

に高い．さらに，1890（明治23）年2月28日に参謀本部は「不用測量諸器械數十點ヲ陸軍士官學校同砲學校其ノ他各要塞幹部練習所並文部省農商務省等ニ分配セリ」[87] と書かれているように，不用な測量機器を文部省に分配した．半年後の8月20日に文部省から第三高等中学校に寄贈されたのである．つまり，三高コレクション「天体経緯儀」は 1879（明治12）年にパリの Balbreck 社から横浜居留地の Fabre & Brandt 商会を通して陸軍参謀本部測量課に入り，その後文部省に渡り，1890（明治23）年文部省から第三高等中学校に測量教育用機器として寄贈されたことになる．

「プリズムコンパス」は，プリズムで遠方の対象物とコンパスカードを同時に読み取り，対象物の方位を知る機器である．三高コレクションの「プリズムコンパス」も「天体経緯儀」と同様，文部省から寄贈されたものである．製造業者の名は記されていないが，コンパスの外側支持金属枠に「陸軍文庫」と刻み込まれている．また収納箱には「アシミットコムパス　陸軍参謀局」と黒墨で書かれ，「参謀本部測量課」の文字が四角い枠に囲まれて焼き印が押されている．購入された際まず機器本体に所属部署名を書き入れると思われるので，「陸軍文庫」で購入されたと見るのが自然であろう．「陸軍文庫」の名は，1873（明治6）年の編成陸軍省分掌事務では「第六局　陸軍文庫・測量・地図輯成」となっているが，1874（明治7）年には「第七局　文庫」に変わり，陸軍文庫の名は消えている．また箱に書かれた「参謀局」の機関名は明治4-11年の間に存在した．したがって，1873（明治6）年に購入され，機器本体に所蔵部局を示す「陸軍文庫」が刻まれ，箱に上部機関名である「参謀局」が書き入れられた．その後，部局名が変わり，「参謀本部測量課」の名が箱に追記入されたと考えられる．

図 2-13　村岡範為馳がX線研究用実験機器購入を学校宛に請求した書類／「舎密局〜三高資料室」蔵

第4節　専門学校としての第三高等学校時代（明治 28-30 年）

4-1　第三高等学校の成立

1893（明治26）年に文部大臣に就任した井上毅は，産業近代化にみあう教育制度の刷新を意図してさまざまな教育改革を断行した．井上は，事実上大学予備門となっていた高等中学校を，いわば「低位の大学として」専門教育を行う高等学校に改めた．この改革によって，帝国大学へ入学志望が集中し，学生の都会集中が起こり，修業年限が長くなり，かつ産業界に必要な水準の人材が要請されていないという問題の解決を期待した．

1894（明治27）年6月，「高等学校令」が発布され，第一，第二，第四，第五高等学校に，医学部と大学予科が置かれた．ただし，第三高等学校には大学予科を置かず，医学部，法学部，工学部を置いた．また帝国大学に新たに講座制がしかれたのに対応して，高等学校にも講座制が設けられたが，これは，高等学校が「低位の大学」として

高等専門教育を行う場であることを意図している．井上の意図からすれば，大学予科は高等学校の付属物に過ぎず，学部を充実していくことを中心的課題としていた．第三高等学校に大学予科を置かなかったのは，第三高等学校に新しい高等学校としての先駆的役割を期待したからである．しかし，井上の改革は失敗に帰した．実際には高等学校専門学部への志願者は少なく，大学予科のみ繁盛する有様であった．その結果，1896（明治29）年6月の高等学校長会議で専門学部の廃止の方向が決定され，第三高等学校では明治29年度の法学部，工学部の生徒募集を停止した．

他方，京都に帝国大学の設置を求める強い声は，明治20年代から続いてきたが，井上毅の後，西園寺公望が1894（明治27）年10月に文部大臣に就任してから具体化し，その予算案が1896（明治29）年3月の帝国議会を通過した．1897（明治30）年6月に京都帝国大学理工科大学が発足し，第三高等学校は同年9月大学予科を設置し，予科教育のみを行う学校として出発した．1899（明治32）年7月に法学部，工学部を廃止し，明治34年に医学部が岡山医学専門学校として分離独立したことをもって，第三高等学校の専門学部は正式に廃止となり，以後は大学予科としての第三高等学校が1950（昭和25）年まで存続していく．

4-2　明治28-30年に購入された物理実験機器

この時期に購入された機器で三高コレクションとして保存されているのは，1895（明治28）年分28点，明治29年分27点，明治30年分12点で，総計67点である．分類別で最も多いのは，電磁気の27点で，次いで光学10点，測量の9点，計量7点，音5点，熱4点，製図2点，流体力学2点，力学1点と続く．

このうち，製作所名が判明するのは20点，不明は57点である．国別では日本製が12点で，アメリカ2点，イギリス3点，ドイツ1点である．日本製が増えてきているのが分かる．納入業者の場合は判明率が高く67点中66点が判明した．島津製作所が圧倒的に多くて38点であり，納入者の判明した66点の内の58％を占める．次いで宮田藤左ヱ門すなわち玉屋商店11点である．高田商会7点，守谷定吉4点が続くが，あとは1点ずつで，教育品製造合資会社，石田音吉，荒木和一，京都時計製造会社，津田幸次郎，鈴木金一郎の名が挙がる．第三高等学校の物理実験機器の注文先が島津製作所に集中してきていることが分かる．

「舎密局〜三高資料室」所蔵の書類の中に，1891（明治24）年頃から，『請求書綴込』という名称の書類が現れ始める．時を経るに従って次第に器械購入の際の裁可・会計・簿帳記入の仕組みが整ってきた．『請求書綴込』は器械や学校設備購入の請求項目・請求理由等を記載したもので，請求日時，臨時費か定常費かという予算費目，請求係，品目，個数，請求理由，学校長その他の関連部門の裁可印，受領者名と受領日，物品出納簿記帳への記載日等が記入され，印が押されるように定型化されている（図2-13参照）．器械購入時の請求部署欄には「文庫係」の名が入っており，実験機器は「文庫係」が保管管理し，物理，化学それぞれの実験室に貸し出していたことが分かる．し

図 2-14　旧第三高等中学校物理学実験場．現在も京都大学留学生センターの建物として使用されている（写真提供/京都大学百年史編集委員会）

かし，上記の記入項目では請求者が「文庫係」としてしか記載されず，実際の請求教師やその購入金額が分からない．そこで 1895（明治 28）年頃の『請求書綴込』から，個数書込欄の下に，請求教師名と金額の記入された紙切れが張り付けられるようになった．三高コレクションの機器についてそれを調べていくと，各機器の請求者が判明する．紙切れの張り付けられていない場合もあり，請求者が判明したのは 67 点中の 30 点で，判明率は 45％であった．この時期の請求者で最も多いのは，物理学担当教授の村岡範為馳 22 点であり，他には土木工学担当教師の二見鏡三郎 8 点，製造冶金学の吉田彦六郎 1 点であった．

　購入価格で高額なのは測量機器である．二見鏡三郎が請求し，宮田籐左エ門を通して購入したアメリカの W. & L. Gurley 社の「トランシット（アメリカ製）」(Cat. No. 102) は 385 円であり，同社製の「Y レベル」(Cat. No. 1115) は 230 円である．測量機器は一般に高額であるが，それ以外では，高田商会を通して購入したベルリンの Paul Altmann 社製の大きな「誘導コイル」(Cat. No. 117) は 327 円である．また村岡範為馳が請求し，高田商会を通して購入された J. White 社の「トムソン象限電位計」(Cat. No. 130) の価格は 279 円 24 銭 5 厘である．島津製作所を通して購入されたアメリカの

Weston Electrical Instrument 社製の「ウエストン可動コイル型電圧計」(Cat. No. 135) は 150 円，同社製の「ウエストン電流計」(Cat. No. 1171) は 160 円である．従来高田商会が高額な実験機器の輸入業者であったが，この時期に島津製作所が高額機器を扱う輸入業者の一員に加わったことを意味している．また測量機器は，従来通り玉屋商店を通して輸入している．島津製作所製の製品は 6 点あるが，その内で最も高額なのは，「反射測角器」(Cat. No. 90) で 100 円である．後は「無定位電流計」(Cat. No. 125)，「携帯用無定位電流計」(Cat. No. 123) のそれぞれ 25 円が続く．島津製作所が高度な製品を製作できる力をつけてきたことを意味している．

4-3　第三高等学校における物理教育と物理学教師

　1894 (明治 27) 年第三高等学校が発足するとともに工学部に機械工学科と土木工学科が置かれ，97 名が入学した．翌年，1 年生は 99 名，2 年生は 49 名となった．機械工学の課程表で物理系科目を見てみると，各学年の授業時間 39 時間の内，1 年生で「物理学 4 時間」，2 年生で「物理学 2 時間」，「力学及図式力学 3 時間」，3 年生で「力学及図式力学 3 時間」，「測量 2 時間」があり，その他に「発動機」，「機械工学」等の専門科目が並ぶ．「機械設計実験及製図」が 1，2，3 年生で，それぞれ 9 時間，14 時間，16 時間課せられている．この「機械設計実験及製図」の時間は，「物理化学ノ実験，実地測量図式力学ノ製図，機械及工事ノ計画等ニ充ツ」となっており，演習，実習の科目である．4 年生になると，体操 3 時間以外の 33 時間がすべてこの「機械設計実験及製図」になる．このように実習科目が学年が上がるに従って増える仕組みにも，準大学として第三高等学校を位置付けている当時の文部省の姿勢が窺える．土木工学についてもほぼ同様であるが，3，4 年生での「機械設計実験及製図」の時間数が機械工学に比して少なくて，それぞれ 15，22 時間である[88]．学科の中心科目の担当者としては，「土木工学」には福井県の土木技師であった二見鏡三郎が，「機械工学」には大平松次郎が迎えられた．物理学の担当教授は村岡範為馳で，村岡は同時に工学部主事を兼任した．

　工学部が設置されたことにより，機械工学と土木工学の実験器械が必要となり，多額の資金が投ぜられて購入された．1896 (明治 29) 年予算書の「理学器械」の節を見てみると，「物理器械」の箇所では「スペクトロスコープ 100 円」や「ガルワノメートル 100 円」が挙げられ，合計金額 669.681 円である．それに対して，「機械学器械」では「旋盤類　5 台　1 台あたり 340 円　計 1700 円」，「セオドライト　12 台　1 台あたり 100 円　計 1500 円」と高額な器械が挙げられており，合計額も 2600 円で，物理器械に比して額が大きく，ほぼ 4 倍である[89]．こうして揃えられた機械工学科と土木工学科の実験機器も京都帝国大学の設立とともに大学へ移管され，そのことは，30 年 8 月 28 日付けの「第三高等学校ヨリ土木工学科機械工学科ニ属スル図書器械並標本ノ保管転換ヲ完了ス」[90] との文書から分かる．第三高等学校の土地建物はすべて京都帝国大学に移管され，第三高等学校は従来の場所の南側に二本松学舎として新たに建てられ

た．当時の物理実験場，器械工場，工具類も京都帝国大学に移管された．こうして京都帝国大学理工科大学は，第三高等学校が築いてきた貴重な資産を受け継いで発足した．

4-4　村岡範為馳とX線の研究

水野敏之丞は1893 (明治26) 年に第一高等中学校に転任する．その後，第三高等中学校に物理学教師として着任するのは，村岡範為馳 (1853-1929) である．村岡は鳥取藩士村岡秀造の子として生まれ，藩校尚徳館に学び，1871 (明治4) 年藩の貢進生として大学南校に入学した．1875 (明治8) 年開成学校在学中に鉱山学科が廃止となり，文部省報告課に勤めた．1877 (明治10) 年に東京女子師範学校の理学教員となり，同年東京大学医学部に勤める．明治11-14年，「師範学校取り調べ」のためにドイツに派遣され，ストラスブルグ大学に入り，博士号を取得する．この時，村岡はストラスブルグの師範学校も卒業したとしているが，2つの学校を同時に卒業できるとは思えないので，師範学校の方は正規でない形で卒業したのかもしれない．村岡は，自らの勉学，研究を行いながらも，師範学校調査の任を果たしている．ドイツ滞在時に『平民学校論略』を翻訳して文部省に送り，同書は1880 (明治13) 年に文部省より刊行された[91]．村岡はドイツの教育学を日本に紹介したのである．村岡は，帰国後，東京大学，東京大学予備門，第一高等中学校等での勤務を経るが，明治21-23年には再びヨーロッパへ派遣され，帰国後女子高等師範学校教授兼教頭となり，次いで東京音楽学校校長を務める．そして1893 (明治26) 年に第三高等中学校教授として京都に赴任し，1898 (明治31) 年京都帝国大学理工科大学教授となり，物理第二講座を担当する[92]．

村岡は，白熱電球の発明と関連した研究「炭類の電気的性質」をドイツ留学中の1881年に *Wied. Ann* に発表しているが，この論文は日本人が外国雑誌に発表した最初のものであると推定されている[93]．その後1884-86年には「魔鏡」の研究を行い，これも *Wied. Ann* に発表された．さらに，1890 (明治23) 年に「誘電体の残留電気」の研究を発表しているが，その後しばらく発表論文はなかった．村岡の第三高等学校在任中，1895 (明治28) 年の11月に Wilhelm Conrad Röntgen (1845-1923) がX線を発見した．ベルリン滞在中の長岡半太郎はその概要を船便で日本に送って，日本でも追実験が始まった．1896 (明治29) 年3月頃，帝国大学理科大学で大川健次郎と鶴田賢次が，第一高等学校では水野敏之丞と山口鋭之助が実験を開始した．関西では東京に遅れたが，村岡が実験を始めた．村岡はドイツのストラスブルグ大学に在学し，August Kundt (1839-94) のもとで研究したが，Kundtの弟子がRöntgenで当時同大学の助教授であった．村岡とRöntgenは同じ研究室で過ごしたのである．

村岡は，蛍の発する光がX線ではないかと推測し，その研究材料として6月12日に蛍を200匹購入した．その書類が「舎密局～三高資料室」に残っており，それによると請求者欄には「物理教場」と書かれているが，村岡の印が押されている[94]．蛍を箱の中に閉じこめておき，その外側におかれた感光紙の変化を調べる実験を行い，感光部

分が検知されて有意な結果が出たとして，その研究結果を8月25日の『東洋学芸雑誌』に発表した．しかし，翌年5月の島田幸三郎の論文「蛍の仔虫」によってこの推測は否定された．村岡も同年10月には自らの誤りを認める論文を『東洋学芸雑誌』に発表し，蛍を生存させるため入れた箱中の水の蒸気が感光紙を感光させたと結論付けた．

　他方，村岡はX線の発生実験を行う準備に1896（明治29）年から取りかかっていた．X線を発生させるには，高真空のクルックス管，高電圧を発生させる誘導コイル，X線を感光させる感光紙が必要であり，どれも第三高等学校になかった．そこで高田商会大阪支店を通して海外から輸入するべく，6月29日に見積書を取った．それによると，「レントゲン線用真空硝子管　大形　弐個　此代價金参七円八拾銭」，「同　小形　弐個　此代價金弐拾弐円六拾八銭」，「同上用臺　壱個　此代價金弐拾参円拾五銭」，「スパークインダクションコイル　火花長廿五センチ　壱個　此代價金参百弐拾七円六拾銭」（誘導コイル），「バリウム藏化白金紙　弐拾センチ平方　壱枚　此代價金拾参円八拾六銭」（X線用感光紙）の5点で，合計金額は405円9銭であった[95]．最も高いのは誘導コイルの327円60銭で，火花長が25 cmもある大型のものであった．「誘導コイル」と「感光紙」は同年12月に届き，「真空管4個」と「真空管台」はその1か月遅れの1897（明治30）年1月受領されている．「誘導コイル」（Cat. No. 117）と「X線用シアン化白金バリウム紙」（Cat. No. 116）は三高コレクション中に現存している．「誘導コイル」の製造業者はPaul Altmannである．同社はベルリンの精密機械メーカーで，主に化学用，細菌学用，衛生用器械，顕微鏡用装置を製造していた[96]．

図2-14　X線透視装置・フリュオロスコープ/Fricks (1907) より

　見積書を取ってから実際に入手するのに6-7か月かかっているが，それらの到着以前に，村岡はX線の発生実験を行い，成功させた．1896（明治29）年10月10日，村岡は，島津製作所が所持していた大型のウイムズハースト誘導起電器で高電圧を発生させ，笠原光興がドイツから持ち帰ったクルックス管を使用してX線発生実験に成功した[97]．この「クルックス管」（Cat. No. 115）は，対陰極のない珍しいもので，三高コレクション中に現存している．

　X線用の実験機器として，「フリュオロスコープ」（Cat. No. 129）が，村岡の請求に基づき，1897（明治30）年9月に40円で購入されている．納入業者は荒木和一である．これは底面に感光紙を張り付けた三角推状の暗箱で，X線の透過図を明るい場所でも見ることができるようにした道具である．X線は大いに人々の興味を引き，X線発見後，世界各地で，X線透視を実演する興業が行われた．「フリュオロスコープ」は，その時に使用された道具である．台帳に「エジソン氏フリュオロスコープ」と記載されていることから分かるように，アメリカではエジソンが3月に発表した装置である．納入業者の荒木和一（1872-）は，大阪の雑貨直輸入商で，大阪英語学校で英語を学び，1894（明治27）年に商況視察でアメリカに渡った．1896（明治29）年にも府立大阪商品陳列所商況取調兼同所備付欧米各国見本募集のために海外渡航を行った．翌30年にエジソン発明の活動写真，蓄音機，X線器械を買って持ち帰った．同年7月に活動写真とX線を，大阪の角座弁天座と京都の祇園館で興行した[98]．1900（明治33）年時点で荒木は「エジソン氏製造会社」の日本特約店となっている．現存していないが，荒木和

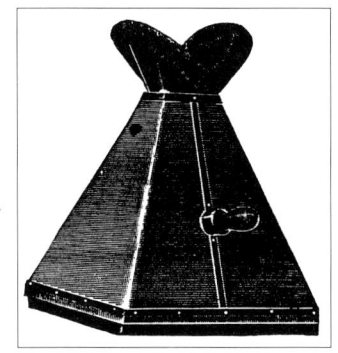

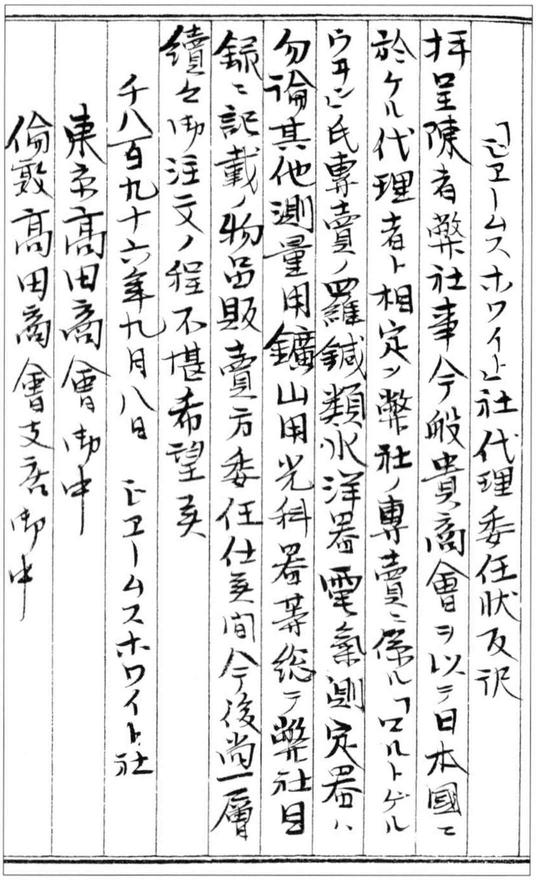

ジエームスホワイト社代理委任状及訳

拝呈陳者弊社事今般貴商會ヲ以テ日本國ニ於ケル代理者ト相定メ弊社ノ專賣ニ係ル「ロルドケルウヰン」氏專賣ノ羅鍼類水準器電氣測定器ハ勿論其他測量用鑛山用光科器等総テ弊社目録ニ記載ノ物品販賣方委任仕度間今後尚一層續々御注文ノ程不堪希望候

千八百九十六年九月八日　ジエームスホワイト社

東京高田商會御中

倫敦高田商會支店御中

図 2-15　高田商会が J. White 社の日本販売代理店になったことを示す委任状/「舎密局～三高資料室」蔵

一を通して購入した機器が他に2点あり，それらは1897（明治30）年10月購入の「エジソン電池」1個95円と1898（明治31）年5月購入の「調節付真空硝子管」大小2個合計71円で，後者は，価格や名称から見てX線管であろう．第三高等学校は，荒木和一を輸入商としてエジソン社製品およびX線機器を入手していたのである．

4-5　いくつかの実験機器の入手経路

1897（明治30）年購入の「トムソン象限電位計」(Cat. No. 130) は，W. Thomson が特許を取った電位計と同型である．Thomson が1867年に王立協会に報告したものであるが，0.01ボルトから400ボルトまで，低電圧から高電圧まで正確に測定することができて，その後の電位計発展の基礎的な原理を提供した[99]．この高級で高額な機器は，村岡の請求に基づき，高田商会を通して J. White 社から購入された．高田商会を通しての購入は1894（明治27）年の「トムソングレーデッド電圧計」からはじめて見られるが，その時は Elliott Brothers 社を通して J. White 社の製造品が購入された．しかし，今回は高田商会が直接 J. White 社から購入した．高田商会が第三高等学校長宛にこの電位計の「タムソン氏クオードランド，エレクトロメータ」の見積書を出したのが1897（明治30）年1月で，「上納期限　御注文ノ日ヨリ向六か月」[100] と書かれてい

る．高田商会は，前年の 1896 (明治 29) 年 9 月に J. White 社とすでに代理店契約を交わし，その契約書を 1897 (明治 30) 年 4 月第三高等学校に提出し，同社への注文は高田商会を通してほしいと願い出ている．そこには「貴商会ヲ以テ日本国ニ於ケル代理者ト相定メ……羅鍼類水洋器電気測定器ハ勿論其他測量用鉱山用光科器等総テ弊社目録ニ記載ノ物品販売方委任仕候」と書かれ，電気測定機器も販売品目に含まれている．器械が到着したのは 7 月である．高田商会は海外のメーカーとの販売代理店網を広げていたことが分かる．

高田商会の創業者である高田慎蔵 (1852-1921) は，佐渡相川に生まれ，公事方調役につき，次いで鉱山調役となる．イギリス公使パークスが佐渡に来た時に供応役となり，それを機に英語を学ぶようになり，1870 (明治 3) 年に上京し，ドイツ国籍のアーレンス商会に勤め，英語を勉学し，貿易実務を修得した．1881 (明治 14) 年にアーレンスとイギリス人ジェームス・スコットと高田の 3 名の共同出資で，欧米からの機械，船舶，武器類の輸入を業務とする高田商会を設立し，同年ロンドン支店を開設した．アーレンスとスコットは明治 18 年，明治 21 年にそれぞれ病死し，1888 (明治 21) 年以降は名実ともに高田慎蔵が高田商会の社主となった．高田商会は明治中期から大正末期にかけて活躍した貿易会社で，特に兵器商社として知られていた．有名なアームストロング砲を製造したイギリスのアームストロング社，ホッチキス機関銃で有名なイギリス・ホッチキス社，両方とも高田商会が日本代理店となっている．特にアームストロング社は 1883 (明治 16) 年にはクルップ社に次ぐ世界第 2 位の兵器会社となっていた．1887 (明治 20) 年，日本各地に設置する海岸砲の車台製造用鋼鉄の輸入が高田商会に依頼され，フランスから届いたが，その価格は 20 万円であったことからも，高田商会の兵器輸入との深い関わりが現れている．1881 (明治 14) 年に，高田商会は，海軍省水路局と航海用機器，測量機器の輸入を契約している．輸入先に指名されたのは，イギリスの 4 社，スイスの 1 社で，イギリスの 4 社中には三高保存機器にも名が出てくる Negretti & Zambra 社も含まれている．価格の総計は英貨 441 ポンド 13 シリング 6 ペンスと仏貨 880 フランで，高額な注文であることが分かる[101]．このように高田商会は，海軍とも緊密な取引関係をもっていたのである．高田商会は 1907 (明治 40) 年に合資会社となったが，大正 14 年に経営に破綻をきたし[102]，終戦後の昭和 38 年，高田商会はニチメンに吸収合併され，完全にその名が消えた．

高田商会を通して輸入した機器には，「トムソン象限電位計」以外にもすでに述べた「誘導コイル」，「X 線用シアン化バリウム白金紙」，また「偏光試験装置」(Cat. No. 113) 247 円 80 銭，「蛍光管」(Cat. No. 133) 178 円 16 銭 4 厘，「顕微分光器」(Cat. No. 111) 35 円 80 銭等があり，それらはすべて高額な実験機器である．他に化学機器，測量機器も高田商会を通して輸入しているが，高田商会の名は機器台帳では明治 27-32 年の時期にしか見あたらず，その時期以降は，測量機器は玉屋商店，物理機器は島津製作所が輸入依頼先の中心となっていく．

第 5 節　第三高等学校・大学予科時代 (明治 31 年以降)

5-1　大学予科時代の第三高等学校

1897 (明治 30) 年京都帝国大学理工科大学が発足し，第三高等学校は大学予科のみをもつ，いわゆる旧制高等学校に編成替えされた．大学予科としての性格は，旧制高等学校が廃止される終戦後まで変わることなく続いた．1897 (明治 30) 年 9 月二本松新舎が完成するとすぐに大学予科として，1 部 (法科・文科) と 2 部 (工科・理科・農科) が設置された．3 部 (医科) が設置されるのは 1899 (明治 32) 年度からである．1900 (明治 33) 年度とその翌年度の入学志願者は 680 名と 562 名，入学者は 177 名と 200 名である[103]．

5-2　明治 31 年から大正 15 年までの物理実験機器

この時期の実験機器の個数は，明治 31-44 年で 172 点，大正期 83 点で，合計 255 点である．明治 31 年 23 点，明治 35 年 24 点，明治 43 年の 20 点が比較的保存機器数の多い年で，少ない年は明治 39 年の 2 点，大正 1，9，14 年の 1 点である．

分類別個数では，電磁気 120 点，光学 57 点，熱学 20 点，音 18 点，測量 11 点，流体 11 点，計量 6 点，製図 4 点，力学 3 点である．電磁気が圧倒的に多いが，これは 19 世紀末から 20 世紀はじめにかけての電気産業の隆盛，電磁気学・電気工学の急速な発展の反映でもある．実際，三高コレクション中には電流計のような測定機器が多く，139 点中 39 点が電圧計・電流計である．光学ではカメラルシダや望遠鏡，投影機といった光学器械が多く 57 点中 20 点を占める．

製作所については 225 点中で判明したのは 157 点であり，判明率は 62％で非常に高い．この頃には製作所名を実験機器に入れ込むことが普及してきたのであろう．製造業者で多い順に挙げれば，島津製作所 36 点，ドイツ・ケムニッツ (Chemnitz) の Max Kohl 社 14 点，ドイツ・ケルン (Köln) の E. Leybold 社 11 点，ロンドンの Adam Hilger 社の 7 点，ドイツ・フランクフルトの Hartmann & Braun 社 5 点，アメリカ・フィラデルフィアの Leeds & Northrup 社 5 点，アメリカ・ニュージャージーの Weston Electrical Instrument 社 8 点，となっている．国別の数では，日本 50 点，ドイツ 47 点，アメリカ 25 点，イギリス 23 点，フランス 8 点，スイス 1 点である．ようやく実験機器の海外依存度が減少し，国内製品が増えてきたことが分かる．またもう 1 つの特徴はドイツ製品が増加していることで，科学機器製造におけるイギリスとフランスの衰退，ドイツの勃興が現れており，興味深い．円未満を四捨五入した購入機器の平均価格は，全機器の平均が 84 円で，イギリス 225 円，ドイツ 120 円，アメリカ

96円，フランス82円，日本57円である．イギリス製品が最も高価で，ドイツ製品が続き，日本製品は最も低廉な実験機器となっている．

納入者で見ると，島津製作所168点，E. Leybold社19点，教育品製造合資会社9点，玉屋商店6点，高田商会4点，岩井勝治郎3点，三菱商事2点で，その他数社の名があるが，興味深いものとして東京大学から移管が1点ある．島津製作所が圧倒的に多い．しかも1897（明治30）年以前とは違い，島津製作所を通して広く海外から実験機器を輸入されるようになった．イギリスのAdam Hilger社から大正10年に877円の「分光器」(Cat. No. 292)を輸入しているし，ドイツのE. Leitz社から642円の高額な「反射・透過両用投影機」(Cat. No. 242)，フランスKoenig社の15円49銭の「音叉」(Cat. No. 201. 1)，アメリカWeston Electrical Instrument社の60円の「配電盤用ウエストン電流計」(Cat. No. 227)を取り扱っている．島津製作所が世界各地からの輸入を手がけることができるようになっていることが分かる．自社製の製品にも高額な機器が現れている．大正2年購入の「誘導コイル」(Cat. No. 266)は島津製作所製で550円である．Leybold社の16点は，第三高等学校が一度，同社から大量に実験機器を直輸入した時の機器数である．玉屋商店の5点は，すべて測量および製図道具で，そのうち4点が輸入品である．高田商会の4点は明治31-32年で，その後の納入はない．

購入価格の面で見ると，最も高額なのは，大正10年に島津製作所を通して購入されたAdma Hilger社製の「分光器」で877円である．次いで大正15年に購入された同社製「ヒルガー小型水晶分光写真機」(Cat. No. 305) 715円である．高額な機器に光学機器が多いが，それ以外でも大正2年のE. Leybold社製「分子式真空ポンプ」(Cat. No. 1137)で660円，1900（明治33）年購入のベルリンのOtto Wolff社製「栓型ホイートストンブリッジ」(Cat. No. 166)で410円がある．これらの高額な機器は，明らかに研究用に購入されたものである．Adam Hilger社の分光器は当時，世界で最高の評判を取り，注文してから手に入れるまで待たねばならないほど人気があり，高精度の研究機器として使用されていた．第三高等学校は，高等中学校と同じく，教育だけでなく研究も行っていた機関である．

5-3 物理学教科表と物理学担当教師

工科・理科・農科に進む生徒のためのコースである第二部の学科表では，志望学部によって学科表が異なる．1，2年生時には同じ科目を履修するが，3年生時に工科，理科，農科に分かれる．ただし，工科の中に2学科，理科の中に3学科，農科の中に3学科とさらに細かく区分されて，学科表が組み立てられている．物理は2年生時に全員が全授業時間30時間中3時間受ける．3年生ではどの学科に入っても4時間の授業を受ける．測量については，工科の学生が3年生時に6時間の授業を受け，理科と農科の一部学科の学生が3時間の授業を受ける．

使用された物理学教科書についての記述は見あたらないが，第一高等学校大学予科

（工科・理科・農科）と山口高等学校大学予科では第2，3学年でGanotの物理学書が参考図書として挙げられている．また1901（明治34）年の高等学校長会議で教科書の件が議題になった時に，Lommelの実験物理学書[104]が候補になったが，第三高等学校はそれに不同意の態度を示した．

　この時期の物理学担当教師について述べると，村岡範為馳は京都帝国大学理工科大学が1897（明治30）年に設立されるとすぐに同大学の教授となったが，第三高等学校には嘱託として1900（明治33）年まで勤務した．村岡の後任として赴任してくるのは丹下丑之介で，明治32-34年のごく短期間，第三高等学校に勤め，鹿児島の第七高等学校造士館が1901（明治34）年に設立されると同高校に移る．丹下は1903（明治36）年に亡くなっている．そして玉名程三（1861-1937）と森總之助（1876-1953）がそれぞれ1900（明治33）年と明治34年に第三高等学校に赴任してくる．玉名は当時40歳で，森は25歳の青年であった．

　玉名程三は，肥前長崎で熊本藩士の子として生まれた．明治初年，5，6歳の頃に上京し，1873（明治6）年，第一大学区第一番中学に入学した．第一番中学はすぐに開成学校に校名変更する．しかし，開成学校で専門学科を開設するに際して，第一番中学の下等中学1級以下の生徒はその専門学科に入学するには不適切であるので，それらの生徒と，外務省から移管された独露清語学所の生徒および独逸学教場の生徒を合わせて，東京外国語学校が創設された．その時の組織変更で，玉名は東京外国語学校に移った．1874（明治7）年に英語学の生徒のみ収容して東京英語学校が分離独立した．その後は，東京外国語学校は仏独露清の4か国語を教える学校となった．当時の仏語学生数は上等2名，下等134名である[105]．玉名は，仏語学上等まで進んだが，あと半年で卒業という段階になって，1877（明治10）年東京大学が成立し，その理学部仏語物理学科の予科に転学を認められた．「入学希望者3名の中2名及第」[106]で，理学への志願者そのものが非常に少なかった．開成学校時代に，専門学のための語学を英語に統一する改革が行われたが，仏語物理学科は，それまでフランス語を学んできた学生のために臨時的に設けられた期限付きの専門学科であった．東京大学になって，明治11-13年にそれぞれ5名，7名，8名の卒業生を出して閉鎖となった．玉名は1880（明治13）年の最後の卒業生であった．玉名も含めて仏語物理学科の卒業生19名は1881（明治14）年に東京物理学校（現東京理科大学）を創設した[107]．卒業後は，玉名自身の言葉によれば「若年の故を以て奉職の道なく暫く遊び居る中，理学部観象台に出る事と成り，もっぱら気象観測に従事し……八年の間物理学校にて教鞭を取り」とある．1884（明治17）年に東京外国語学校の教諭になって後は，官立学校の教師を転々とする．1886（明治19）年に第一高等中学校教諭，1888（明治21）年に鹿児島高等中学校造士館教授，1897（明治30）年に第二高等学校教授，1900（明治33）年第三高等学校教授となって，京都に赴任してきた．第三高等学校には明治33-44年の11年間勤務した後，文部省より転職を命ぜられるが，それを断って退職した．退職時の年齢は51歳であった．

　玉名の業績としては，教育面で，1884（明治17）年に小学校用の物理学教科書として

Balfour Stewart の物理書をもとにした『小学物理新編』3 冊を出版している[108] が，研究面での業績は見あたらない．ただ，玉名の経歴を見ると，東京大学理学部観象台に出入りしていたこと，鹿児島時代には地震原因の調査のために鹿児島県の知覧に出張していること，鹿児島測候所気象観測の事務を嘱託されていること，第二高等学校時代には磁力観測の監督を震災予防調査会から委嘱されていること[109] などが分かる．これらから推測すると，気象観測や地震関係のデータ収集の仕事を行っていたと思われる．しかし，論文にまとめるほどの研究は行っていなかったものと考えられる．

　森總之助は，1892 (明治 25) 年に土佐高知一中から京都に出て第三高等中学校に入学した．予科の 2 年間を過ごした後，1894 (明治 27) 年に第三高等学校が発足し，予科が廃止された．予科生は他の高等学校へ配転されることになり，森は「親友と相談して最後は東京 [帝国大学] だから田舎を希望して仙臺二高」[110] に移った．仙台の第二高等学校を経て東京帝国大学理科大学物理学科を 1900 (明治 33) 年に卒業した後，一時，長岡中学校に就職したが，1901 (明治 34) 年に第三高等学校助教授として赴任してきた．第三高等学校では昭和 10 年まで教授として，その後昭和 16 年まで第三高等学校長として勤務した．第三高等学校在職中の大正 13 年に，ミュンヘンで，熱輻射の研究で有名な Wilhelm Wien (1864-1928) のもとで講義を聴き，高真空の実験などを行い，大正 15 年に帰国した．森總之助の研究面での業績も見あたらないが，教育面では，数多くの中等物理学の教科書を出版している．1905 年頃から始まった『実験及び理論物理学』のシリーズは 5 巻本で，森總之助編纂，村岡範為馳校閲となっている．この本については，当時の生徒が「吾々にされた講義が，其後纏って五冊本となり，出版されて，非常に賣れたものである」[111] と述べている．他に，実験書では明治 44 年の『物理学講義実験法』があり，女学校用には大正 13 年の『女子物理学教科書』が，実業学校用には昭和 4 年の『実業物理新教科書』があり，また大正 3 年『中等物理学教科書』には文部省検定済みと本の題目に書き入れられている．

　明治 43 年から昭和 19 年までの 44 年間，第三高等学校で物理学を教えた一戸隆次郎 (1878-) は，岩手県の生まれで，1907 (明治 40) 年京都帝国大学理工科大学物理学科を卒業し，明治 43 年に第三高等学校講師となり，明治 45 年に教授となった．理工科大学の物理学科は，1902 (明治 35) 年に最初の卒業生を 1 名出した．その後，2 名，3 名，2 名と卒業数が推移するが，一戸隆次郎の卒業した年，1907 (明治 40) 年は卒業生数が非常に多くて 9 名であった．一戸は，同期に卒業した木村正路，山本渙と 3 名の連名で，1909-10 (明治 42-43) 年の英文の理工科大学紀要に「種々の鉱石の熱電気的性質」と題する論文を掲載しており[112]，これは水野敏之丞の電波研究の延長線上にある，鉱石検波器に関する研究である．この論文は発表時期から見て，一戸が物理学科に在学中の研究の成果と思われるし，内容から見て水野敏之丞の指導下にあったことを窺わせる．木村正路は卒業後，京都帝国大学理工科大学物理学科教授となり，一戸は第三高等学校に勤めたが，彼らは研究面で協力し合っていた．

5-4　いくつかの興味深い実験機器とその購入経路

　1897 (明治30) 年9月に第三高等学校に大学予科が設置されたが，生徒も教師もまだ少なく，教師は数科目を兼担している有様であった．物理学担当教師はまだ就任していなかった．村岡範為馳が兼任で，1899 (明治32) 年まで第三高等学校の講師と物理学教室物品監守主任を任されていた．1899 (明治32) 年までの実験機器は村岡が請求したものが多く，「物理学実験場」と書かれた請求数4点も含めると，判明した請求数27点中22点を占める．村岡請求の機器で興味深いのは，1899 (明治32) 年に島津製作所を通して購入した「液体プリズム」(Cat. No. 154)，「プリズム」(Cat. No. 155)，「クラーク標準電池」(Cat. No. 159)，「磁力計」(Cat. No. 156) である．これらはすべてドイツ・フランクフルトの Hartmann ＆ Braun 社製である．同社は，Eugen Hartmann が 1876 年に創業し，Würzburg 大学で機器製造に当たった．1882 年に W. Braun と共同し，20 名を雇用する規模となり，1884 年にフランクフルトに移る．電気測定機器の製造を得意として 1910 年時点で 650 名を雇用するまでに成長した．大正9年に島津製作所の常務取締役・島津常三郎が欧米各国を訪問し，著名科学機器メーカー十数社と日本および南満州での総代理店契約を結んだが，その内の1社がこの Hartmann ＆ Braun 社である[113]．

　1899 (明治32) 年に村岡が第三高等学校兼任を解かれた後，講師を委嘱されたのは田丸卓郎 (1872-1932) である．田丸は第一高等学校を卒業し，帝国大学理科大学を卒業した後，第五高等学校教授を経て，1899 (明治32) 年京都帝国大学理工科大学助教授となった．この時に第三高等学校の講師も委嘱された．しかし，わずか1年で東京帝国大学理科大学助教授として東京へ赴任していった．講師であった田丸の請求で8点の光学器械が教育品製造合資会社に注文された．その内7点は Pellin 社製品への注文であり，もう1点は佐賀器械製作所の野口健蔵への注文であった．Pellin 社への注文7点の内4点，「直視分光器」(Cat. No. 164)，「投影器」(Cat. No. 162)，「投影器」(Cat. No. 161)，「投影用電流計」(Cat. No. 167) が三高コレクション中に保存されている．注文書には「佛国ペリン会社 1889 年目録第拾壱号ノモノ」と記載され，メーカーカタログの機器番号を記して間違いが起こらないようにしている[114]．実験機器の場合，品名だけでは機器を特定できないことが多いのである．Pellin 社は 1819 年 Soleil が創業したパリの光学機器メーカーで，1886 年から所有者は Ph. Pellin に変わったが，当時非常に良い評判を取った光学機器メーカーである．

　野口健蔵への注文は「自動ヘリオスタット」(Cat. No. 163) である．野口は佐賀器械製作所の代表者で，1904 (明治37) 年の『工場通覧』では「電気理科学蒸気器械其他」を扱う佐賀市松原町のメーカーで「明治12年創業，職工数男32人」となっている．1903 (明治36) 年の第5回内国勧業博覧会では自動ヘリオスタットで学術三等賞を得ている．同社は他にも「インダクションコイル」で褒状を得ており，科学機器製造において高度な技術力を誇っていた．

図 2-16　Pellin 社への光学器械の注文書／「舎密局〜三高資料室」蔵

田丸の注文を扱った教育品製造合資会社は，東京開成学校製作学教場から育ってきた製煉社から分かれてできた理科器械製造会社である[115]．創業は1893（明治26）年で，1904（明治37）年には職工数22人を抱え，第5回内国勧業博覧会では，自記雨量計で褒状，水銀排気機，反射電流計，ホイートストンブリッジ，インダクションコイルで二等賞を得ている．

　1902（明治35）年，第三高等学校はドイツ・ケルン市のE. Leybold社から29点の物理教育用実験機器を貿易商社を通さずに直接輸入した．電磁気が最も多く14点，他に光学5点，熱学5点等である．総額で1,766マルク15ペニー，日本円で844円22銭1厘で，他に荷造り費42マルク（20円7銭6厘），運賃と保険料84マルク60ペニー（40円43銭9厘）が必要であった．これらの内19点が三高コレクション中に保存されている．電磁力を学ぶための装置が多く，「地磁気感応器」(Cat. No. 189)，「導線が磁石の周りを回転する器」(Cat. No. 187)などがある．輸送を請け負ったのは神戸のC. Nickel & Co. で，神戸在住外国人商工録によれば，荷役会社と書かれてある．E. Leybold社は1853年にケルンで創立され，1876年のロンドン博覧会に参加している物理教育機器中心のメーカーである．長岡半太郎は1910（明治43）年，ロンドンで開かれた万国電気工芸委員会に出席した時，東北帝国大学理科大学の実験設備購入の仕事もかねて，欧州各地の実験室，科学機器メーカーを訪ねた．その手記が「欧州物理学実験場巡覧記」として『東京物理学校雑誌』に発表されている．それには「きょるんニ到リ一泊シタ，翌日ハらいぽると會社ニ行キ器械ヲ一覧シタ，半バハ教育品製造會社トイウヤウナモノデアル，其特許デ近頃賣レ行キノ良イノハげーで・ぽんぷデアルガ，此製造ヲ遂ニ見ルコトガ出来ナカッタ，幻灯器械ノ珍シイノガアッタ」[116]と書き記している．海外から実験機器を直輸入した例は，このE. Leybold社の件以外には見あたらない．一括して大量に購入する場合以外には，輸送費や手間がかかるために，島津製作所のような業者を通じた購入の方が有利だからであろう．

第2章　文献
[1] 本章は，明治27年までについては以下の2編の論文を基にしている．永平幸雄，川合葉子，鉄尾実与資「明治19年以前の京都大学旧教養部旧蔵物理実験機器の分析」『科学史研究』Vol. 33 (1994) pp. 129-38，「第三高等中学校（明治19-27年）時代の京都大学旧教養部所蔵物理実験機器の分析」『科学史研究』Vol. 35 (1996) pp. 188-97．
[2] 植松敏夫『わが国理科教育における「実験」の導入過程』，昭和63年度修士論文，鳴門教育大学大学院，p. 59．
[3] 同上 pp. 3-5．
[4] 『神陵史』(1970)，三高同窓会，pp. 9-10．
[5] 永平幸雄，鉄尾実与資，川合葉子「資料　理学所所蔵物理学器械目録」『大阪経済法科大学総合科学研究所年報』Vol. 18 (1999)，pp. 93-110．
[6] 『文部省第二年報』(1874)，p. 405
[7] 『神陵史資料 (51) の2　730013-2　開明学校　本省往復簿（その二）』(1873, 明治6)「舎密局～三高資料室」蔵に大阪開明学校校長奥山政敬が文部少輔田中不二麿に移管に同意し

ている文書が載せられている．

[8] 『旧理学所御備書籍試薬目録　丙　雑器』(1874，明治7)「舎密局〜三高資料室」蔵には東京開成学校から派遣された長田銀造の受取書が存在している．

[9] 『旧理学所御備　理学用機械目録　乙』(1873，明治6)「舎密局〜三高資料室」蔵．

[10] 『開明学校残留器械目録』(1874，明治7)「舎密局〜三高資料室」蔵．

[11] 『明治九年（従一月至八月）年報』(1877，明治10)，大阪英語学校, p. 3.

[12] 同上 p. 20.

[13] 「明治12，13年擬年報」『明治初年以来至同14年第三高等中学校沿革』「舎密局〜三高資料室」蔵．

[14] 『大阪中学校第13学年報』(1882，明治15)，大阪中学校．

[15] 『大阪中学校第14回年報』(1884，明治17)，大阪中学校．

[16] 三高史については，『神陵史』(1970) 三高同窓会，『稿本神陵史』(1944) 三高同窓会，林森太郎編，『神陵小史』(1935) 三高同窓会の3冊の内で，『稿本神陵史』に最も詳細な記述がなされている．この『稿本神陵史』をもとにして神陵史資料研究会編『史料神陵史』(1994) が発刊された．

[17] 『神陵史』(1970)，三高同窓会，pp. 142-52 および『日本近代教育百年史』第3巻 (1974)，国立教育研究所，pp. 1200-5.

[18] Quackenbos, G. P., *Natural Philosophy* (1877).

[19] Simpson, B., *Outline of Natural Philosophy* (1873).

[20] Peck, W. G., *Introductory Course of Natural Philosophy* (A. S. Barnes & Co., 1871).

[21] 高田誠二「Ganotの物理教科書とその周辺 —— 札幌農学校旧蔵書による研究」『科学史研究』(1983)，pp. 129-36.

[22] 宇田川準一訳『改正物理全志』(1879)，諸葛信澄．

[23] 川本清一訳述『士都華氏物理学』(1879)，東京大学理学部．Stewart, B.: *Lessons in Elementary Physics* の翻訳書である．

[24] 板倉聖宣「明治期における理科教育の成立過程 —— 明治期刊行の物理・化学書の悉皆調査による」『国立教育研究所研究集録』第1号 (1980)，pp. 89-99.

[25] 椎原庸「日本に初めて近代化学を伝えた男ハラタマ」『化学』43巻9号 (1988)，pp. 606-10.

[26] 藤田英夫『大阪舎密局の史的展開』(1995)，思文閣出版，pp. 109-14.

[27] 『第10学年第1期（自明治11年9月至同12月）校表』(1878)，大阪英語学校．

[28] ユネスコ東アジア文化研究センター編『資料御雇外国人』(1975)，小学館，p. 217

[29] 前出『神陵史』(4)，pp. 117-9.

[30] 『第三高等学校職員録』1990年度版．

[31] 宮崎ふみ子「蕃所調所＝開成所に於ける陪臣使用問題」『東京大学史紀要』第2号 (1979)，pp. 1-24.

[32] 田村初太郎については，以下の3つの文献を参考とした．『日本キリスト教歴史大事典』(1998，教文館)，p. 854，加納重朗「田村初太郎について」『平安女学院短大学報』19号 (1977)，pp. 65-73，『明治初年旧職員履歴書』「舎密局〜三高資料室」蔵．

[33] Bruyns, W. F. J. Morzer, "Navigational Instruments in the Netherlands during the 19th Century: Production, Distribution and Use", *Bulletin of the Scientific Instrument Society*. No. 6 (1985), pp. 11-7 および Hackmann, Willem D. による書評，"'In de Gekroonde Lootsman.' Het Kaarten-, boekuitgevers en instrumentenmakershuits Van Keulen te Amsterdam 1680-1885 ed. by E. O. van Keulen et al", *Bulletin of the Scientific Instrument Society*. No. 25 (1990), p. 28.

34 『明治九年一月ヨリ　諸省往復簿　大坂英語学校』(1876, 明治9)「舎密局～三高資料室」蔵．

35 『明治十一年一月　検印帳　大坂英語学校』(1878, 明治11)「舎密局～三高資料室」蔵．

36 『明治十年六月ヨリ　往復録　学務課』東京都立公文書館蔵．前出植松(1)の pp. 2-17 に詳細な解説が載せられている．

37 中川浩一「文部四等属中川元 ── 佛国師範学科取調の経緯」『茨城大学教育学部紀要（人文・社会科学・芸術）』第39号 (1990), pp. 11-23．

38 『明治十二年　文部省會計課往復簿　大坂英語学校　明治十二年五月大阪専門學校ト改稱』(1879明治12年)「舎密局～三高資料室」蔵．

39 石附実『近代日本の海外留学史』(1984), ミネルヴァ書房，pp. 192-93．

40 Poggendorff, J. C., *Biographisch-Literarisches Handwörterbuch zur Geschichte der Exakten Wisseenschaften* (1858-83), p. 692, 1065, および de Clercq, P. A. ed, *Nineteenth-Century Scientific Instruments and their Makers* (1985), p. 177.

41 『明治十二年九月分　仕出綴込　大坂専門学校会計掛』(1879, 明治12)「舎密局～三高資料室」蔵．

42 大阪教育大学の種村雅子氏が，他の同校保存機器も含めて現在調査中である．

43 『明治十三年六月　仕出綴込　会計懸』(1880, 明治13)「舎密局～三高資料室」蔵．

44 渡辺實『近代日本海外留学生史』上巻 (1977), 講談社，pp. 374-9；富田仁編『海を越えた日本人名辞典』(1985), 日外アソシエーツ，p. 533；手塚晃と国立教育会館編『幕末明治海外渡航者総覧』(1992), 柏書房，pp. 322-3．

45 『明治十四年　海外監督官等往復書類　大阪中学校』(1881 (明治14) 年)「舎密局～三高資料室」蔵．

46 Clifton, Gloria, *Directory of British Scientific Instrument Makers 1550-1851* (1995), p. 208.

47 Lyall, Kenneth, *Electrical and Magnetic Instruments* (1991) No. 407.

48 『明治十三年一月　物品申出綴込』(1880, 明治13)「舎密局～三高資料室」蔵．

49 Negretti & Zambra, *Illustrated and Descriptive Catalogue* (1871). これは福井県立図書館に保管されており，武蔵丘短期大学の藏原三雪氏が発見した．「明新館」の蔵書印がついているので，福井藩のお雇い教師であった Griffis 等が残したものと推測される．

50 Read, W. J., "History of the Firm Negretti & Zambra", *Bulletin of the Scientific Instrument Society*. No. 5 (1985), pp. 8-10.

51 水路部編『水路部沿革史付録上』(1916), 水路部，pp. 479-80．

52 『明治十四年　外国品購求一件綴』(1881, 明治14)「舎密局～三高資料室」蔵．

53 中川保雄氏の以下の論文に詳細に述べられている．中川保雄「藤島常興：封建時代の伝統的職人と明治初期工業化政策との結びつき(I), (II)」『科学史研究』Vol. 18 (1979), pp. 140-7, 206-14．

54 水路部編『水路部沿革史』(1916), 水路部，pp. 410-7．

55 藤島常興『大日本古金銀貨大全一目表』(1889), 古光堂．

56 Warner, Deborah Jean, "Compasses and Coils, The Instrument Business of Edward S. Ritchie", *Rittenhouse* Vol. 9, No. 1 pp. 1-24.

57 中川保雄「明治初期の物理学実験と物理器械」『物理と教育』No. 4 (1977), pp. 18-37．

58 旧制高等学校資料保存会編『旧制高等学校全書』第3巻　教育編 (1985), 旧制高等学校資料保存会刊行部，p. 30．

59 前出『神陵史』(4), pp. 222-35．

60 神陵史資料研究会編『史料神陵史』(1994), 神陵史資料研究会，pp. 543-59．

[61] 前出旧制高等学校資料保存会編(58), pp. 426-9.

[62] 『明治二十三年　請書綴込』「舎密局〜三高資料室」蔵.

[63] 今市正義, 原三正「本邦におけるX線の初期実験」『科学史研究』Vol. 16 (1950), pp. 23-32.

[64] 日本学士院編『学問の山なみ』第3巻 (1975), 日本学士院, pp. 112-5.

[65] 日本物理学会編『日本の物理学史　上　歴史・回想編』(1984), 東海大学出版会, pp. 209-10.

[66] 水野敏之丞「三十八年来物理学の大進歩」『工業の大日本』24巻 (1927), p. 50.

[67] Mizuno, T., "Notes on tinfoil grating as a detector for eletric waves", *Memoirs of the Science Department, Univ. of Tokyo*, No. 9, (1895), pp. 15-25.

[68] 水野の電波の研究については前出日本物理学会編(65)の209ページに解説がある.

[69] Turner, Gerard L'E., *Nineteenth-Century Scientific Instruments*, (Sotherby Publications, 1983), p. 200.

[70] 西田健二郎監訳編『英国における海底ケーブル百年史』(1971), 国際電信電話公社, p. 53.

[71] 『雑書類　寄宿舎生徒一覧他』「舎密局〜三高資料室」蔵.

[72] 同上.

[73] 同上.

[74] 『明治24年4月以降　備品請求書綴込　会計係』「舎密局〜三高資料室」蔵.

[75] 『自明治22年7月至同32年3月中　諸請書綴込　第三高等中学校会計掛』「舎密局〜三高資料室」蔵.

[76] Clifton, G., "An Introdution to the History of Elliott Brothers up to 1900", *Bulletin of the Scientific Instrument Society* No. 36 (1993), pp. 2-7. 19世紀後半のイギリスおよびフランスの科学機器メーカーについてはWilliams, Mari E. W., *The Precision Makers* (1994) およびその訳書, 永平幸雄・川合葉子・小林正人訳『科学機器製造業者から精密機器メーカーへ』(1998), 大阪経済法科大学出版部.

[77] Thompson, S. P.: *The Life of Lord Kelvin*, Vol. 2 (Chelsea Pub. Co. 1976), p. 680.

[78] Clarke, T. N., Morrison-Low, A. D., Simpson, A. D. C.: *Brass & Glass*, (National Museums of Scotland, 1989), pp. 252-75.

[79] 『明治人名辞典』(1989), 日本図書センター. 底本は, 古林亀治郎編『現代人名辞典』第二版 (1911, 大正1), 中央通信社.

[80] 『工場通覧　明治39年刊行』農商務省商工局工務課編纂　有隣堂 (復刻板は後藤靖解題『工場通覧II』(1992), 柏書房), 農商務省商工局工務課編纂『工場通覧　大正8年刊行』有隣堂 (復刻板は後藤靖解題『工場通覧IV』(1992), 柏書房).

[81] 合名会社玉屋商店『玉屋商店商品目録』(1912, 大正1).

[82] 井原聡『日本における実験機器製作技術の発達に関する実証的研究』科学研究費研究成果報告書 (1999) 中で, 高橋智子氏は博覧会出品作品による日本における科学機器製造業者の分析を行っている.

[83] 『寄贈物品書留簿　會計係』(明治23年)「舎密局〜三高資料室」蔵.

[84] *L'Industrie Française des Instruments de Précision, Syndicat des Constructeurs en Instruments d'Optique & de Précision* (1901-1902), pp. 6-8.

[85] 平野光雄『明治前期東京時計産業の功労者たち』(1957),「明治前期東京時計産業の功労者たち」刊行会, pp. 210-51.

[86] 測量・地図百年史編集委員会編『測量・地図百年史』(1970), 日本測量協会, pp. 33-9, 45-50, 607-20.

[87] 『陸地測量部沿革誌』(1922)，陸地測量部，p. 100．

[88] 前出神陵史資料研究会編(60)，pp. 774-5．

[89] 『明治廿八年度文部省所管第三高等学校経常部歳出豫定計算書各自明細書参考表　第三高等学校本校』「舎密局〜三高資料室」蔵．

[90] 『京都帝国大学一覧　従明治三十年　至明治三十一年』「舎密局〜三高資料室」蔵．

[91] 前出中川浩一(37)，pp. 11-23．

[92] 『日本現今人名辞典』第2版 (1901)，現今人名辞典発行所．

[93] 日本物理学会編『日本の物理学史　上　歴史・回想編』(1984)，東海大学出版会，p. 151．

[94] 『二十九年度　試験用材料証憑書　第三高等学校』「舎密局〜三高資料室」蔵．

[95] 『明治二十九年度十一月分　仕出綴込　第三高等学校』「舎密局〜三高資料室」蔵．

[96] Harrwitz, F., *Adressbuch der Deutschen Präzisionsmechnik und Optik, III vorständig neu bearbeitete Auflage* (Berlin 1906), p. 3.

[97] 前出今市正義(63)，pp. 23-32．

[98] 明治文化研究会『明治文化全集　別巻　明治事物起源』(1969)，日本評論社，p. 1241．

[99] グラスゴー大学の Kelvin Museum に同型の電位計が保存されている．Green, George and Lloyd, John T., *Kelvin's Instruments and the Kelvin Museum* (1970), pp. 22-4.

[100] 『明治三十年諸書類綴込　会計課』「舎密局〜三高資料室」蔵．

[101] 前出水路部(51)，pp. 473-82．

[102] 中川清「兵器会社高田商会の軌跡とその周辺」『軍事史学』第30巻第4号 (1994)，pp. 60-75．

[103] 筧田知義『旧制高等学校の成立』(1975)，ミネルヴァ書房，p. 186．

[104] Lommel, E. von, *Lehrbuch der Experimental Physik* (1900).

[105] 『日本近代教育百年』第3巻学校教育1 (1974)，国立教育研究所，pp. 758-80．

[106] 『東京理科大学百年史』(1981)，東京理科大学，pp. 170-1．

[107] 玉名はもともと養子先の名村姓を名乗っていたが，明治15年に玉名姓に戻した．

[108] 海後宗臣・仲新編『近代日本教科書総説　目録編』(1969)，講談社．

[109] 『第三高等学校関係書類』京都大学．

[110] 村岡範為馳「三高生活の思いで」大浦八郎編『三高八十年回顧』(1950)，關書院，pp. 12-20．

[111] 福田為造「明治卅五年の頃」『三高八十年回顧』大浦八郎編『三高八十年回顧』(1950)，pp. 58-66

[112] Masamichi Kimura, Kiyoshi Yamamoto and Riujiro Ichinohe, "Preliminary Note on the Thermoelectric Properties of Some Minerals", *Memoirs of the College of Science and Engineering, Kyoto Imperial University* Vol. II (1909-1910), pp. 59-62.

[113] 佐々木公友編著『科学機器沿革小史』(1985)，東京科学機器協会，pp. 99-100．

[114] 『明治三十二年四月以降　地方注文書類　會計課』「舎密局〜三高資料室」蔵．

[115] 中川保雄「明治初期における理化学器械製造業の形成」『科学史研究』Vol. 17 (1978), p. 106．

[116] 長岡半太郎「欧州物理学実験場巡覧記」『東京物理学校雑誌』No. 245 (1912), pp. 177-8．

第3章
第三高等学校由来の物理実験機器

凡例［詳細については，巻頭 xvii-xviii 頁の「凡例」を参照されたい］

［機器の名称］　各実験機器の名称は，理化学辞典等に基づいて可能な限り現代の名称を使用した．しかし，現在では使われていない機器も多く，その場合には，当時の物理学書やメーカーの商品カタログの名称を使用した．欧文名も同様である．

［機器番号］　「Cat. No.」で始まる番号は，三高コレクションの整理のためにつけた機器番号である．同名の機器が存在する場合，この機器番号によって区別される．

［大きさの記述］　大きさの単位は mm である．複雑な形をしている場合は，支持台の直径や全高などを測定して，大きさとした．機器の使用法によって大きさが変動する場合については，その機器を収納する状態で測定し，大きさとした．

［購入年］　第2章で述べたように，1881 (明治14) 年にすでに存在していた機器は，購入年を特定できない．したがってそれらは「1881 (明治14) 年以前」とした．

［機器記載事項］　実験機器に，製造業者名とその所在地，性能，製品番号等が記されている場合には，「刻印」，「目盛」，「機器記載事項」などの欄を設け，実際の記述に忠実に記載した．

［参考文献］　各機器の解説に関わる参考文献は，まず著者の名前 (欧文の場合には姓のみ) と発行年のみの簡略な記述で示し，巻末の「第3章参考文献」に詳しく掲載した．また省略形については，巻頭の凡例を参照のこと．

1　力学

古典力学の原理は，地域を問わず人類が最も古くから経験し，また利用してきた物理的な法則であり，まず経験則としてまとめられ，Galileo Galilei (1564-1642) 以来実験の積み重ねの中で理論的に裏付けられてきた．そして 17-8 世紀に産業が発展する中で重要性と有用性を一層増してきた．しかし力学に固有の教育機器で，三高コレクションに保存されてきたものは少ない．本節では，その中から最も購入年が古いもの2点と，19 世紀に発明されたジャイロスコープを取り上げて解説する．また，化学天秤は計量に属する機器であるが，物理実験の中では貴重な力学の教材とされているので，分銅なども含めてここに一括する．

1-1　単一器械

第2章でも述べたように，三高コレクションに保存されている機器の購入年を資料

第3章 第三高等学校由来の物理実験機器 1 力学

から明確に同定できるのは1882（明治15）年以後に購入されたものであって、それより古くから存在する機器の購入年はすべて「1881年以前購入」となっている。力学に関係する機器は古くに購入されたものが多く、1881年以前に購入されたものが7点残されている。この7点は何れも島津製作所が1882年に出版した『理化器械目録表』に記載されている機器である[1]。この目録表は、同社としては最初に出版したカタログで、109項目の機器の名称と価格とともに、すべての機器の図が入っている。これは当時の初等中等物理教育に必要な機器を網羅したものであると、同社の『理化器械100年の歩み』に紹介されている[2]。力学の初歩の教材である「単一器械」に属するものは、当然ながら、この目録表に含まれている。

ところでこのカタログに記載されている図版の多くが、当時ボストンに本拠を置いていたE. S. Ritchie & Sons社（以下Ritchie社と略記）が出版した*Ritchie's Illustrated Catalogue of Philosophical Instruments, and School Apparatus*の図版と酷似していることは、すでに中川保雄氏などが指摘していることである[3]。私たちの手元にあるRitchie社のカタログは1857年頃に出版されたものであるが、それによってもこのことは確かめられる[4]。

Ritchie社の創業者、Edward Samuel Ritchie (1814-95) は、共同経営者とともに1839年にボストンで金属加工業の工場を持ち、営業を始めた。1861年に設立されたマサチューセッツ工科大学と関係の深い技術者協会に属し、設立を呼びかけた37人の署名者の一人であった[5]。カタログを見ると、Ritchie社の主力は流体力学や電磁気学関係の機器に置かれていたようである。この時期、Adolphe Ganot (1804-87) やAugustin Privat Deschanel (1821-83) などの物理学教科書が英訳されて、アメリカでもよく使われていたが、Ritchie社はこれらの教科書の内容に合わせて、教育用物理機器を製作し、販売していたものと考えられる。コレクションに残されている力学機器のうち、滑車台とろくろ（Cat. No. 1060）とねじプレス（Cat. No. 1）には、台座にE. S. Ritchie & Sonsと書き込まれていて、明らかにRitchie社の製品である。この滑車台は、購入した時に当然付属していた滑車類やロープが紛失して、台と支柱が残っているのであるが、これと同型のものを『理化器械目録表』に見ることができて、付属していた滑車類の組み合わせが分かる。ところが、私たちの手元にあるRitchie社のカタログにまったく同型のものは見あたらない。

島津製作所が『理化器械目録表』を出版するのに先立って、1878（明治11）年、長田銀造は、教育博物館の委嘱を受け小中学校に領布するための物理器械の製造を民間の製作所として始めた。1879年に藤島常興、製煉社が加わり、それぞれに図入りの目録を出しているが、物理に関しては「小学校物理器械目録」となっており、ほとんど線書きに近い、単純化した図になっている。これらの民間器械製作所の成り立ちと、当時配布された目録については、植松敏夫氏が詳しく紹介している[6]。それに比べて、島津製作所の目録は、Ritchie社のカタログに近い立体感のある原版を使用しており、当時の高等教育を意識した教育用機器を集めている。島津製作所がこの時期Ritchie社と何らかの契約を結んでいなければ、このような図版をカタログに掲載できないと思

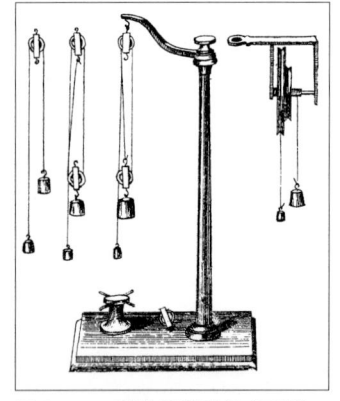

図3-1-1 理化器械目録表記載の滑車/島津製作所 (1882) より

うが，その事実を立証するものは見つけられていない．また1881年以前に購入したもので島津製作所が輸入代行をした機器があっても不思議ではないが，資料的な裏付けが今のところは得られてない．

1-2 ジャイロスコープ

ジャイロスコープは19世紀になって発明され，著しい進歩を遂げた力学的機器の1つであり，Jean Bernard Léon Foucault (1819-68) が発明したとされている．Foucaultはパリ天文台の教授になり，発明されて間もなかった銀板写真で天体を撮影する装置を作っていた時，地球の自転を証明する振子の実験を思いつき，1851年にこの実験を実行した．彼は振子が長い時間振動するように，67 m の糸に 28 kg の錘を吊して，振子の振動面がゆっくりと変化することを示した．これはフーコーの振子として有名である．続いて翌1852年，地球の自転を証明する装置を発明し，これをジャイロスコープと名付けた．

彼の発明は James Clerk Maxwell (1831-79) や William Thomson (Lord Kelvin, 1824-1907) をはじめとする科学者たちの興味を刺激し，ジャイロスコープの運動の数学的な解析や歳差運動に関する研究が急速に進むことになった．Thomson は，この研究からジャイロコンパスを発明するに至った．そこから，多くの研究者や技術者が船舶や飛行体の航路の安定性と関連してジャイロコンパスの研究を行い，その技術的な波及効果は計り知れないものがあった．現代のミサイルや人工衛星にもなくてはならない装置となっている[7]．

ジャイロスコープは Foucault が発表して有名になったが，よく似た装置を1817年に Johann v. Bohnenberger (1765-1831) が「地球の回転の法則を示す器械」として，また，1831年に Walter Johnson が「ロータスコープ」として発表していた[8]．力学の原理に対する理解のためにも，また，技術的な応用にとっても，ジャイロスコープは貴重な教育機器として認識されるようになり，また玩具にもなっていた．すでに島津製作所の『理化器械目録表』には「軸転器」という名称で記載されており，同型の図

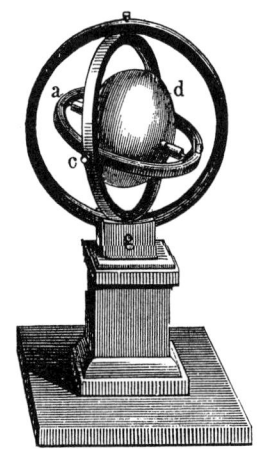

図3-1-2　(左) ジャイロスコープ/島津製作所 (1929) より
図3-1-3　(右) ジャイロスコープ/Müller-Pouillets (1909) より

をRitchie社のカタログに見ることができる[9]．20世紀になると教科書に取り上げられ，科学機器メーカーが数種の模型を製作してカタログに載せるようになった．Müller-Pouilletsの1906年版物理学教科書にはBohnenbergerの装置が記載されている[10]．この記述に合わせて，有名機器メーカーのカタログには，Bohnenbergerのジャイロスコープが図入りで記載されるようになり，島津製作所の1929（昭和4）年カタログには「ボーネンベルゲル氏ジャイロスコープ」と記載されている[11]．

1-3　度量衡標本と天秤

　三高コレクションに保存されている化学天秤のうち，最も古いものは1895（明治28）年に購入された化学天秤（Cat. No. 99）で，守谷定吉が納入している．それよりも古いものに1886（明治19）年購入の度量衡標本（Cat. No. 19）があり，その中の天秤は守随製，枡は樽製となっている．

　度量衡は税収との関係があるので，明治政府もその制度化をなおざりにはできなかったと推測されるが，新政府による「度量衡取締条例」が領布されるのは1875（明治8）年のことである．この時に「度量衡種類表」，「度量衡検査規則」も領布され，従来の制度としての枡座，秤座が廃止されている[12]．その前年12月現在の制度の現状が「度

■度量衡標本
Model of Weights and Measures (Cat. No. 60)

　　　　大きさ：1升枡　外法170×170×91，内法149×148×82；
　　　　　　　　5合枡　外法144×144×72，内法119×119×62；
　　　　　　　　竿ばかり　長さ361；
　　　　　　　　天秤　支柱直径6×338；アーム209；
　　　　　　　　竹尺　378×10；折り尺900×10（6段）；木箱　548×273×143
購入年：1886（明治19）年
購入費：7円50銭
納入業者：不明
製造業者：守随彦太郎，樽俊之助
台帳記入名称：度量衡標本
機器記載事項：枡（烙印）一升五合/東京樽製/新器検定印
　　　　　　　天秤　東京守随製；
　　　　　　　箱（墨書）一升秤/壱合/日本秤/皿秤/分銅/尺度

　1875年成立の明治政府による度量衡取締条例に基づく度量衡標本である．取締条例では，1尺＝10/33 m，1匁＝3.756521 gなどメートル法を基準にした値で単位を定義した．枡，秤の製造は許可制となった．
　標本は1升枡と5合枡，竿ばかりと分銅1個，天秤と分銅10個，竹尺と折り尺が木箱に納められている．天秤は組み立てて，木箱の上の穴に差し込むようになっている．木箱の表の墨書は一部判読しにくくなっており，壱合という字が読み取れるが一合枡は存在しない．

　　　文献　メートル法実行期成委員会（1967），pp. 37-38．

近代日本と物理実験機器

量衡改正掛ヨリ長崎県出張所ヘ回答」という形で記録されているが，それによれば，桝や秤の製作は東西各一座に限定されており，東京では，桝座は樽俊之助，秤座は守随彦太郎であった．この回答の最後に「附言」として「西洋形秤製作売弘儀ハ昨明治六年第百十一号及三百八十一号御布告ノ如ク東京於森谷清三郎増田重兵衛両人大阪於テ木村辰次郎山本清之助両人何レモ西洋形秤製作売弘ノ官許相成候儀ニ付各地ニ於テ取次売捌致度候者ハ右官許製作人ヘ示談之上受売イタシ候而不苦事」という文章がついている[13]．この「森谷清三郎」は「守谷清三郎」と同一人物で，1873年には西洋型天秤製作の官許を受けていたことになる．また取締条例で座が廃止されても，それまでの職人が新制度に基づく鑑札を受けていたと考えられる．

「日本メートル法沿革史年表」によると1886 (明治19) 年に「守随彦太郎に尺貫目盛の西洋形秤の製作を許す」とある[14]．度量衡標本が購入された時期でもある．しかしながら，この時期の西洋形秤はどの範囲のものを指していたか，文言だけでは不明確なところがある．三高コレクションに保存されている度量衡標本に含まれている天秤は，江戸時代から両替商などで使用されていたものと同型と見られる．江戸時代から明治初期にかけての度量衡については，商工省中央度量衡検定所に1935年から1944年まで勤務していた天野清が詳しく調べていた．それは1942年に帝国学士院が計画していた明治前日本科学史出版事業の一部であって，1945年東京大空襲で亡くなった彼の遺稿は，同じく編纂委員であった大矢真一氏が整理補足して，日本学士院編の『明治前日本物理化学史』に収録されている[15]．それによれば，「天秤は元来秤座の管理下にはなく，両替屋の法器で」あって，「これに用いる分銅は彫金で有名な後藤祐乗の一家で製しその改めを行っていた」という[16]．したがってもともと秤座であった守随家は，1886年の許可を受けて，この時期に天秤の製造を始めたことになる．また天秤は西洋形秤の範疇に入っていたと考えてもよさそうである．

そうだとすれば，この三高コレクションの度量衡標本は1875年成立の度量衡取締条例に基づき，また守随の西洋形秤製作の許可をまって，製作・領布された度量衡標本ということになる．条例では計量機器の製造・販売・検査などの制度を定め，一尺＝10/33 m，一匁＝3.756521 gというようにメートル法を基準にした値で単位を定義し，原器，計算表を府県に領布して，国内の度量衡を統一した．この時のいきさつについては度量衡改正掛編述の「度量衡取締規則設立一件記」という文書が「日本メートル法沿革史」に資料として転載されている[17]．

また同年表によると1887 (明治20) 年に「守谷定吉，化学天びんを創作」とある．守谷定吉 (1855-) は清三郎の養子で，「我国度量衡器ノ改良及其上進ヲ図ルコト」を目的として1894 (明治27) 年に発足した大日本度量衡会の評議員に名前を連ねており，1903 (明治36) 年の第5回内国勧業博覧会では，出品した天秤および分銅に対して「製作巧妙ニシテ現時本邦衡器ノ模範トスルニ足ル」として名誉銀賞を受けた[18]．彼は，1911年日本度量衡協会の発足時にも理事の一人として加わっている[19]．この時，守随績も理事の一人として加わっている．守随彦太郎の跡を継いだと見られる．

開国以来次々と外国の商社が支店を開き，また産業を興すに当たって各国の技術者

の指導を受けたので，それぞれの技術や機器に随伴してメートル法もヤード・ポンド法も流入することは避けられなかった．そこで度量衡取締条例に至る段階では，メートル法を基準にした尺貫法で全国を統一し，外国単位の計量器は放任という立場をとっている．明治政府は1885（明治18）年にメートル条約加盟を決定し，1889年にメートル原器，キログラム原器を受け取るが，その後施行された度量衡法でも，メートル法を基準とした尺貫法の立場は変えていない．ポンド秤の使用を廃止するのは1899（明治32）年のことである．こういう状況に対応して，コレクションにはポンド分銅（Cat. No. 37）が残されている．

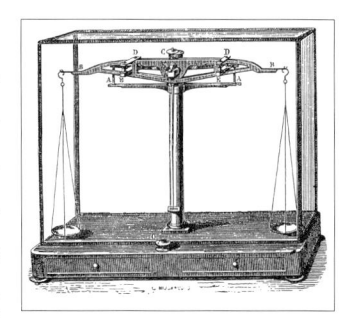

図3-1-4 化学天秤/Ganot（1906）より

　天秤で精密測定を行うようになるのは，Joseph Black（1728-99）以後のことである．Ganotの教科書では，化学天秤は測定に対する気流の影響を防ぐために必ずガラスのケースに入れて，前面のガラスを上げ下げするのは試料を入れる時だけにしなければならない，と書いてあるが，博物館のカタログなどでガラスケースに入れられた化学天秤が見られるのは18世紀の終わり近くのことである[20]．またアームを中空の三角形状にして，軽くて短いアームの天秤で精密測定が可能になったのは19世紀に入ってからのことで，アームの目盛りの上にライダーを置いて精度を上げる工夫は1851年に導入されたという[21]．こういう化学天秤の精度の向上には多くの機器メーカーが関与していた．そして守谷が製作して，三高コレクションに保存されている化学天秤（Cat. No. 99）は，この時代の化学天秤が構造的に到達していた要件を充分満たしていたと見ることができる．

文献

[1] 島津製作所島津源蔵『明治十五年六月理化器械目録表』（1882，明治15）．

[2] 島津理化器械株式会社『理化器械100年の歩み』（1977，昭和52）．

[3] 中川保雄「明治初期の物理学実験と物理器械」『物理と教育』No. 4（1977），pp. 18-37．

[4] Ritchie, E. S., *Ritchie's Illustrated Catalogue of Philosophical Instruments, and School Apparatus*（c1857）.

[5] Lagemann, Robert T. *The Garland Collection of Classical Physics Apparatus at Vanderbilt Universiy*（1983）p. 233. E. S. Ritchie は1862年に開催されたこの協会の最初の総会に "Improvements in the Construction of Ship and Boat Compasses" という論文を発表している．

[6] 植松敏夫『わが国理科教育における「実験」の導入過程』鳴門教育大学大学院昭和63年度修士論文（1988）．

[7] Dennis, Michael Aaron, "Gyroscope", in Robert Bud & Deborah Jean Warner, *Instruments of Science, An Historical Encyclopedia*（1998），pp. 299-301.

[8] Broelmann, Jobst "Compass, Gyro-" in Robert Bud & Deborah Jean Warner, *Instruments of Science, An Historical Encyclopedia*（1998）pp. 132-134.

[9] 前出島津製作所(1) No. 14，および前出 Ritchie (4) p. 53．

[10] Pfaundler, Leopold, *Müller-Pouillets Lehrbuch der Physik und Meteorogie I*（1906）pp. 316-24.

[11] 島津製作所『物理器械目録』（1929）pp. 136-9．

[12] メートル法実行期成委員会編『日本メートル法沿革史』(1967), p. 38.
[13] 同上 pp. 39-40.
[14] 同上 p. 432.
[15] 日本学士院編『明治前日本物理化学史』(1964) p. 3.
[16] 天野清「度量衡」『明治前日本物理化学史』(1964) 所収 p. 635.
[17] 前出メートル法実行期成委員会(12)pp. 31-6.
[18] 第五回内国勧業博覧会事務局編『第五回内国勧業博覧会授賞人名録』(1903).
[19] 前出メートル法実行期成委員会(12)p. 131.
[20] Turner, G. L'E., *Van Marum's Scientific Instruments in Teyler's Museum* (1973) p. 135.
[21] Anderson, Robert G. W., "Balance, Chemical" in Robert Bud & Deborah Jean Warner ed. *Instruments of Science, An Historical Encyclopedia* (1998), pp. 45-7.

■滑車台とろくろ
Flame of Pulleys and Capstan (Cat. No. 1060)

大きさ：台 331×255×50；全体の高さ 735
購入年：1881（明治 14）年以前
購入費：4 円 50 銭
納入業者：不明
製造業者：E. S. Ritchie & Sons（Boston）
台帳記入名称：滑車　ピュルレー
刻印：E. S. Ritchie & Sons Boston

木製の台に滑車用の支柱とろくろが取り付けられている．フックが支柱の腕木に 4 個，支柱の足元に 1 個ついている．滑車やロープは失われているが，これとほぼ同じ機器が『理化器械目録表』の図版にあり，それによれば定滑車や動滑車，複滑車や錘などが組み合わせられていたことが分かる．（図 3-1-1 参照）

文献
島津製作所（1982），No. 19．

■対円錐
Inclined Plane and Double Cone (Cat. No. 1126)

大きさ：対円錐　最大直径 120，最小直径 8，全長 260；
　　　　傾斜台の奥行 245，高さ 102，板の厚み 18
購入年：1881（明治 14）年以前購入
購入費：60 銭
納入業者：不明
製作業者：不明
台帳記入名称：對円錐

同型の円錐 2 個を底面で張り合わせた形から対円錐と呼ばれる．V字型に開く木製の傾斜台が組み合わせて使用される．傾斜台はV字の広がった方が高くなっており，低いところに対円錐を置くと，高い方に転がるようになっている．一見回転体が低いところから高い方に動くように見えるが，レールが次第に対円錐の両端に向かって支える位置を変えるので，対円錐の重心は低くなって安定する．

文献
内藤卯三郎他（1931），p. 378．
島津製作所（1882），No. 10．

図 3-1-5　対円錐/島津製作所（1881）より

■ジャイロスコープ
Gyroscope (Cat. No. 48)

大きさ：外側の金属環の外径 132；全体の高さ 333；箱 172×164×342
購入年：1884（明治 17）年
購入費：14 円
納入業者：不明
製造業者：不明
台帳記入名称：ヂャイロスコープ

　軸対称なコマを摩擦なく回転するように重心で支えた装置．互いに垂直な 3 個の回転軸とそれぞれに対して対称な金属環からできている．中央にある回転子は垂直および水平軸に対して自由に回転することができる．この装置で，回転体はモーメントが働かなければ回転軸が一定の方向を保つこと，回転軸に直角な力が加わると，力の方向と直角な方向に回転軸が振れることなどを示すことができる．

　本機器は真鍮製で，外側の金属環を支える軸を支持台に差し込むようになっており，構造が単純化されている．また歳差運動を演示するための金属製の錘が 2 種付属している．島津製作所 1882 年カタログと，Ritchie 社のカタログに同型品を見ることができるが，購入経路は不明である．国内では内藤他の教科書に記載がある．

文献
Ritchie 社 (c1857), p. 53.
島津製作所 (1882), No. 14.
内藤卯三郎他 (1931), pp. 458-465.

■化学天秤
Chemical Balance (Cat. No. 99)

大きさ：天秤のガラスケース 467×235×508
購入年：1895（明治 28）年
購入費：39 円 85 銭（分銅）
納入業者：守谷定吉
製造業者：守谷製衡所
台帳記入名称：天秤　分銅トモ
刻印：守谷/（商標）28－一三三三/感量一瓱
　　　秤量二百瓦

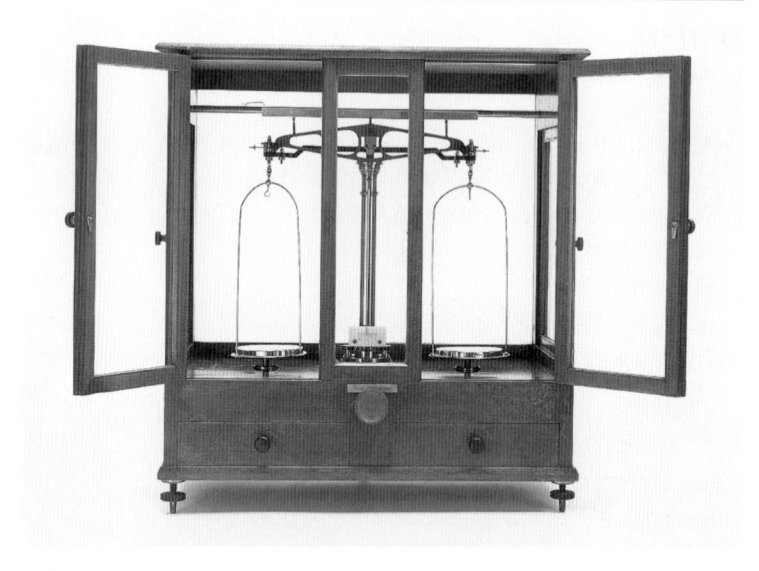

　守谷定吉は 1887 年に化学天秤を作っており，これが日本で精密測定用の天秤製作の始まりである．95 年に納入された本機器はまだ初期のものと見てよい．ガラスケースに収められ，脚には水平調節ネジがあり，休め腕や休めハンドル，ライダー竿も揃っており，アームの両端の刃と刃受け周りの細かなネジ構造もしっかりと構成されている．ケースは左右両側で開くことができるが，零点および重心調節ネジの調節はしにくい．

　化学天秤の国産化は，科学機械産業の歴史にとって，藤島常興が 1877 年に目盛器械を作ったことに次いで大きな出来事であったといえる．

　付属の分銅は使用されている間に，順次入れ替えられて，現在はさまざまな製造元のものが混じっている．

■ポンド分銅
Pound Weights (Cat. No. 37)

大きさ：それぞれに直径 17×6，直径 23×7，直径 28×10，直径 35×12，直径 47×14，直径 61×18，直径 74×23，直径 90×31；積み重ねた時　直径 90×高さ 82；木箱　110×114×高さ 113

購入年：1881（明治 14）年以前
購入費：20 円（ただし秤ともの価格）
納入業者：不明
製造業者：不明
台帳記入名称：大量薬秤上用鍮錘
刻印：それぞれに 1/4 oz, 1/2 oz, 1 oz, 2 oz, 4 oz, 8 oz, 1 lb, 2 lbs/solid；各分銅の中央に　王冠/VR/

イギリスで用いられてきたヤード・ポンド法に基づく計量用の分銅．常用ポンド，トロイポンド，薬用ポンドの 3 種があるが，台帳に記入された名称から薬用ポンドと推定できる．秤とともに購入されたが，秤はなくなっている．底が平らな皿形の分銅 8 個が積み重ねて木箱に納められている．

　1 オンス＝480 grains＝31.1 g
　1 ポンド＝12 オンス

である．中央の刻印，王冠の下の VR はビクトリア朝を意味し，1879-1901 年の間に作られている．

文献
Turner (1983), p. 55.
Fitsa (1993), p. 29.

図 3-1-6　積み重ねた状態と，木箱

2　流体力学

　1879年にThomas Alva Edison (1847-1931) が白熱電球を発明し，商業生産に入って以来，さまざまな真空管が現れ，受信や照明，制御に広く使用され始めると，真空技術は20世紀の産業になくてはならない技術となった．さらに，19世紀末からの物理学研究の発展は，真空装置なしには考えられないものであった．このような展開の第一歩は，遠く遡って，Evangelista Torricelli (1608-47) の大気圧発見の実験であり，次の一歩はマグデブルク自由市の市長Otto von Guericke (1602-86) が行った真空の実験であった．

　このTorricelliの実験は気象観測の1つである気圧測定の始まりでもあった．いち早くこの実験の重要な意味を認めたBlaise Pascal (1623-62) は，真空に関する一連の実験を通して，パスカルの原理の発見に至り，流体静力学を確立した．こういう研究から出発した科学と技術の発展の跡を丁寧に追うように，19世紀の科学教育が構成されていたことを三高コレクションの機器からあらためて確認することができる．

　本節では19世紀の産業の展開にも深い関係を持つ，次の3つのグループを取り上げることにしたい．すなわち(1)空気ポンプの発展とその周辺，(2)気象観測の確立と関係する気圧と湿度の測定機器，(3)比重計である．

2-1　大気と真空

　気学とも空気力学とも訳される"Pneumatics"という分野の確立を促したのは，Guerickeが1654年に野外で行った公開実験である．平田寛の『科学の考古学』には「真空を作る器械」という章があって，彼がミュンヘンの科学技術博物館を訪ねた時，Guerickeの「真空ポンプとマグデブルクの半球といわれるものとの錆びついた実物」の展示を見た時のことが描かれている[1]．そして，Guerickeが1672年に発表した論文から，図版を紹介しながら，レーゲンスブルク市郊外で行われた実験の様子を描写している．長くなるが一部を引用してみたい．

観衆が揃ったところで，彼はまず，直径33.6センチの中空の分厚い銅製の半球を2つ持ち出した．この2つの半球のそれぞれの頂部には丈夫な綱を通す鉄の環がついており，1つの半球には空気を抜き取るための外部に開いた弁が取り付けられていた．そしてこの周りにつばのついた2つの半球をぴったりと合わせて1つの球とした後，彼の作った真空ポンプを使って弁から空気を吸い出した．つまり球内を真空にしたわけである．そのため，くっついた2つの半球は，ころがしてもひっぱっても離れなかった．しかし活栓を開いて空気を入れると，2つの半球はわけなく2つに離れた．

　次いで真空にした2つの半球を引き離すために，それぞれ4対（計16頭）の馬で反対方向に強く引っ張らせると，ついに大砲のような大音響を立てて離れた．この時のそれぞれ8頭の馬が出した力は887キロであった．それから直径49センチの半球を真空にしてそれぞれ6対の馬に引かせたが引き離すことができなかったという．前もっての計算ではそれぞれ9対の馬が必要なことをGuerickeは知っていたという．それまでの試行錯誤とこの実験に彼は約6万マルクをかけてきたと，平田は紹介している．この実験ははじめて真空を作ることを目的として成功した実験であると同時に，大気の性質に注意を向ける重要な実験であった．そしてRobert Boyle (1627-91) やRobert Hooke (1635-1703) をはじめ当時の多くの科学者に強い影響をもたらし，気体に関する系統的な研究と，空気ポンプの発展を促した．また18世紀には，小さなマグデブルクの半球が機器メーカーから出回り，科学教育に必要な機器の1つとなった．三高コレクションの中にも，最も早く購入されたグループの中に，この小さなマグデブルクの半球 (Cat. No. 5) がある．

　空気ポンプの製作は当時としては精密さを要する作業であったが，1870年代にはいくつかの機器メーカーで商品として生産され，またDenis Papin (1647-1712頃) が，シリンダーを2本にして効率を上げたポンプを製作し，18〜19世紀にかけて，それを改良した卓上型が商品として出回った[2]．空気ポンプとベル型のガラスの真空容器を組み合わせることで，多様な演示実験が行われた．この時期には，大気より低圧の状態はすべて「真空」と呼ばれていた．そして，この真空の中では輻射熱は伝わるが，音は伝わらないことから，生物の腐敗が起こりにくいことまで演示されて，「真空」の，したがって大気の存在と，その性質を多くの人が認識していく一助となった．三高コレクションの中には，この型のポンプや排気鐘と呼ばれたガラス容器は残っていないが，中に入れて実験したと思われる空気の浮力を示す装置 (Cat. No. 6) や「真空鈴」(Cat. No. 53) が残されている．何れも実験としては啓蒙的な内容で，Adolphe Ganot (1809-87) やAugustin Privat Deschanel (1821-83) の教科書にそれぞれ記載されており，また島津製作所の最も古い図入りカタログ『理化器械目録表』に記載されているものである[3,4]．

　真空落下試験器 (Cat. No. 51) は，排気した管内で羽毛と同時に落下する金属片が，大気圧に戻すと早く落下することを示すのに使われ，やはりGanotの教科書に記載さ

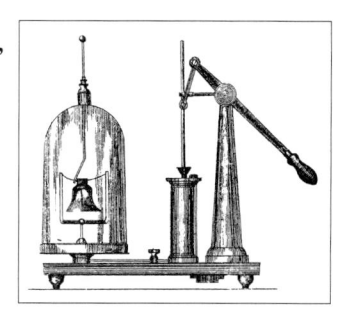

図3-2-1　真空鈴とポンプ／島津製作所 (1882) より

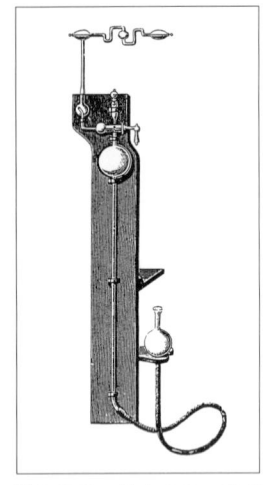

図 3-2-2 ガイスラーのポンプ/Gerhardt (1902) より

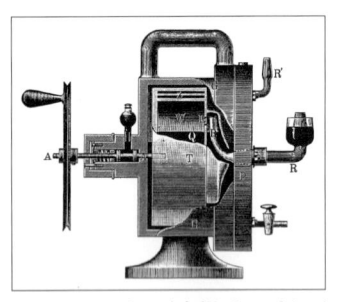

図 3-2-3 ゲーデ水銀ポンプを正面から見た内部図/Müller-Pouillets (1905) より

図 3-2-4 ゲーデ水銀ポンプを横から見た内部図/Müller-Pouillets (1905) より

れている[5]．この実験は，Turner によれば，空気ポンプの出現と同時に始まった実験で，「金貨と羽毛」と呼ばれて，古くからよく知られている演示実験である[6]．三高コレクションに保存されている装置は 19 世紀に作られたものである．この装置も『理化器械目録表』に「金片毛片管」という名称で記載されているが，これはアメリカの E. S. Ritchie & Sons 社（以下 Richie 社と略記）の 1857 年頃のカタログに載っている図とまったく同じものである[7]．Ritchie 社については前述したが，同社のカタログには，この管はオーロラ管としても使えるように重たく頑丈に作られていると説明され，排気口の反対側に電極が作られていることが見て取れる．保存されている装置もこのカタログの記述とまったく一致しており，当時は放電実験を行うことができた装置だと思われる．実は「空気の浮力を示す装置」も「真空鈴」も『理化器械目録表』の図と Ritchie 社のカタログの図は酷似しており，島津製作所はその頃同社と製品取り扱い契約を結んでいた可能性はある．しかし今のところこれらの製品に関する納入者，製造元を示す資料は確認できていない．

19 世紀中頃から低圧気体中の放電の実験が行われるようになると，高い真空度が求められるようになり，急速に真空技術が進み多様な真空ポンプが作られるようになった．そのきっかけとなったのがガイスラー管で有名な Heinrich Geissler (1814-79) の作った水銀ポンプであった．彼は自分自身も放電管を作る必要があり，また多くの科学者の依頼を受けて放電管を作っているが，それまでのメカニカルなピストンに変わって水銀を使うことで，シリンダーの内部の作動をなめらかにし，機密性を高めることができた．このポンプは，その後 Hermann Johann Philipp Sprengel (1834-1906) や August Toepler (1869-1912) がこの系統の高真空のポンプを作るきっかけとなった．

19 世紀末は，真空度が上がるとともに物理化学の新しい現象が現れ，それがさらに真空度を上げる意欲を刺激する時代であった．1879 年には電灯が発明され，20 世紀に入ると白熱電球の商品生産が本格化して，生産工程に真空装置が導入される時代になった．この時代の際だった進歩を示す 2 台のポンプが三高コレクションに保存されている．1905 年に発明された Wolfgang Gaede (1878-1945) の水銀廻転ポンプ (Cat. No. 254) と，1916 年に発明された Irving Langmuir (1881-1957) の凝結式ポンプ (Cat. No. 291) である．

油廻転ポンプも 1905 年に Gaede が発明して，まもなく改良型がいくつも現れているが，廻転ポンプの出現によって真空装置に電動機が使用できるようになったことが画期的であった．油廻転ポンプは大気圧から直接排気運転できるので高真空ポンプの補助ポンプとしても用いられ，工場や研究室に不可欠のものとなっていった．その構造は単純で，鋼鉄製で円筒形のケースの中に油を入れ，回転翼型（ゲーデ型）やカム型（センコ型）などのローターを回転させて，回転に伴ってケースの中がいくつかの室に分かれて，気体を拡張させたり圧縮させたりしながら排気口に導く働きをする．油が潤滑や気密性の確保，気体分子の取り込みなどいくつもの働きをして，効率をよくした．水銀廻転ポンプは，油ではなく水銀槽の中を，図 3-2-4 のような隔壁を持ったロー

ターを回転させて，1回転に3回気体の取り込みができるようにしたものである[8]．

Gaedeはさらに高真空用の2種類のポンプ，すなわち，1905年に分子式ポンプ，1912年に水銀蒸気拡散ポンプを発明している．何れも気体分子を1つずつ叩き出すタイプのポンプであるが，分子式は円柱形のローターを1分間に8000回廻転させることにより，高速流を作り出す方式であり，拡散ポンプは水銀蒸気の高速流で気体分子を排出する方式である．何れも排気側を補助ポンプで低圧にしておかなければならない．Langmuirが開発した凝結式ポンプもこの拡散ポンプと基本的に同じ原理で排気するものであって，水銀蒸気を水冷で凝結して繰り返し使えることを強調した命名である．LangmuirはGeneral Electric社の企業内研究所に属する研究者であり，新しい研究開発の始まりとして注目された．島津製作所の1929年のカタログには，この凝結式ポンプの図版とともに英文の解説がつけられている[9]．

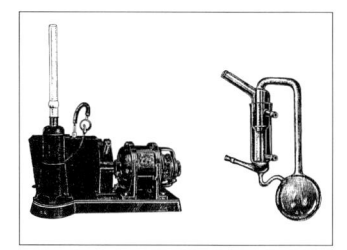

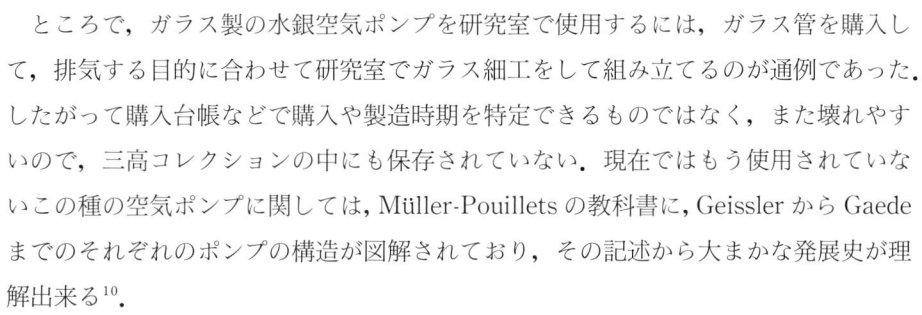

図3-2-5 ラングミュア凝結式ポンプ/島津製作所(1929)より

ところで，ガラス製の水銀空気ポンプを研究室で使用するには，ガラス管を購入して，排気する目的に合わせて研究室でガラス細工をして組み立てるのが通例であった．したがって購入台帳などで購入や製造時期を特定できるものではなく，また壊れやすいので，三高コレクションの中にも保存されていない．現在ではもう使用されていないこの種の空気ポンプに関しては，Müller-Pouilletsの教科書に，GeisslerからGaedeまでのそれぞれのポンプの構造が図解されており，その記述から大まかな発展史が理解出来る[10]．

真空計も空気ポンプの発展とともに種々開発されたが，三高コレクションに保存されているものとしてはブルドン真空計 (Cat. No. 151) を取り上げる．これはEugène Bourdon (1808-84) が1849年に発明したものである[11]．ブルドン管と呼ばれる中空の金属管の弾性を利用して圧力を測定するので，金属の種類と管の厚みを変えることでさまざまな圧力領域に対応したものが作られ，蒸気圧計や水力計をはじめ，工業の広い範囲で測定や制御に応用されるものとなった．教科書や機器メーカーのカタログにはブルドン管と指針を接続したものが原理の説明のために記載され，教材となっていた．

図3-2-6 ブルドン氏圧力計説明器/島津製作所(1929)より

なお，圧力のSI単位はPascalにちなんで「パスカル」を用い，記号はPaであるが，実験室ではTorricelliにちなんで「トル」，記号Torrを用いてきており，Torrで表記されていることが多い．単位の関係式は，

$1\,\mathrm{Torr} = 1\,\mathrm{mmHg} = 133.3224\,\mathrm{Pa}$,
$1\,\mathrm{Pa} = 1\,\mathrm{N/m^2} = 1/133\,\mathrm{Torr}$

である．

2-2 気圧と湿度

気圧を最初に測定したのはTorricelliとされ，19世紀の機器メーカーのカタログには，「トリチェリの実験」や「トリチェリ管」という名称の機器が空気ポンプや気圧計の最初に置かれていることが多い．しかし1644年の大気圧の実験では，彼と同様に

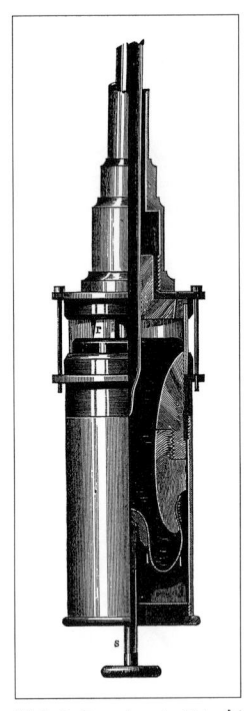

図 3-2-7 フォルタン気圧計の水銀槽/Muller-Pouillets (1905) より

Galilei の弟子であった Vincenzo Viviani (1622-1703) が Torricelli の構想に基づいて実際の測定を行った．彼らは気圧が変動することも測定しているので，水銀気圧計の起源はこの時とされている．Pascal はこの実験を伝え聞くとすぐ追実験をして，さらに水銀の上部の空間が真空であることを証明する実験を友人とともに次々と行った．その中で標高によって気圧が違うことを示し，また流体一般の法則として「パスカルの原理」を発見した．この時代にはまだ真空や大気圧という概念は一般に受け入れられるものではなかったが，近代科学の考え方を確立する重要な発見であった．バロメーターという名称は Boyle が 1663 年に名付けたものである[12]．

気圧計に精度が要求されるようになるのは，18 世紀の中頃からの軍事的な要求によるもので，ヨーロッパで起こった山岳地帯の戦争のために正確な地図が必要となり，気圧計は精度のよい高度計として期待された．フォルタン気圧計 (Cat. No. 1145) は，機器メーカーであった Jean Nicolas Fortin (1750-1831) が 1800 年頃に考案し，発売した．水銀槽を革袋にした気圧計で，測定の時に革袋の底をネジで押し上げて，水銀面をゼロ点に一致させるので，移動に便利で正確であるとして定着したものである．19 世紀の科学研究で多く用いられたのもこの気圧計であった．水銀気圧計としてはガラス管を U 字形にしたサイフォン気圧計の発展が先行しており，精度の高いものも現れていた．機器メーカーのカタログにも記載されているが，当時の日本の研究・教育機関では購入していないようである．理化学辞典の初版には，水銀気圧計としてフォルタン気圧計だけが記載されている．

アネロイド気圧計は液体を使わない気圧計という意味で，水銀の代わりに金属の弾性を利用している．この機構は 18 世紀末には考案されていたが，最初に商品として完成させたのは Lucien Vidie (1804-66) で，1843 年に考案し，1845 年にフランスで，1850 年にはイギリスで特許を取り，1851 年の大博覧会に出品してメダルを得ている[13]．ブルドン管も気圧計に用いられ，同じく 1851 年の大博覧会でメダルを得ているが，気圧計としてはビディ型が広く普及した．三高コレクションとしては，ビディ型であることがよく分かるように，目盛板の中央をカットして内部が見えるデザインのアネロイド気圧計 (Cat. No. 62) がある．Vidie が考案した気圧計は低圧にした金属製の薄い中空の函を感圧素子にしたもので，目盛は水銀気圧計と比較して刻まれた．精度は水銀気圧計に劣るが，丈夫で軽く，移動に便利なことから，指針への伝達機構や温度変化に対する補正などの工夫が重ねられ，また，航空機用の高度計や，登山用に温度計や羅針盤と組み合わせた懐中用 (Cat. No. 52) など，用途別にもさまざまに作られ，多様な気圧計に発展した．教育用には，内部の機構がよく見えるように，吸排気用のゴム管がついたガラスのケースに収めた説明用アネロイド気圧計 (Cat. No. 168) が製造された．アネロイド気圧計に組み込まれている温度計の目盛は製造された時期や地域によって実用的な目盛が選ばれ，ファーレンハイト，レオミュール，セルシウスのすべてを採用しているものもあれば，その何れかを採用しているものもある．温度目盛については第 4 節 4-2「温度の直接測定」の項を参照していただきたい．

湿度測定も 18 世紀からさまざまな工夫があった．Horace Bénédict de Saussure

図 3-2-8 説明用アネロイド気圧計/Deschanel (1877) より

■携帯用アネロイド気圧計
Pocket Aneroid Barometer (Cat. No. 52)

　　　　　大きさ：直径 52，厚み 27
　　　　　購入年：1886（明治 19）年
　　　　　購入費：30 円
　　　　　納入業者：不明
　　　　　製造業者：不明
　　　　　台帳記入名称：晴雨計（懐中用）

　金属の弾性を利用した気圧計．内部の構造は見えないが，ビディ形と思われる．登山用で，気圧と標高と両方のメモリが表示されている．蓋には温度計（ファーレンハイト目盛）とコンパスが組み合わせてある．

(1740-99) は毛髪湿度計を製作，使用していた．John Leslie (1766-1832) は U 字型ガラス管の両端にガラス球を接続した示差温度計を作ったことでよく知られているが，そのガラス球の一方を絹で包んで水で濡らすと，その蒸発によって球内の温度が下がることを示した．これが乾湿球湿度計の始まりである．

三高コレクションに保存されている湿度計 (Cat. No. 70) は露点法によるもので，1820 年に John Frederic Daniell (1790-1845) が考案した[14]．逆 U 字形ガラス管の両端にガラス球を接続して，エーテルとその蒸気を封じ込めて，一方の球をモスリンで包み，エーテルを垂らして蒸発熱を取る．他方のガラス管の外側に露がついた時の管内の温度と室温から湿度を求めるものである．露が付くのを見やすくするために，ガラス球の外側には金属箔が巻かれている．

2-3　比重計

流体静力学に偏ることになるが，三高コレクションに保存されている機器の中で，Ganot や Deschanel の教科書に挙げられている代表的な比重計 3 種をここでは紹介する．

ヨーロッパでの比重計の歴史は古く，アルコールの強さや牛乳の濃度など生産のさまざまな場面で使われてきたが，科学的な量として最初に注目したのは Boyle といわれている．18 世紀の終わり頃に，税収との関係で正確な比重計を必要とするようになり，化学工業の発達に伴って物質の比重が精密な測定の対象となっていった．

液中に沈めて，排除された液の体積から比重を求める比重計を浮きばかりという．

■説明用アネロイド気圧計
Aneroid Barometer for Demonstration (Cat. No. 168)

　　　　大きさ：目盛板の直径 126；ガラスカバーの直径 156，高さ 134；台の直径 167，高さ 157
　　　　購入年：1901 (明治 34) 年
　　　　購入費：35 円
　　　　納入業者：島津製作所
　　　　製造業者：不明
　　　　台帳記入名称：説明用アネロイドバロメートル
　　　　目盛：690-780

アネロイド気圧計の構造と働きがよく見えるように，懐中型では目盛板の下に納められている機構をガラスカバーの中に納めたもの．金属製の薄い函を低圧にして，気圧の変動で変形しやすくし，その変形を拡大して指針に伝えるという機構である．この機構は Vidi が 1843 年に考案したもので，精度は水銀気圧計に劣るが，コンパクトで，壊れにくく，持ち運びに便利なのでよく使われている．目盛は水銀気圧計で校正しなければならない．

　　　文献
　　　Deschanel (1877), p. 157.
　　　島津製作所 (1929), p. 187.

近代日本と物理実験機器

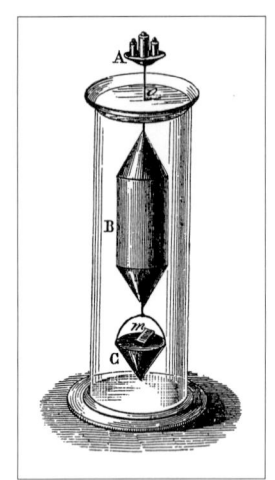

図3-2-9 ニコルソン浮きばかり/Ganot (1906) より

浮きばかりには定点まで液中に沈めるタイプと，液面に一致した位置の目盛りを読むタイプがあり，ニコルソンの浮きばかりとファーレンハイトの浮きばかりは前者で，ボーメの比重計は後者である．

ニコルソンの浮きばかり（Cat. No. 170）は固体試料の比重を測定するもので，William Nicholson (1753-1815) が1789年に発表した．金属製で，重心が中空の円柱部の中央よりも低いところにあって，上皿が安定するように作られている．この浮きばかりが出現するまでは，天秤の片方の皿を水中に入れるなどして測定していたので，Nicholsonの発明は比重の測定を極めて簡便にした．この浮きばかりで液体の比重を測定することも可能である．

ファーレンハイトの浮きばかり（Cat. No. 171）はニコルソンの浮きばかりと形状が似ているが，液体用の浮きばかりであって，ガラス製で最下部に水銀を入れて錘にしてあり，上皿分銅を載せて釣り合わす．Daniel Gabriel Fahrenheit (1686-1736) が浮きばかりを製造し始めた時期は分からない．1724年に彼が英国王立協会に入会を認められた時に，それまでの彼の研究がラテン語で簡単な論文5編にまとめられて，Philosophical Transactions に掲載されたが，その中の1編が浮きばかりに関するものであった[15]．

パリで，化学薬品の製造業者でもあり，Ecole de Pharmacie の化学教授でもあった Antoine Baumé (1728-1804) は比重計を作り，ボーメ度と呼ばれる実用的な目盛を提案した．この目盛を最初に提案した時期については分かっていない．ボーメ比重計には重液用と軽液用があり，重液用はサリメーター（塩度計），軽液用はアルコーリメーター（アルコール計）とも呼ばれ，工業用によく用いられている．ボーメ度はそれぞれの比重計の目盛から読んだ数値で，Be で表す．理化学辞典（第4版）によれば，この数値と密度との関係は国によって異なり，日本では，重液用の場合，純水を 0°Be，15°C で密度が 1.8249 の濃硫酸を 66°Be として

密度＝144.3/(144.3−ボーメ度)

というように定めている[16]．軽液用の場合は純水とエタノールのような有機溶媒を基準液として選んで，目盛りを定義している．この定義は1920年の度量衡法施行細則改正（農商務省令）の中に現れている[17]．このように関係式の中に現れる定数は，常用する温度目盛と用いる基準液によって異なる．三高コレクションに保存されているボーメ比重計（Cat. No. 7）は，レオミュール温度目盛の温度計とセットになっているが，その目盛によるボーメ度と密度との関係は分からない．レオミュール温度目盛は René Antoine Ferchault de Réaumur (1683-1757) が1730年に提案した温度目盛で，フランスをはじめ，大陸側で広く使用されていた．温度目盛については第4節の4-2「温度の直接測定」の項で詳述している．

文献

[1] 平田寛『科学の考古学——その底辺を掘りおこす』中公新書 (1979年), pp. 84-8.
[2] van Helden, Anne C., "Air Pump", in Robert Bud & Deborah Jean Warner ed. *Instruments of Science, An Historical Encyclopedia* (1998), pp. 17-19.
[3] Ganot, Adolphe, *Elemetary Treatise on Physics, Experimental and Applied*, translated by Atkinson (1893) p. 173, および Deschanel A. P., *Elementary Treatise on Natural Philosophy* translated J. D. Everett (1877) p. 208, & p. 792.
[4] 島津製作所『理化器械目録表』(1882, 明治15) No. 37, 38, & 39.
[5] 前出 Ganot (3) p. 63.
[6] Turner, Gerard L'E., *Nineteenth Century Scientific Instruments* (1983) p. 76.
[7] 前出島津製作所 (4) No. 41, および Ritchie, E. S., *Ritchie's Illustrated Catalogue of Scientific Instruments* (1857) p. 9.
[8] Pfaundler, Leopold, *Müller-Pouillets Lehrbuch der Physik und Meteologic I* (1906) pp. 503a-c, なお Gaede が発明した油回転ポンプなどについては, 岩波書店『理化学辞典』(1935) に記載がある.
[9] 島津製作所『物理器械目録』(1929) p. 202.
[10] 前出 Pfaundler (8) pp. 484-503.
[11] Stock, John T., "Pressure", in Robert Bud & Deborah Jean Warner ed. *Instruments of Science, An Historical Encyclopedia* (1998), pp. 273-275.
[12] Feldman, Theodore S., "Barometer", in Robert Bud & Deborah Jean Warner ed. *Instruments of Science, An Historical Encyclopedia* (1998), pp. 50-52.
[13] 前出 Turner (6) pp. 236-7.
[14] 同上 pp. 242-3.
[15] Gouch, J. B., "Fahrenheit, Daniel Gabriel" in C. C. Gillispie ed., *Dictionary of Scientific Biography*, (1981), pp. 516-8.
[16] 『理化学辞典』(岩波書店, 1987).
[17] メートル法実行期成委員会編『日本メートル法沿革史』(1967), pp. 337.

■マグデブルクの半球
Magdeburg Hemispheres (Cat. No. 5)

大きさ：直径115，内径98，高さはそれぞれ128および177（ストップコック付き）
購入年：1881（明治14）年以前
購入費：2円50銭
納入業者：不明
製造業者：不明
台帳記入名称：マグデブルク半球

黒塗りの真鍮製の半球2個からなり，密着させて球状にし，中の空気を抜くと2個の半球は離れなくなる．大気の圧力の強さとともに，大気の圧力がさまざまな方向に均等に伝わることを示す実験である．半球にはそれぞれに引き離すための取っ手と，片方に空気を抜くためのストップコックが付属している．

1654年に，マグデブルクの市長Guerickeが野外で馬数頭ずつに反対方向に引かせて，この実験を行ったのが名前の由来である．その後小型の半球が機器メーカーから販売され，普及した．島津製作所の『理化器械目録表』に記載されている．

文献
Ganot (1890), p. 140.
島津製作所 (1882), No. 40.

■空気の浮力を示す装置
Baroscope (Cat. No. 6)

大きさ：天秤の腕の長さ136；円柱の直径19，高さ84；台の直径121；全体の高さ243
購入年：1881（明治14）年以前
購入費：3円50銭
納入業者：不明
製造業者：不明
台帳記入名称：量大気器（バロスコープ）

物体が空気の浮力を受けていることを示す装置．天秤の竿の両端に円柱と中空の球をかけて，空気中でバランスを取る．空気ポンプと連結した円形の台とガラス製の排気鐘（bell jar）の中に納めて，内部を排気すると円柱の方が下がる．

『理化学機器目録表』には「大気の重量を権る球」として，また島津製作所の1906年以後の目録には「気秤（バロスコープ）」として記載されている．球はガラス製と金属製とがあり，何れも記載されている．本機器の球は失われていて，本来どちらであったかは分からない

文献
Ganot (1890), p. 173.
島津製作所 (1882), No. 38, 39.

島津製作所 (1929), p. 207.

■真空鈴
Bell (Cat. No. 53)

大きさ：鈴の直径 63，高さ 44；懸架 99×104；台の直径 101；全体の高さ 159
購入年：1886（明治 19）年
購入費：2 円
納入業者：不明
製作業者：不明
台帳記入名称：風鈴

真空では音が伝わらないことを示す実験のための鈴．『理化器械目録表』ではガラスの排気鐘の中に入れて，排気機とともに描かれている．鈴は外から振ることができるようになっている．大気圧では振られている鈴の音が聞こえるが，鐘内の気圧が下がると音は聞こえなくなる．

実験には，バロスコープと共用のガラスの排気鐘と空気ポンプが用いられたものと思われるが，どちらも残されていない．（図 3-2-1 参照）

文献
Ganot (1890), p. 200.
島津製作所 (1882), No. 37.

■真空落下試験器
Guinea and Feather Tube (Cat. No. 51)

大きさ：直径 84，高さ 880；電極の長さ 100
購入年：1886（明治 19）年
購入費：5 円
納入業者：不明
製造業者：不明
台帳記入名称：軽重墜体試験器

真空中では大きさと密度の違う物体が同時に落下することを示す装置．長いガラス管の両端をふさぎ，一方に排気口をつけたもので，中に羽毛と金属片を入れて排気した後上下を逆にすると，2 つの物体は同時に落下する．管内の空気の密度が大きくなると金属片の方が早く落下して，落体に対する空気の抵抗を示すことができる．

本機器は管内に先がとがった電極をつけた真鍮の冠で一端をふさぎ，他端に真鍮製の接続部がある．Ritchie 社の 1875 年カタログには同じ構造のものが記載されており，空中放電用に強く重く作られているので，オーロラ管としても使えるという説明が付されている．『理化器械目録表』の図も同じ構造である．

文献
Ganot (1890), p. 63.
島津製作所 (1882), No. 41.
Turner (1983), p. 76.
Ritchie (c1857), p. 9.

第 3 章　第三高等学校由来の物理実験機器　2　流体力学

■ゲーデ水銀ポンプ
Gaede's Mercury Pump (Cat. No. 254)

大きさ：水銀槽の直径 200，幅 166；ガラス板はめ込み側
　　　　直径 260；排気口までの高さ 410
購入年：1911（明治 44）年
購入費：220 円
納入業者：島津製作所
製造業者：不明
台帳記入名称：ゲーデ氏水銀ポンプ

真空ポンプの一種．鋼鉄製の円筒型の水銀槽に，それより半径が小さく，図 3-2-3 のような隔壁を持つ円柱状の機構をはめ込み，廻転させる．隔室内に 1 つずつ通気口があり，水銀の上に出た時にここから取り込まれた空気が，廻転につれて水銀の中を外側に押し出されて排気口に至る．吸気口側にはガラスがはめ込まれ，反対側に回転軸が出ている．排気口は円筒の上部にある．Gaede が 1905 年に発明したもので，適当な補助ポンプを繋ぐと，10^{-5} Torr 程度まで減圧できるとして，20 世紀初頭には画期的な装置であった．

国内では内藤他の教科書に紹介され，理化学辞典の初版に記載されている．

文献
Müller-Pouillets (1906), p. 503.
内藤卯三郎他 (1931), pp. 495-496.

■ラングミュア凝結式ポンプ
Langmiur's Condensation Vacuum Pump
(Cat. No. 291)

大きさ：ポンプ部分の直径 97；吸気口の直径 34；全体の
　　　　高さ 382；木箱 180×180×380
購入年：1919（大正 8）年
購入費：295 円
納入業者：島津製作所
製造業者：General Electric Co. (Schenectady N. Y.)
台帳記入名称：ラングミュアーポンプ
プレート：CONDENSATION PUMP/NO. 248 WATTS 300/VOLTS 110/MANUFACTURED FOR/JAMES G. BIDDLE/1211 ARCH ST., PHILADELPHIA, PA. /GENERAL ELECTRIC CO. /SCHENECTADY, N. Y., U. S. A. /N. P. 15814-B

水銀の蒸気の高速流を作り，吸気側から飛び込む気体分子を下方に引き込み，排気側に運ぶ．排気側は補助ポンプで 0.1 Torr 以下に保って，気体分子を大気中に排出する．蒸気はポンプ側面で水冷されて水銀溜めに戻る．以上の過程を繰り返すことで高真空を作る．Langmiur が 1916 年に最初の型を発表した．

島津製作所のカタログには，内部構造がわかりやすいガラス製のポンプも記載されている．（図 3-2-5 参照）

文献
島津製作所 (1929), p. 202, 理化学辞典 (1935)

■ブルドン真空計
Bourdon Vacuum Gauge (Cat. No. 151)

大きさ：直径 150，厚み 47
購入年：1899（明治 32）年
購入費：14 円 50 銭
納入業者：島津製作所
製造業者：Schaffer & Budenberg
台帳記入名称：ブールドン　バキアム　ゲージ（径 5 吋）
機器記載事項：目盛板に Inch/Bourdon Vacuum Guage/Made in Germany/No. 1797986/Schaffer & Budenberg/Magdeburg Buchau/& Manchester/TRADE MARK

アネロイド型の圧力計の一種．ブルドン管という断面が扁平な中空管を一巻きしたもので，一端は圧力源に接続するコック付きのアダプターと繋がっており，他端は指針を動かす伝導機構と繋がっている．管内に圧力が加わると，断面が円形に近づき，管は円弧の半径を大きくしようとして先端が変位し，この変位が指針に伝わる．（図 3-2-6 参照）

Schaffer & Budenberg 社は 1873 年にニューヨークで蒸気機関やボイラーの関連機器を製造販売していた．1904 年にはマグデブルクとブッコウで営業しており，何れかに工場を置いていたと考えられる．本機器が購入された時にはマンチェスターにも支店を出していた．

文献
Wissenschaftliche Instrumente (1904), pp. 125-126.
内藤卯三郎他 (1928), p. 126.

■フォルタン気圧計
Fortin's Barometer (Cat. No. 1145)

大きさ：直径 19 高さ 953；台木 117×1055
購入年：1901（明治 34）年
購入費：100 円
納入業者：島津製作所
製造業者：島津製作所
台帳記入名称：フォルテイン型山用バロメートル
機器記載事項：MANUFACTURED AT SHIMADZU'S FACTORY No. 13
目盛：気圧計 40-80 (cm)；温度計 -5～45℃

水銀気圧計で Fortin が 1800 年頃に考案した．水銀槽を革袋で作ったので，移動する時に水銀がこぼれにくく，測定する時には革袋の底をネジで押し上げて水銀面を零点に一致させて測定するので，便利で精度もよく，広く使われた．水銀槽の構造は図 3-2-7 参照．零点の指針には象牙針が使われている．

文献
内藤卯三郎他 (1928), p. 127

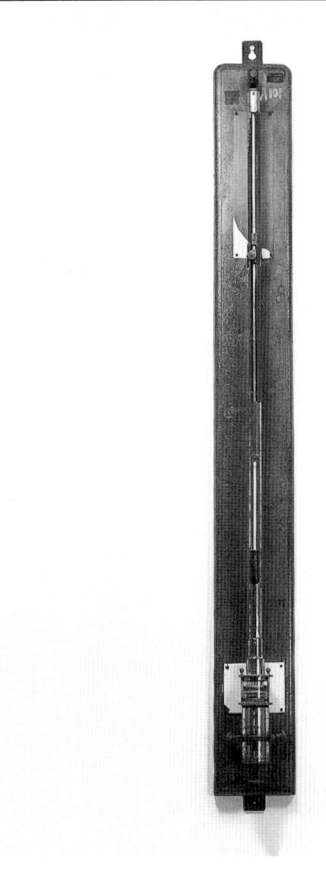

■アネロイド気圧計
Aneroid Barometer (Cat. No. 62)

大きさ：直径 79 厚み 57；箱 93×93×76
購入年：1888（明治 21）年
購入費：10 円
納入業者：不明
製造業者：不明
台帳記入名称：アネロイドバロメートル
刻印：BREVETE. S. G. D. G. PARIS

　低圧にした金属製の中空の箱が気圧の変化で受ける変形を拡大して示度に表す気圧計．Vidie が 1843 年に考案して製作販売した．軽量で頑丈なことから携帯用や船舶用など幅広く用いられた．標高によって気圧が違うことから，高度計にも用いられた．

　本機器は内部に構造が見えるデザインになっており，指針が 2 本あり，定点からの気圧差を読むことができる．目盛板に温度計が 2 本取り付けられており，レオミュール（－5～36°），摂氏（－6～45°），ファーレンハイト（18～128°）の 3 種の温度目盛が刻まれている．パリ S. G. D. G. 検定済み．壁掛け用のフックがついている．

文献
Ganot（1890），p. 164.
島津製作所（1929），p. 187.

■ダニエル湿度計
Daniell's Hygrometer (Cat. No. 70)

大きさ：台の直径 119，高さ 264；ガラス球の直径 39 および 40
購入年：1891（明治 24）年
購入費：6 円 50 銭
納入業者：島津製作所
製作業者：島津製作所
台帳記入名称：ダニエル氏験湿器
刻印：プレートに「登録⊕商標/株式会社島津製作所/京都　東京　大阪　福岡　大連」；温度計に Approved by Government/Osaka/Dellu×Nr134
目盛：温度計 0°F～100°F；－20°C～40°C；
　　　管内の温度計－10°C～60°C

　当時広く使われていた露点式湿度計．2 か所で曲げられたガラス管の両端を球形にし，中央を木製の支柱で支えている．低い方の球内にエーテルを入れ，精密な温度計を差し入れてある．ガラス管内はエーテルの蒸気で満たされている．他端の球を薄布で包んで，これにエーテルを垂らして蒸発させて管内の温度を下げ，低い方のガラス球に露が付くのを確認して，その時の管内の温度を読み取る．露点を見やすいようにガラス球には金属箔がまかれている．支柱に取り付けられている温度計で室温を読み取り，両方の温度から湿度を知ることができる．1820 年に Daniell がこの湿度計を発明した．

文献
Turner（1983），p. 242.
内藤卯三郎他（1928），p. 203.

■ファーレンハイトの浮きばかり
Fahrenheit's Hydrometer (Cat. No. 171)

大きさ：中空部の直径 30；全体の長さ 250；紙箱 287×
　　　　50×47
重量：それぞれ 68 g 弱，69 g，70.5 g，72.5 g，73 g，73 g
購入年：1901（明治 34）年
購入費：9 円（6 個）
納入業者：島津製作所
製造業者：不明
台帳記入名称：ファーレンハイトハイドロメートル

液体の比重を測定する浮きばかり．アムステルダムで科学機器の製造・販売を行っていた Fahrenheit 社が考案したのでこの名称がある．ガラス製で，一番下に水銀を入れた錘，その上に円筒状の浮き，細い円筒の支柱が続き，上皿が載っている．支柱には標線が記されており，浮きばかりを液に沈めて標線が水面に一致するように上皿に分銅を載せる．まず水について測定し，次いで比重を知りたい液体について測定して，比を求める．

本機器は 6 個 1 組で購入されており，6 個の形状は同じで，外寸には微妙なばらつきがあるが，有意の差とは思えないので上記の機器データでは，そのうちの 1 個について計測した大きさを記した．1 個ずつ紙箱に入っている．

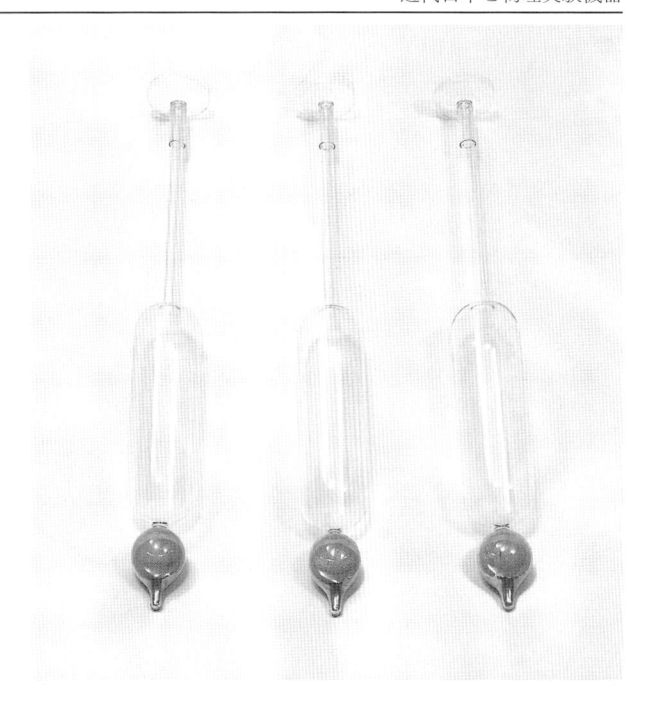

文献
島津製作所（1929），p. 170.
Ganot（1890），p. 109.

■ニコルソンの浮きばかり
Nicholson's Hydrometers (Cat. No. 170)

大きさ：浮き径 45，長さ 201；カップ口径 46；上皿径
　　　　45；木箱 142×337×77
購入年：1901（明治 34）年
購入費：5 円（2 個）
納入業者：島津製作所
製造業者：不明
台帳記入名称：ニコルソンハイドロメートル（函入）
機器記載事項：木箱に「ニコルソン氏比重計　貳個」と墨
　　　　　　書

個体の比重を測定する浮きばかり．金属で作った中空の円柱状の浮きに試料を入れるカップと錘を吊して水中に沈め，上皿に分銅を載せて浮力と釣り合わせる仕組みである．上皿を支える支柱に標準点を決めておき，試料をまず上皿に載せ，分銅を加えて，標準点まで沈める．試料を除いて分銅を加え，標準点まで沈めて，試料の空気中の重量を知る．次いで，試料をカップの中に入れて沈め，分銅と釣り合わせ，比重を算出する．Nicholson が 1785 年に発表したものである．国内では飯盛訳の物理学に記載されている．

文献
Ganot（1890），p. 106.
飯盛挺造（1879），pp. 305-311.
島津製作所（1929），p. 169.

■ボーメ比重計

Baume's Hydrometer (or Areometer)
(Cat. No. 7)

大きさ：A　全長305，目盛部分の径11，球
　　　　　体部の径16；B　全長286，目盛部
　　　　　分の径8，球体部の径14；温度計
　　　　　全長303；木箱406×110×58
購入年：1881（明治14）年以前
購入費：2円
納入業者：不明
製造業者：不明
台帳記入名称：流体軽重計
目盛：温度計　　Reaumur　−32〜80/Cel-
　　　　　　　　sius　−40〜100；
　　　重液用　　Aräometer von 1.000-2.000
　　　　　　　　Temp14；
　　　軽液用　　Aräometer von 0.700-1.000
　　　　　　　　Temp14

　液体の比重を測る浮きばかり．液体の比重によって沈む部分が変化し，液面に一致した目盛りを読む方式である．目盛には水より重い液体用と水よりも軽い液体用があり，それぞれの比重計に封じ込められている．この目盛で読む数値はボーメ度と呼ばれ，Beで表されるが，本機器で読む数値と比重との関係は分からない．

　写真の機器は木箱に2本のボーメ比重計とレオミュール目盛の温度計が入っている．フラスコがセットになっていたと思われるが失われている．重液用は一番深く沈んだところが1.000と目盛られ，14°Rの水に対応しており，下にいくほど比重が大きい液体に対応している．軽液用はほとんど浮き上がっているところを14°Rの水に対応させ，1.000に目盛り，上にいくほど軽い液に対応させている．目盛りの間隔は均等ではない．

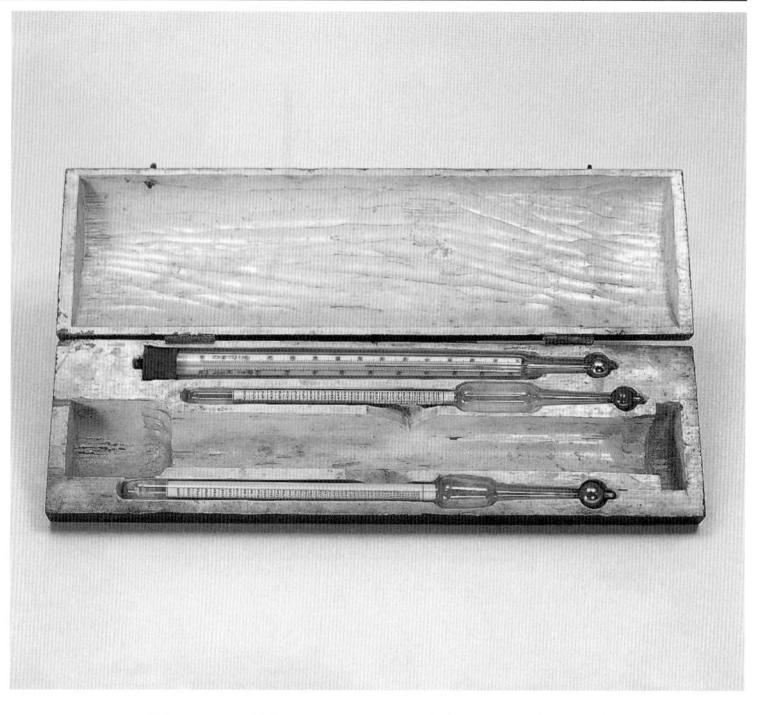

　　文献
　Ganot（1890），p. 111.

3 音響学

　音響については Gaileo Galilei (1564-1642) や Marin Mersenne (1588-1648) 以来の研究に始まり，楽器の発展とともに弦や気柱の振動がよく研究されてきた．18 世紀には，Jean Le Rond d'Alembert (1717-83) や Joseph Louis Lagrange (1736-1813) などが行った弦の振動の理論的な研究から解析力学の確立に至る優れた研究があった．その上に立って 19 世紀の音響学は，やがて明確になるエネルギーと波動との関係を導く物理学の最も基礎的な部分を切り拓くことになり，そのいとぐちは振動数の精密測定の追求にあった．測定の基礎となった弾性体の振動論は，一方では当時の物理数学の中心的な課題の 1 つとなり，他方では当時急速な発展を見た産業の各方面と関連する材料強度論の基礎理論となった．こういう音響学の 19 世紀の流れを，三高コレクションに保存されている機器を中心に，弾性体の振動，振動数の測定，音叉の発達，波動模型，の順にたどってみる．

3-1 弾性体の振動

　19 世紀の実験音響学が展開するきっかけになったのは Ernst Florens Friedrich Chladni (1756-1827) が行った金属板の振動の実験であった．金属板の上に細かい砂をまいて，板の一点を弓で振動させると，節線と腹の部分が作り出す 2 次元的な模様が現れ，固定点と振動点を変えるとその模様が複雑に変化する．彼がはじめて行ったこの実験は 1787 年に Wiedemann の雑誌に発表されて，砂の作った模様はクラドニの図形と呼ばれ，当時の主だった科学者たちの興味を引きつけて，波動に関する精密測定と解析への道を開いた．彼らを引きつけたのは，とりあえずは，板や棒などの弾性体の振動を解析可能な形態に引き出したことにあったということができる．1808 年に Chladni はパリ科学アカデミーで演示実験を行っている．彼の研究は Félix Savart (1791-1841) や Michael Faraday (1791-1867), John William Strutt (Third Baron Rayleigh；1842-1919) などに引き継がれた[1]．

　クラドニの実験は多くの物理教科書に記載され，19 世紀を通して至る所でよく演示

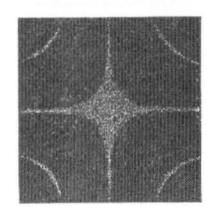

図 3-3-1 (左) クラドニの実験/Deschanel (1877) より
図 3-3-2 (右) クラドニの図形/Müller-Pouillets (1905) より

されたが，その実験で同時に用いられたのが，William Hopkins (1793-1866) が 1835 年に考案した音波干渉管であった．音波干渉管は三叉状の木製の管で，上部を膜で覆い，下の 2 つの開口部を振動している板にかざすと，かざした部分の振動の位相が同じであれば膜は激しく振動し，位相が反対であれば膜は振動しないので，クラドニの図形の性質をよく説明できた．三高コレクションにも音波干渉管 (Cat. No. 180) が保存されている．なおクラドニ板と万力も存在しているが，台帳との照合ができていないので，現在は三高コレクションの中に入れていない．

Hopkins はケンブリッジで数学の個人教師をしていたが，彼の生徒は優秀な成績で卒業する人が多く，その中には George Gabriel Stokes (1819-1903)，William Thomson (Lord Kelvin, 1824-1907)，James Clerk Maxwell (1831-79) などがいた[2]．彼らはいうまでもなく 19 世紀の物理学に大きく貢献した人々であった．当時の学校制度では，このような個人教師の役割は極めて大きかった．

音の発生と関連して三高コレクションに保存されている機器に，トレヴェリアンロッカー (Cat. No. 106) がある．鉄のつちと鉛の台を組み合わせたもので，つちには溝を切って，台に置いた時に接触する面積を小さくしてある．つちの頭部を強く熱して冷たい鉛の台に置くと，つちの当たった部分の鉛が急に膨張してつちを突き上げ，不安定になって反対側に揺れる．反対側で同じ事が起こり，つちは左右に揺れて振動音が続く．Deschanel の教科書には，鉛の板を二枚立てた刃の上に火床を掻き出すシャベルを置いた説明図がトレヴェリアンの実験として描かれている[3]．その後 Walter Calverley Trevelian (1797-1879) が考案した装置が演示実験に用いられるようになったらしい．最初にこの振動音が起こる機構の説明をしたのは John Leslie (1564-1642) であったらしく，1830 年代に Faraday, Seebeck, Forbes の間で議論が起こっていたことが，Rayleigh の *The Theory of Sound* の中に書かれている[4]．

図 3-3-3 トレヴェリアンの実験/Deschanel (1877) より

3-2 振動数の測定

19 世紀の初頭には振動数を簡単に計算できる，新しい音の発生装置がいくつか製作された．Strasbourg 大学の学生だった Savart は，振動数を測るために図 3-3-4 のような歯車を回す機構を考案した．歯車の回転数を計数する装置をつけ，車の歯に金属

板を当て，ハンドルを手で回して音の高さを調節し，人が聴くことのできる最高と最低の振動数を調べた．彼は1818年に論文をパリ科学アカデミーに送ったが，すぐには認められなかったという[5]．しかし，小型のサヴァールの歯車（Cat. No. 15）は教育機器として広く行き渡った．Friedrich W. A. Seebech（1805-49）は歯車の代わりに穴のあいた円盤を使い，それにジェット気流を吹きつけて円盤を回転させ，測定する音域を広げた．この円盤はサイレン板という名称で教育機器の中に入っている．

Charles Cagniard de la Tour（1777-1859）が振動測定器としてサイレンを製作し，発表したのも1819年である．円筒状の箱の上に水平に固定した円盤と，同軸で回転できる円盤を重ね，2枚の円盤の同じ位置に穴を開け穴が一致すると空気が通り抜けるようにする．穴は円盤の同心円上に開けられ，上の円盤が1回転すると穴の数だけ空気の流れを断続させることになる．また穴は円盤の面に対して円周の方向に角度をつけて開けられて，上下の円盤でその角度を逆にしている．円筒形の箱を通してジェット気流を固定した円盤に吹きつけると，穴を通った気流は上部円盤の穴の壁を推して，回転させながら通り抜け，音を発する．円盤の回転数を数える装置を取り付けており，単位時間の回転数と穴の数をかければ音の振動数になる．この装置は全体が真鍮で作られ，水流でも音を出すことができる．水中でも音が出るので，Cagniardはギリシャ神話の水の精の名にちなんでこの装置をサイレンと名付けた．Herman Ludwig Ferdinand von Helmholz（1821-94）はこれに改良を加えて複サイレンを作り，音の安定性を高めた．こうしてサイレンは実際の振動数測定装置としても，また，音響に関する基本的な教育機器としても用いられた．

三高コレクションの中にもNegretti & Zambra社製のサイレン（Cat. No. 16）が1台ある．Negretti & Zambra社は，本来光学および測量機器を専門に扱うメーカーで，同社のバロメーターが有名であったが，1870年代には広く物理化学機器の製造販売も行っていた．12歳の時イタリアから渡ってきた創業者Enrico Angero Ludovico Negrettiがロンドンに店を持ったのは1843年のことで，1850年にJoseph Warren Zambraが共同経営者となった．1851年と1862年の万国博覧会には測量機器でメダルを得ており，イギリスをはじめ各国の天文台や，政府機関，イギリス海軍の注文を

図3-3-4(左) サヴァールの歯車/Ganot (1906) より
図3-3-5(右) サイレンおよびその断面図/Deschanel (1877) より

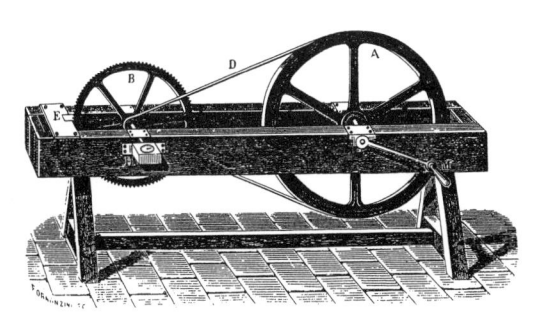

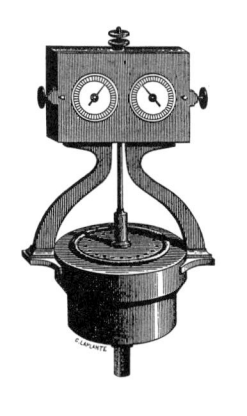

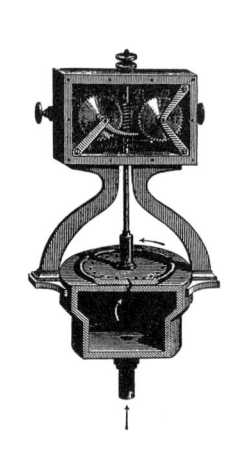

受けて製造を行い，19世紀後半には，ロンドンでも屈指の科学機器メーカーとなっていた[6].

　非常に大きい振動数の音源としてはガルトン調子笛がある．1876年にFrancis Galton (1822-1911) が最初に簡単な機器を発表したことからこの名がある[7]．その後Max Thomas Edelmann (1845-) が1900年にネジマイクロメーターと組み合わせて，振動数を精密に測定できるようにして，最も振動数の大きい音を実現し，以後この型が科学機器メーカー数社から販売されていた．三高コレクションの中にもEdelmann社の製造番号入りのガルトン調子笛 (Cat. No. 42) が残されている．Edelmann社は1869年にミュンヘンで設立され，電気計測機器を中心に，外国の大学など研究機関から非常に多くの注文を受けて製作販売を行っていた会社である[8]．

3-3　音叉の発達

　均質な鋼鉄の棒をU字形に曲げて中央に取っ手をつけた音叉は，1711年にイギリスのトランペット奏者John Shoreが発明したとされている．音叉の先の方を軽くたたくと純音に近い音が長く続くので，楽器の調音などに用いられていたが，19世紀中頃までは基準となる振動数が各国各地方でまちまちの状態であった．振動数が次第に正確に測定できるようになり，音叉は音響学の中でも基本的な機器となって，標準振動数の設定が求められた．Jules Antoine Lissajous (1822-80) も標準音叉の設定を主張して，2本の音叉の振動数を比較する方法を1855年に発表した．互いに直角の位置で振動する音叉の先端に鏡をつけ，光源からの光を反射して壁に2次元のグラフを描か

■サイレン
Siren, or Syren (Cat. No. 16)

大きさ：円筒部の直径70；
　　　　計数器 71×16×高さ68；
　　　　土台の直径47；
　　　　全体の高さ310
購入年：1881 (明治14) 年以前
購入費：20円

納入業者：不明
製造業者：Negretti & Zambra (London)
台帳記入名称：空気振量器（サイレン）
刻印：計数器の上部に Negretti & Zambra, London
　　　　Units & Tens　Hundreds & Thousand

　振動数を測る装置．Cagniard de la Tour が1819年に発明した．気流や水流で円盤を回転させながら音を発生させる構造になっている．水中でも音を出すことから，製作者がサイレンと名付け，カニャールのサイレンと呼ばれた．円筒状の箱の上に水平に固定した円盤と，同軸で回転できる円盤とが重ねられている．2枚の円盤の同じ位置に穴を開け，穴の位置が一致すると空気が通り抜ける．真鍮製で，円盤の穴は16個ある．装置の上部に円盤の回転数を計数する装置がつけられており，この回転数と穴の数をかければ，単位時間の振動数が得られる．振動数と音の高低やピッチなどを理解するための基本的な教育機器として広く使われた．

　　文献　Deschanel (1877), pp. 822-823.　Turner (1983), pp. 136-137.
　　　　　Negretti & Zambra (c1871), p. 218.　島津製作所 (1906), p. 438.

近代日本と物理実験機器

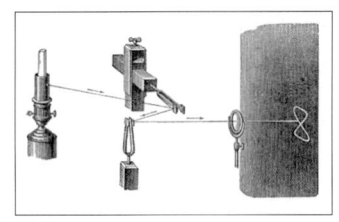

図 3-3-6 リサージュの実験/Ganot (1906) より

せて解析する方法で，このグラフはリサージュの図形として知られるようになった．この解析で標準音叉から他の音叉の振動数を測定できるようになった．Lissajous は振幅の小さい音の振動数を測定する振動マイクロメーターも製作した[9]．

リサージュの図形を最も簡単に実現できるのが複振子とカレイドフォンであった．Deshanel の教科書によると Glasgow 大学の Blackburn 教授が 1844 年に複振子を考案した[10]．水平な腕木から間隔を開けて 2 本のひもを垂らし，途中で小さな輪を通して 1 本に合わせ，その先端に錘をつける．錘を振らすと，輪から上はひもで作る面に垂直な方向だけに振れるが，輪から下は四方に振れることができて，輪から上のひもで作る面に平行な成分が生じる．こうして錘はリサージュの図形を描くことになる．輪の位置を上下することによって，成分の比を変えた動きを見ることができる．Hubert Airy はこの錘にガラスのペンをつけ，リサージュの図形を実際に描かせて，1871 年に雑誌 Nature に発表した[11]．以後この錘をじょうご型の容器に変えて中に砂を入れる演示用の装置がエアリーの複振子 (Cat. No. 1141) またはブラックボルンの複振子として科学機器のカタログに載るようになった．

カレイドフォンは 1827 年に Sir Charles Wheatston (1802-75) が発表したもので，断面が長方形の細い四角柱を重い土台に立てて，1 面を正面に向けて振動させると，根本を基点にして左右に振れる振動と前後に振れる振動とを合成した振動が起こることを示した[12]．後に Karl Rudolph Koenig (1832-1901) が縦横の比率を変えた 6 本の細い角柱を土台に立てる型式のカレイドフォン (Cat. No. 240) を教育機器として製作し，普及させた．角柱の頂点には小さな鏡を取り付けてあり，実験では暗室の中で鏡に光を当て，角柱を振動させて壁面にリサージュの図形を投影させた．

Franz Emil Melde (1832-1901) も音叉の振動数を測定する実験を行って 1859 年に発表した．音叉の片方の先端から水平に弦を張り，弦の他端は滑車を通して錘をかけて弦に張力を持たせる．音叉を弦の方向に平衡に固定して弓で振動させ，錘を調節して，弦の振動が音叉の振動の 2 分の 1 になった時，弦は定常波を作り最も激しく振動する．この時弦の波長を 2 L，単位長の密度を ρ，張力を T とすると弦の振動数 ν は，$\nu = 1/2 L \cdot \sqrt{T/\rho}$ となり，音叉の振動数を導くことができる．音叉を弦の方向に直角に固定すると，弦の振動数は音叉の振動数と等しくなる．これはパラメトリック励振の最初の実験であった．この実験は多くの教科書で紹介され，装置は演示実験用に変更を加えて，メルデの振動実験装置 (Cat. No. 78) として機器メーカーから販売された．日本では酒井佐保の教科書が最も早くこの装置を紹介したと思われるが，単に弦の定常波を作る装置として説明されている[13]．

こういう研究に対応して，正確な振動数を持つ音叉や標準音叉の製作に取り組んだのは Koenig であった．彼は Koenigsberg 大学で物理学の学位を取り，しばらく Helmholtz と物理の研究に従事した後，1851 年にパリに出て有名なヴァイオリン作りの工房に徒弟奉公に入り，1858 年に独立して音響機器専門の製作所を創設した．精度の高い音響機器や研究用の機器を製作し，また彼自身が研究して新しい機器を開発した．1862 年のロンドン万国博覧会には「躍動炎実験器と回転鏡」を出品し，金賞を得た．

図 3-3-7　Helmholtz 共鳴器（左 Helmholtz 型，右 Koenig 型）/Ganot (1906) より

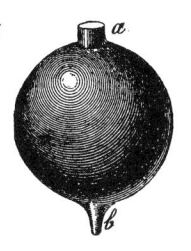

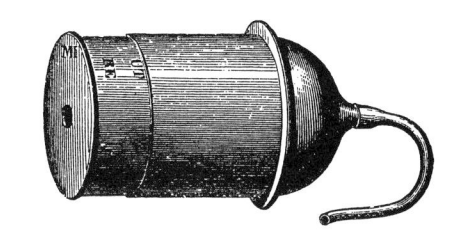

　また 1876 年のフィラデルフィア万国博覧会には 650 個あまりの音叉を使った振動数測定器（Tonometer）などさまざまな機器を出品して，音響機器メーカーとして揺るぎない地位を確立した．彼はまた Helmholtz が考案した音響機器を製作しており，各国の博物館に残されている美しい球形のデザインのヘルムホルツ共鳴器も Koenig 社で製作されていた[14]．Koenig はまた，彼自身がデザインした円筒形の共鳴器を製作し，共鳴器に躍動炎実験器と回転鏡を組み合わせて音響分析器を製作した．1850 年には電磁音叉が現れ，1865 年に Helmholtz が考案し Koenig 社が製作した音響合成器には，何台もの電磁音叉が用いられて構成されていた．三高コレクションにも，円錐形のヘルムホルツ共鳴器 1 組（Cat. No. 239）が保存されている．

　Koenig の最も大きな仕事は標準音叉や時計用の音叉を作って標準音の制定に寄与したことであろう．国際会議で標準音が制定されるのは 1939 年のことで，20℃の時 A＝440 Hz と決められたが，19 世紀中は Koenig 社の音叉が権威を持っていた[15]．三高コレクションの中にも Koenig 社の音叉 1 オクターブ（Cat. No. 202）と標準音叉（Cat. No. 202.3）が保存されている．これらの音叉は精度とともに安定した振動数を要求されるので，温度に対して安定な材質を確保する必要があったが，Koenig は 1859 年には自社の標準を確立していたようである．音叉には音名と振動数，標準音叉には音名と振動数と温度が刻まれているが，これは Koenig に始まるものと考えられる．この時期には，ヨーロッパ，特にフランスの慣行に従い，la の音を標準音にし，階名をそのまま音名として用いている．こうして音響機器は極めて精密な科学機器になった．しかし，やがて真空管や半導体が出現し，20 世紀になると，音響学における音叉の役割は次第に発振器に取って代わられ，音響学の理論は電磁気学の用語で記述されるようになるのは避けられなかった．三高コレクションにはさらに幾組かの音叉が残されているが，本書では最も早く購入された音叉（Cat. No. 11）を紹介する．

3-4　波動模型

　19 世紀は工場生産の拡大とともに，教育のあらゆるレベルに科学教育が浸透した時代でもあった．科学機器メーカーがそれぞれの専門領域を中心に規模を拡大し，増加していく中で，教育機器も広い市場を持つ 1 つの領域になり得た時代であった．音響学に関連しても，一方ではここに述べてきたような 19 世紀に現れた新しい実験機器を，より扱いやすいデザインに変更して教育用の機器の中に加えたが，他方ではすでに存在していた楽器の基本的な機能を持つ教育機器が製作された．オルガンパイプ

図3-3-8 ふいご付きテーブル/Leybold (c 1902) より

(Cat. No. 13) やリード・オルガンパイプ (Cat. No. 1075) がその例である．これらを実験に使うために強力なふいご付きテーブルも教育機器のカタログに登場した．そして1オクターブ8本のオルガンパイプや，リード・オルガンパイプ，サイレンなどが同時にこのテーブルの気流の吹き出し口に並べられて実験が行われた．

　教育のためだけに新しく作られた機器もあった．小型で単純なものとしてはサヴァールの応響器 (Cat. No. 109) が挙げられるが，比較的大型のものでは，教育用機器として科学者や教育者がそれぞれにデザインした波動模型がカタログに並んでいた．三高コレクションには第一高等学校教授であった友田鎮三 (1872-) が考案した波動模型 (Cat. No. 1144) が残されている．1906 (明治38) 年『東洋学芸雑誌』に「新案波動模型」という表題で友田が投稿しているので，その冒頭の部分を引用してみよう[16]．

　　万有現象の大半を包括して之を波動に帰せしむるを得べし，水面の波はいうを俟たず，地震，音響，光，輻射熱X線及電波に關する現象の如き，悉く波動ならざるはなし，その他現実の波動に非ざるも，なお波動の形態を以て論ずべきもの頗る多し，かの交番電流の如き實に其一なり．然れ共初学者をして波動の現象を了解せしむるは容易の事に非ず，茲に於て模型を以て其説明を助くるの必要を見るなり，爾来幾多の学者に由りて案出せられたる模型少なからず，各々優秀の特點を有すと雖も，而も亦種々の缺點なきに非ず，

こう述べて，友田は Ernst　Mach (1838-1916)，本多光太郎 (1870-1954)，Lord Rayleigh など10人の科学者がそれぞれに考案した波動模型を比較検討した上で，

　　今回余が案出せし模型は力学的模型にして，波動の由て起る所以を根本的に説明し，併せて波動に關する数多の重要なる現象を，可成充分に，顕わさん事を期せるものなり

と述べて，模型の構造を説明し，この模型で行いうる実験を列記している．模型は非常に大きく，長さ250センチの2本の鉄材を並べた枠に24本の振子を並べたもので，振子は鉄枠にかけられた支持板で支えられ，その上下2か所で隣り合った振子と相互にバネで繋ぎ，先端に木球をつけ，弾性体の分子と見立てている．それぞれの振子は支持板から出た2個のエッジに挟まれて，その支点が重心になるように，エッジで挟む部分を，図3-3-11で分かるように，重量の大きい円柱にし，また，木球と反対側に錘がついているので，木球を静止位置からずらした時に重力による復元力は受けることはなく，バネによる復元力のみを受けると説明している．波動の始点と終点に当たる位置には，大きな振子を取り付け，それで周期を調節する．行いうる実験としては，(1)孤立波の生成，ホイヘンスの原理の説明，(2)固定端および遊離端よりの反射，(3)定常波，振動数と波長の関係，(4)縦波の生成，(5)共鳴の現象，(6)うなりの現象，という6種を挙げている．この模型は，いくつかの点で改良されたものが，友田の検定書をつけて教育品製造合資会社から製造発売された．

　この模型の大きさと重量は，上に挙げた振動実験を行う時の安定性を確保するため

近代日本と物理実験機器

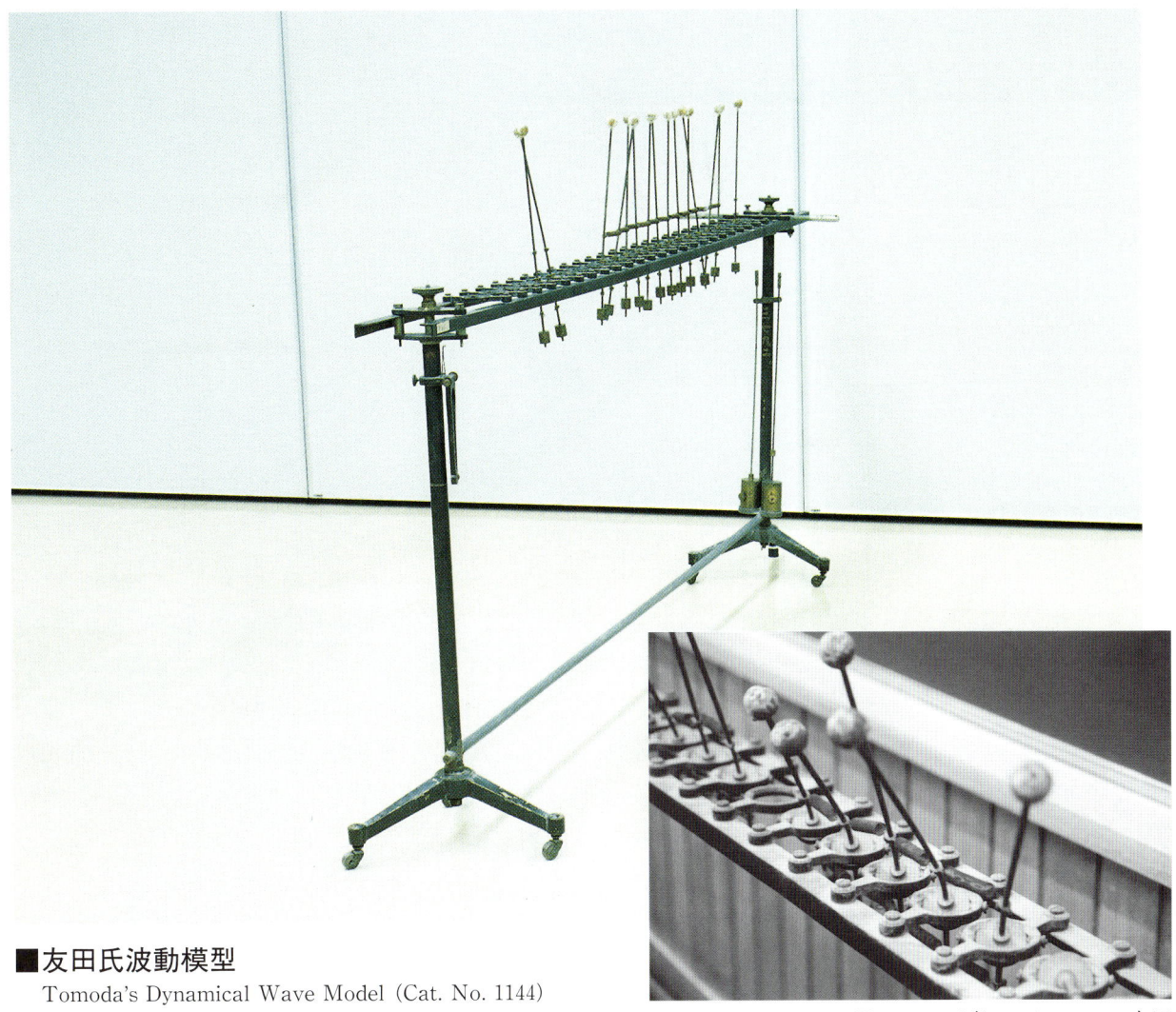

図3-3-9 三高コレクションの友田氏波動模型の上からの写真

■ 友田氏波動模型
Tomoda's Dynamical Wave Model (Cat. No. 1144)

大きさ：鉄枠までの高さ900；
　　　　鉄枠面2490×150；
　　　　振り子の長さ487；
　　　　円柱形錘の直径23，長さ24；
　　　　大振り子の長さ655
購入年：1908（明治41）年
購入費：150円
納入業者：児玉親愛
製造業者：教育品製造合資会社
台帳記入名称：友田氏考案波動器
刻印：プレートに東京/教育品製造合資會社/第十號

　波動が伝搬する模様を機械的に作り出して見せる装置．無周期振り子を24個並べて，上下2本のゼンマイで繋ぎ，その全体を鉄製の枠で支えたものである．ゼンマイが波動を伝える媒体の働きをし，振子の1つを安定な位置から少し動かすとその変動が次々と隣の振り子に伝わって，波動の伝搬の様子を見せる．縦波も横波も起こすことができ，波の反射，共鳴などの現象をよく説明するよう工夫されている．この装置は当時第一高等学校教授であった友田鎮三が考案し，教育品製造合資会社が製造販売した．同社のカタログ，および島津製作所のカタログに掲載されている．教科書としては，田邊尚雄著『音響と音楽』に詳しく解説されている．

文献
友田鎮三 (1905), pp 422-430.
教育品製造合資会社 (1913), p. 64.
田邊尚雄 (1908), pp. 18-19.
島津製作所 (1929), p. 221.

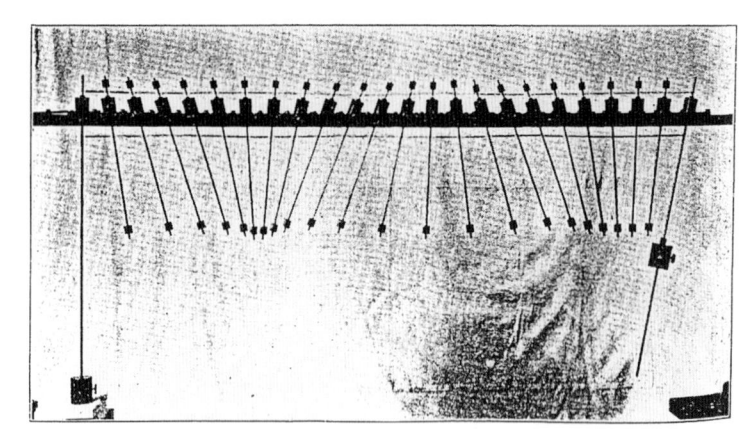

図3-3-10 友田氏波動模型の写真/友田鎭三 (1905) より

図3-3-11 ジョイントの部分の説明図/友田鎭三 (1905) より

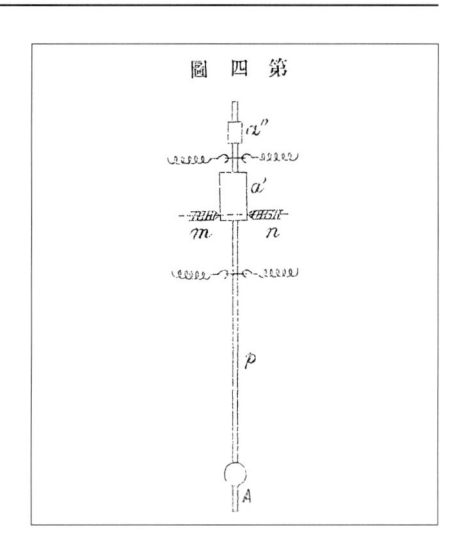

に必要だったのか，他に理由があったのか，分かっていない．しかし教育用のこの大きい力学的模型からも，友田の文章からも，強い気迫が感じ取れる．それがこの時代を切り拓いたエネルギーかも知れないと思う．この模型の発表の2年前，1904年2月の *Nature* に長岡半太郎 (1865-1950) の「線および帯スペクトルと放射能現象を示す力学系」の速報が掲載され，G. A. Schott との論争が同誌上で展開される[17]．5月には長岡の論文「線および帯スペクトルと放射能現象を示す電子系の力学」が *Philosophical Magazine* に掲載された[18]．長岡のこの仕事は前年「土星型原子模型」として学会でも発表され，『東洋学芸雑誌』や国内欧文誌 *Proceedings of the Physico-Mathematical Society* にも発表されていた[19]．東京大学の物理学教室の周辺では，賛否を含めて大きな話題になっていたことだろう．1905年友田は「通俗理科講談会」で講演をして，その中で長岡の原子模型にも言及している[20]．友田はこの後，寺田寅彦 (1878-1935) とともにドイツに留学し，帰国して，明治専門学校を経て科学博物館に在職していた．三高コレクションには今ひとつ友田考案になる分光器の一種が友田式スペクトル投影装置 (Cat. No. 243) として残されており，これも演示実験用の工夫が施されたものである．

文献

[1] Brenni, Paolo, "Chladni Plates", in Robert Bud & Deborah Jean Warner ed. *Instruments of Science, An Historical Encyclopedia* (1998), pp. 105-107.

[2] Beckinsale, Robert P., "Hopkins, William" in C. C. Gillispie ed. *Dictionary of Scientific Biography*.

[3] Deschanel, A. P., *Elementary Treatise on Natural Philosophy*, translated by J. D. Everett (1877) pp. 789-90.

[4] Strutt, John William (Baron Rayleigh), *The Theory of Sound* II (1896) p. 225.

[5] Turner, G. L'E., *Nineteenth Century Scientific Instruments* (1983) p. 136.

[6] 同上 pp. 230-1.

[7] Turtle, Alison M., "Galton Whistle" in Robert Bud & Deborah Jean Warner ed. *Instruments of Science, An Historical Encyclopedia* (1998) pp. 255-6.

[8] Brachner, A., "German nineteenth-century scientific instrument makers", in P. A. de Clercq ed., *Nineteenth-Century Scientific Instruments and their Makers* (1985), pp. 130, 138-9.

[9] Brenni, Paoro, "Tuning Fork", in Robert Bud & Deborah Jean Warner ed. *Instruments of Science, An Historical Encyclopedia* (1998), pp. 635-7.

[10] 前出 Deschanel (3) pp. 845-53.

[11] 同上 p. 853 脚注, See *Nature*, Aug. 17 and Sept. 7 (1871).

[12] Pfaundler, Leopold, *Müller-Pouillets Lehrbuch der Physik und Meteologie I* (1906) p. 684.

[13] 酒井佐保編『物理学教科書 中巻』(1895, 明治25) p. 266.

[14] Caban, David, "Helmholtz Resonator", in Robert Bud & Deborah Jean Warner ed. *Instruments of Science, An Historical Encyclopedia* (1998), pp. 208-10.

[15] Shankland, Robert S., "Koenig, Karl Rudolph" in C. C. Gillispie ed., *Dictionary of Scientific Biography*, および前出 Brenni (9).

[16] 友田鎮三「新案波動模型」『東洋学芸雑誌』第22巻 (1905, 明治38), pp. 422-430.

[17] Nagaoka, H., "Of a Dynamical System illustrating the Spectrum Line and the Phenomena of Radioactivity" *Nature* Vol. 69 pp. 392-3, なお, この和訳が, 板倉聖宣, 木村東作, 八木江里著『長岡半太郎伝』朝日新聞社 (1973, 昭和48), pp. 264-5 に記載されている.

[18] Nagaoka, H., "Kinetics of a System of Particles illustrating the Line and the Band Spectrum and the Phenomena of Radioactivity", *Philosophical Magazine* (6) Vol. 7 (1904) pp. 445-55, なお, この論文の和訳は, 物理学史研究刊行会編『物理学古典論文叢書 9 原子構造』に, 長岡—Schott 論争とともに収められている.

[19] この間の事情については, 前出板倉他(17)「第3部 土星原子模型の提唱とその時代」の前半 pp. 248-309 に詳しい.

[20] 前出板倉他(17) p. 307.

■音波干渉管
Interference Fork for Vibrating Plate
(Cat. No. 180)

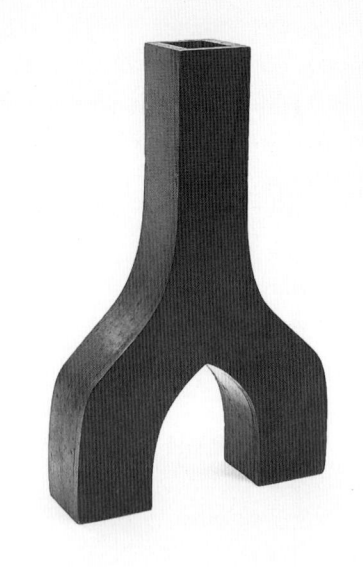

大きさ：186×53×292；上の開口部 49×51；下の開口部 53×53
購入年：1902（明治35）年
購入費：5円78銭4厘
納入業者：E. Leybold's Nachfolger
製造業者：不明
台帳記入名称：干渉管

木製の三叉状の管で，上端の開口部に膜を張り，下端の2つの開口部を振動している板の上にかざすと，2つの開口部から伝わる板の振動の干渉した結果が上端の膜の振動として現れる．干渉管は1835年にHopkinsが発明し，クラドニの実験と組み合わせてよく使われた．

板の上に細かい砂をまいて板を振動させるとクラドニの図形が現れる．その図形の内，位相が揃っている部分に下端の2つの開口部をかざすと，膜は激しく振動し，反対の位相の部分に2つの開口部をかざすと，膜は振動しない．膜の上にも細かく軽い粉をまいておくと膜の振動がよく分かる．

Leybold社や島津製作所などのカタログでは膜を張った木製の蓋がついているが，本機器ではそれが失われている．国内では酒井佐保の教科書に記載がある．

文献
酒井佐保 (1895), pp. 274-276.
Leybold (c1902), p. 127.
Müller-Pouillets (1906), pp. 719-720.
島津製作所 (1882), No. 52.

■トレヴェリアンロッカー
Trevelyan's Rocker (Cat. No. 106)

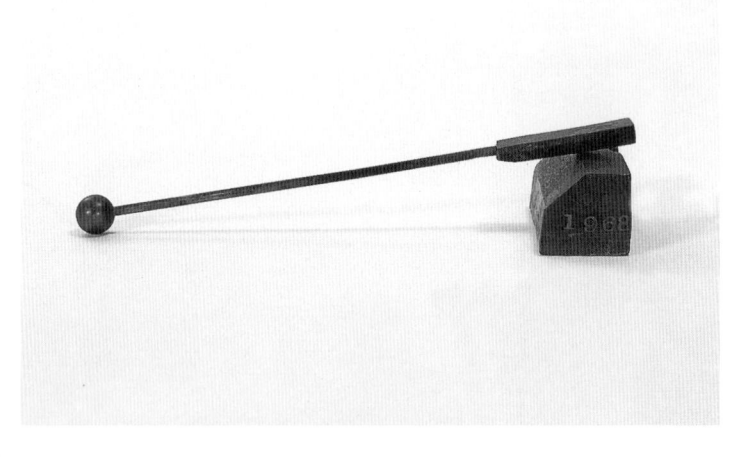

大きさ：つちの頭部 10×16×61；全長 250；鉛の台 84×38×高さ 35；箱 95×272×高さ 59
購入年：1896（明治29）年
購入費：1円70銭
納入業者：島津製作所
製造業者：不明
台帳記入名称：トラベリアン，ロッケル
刻印：台の側面に「1968」という数字が刻まれている

熱くなったシャベルが音を発することからTrevelyanが考案した装置．頭部の裏側が丸みを帯び，中央に2 mmの溝を切った鉄のつちと，鉛の台を組み合わせたもの．つちの頭部を強く熱して台の上に置くと，つちの当たった部分の鉛が急に膨張してつちを突き上げ，不安定になって反対側に揺れる．新しく触れた部分が膨張する間に元の部分は熱を失い，左右にゆれて音を出し，つちが次第に熱を失って動かなくなるまで振動音を出し続ける．

本機器は当時の第三高等学校教授村岡範為馳が購入を請求したもので，木箱に納められており，蓋に「トレベリアン・ロッカー」と墨書され，三高の桜印が押されている．

文献
Deschanel (1877), pp. 789-790.
Leybold (c1902), pp. 110-111.
Rayleigh (1926), pp. 224-227.

■ サヴァールの歯車
Savart's Toothed Wheel (Cat. No. 15)

大きさ：台の直径 200；歯車　直径 100×15（歯の数 67）；輪軸　直径 8×143；全体の高さ 176
購入年：1881（明治 14）年以前
購入費：3 円
納入業者：不明
製造業者：不明
台帳記入名称：歯付輪

周りに歯を刻んだ輪を回転できるようにした装置で，Savart が考案した．高速で回転させて薄い金属板などを歯に当てると音源になる．1 秒間の回転数と歯の数をかけたものが振動数になり，対応した音を発するので，振動数と音の高低の関係を知ることができる．

本機器は「サヴァールの歯車」の単純な型で，内藤卯三郎他の『物理学実験法講義』には「歯車の軸に糸を巻き之を急に引いて輪を回転させ手早く厚紙の一片または薄い金属板を回転しつつある歯車に触れ，輪の回転が遅くなるに随って音の調子が低くなることを聴きとらせ」ると書かれている．本機器の輪軸には糸をかけるための小さな穴が 1 つある．島津製作所の『理化器械目録表』に同型のものが記載されている．

文献
内藤卯三郎他 (1928), p. 241.
島津製作所 (1882), No. 47.
Ganot (1890), p. 218.

■ ガルトン調子笛
Galton's Whistle (Cat. No. 232)

大きさ：全体 64×158；ケース 177×64×32
購入年：1909（明治 42）年
購入費：45 円
納入業者：島津製作所
製造業者：Edelmann (Munchen)
台帳記入名称：ガルトン調子笛
刻印：EDELMANN MUNCHEN, 2017

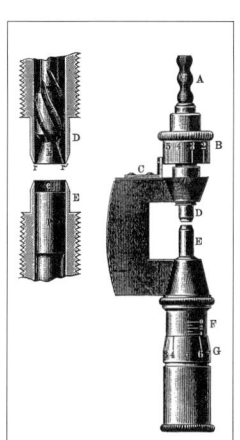

振動数が非常に大きい音を出すための機器．図 3-3-12 のノズル A に圧縮空気を吹き込み，D の先端の小孔から噴出したものをエッジ E に当てる．小孔とエッジの間隔はネジ D と指標 C で調節することができ，間隔が小さいほど高音になる．また，E の内部に空洞 e があって，その大きさはネジ G で調節することができる．

図 3-3-12　ガルトン調子笛／Müller-Pouillets (1905) より

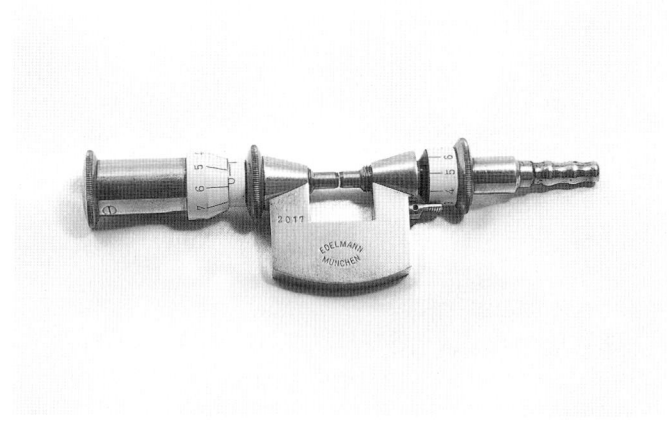

1876 年に Galton が簡単な高音発生用の機器を発表し，人間や動物など可聴領域の限界を調べた．その後，Edelmann が 1900 年にこの型の機器を発表し，それまでの音源の中で最も振動数の大きい音を実現した．

文献
Müller-Pouillets (1907), pp. 660-661.
Brachner (1985), p. 130.
島津製作所 (1906), p. 18.

■ エアリーの複振子
Airy's Double Pendulum (Cat. No. 1141)

大きさ：台 665×660×1850；振り子の長さ 1465
購入年：1898（明治 31）年
購入費：10 円
製造業者：第三高等学校
台帳記入名称：波ノ合成ヲ示ス器

細かい砂で簡単にリサージュの図形を描いてみせる装置．腕木から適当に間隔を開けて垂らした 2 本のひもを途中で結び合わせ，その先端に底に小さな穴を開けた金属製のカップを取り付け，細かい砂を入れる．これを振らすと金属のカップは結び目の上下の振動を合成した動きを示し，容器の中の細かい砂が台上に置いた紙などの上にリサージュの図形を描く．複振子は Blackburn が 1844 年に考案していたが，1871 年に Airy がリサージュの図形を実際に描いて発表した．

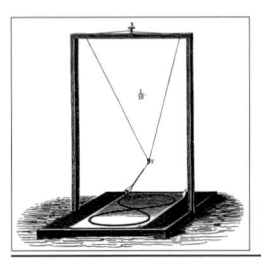

本機器は木枠にブリキの容器を麻ひもで吊した簡単な装置で，第三高等学校が京都大学教養部になった後も，物理学階段教室の講義用机のそばに常置され，長く使

図 3-3-13 エアリーの複振子／Müller-Pouillets (1905) より

われていた．柱の横に白い塗料で「波ノ合成ヲ示ス器」と書かれている．

文献
Deschanel (1877), pp. 852-853.
Müller-Pouillets (1906), p. 686.
Leybold (c1902), p. 53.
島津製作所 (1929), p. 114.

■ カレイドフォン
Kareidophone (Cat. No. 240)

大きさ：台 280×392；全体の高さ 425；角柱の高さ 358；各断面積 3.7×3.7, 2.5×4.5, 2.1×4.3, 3.0×3.6, 3.0×3.9, 3.5×3.9
購入年：1910（明治 43）年
購入費：17 円
納入業者：島津製作所
製造業者：島津製作所
台帳記入名称：カレイドフォン
刻印：金属プレートに TRADE ⊕ MARK

長方形の枠状の台座に 6 本の細い四角柱の棒を立てたもので，それぞれの四角柱は断面の 2 辺の比が 1：1，1：2，2：3，3：4，4：5，5：6 と台座に描かれているが，現在の計測値は正確にそうはなっていない．棒を振動させると頭部がそれぞれの比に対応したリサージュの図形を描く．各棒の頭部に円形の鏡がついており，暗室にして鏡に光を当て，壁にリサージュの図形を投影したものである．この型式のカレイドフォンは Koenig が製作し，普及させた．

本機器は 1：1 の角柱が折れて失われており，頭部の鏡も残っていない．酒井佐保の教科書には薄い角柱を途中で 90 度ねじった場合の棒の振動でリサージュの図形が得られること

の説明がある．

文献
Müller-Pouillets (1906), pp. 684-685.
酒井佐保 (1895), pp. 270-272.
島津製作所 (1906), p. 15.

■メルデの振動実験装置
Melde's Apparatus to show the law of Vibration of Strings (Cat. No. 78)

大きさ：台 910×148×高さ 45；音叉 14×300；滑車の支
　　　　柱の高さ 504
購入年：1893（明治 26）年
購入費：4 円 50 銭
納入業者：島津製作所
製造業者：不明
台帳記入名称：調音叉

弦を振動させ，弦にかかる張力によって弦の振動数が変化することを見せる装置である．木製の台の一端に大きな音叉を取り付け，音叉の片方の端にある突起から張った弦が水平になるように，台の他端に滑車を取り付ける支柱を立てる．滑車を通した弦の先に小さな容器を取り付け，錘を加減できるようになっている．音叉は向きを変えられるように台の裏側からネジで止めてある．

この装置の最初の型は Melde が 1859 年に発表したものである．

写真の機器は内藤卯三郎他の教科書と同型で，弦と錘を入れる容器は失われており，音叉は鋼鉄製，他は木製である．

文献
酒井佐保（1895），p. 266.
内藤卯三郎他（1928），pp. 256-7.
Müller-Pouillets（1906），p. 603.
Leybold（c1902），p. 107.

■躍動炎実験器と回転鏡
Koenig's Manometric Flames and Cubic Mirror (Cat. No. 81)

大きさ：ガス炎管　直径 93×125；集音管　直径 75×117，
　　　　支持台共　154×130×高さ 403；回転鏡　132×
　　　　132×高さ 165，支持台共 345×345×高さ 550
購入年：1894（明治 27）年
購入費：12 円 80 銭
製造業者：不明
納入業者：岩本金蔵
台帳記入名称：四角廻轉鏡

音波の圧力でガス炎の大きさが変化することを示す装置．Koenig が発明したもので，瞬間に変動する炎の大きさを回転鏡に映すとパルスに分解され，拡大して見ることができる．図 3-3-14 は金属管の部分の断面図で，内部は天然ゴムの膜で 2 室に分かれている．右側はガスの取り込み口と細い炎の噴出口に繋がっている．左側は集音管とゴム管で繋ぐ．音波が膜を振動させて，右室のガスを収縮・膨張させて炎の大きさを変える．それを映しながら鏡を回転させると，炎型を横に重ねたように映り，単音であればその炎型がすべて同じ高さになる．Koenig はこの躍動炎と共鳴器を組み合わせて大型の音響分解器を作った．

本機器について，国内では「音響と音楽」に記述がある．

文献
Ganot（1890），p. 265.
田邊尚雄（1908），pp. 46-48.
島津製作所（1906），p. 20.

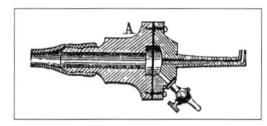

図 3-3-14　カプセルの断面図/Ganot（1906）より

■共鳴器一組
Set of Resonators (Cat. No. 239)

大 き さ：直径103×566；直径78×405；直径63×311；直径55×275；直径51×244；直径45×210；直径40×180；直径38×165；直径36×153；すべての開口部の大きい方；直径10，小さい方；直径6，木箱；240×601×高さ131
購入年：1910（明治43）年
購入費：32円
納入業者：島津源蔵
製造業者：不明
台帳記入名称：円錐形レゾネートル
刻印：各共鳴器に 2. C°, 3. C°, 4. C′, 5. E′, 7. B′, 8. C, 9. D, 10. E

楽音などの振動数を分析するのに使われた．一般に堅い材料で作られた空洞に開口部のあるものを共鳴器といい，音の入る開口部の他に耳に当てる小さな穴のあるものをヘルムホルツ共鳴器という．写真の機器は円錐型であるが，よく知られているものには，最初に Helmholtz が考案した球体のものや，Koenig が機能的に改良した円筒形のものなどがある．何れの型も，耳に当てると，外から入った音のうち共鳴した振動数が大きく聞こえる．振動数は気柱の長さで決まり，形状は影響がない．個々の共鳴器には共鳴する振動数に対応する記号がつけられている．

文献
Ganot (1890), pp. 231-233.
田邊尚雄 (1908), pp. 55-60.
Leybold (c1902), p. 127.
島津製作所 (1929), pp. 235-236.

■音叉
Tuning Fork on Resonator (Cat. No. 11)

大きさ：音叉の高さ157；共鳴箱 97×184×高さ50（内寸83×178×39）
購入年：1881（明治14）年
購入費：50銭
納入業者：不明
製造業者：不明
台帳記入名称：調音叉

均質な鋼の細い棒をU字形に曲げて，中央に柄をつけたものを音叉という．先端を軽くたたくと，振動数がほぼ一定の音が長く続くので，楽器の基準音として用いられ，また19世紀中頃からは，音響学の基本的な機器として用いられてきた．学術用の音叉は，音叉の振動数に対応した木製の共鳴箱に固定されている．

本機器は最も古くに購入された音叉3個の中の2個である．1個は失われている．共鳴箱に白いペンキで「ホイトストン氏振動箱」と書かれている．

文献
Ganot (1890), p. 227.
島津製作所 (1882) No. 48.

■標準音叉
Standard Tuning Fork on Resonator (Cat. No. 202.3)

大きさ：音叉の高さ 171；共鳴箱 93×179×高さ 52（内寸 77×171×38）
購入年：1903（明治 36）年
購入費：15 円 47 銭
納入業者：島津製作所
製造業者：Rudolph Koenig (Paris)
刻印：鋼の柄に LA_3Of；裏側に vs/870, 9-15°/870-24°3/RK；共鳴箱に [LA_3/O/RUDOLPH KOENIG/A PARIS] と焼印；白い塗料で「標準音叉」と書き込み

音楽活動で，国により基準音が異なることが不便と感じられ，また音叉が研究に広く用いられるようになり，19 世紀後半には標準音の設定が求められた．国際的な標準音が決まるのは 1939 年のことで，それまでは半ば各地の慣習を重んじながら標準音を設定していた．フランスでは階名でそのまま音名を表現し，la の音を標準としていた．

本機器は Koenig 社から 1 オクターブに対応する 8 個の音叉（それぞれ ut_3, re_3, mi_3, fa_3, sol_3, la_3, si_3, ut_4）とともに購入した標準音叉である．Koenig 社は精度の高い音叉を製作し研究機関などに納めていた．

文献
Ganot (1890), p. 227.
Brenni in I. S. (1998), pp. 635-637.

■サヴァールの応響器
Bells and Adjustable Resonator (Cat. No. 109)

大きさ：台 182×395×高さ 42；全体の高さ 342；鐘　直径 124×高さ 65；共鳴器　直径 136×177
購入年：1896（明治 29）年
購入費：3 円 50 銭
納入業者：島津製作所
製造業者：不明
台帳記入名称：応響器

楽器などの音を大きくする共鳴箱の働きを理解させるために Savart が用いていたのでこの名称がある．音源となる真鍮の鐘と，底を塞いだ円筒形の共鳴器を組み合わせたもので，共鳴器は角度を変えられるようになっている．Ganot の教科書には鐘と共鳴器の間隔を変えられるスライドのあるものが記載されている．また丁寧に作られたものには共鳴器の大きさを調節して，音の大きさを変えられるものがある．

島津製作所の『理化器械目録表』には鐘と共鳴器が分かれたものを，また同所の 1906 年のカタログには，鐘と共鳴器を 1 つの木製の台に取り付けたものを「サバート氏応響器」として掲載している．本機器は後者と同型であるが，島津製作所の刻印がない．

文献
Ganot (1890), pp. 203-204.
島津製作所 (1882) No. 49, 51.
島津製作所 (1906), p. 17.
Turner (1983), p. 134.

■オルガンパイプ
Organ Pipe (Cat. No. 13)

大きさ：吹き込み口外径　15×73；方形部下端
　　　　25×73，間隙より上25×68，方形部の長
　　　　さ677；木栓40×51×610；グリップの
　　　　直径63
購入年：1881（明治14）年以前
購入費：80銭
納入業者：不明
製造業者：不明
台帳記入名称：空気笛
目盛：木栓の側面に上からC/1024, G, F, C/
　　　512, B, A, G, F, E, D, C/256

　気柱の振動により音を発するもので，オルガンの音源である．一般には木管と金属管があるが，音響物理学では主として方形の木管が取り上げられてきた．細い口から送風機で風を送り，くさびと細い間隙を通して気室中に入る激しい気流で振動が起こり音を発する．閉管と開管があり，それぞれ端末が節または腹になる．
　本機器は開管の中に抜き差しできる方形の木栓が入っており，その側面の目盛りを合わせれば対応する振動数の音が出る．同型のものは島津製作所のカタログ（1906年，1929年）にそれぞれ図入りで「風琴管……1個にして1音階を備ふるもの」として記載されている．他に1901（明治34）年に購入した方形木管9本1組のオルガンパイプ（Cat. No. 174）保存されている．

　　文献
　　Ganot (1890), pp. 244-247.
　　島津製作所 (1906)，p. 16.

■リード・オルガンパイプ
Reed Organ Pipe (Cat. No. 1075)

大きさ：ガラス管部の直径34；全長347
購入年：1881（明治14）年以前
購入費：2円50銭
納入業者：不明
製造業者：不明
台帳記入名称：薄葉笛

　リードと呼ばれる適当な弾力を持った薄片で管内に入る気流を断続させて気柱の振動を起こす楽器．本機器はリードを空気駆動にするための装置であって，円錐形の金属管の細い方に送風口が接続し，鞴で風を送る．太い方はガラス管でリード部分がよく見える構造になっている．上に開口した金属の小さい管がはめ込まれ，側面を浅くそいでリードが取り付けられている．さらにリードは整調弦で管に押しつけられており，外からリードと接触する位置を変えて，リードの振動に対する堅さを変え，整調することができる．普通，上の開口部に円錐形のパイプを接続し送風口から風を送って音を出す．その場合は共鳴振動数の調整が必要となる．三高コレクションに残っている機器には，このパイプはない．
　この機器については，国内では飯盛挺造の教科書に説明されている．

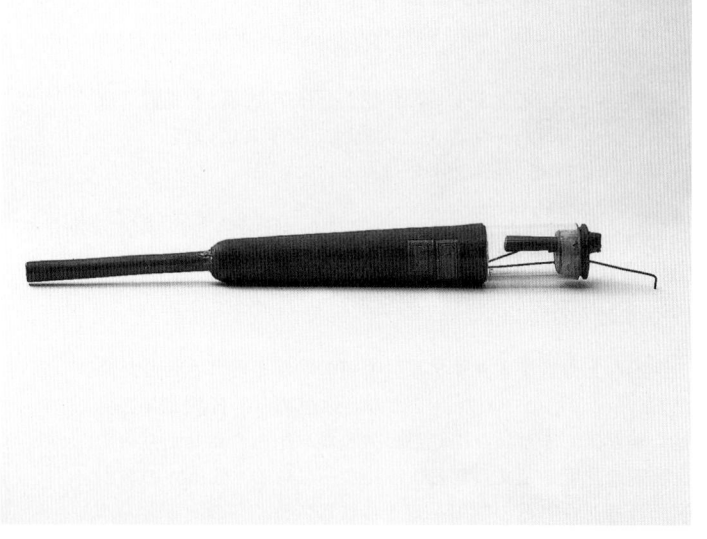

　　文献
　　オルソン (1969), p. 132.
　　飯盛挺造 (1879), pp. 67-70.

4 熱学

　エネルギー保存則は，現代物理学の基礎的な法則の1つである．エネルギーの保存則が確立することによって，近代物理学の諸分野は統一的に把握されるようになり，この保存則を指導原理のひとつとして，理論の新しい段階へ飛躍する道が開かれ，20世紀の原子物理学へと繋がっていった．ところでこの保存則は，James Prescott Joule (1818-89) の熱の仕事当量に関する一連の実験によって確定する．そこに至る近代的な熱の理論が形成された基礎には，論理的な分析に裏付けられながら，いくつかの熱力学的な諸量を定義し，定量的に測定する技術が確立されなければならなかった．この測定技術の発展を跡付ける測定機器が三高コレクションに保存されている．本節では，保存機器のうち，測定機器の中から，輻射熱の検出，温度の直接測定，熱量計の3分野に関するものを，またそれに加えて内燃機関のひとつであるガソリンエンジンを取り上げる．

4-1 輻射熱の検出

　輻射熱が自然に存在することは古代から認識され，利用もされてきたが，産業革命を経て熱の科学的認識の必要性が増した18, 19世紀には，熱の本性を知るための実験の対象として輻射熱を取り上げ，またそれについての認識を共有するために，演示実験の工夫が凝らされるようになった．

　金属凹鏡 (Cat. No. 21) は熱の実験にも音の実験にも用いられ，熱や音が光と同じように空間を直進し，反射し，焦点を結ぶことを演示する機器である．この実験は Marc Pictet (1752-1825) および Horace Bénédict de Saussure (1740-99) が考案して，18世紀末には行われていた．オランダの Teyler 博物館には1810年頃に購入されたものと見られる真鍮の放物面鏡1対が保存されており，アムステルダムの Hendrik Hen (1770-1819) の製造によると推定されている[1]．

　Adolphe Ganot (1804-87) や Augustin Privat Deschanel (1821-83) などのように，19世紀に各国で版を重ねた中等物理教育の代表的な教科書では，この実験を図版入り

図3-4-1 金属凹鏡の図/Ganot (1906) より

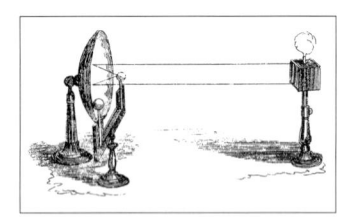

図3-4-2 金属凹鏡の図/島津製作所 (1882) より

で解説している．1対の球面または放物面の金属鏡を，適当な距離に離して向かい合わせに置き，一方の鏡面の焦点に赤熱した鉄球を置くと，鏡面に当たって反射した熱エネルギーは他方の鏡面に達してその焦点に集まる．その位置に燃えやすいものを置けば発火するのを見ることができ，また，その位置に示差温度計のガラス球を当てれば温度上昇を確認できる．Ganotの教科書には熱源として氷を置く実験や，排気鐘の中に小さい鏡面を置く実験などの後に，熱源の位置に点火したろうそくを立て，もう1つの鏡面の焦点に蛍光体を置いて光を検出できることを示し，熱は光と同じく直進・反射の法則に従うことを記述している[2]．Deschanelの教科書では一方の鏡面の焦点に音源を置き，他方の鏡面の焦点で音を聞く実験を図示している[3]．

このような教科書の記述に対応して，この時期の教育機器メーカーや取次店のカタログにもさまざまの大きさの凹鏡が記載されている．国内では1882 (明治15) 年島津製作所発行の『理化器械目録』にレスリーのキューブや示差温度計とともに「熱線反射試験器」として記載されているのが最も古い[4]．この組み合わせの実験もGanotの教科書には図示されている．

輻射熱の検出器としてはGalileo Galilei (1564-1642) のサーモスコープを発展させた示差温度計 (Cat. No. 54) がいろいろと考案されたが，中でも大陸ではCount Rumford (Benjamin Thompson, 1753-1814) の考案したもの，イギリスではJohn Leslie (1564-1642) の考案したものがよく使われた．何れも空気の膨張を利用して小さな温度差を検出する機器であり，ほぼ同時期に発明された．U字形に曲げた細いガラス管の両端にガラス球がついており，目盛を刻んだ木枠に取り付けて，底部に着色したアルコールを入れるという仕組みであるが，ランフォード型は横長で水平部に目盛があり，

■金属反射凹鏡一対と球

Pair of Concave Mirrors and Iron Ball (Cat. No. 21)

大きさ：台 116×186×22；凹鏡の直径 252；　　納入業者：不明
　　　　鉄球の直径；支持台の高さ 184　　　　　　製造業者：不明
購入年：1881 (明治14) 年以前　　　　　　　　　 台帳記入名称：反射凹鏡 (球一添)
購入費：4円

　熱が光と同じように空間を直進し，反射し，焦点を結ぶことを演示するための機器．球面，または放物面のよく磨かれた金属の鏡一対と小さい鉄球，および鉄球を鏡面の焦点の位置に支える台の4点が一組となっている．鏡面を少し離して向かい合わせておき，一方の鏡面の焦点に赤熱した鉄球を置くと，他方の鏡面の焦点で熱を感知し，焦点以外では熱を感知できないことを示す．

　写真の機器のうち，凹鏡は真鍮製，熱源の球と台座は鉄製である．台座にはネジ穴があり，支持台の棒を差し込むと鉄球が鏡面の焦点に位置するようになっている．

　　　文献
　　　Turner (1983), pp. 119-20.　　Ganot (1890), pp. 390-393.
　　　Deshanel (1877), pp. 390-394.　　島津製作所 (1882) No. 57.

近代日本と物理実験機器

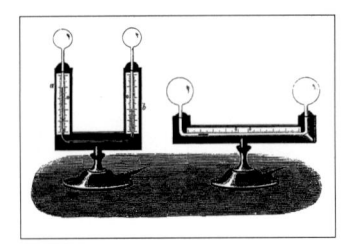

図 3-4-3 レスリー型とランフォード型の示差温度計/Deschanel (1877) より

レスリー型は底部が浅く縦長で垂直方向に目盛がある．三高コレクションに保存されている示差温度計 (Cat. No. 54) は，台帳には「レスリー氏双頭検温器」と記載されているが，ガラス管をとめた木枠には "Thermoscope de Rumford" と書かれており，ランフォード型であることは確かである．製作所はパリの J. Salleron で，1855 年創立された化学機器メーカーである．オランダの Teyler 博物館にも同社製の示差温度計が保存されており，大きさや支持板の書き込みなどは本機と同じであるが，ガラス球のつなぎ方が異なっている[5]．レスリー型とランフォード型を比較すると，検出器としてはレスリー型の方が遙かに精度がよく，これを発展させたさまざまな機器がその後生まれた．コルベの示差温度計 (Cat. No. 208) もこの型の応用である．

19 世紀に入って Thomas Johann Seebeck (1770-1831) が 1822 年に熱電効果を発見するとまもなく，熱起電力で温度を測定する方法の開発が始まった．2 種の異なる金属を回路状に繋いだ熱電対では 2 つの接合部に温度差を設けると熱起電力が生じて回路に電流が流れる．Leopoldo Nobili (1784-1835) はこの熱電対を多数繋いだ熱電堆を 1829 年に製作して，Macedonio Melloni (1798-1854) と共同して輻射熱の測定の研究を行った[6]．彼らは 1831 年にパリ科学アカデミーで熱輻射の実験を演示して，熱電堆が示差温度計よりも遙かに感度がよいことを示した．彼らが使用した 2 種の金属はビスマスとアンチモンで，この型の熱電堆をノビリ・メローニの熱電堆，あるいは単にメローニの熱電堆 (Cat. No. 50) と呼ぶ．Melloni は熱と光の波動的性質の比較に興味

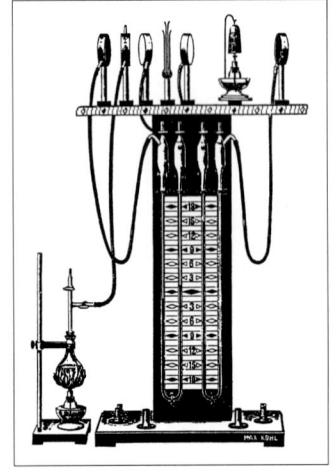

図 3-4-4 コルベの示差温度計/J. Fricks (1907) より

■ メローニの熱電堆
Melloni's Thermopile (Cat. No. 50)

大きさ：パイルの直径 41；コーンの長さ 128；
　　　　支持台の直径 96；全体の高さ 292
購入年：1884 (明治 17) 年
購入費：11 円

納入業者：不明
製造業者：不明
台帳記入名称：セルモマルチプライヤ

輻射熱による電流をガルバノメーターで読み取る温度計．Nobili が 1829 年にビスマスとアンチモンの熱電対を多数直列に繋いで熱起電力を大きくすることに成功した．31 年に Melloni と共同で輻射熱の研究を行い，パリ科学アカデミーで発表した．この型の熱電堆を「ノビリ・メローニの熱電堆」あるいは単に「メローニの熱電堆」と呼ぶ．Ganot の教科書にはノビリのパイルの構造が示されている．円錐形のコーンは熱を効果的にパイルに集めるためのものである．

三高資料室の『明治十三年一月物品申出綴込』に本機器の購入を要求する書類が存在する (第二章参照)．国内の教科書としては飯盛挺造纂訳の『物理学』にすでに記載されている．

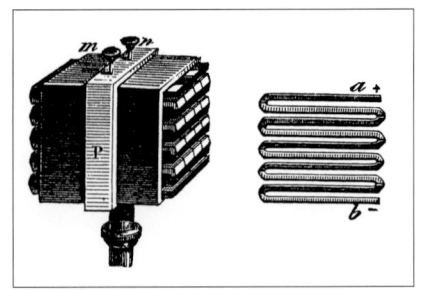

図 3-4-5 ノビリのパイル/Ganot (1906) より

文献
飯盛挺造纂訳 (1881), pp 511-514． Ganot (1890), pp. 383-4，954-956.

近代日本と物理実験機器

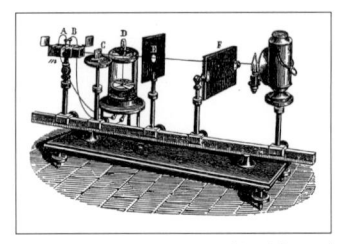

図3-4-6 メローニの熱電気器/Ganot (1906) より

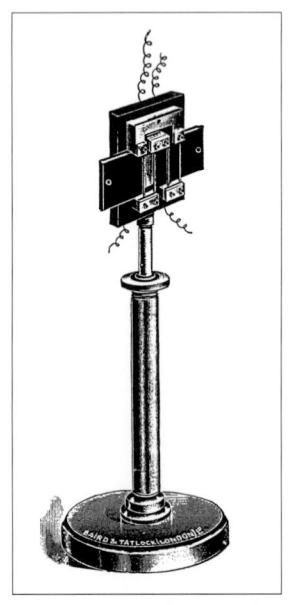

図3-4-7 ラングレーのボロメーター/Baird & Tatlock (1912) より

を持ち，種々の物質による透過や吸収についてこの熱電堆を用いて研究し，発表した．そこでこの熱電堆を，熱源やガルバノメーターとともにさまざまなアクセサリーを載せた光学ベンチと組み合わせて，「メローニの熱電機器」として科学機器メーカーなどが販売普及した．

熱電堆の出現は本格的な温度の遠隔測定への道を開き，さらに遠距離の熱源の温度測定や微少な温度上昇の検出を求めるようになった．金属の組み合わせを変えた熱電堆が作られ，効率の改良がはかられたが，三高コレクションに保存されているものでは，1898年にHeinrich Rubens (1865-1922) が *Zeitschrift für Instrumentenkunde* に発表した鉄とコンスタンタン（後述）の熱電堆がある．メローニの熱電堆に比べて小型で，かつ感度がよくなり，実用的に優れていた上に，後で述べるように，量子論の誕生と絡んで改良が図られたので，ルーベンスの熱電堆 (Cat. No. 264) として教育用機器のカタログにも掲載された．

窯業や冶金の分野では高温を測定する必要が古くからあったが，経験的な方法から正確な測定と制御へという変化がこの時代に始まった．温度測定に熱電対を最初に使ったのは1826年のAntoine-César Becquerel (1788-1878) で，Ganotの教科書にはBecquerelが用いた白金とパラジウムの電気パイロメーターが図入りで紹介されている[7]．このBecquerelの孫が，放射能の発見でノーベル賞を受賞したAntoine Henri Becquerelである．その後19世紀後半には，Henry Louis Le Chatelier (1850-1936) をはじめ，多くの科学者が熱電対による高温測定の精度を高める研究をしており，種々の熱電素子が考案されている．また，Charles William Siemens (1823-83) はホイートストンブリッジに白金コイルを繋いだ簡単な抵抗温度計を1871年に発表した[8]．彼の兄はErnst Werner Von Siemens (1816-92) で，Johann Georg Halske (1814-1890) とともにSiemens-Halske商会を設立し，電気事業で大きな足跡を残した．Charlesは商会のイギリス側の事業を分担して，1843年にイギリスに渡ったが，後イギリスに帰化して，実業界，科学界で活躍した．抵抗温度計については，この後Hugh Longbourne Callendar (1863-1930) とErnest Howard Griffiths (1851-1932) が詳しい研究を行って，1891年に精度の高い抵抗温度計を完成した．

熱電対や抵抗温度計は主として次項に述べる温度の直接測定に用いられたが，実用化への研究を通じて，金属，非金属，合金を含めて，熱電的な特性や，温度に線形な範囲などが詳しく調べられ，データが蓄積された．そして，電気抵抗や熱電対のための新しい合金も作られた．コンスタンタンはその一種で，銅とニッケルの合金である．こういう研究の後，やがて白金―白金ロジウム熱電対や白金抵抗温度計が国際実用温度目盛を定義するための標準温度計に定められることになる．

またこの時期，太陽の測定が精力的に行われ，赤外部を測定することへの関心が高まった．アメリカのアレガニー天文台長のSamuel Pierpont Langley (1834-1906) は1879年から観測器の製作に取り組み，Siemensと同じ着想から，いくつかの物質を試した後，最終的に黒化した白金箔を用いて格子状の回路の抵抗温度計を作り，当時の熱電堆で得られた感度の約15倍の感度を得ることに成功した．彼はこれにボロメー

ターという名をつけ，1881年にはホイットニー山上で実際に太陽の赤外部の測定を行った[9]．その後もボロメーターは改良が重ねられてヨーロッパにも普及した．このLangleyのボロメーターの開発の経過については，中村清二の『実験物理学』に紹介されており，ボロメーターの解説も記載されている[10]．

実はこのボロメーターが量子論の出現を準備したという経過があるが，天野清は『量子力学史』の中でその社会的背景を次のように記述している[11]．「熱輻射論から量子論への発展の道をたどろうとする我々の課題に……もっとも暴風的に躍進してきたのはドイツであった．1870-71年の普仏戦争は50億フランの償金とアルサス，ローレンの豊富な産鉄地方をプロシャにもたらしたが，これはドイツ帝国の結成を助成し，……ドイツの生産力は驚異的な躍進を続けることとなった．」特に発展のテンポが世界にとって驚異となったのは製鉄，製鋼およびそれに伴う金属工業や電気工業であって，「これらの工業が我々の課題とする物理学の領域に及ぼした影響は極めて直接顕著なものがあった．」として冶金の各工程が高温度測定ないし熱輻射研究の最も実際的なひとつの動機となり，無線電信や電灯照明などの急速な普及が真空技術の発展を促して，原子物理学の実験の補助手段を提供しつつあったと指摘している．また彼はOtto Richard Lummer (1860-1925) の論文を引用して，照明のエネルギー経済の見地から，瓦斯マントルや電灯の灼熱繊条の輻射エネルギーの分光的な分布が重要な研究対象となっていたと述べている．このような物理学に関連する技術への要求が関連工学部門を誕生させた．さらに国立研究機関設立の要求の高まりが，技術者兼新興企業家と研究者の運動となって，ついに電気工学・工業界のパイオニアであったErnst Siemensの寄付を基金にして，1877年，ベルリンに国立物理工学研究所 (Physikalisch-Technische Reichsanstalt：以下，国立研究所と略称) が設立された．そしてHermann Von Helmholtz (1821-94) が初代総長に就任した．研究のセンターを得て，ドイツにおける熱輻射に関する理論的，実験的研究は急速に活発化した．

こういう時期にLangleyがボロメーターを考案し，赤外線測定の方法を開拓した．そして1886年にニューヨークの科学機器メーカーが商品として最初の8台を製作した時，その1台をHelmholtzが購入していた．1893年にHelmholtzは有名なウィーンの分布則を含むWilhelm Wien (1864-1928) の論文「黒体の輻射の熱理論第2主則に対する新しい関係」をベルリン学士院で朗読する．この論文の冶金工業への応用を見通して始められたのが，閉鎖した熱平衡にある空洞で黒体を近似して行う輻射の実験的研究であり，その際乗り越えなければならなかった実験上の困難は，正確なボロメーターを作ることと，高温度の安定した光源を得ることであったという．この実験でLummerとFerdinand Kurlbaum (1854-1927) が製作，使用したボロメーターが島津製作所の1929年カタログに載っている[12]．

ところでルーベンスの熱電堆もこの一連の研究の中で誕生していた．ウィーン分布則は赤外部で実験と理論にずれがあることが問題になってきた．Rubensは測定中に残留線の存在を発見していた．残留線は，ある種の結晶が遠赤外部で特定の波長の光を選択的に強く反射することから，この反射を数回繰り返して得られる単色光である．

彼はこの残留線の発見で赤外部の測定の精度を上げることができ，自分が作った感度のよい熱電堆で，Kurlbaum とともに赤外部の測定を行い，ウィーン分布則からのずれを明確にした．結果は 1900 年のベルリン物理学協会例会で報告され，活発な討論の中で Max Planck (1858-1947) が「ウィーンのスペクトル分布式の一つの改良について」という番外の講演を行った．「ここに新世紀の物理学の誕生を先触れする有名なプランクの輻射式が発表されたのであった」として，天野はプランクの言葉を借りながら，続ける．この式が実験式の域を脱しない限り，幸運にも見つけだした内挿公式に過ぎないが，プランクはこの公式の簡単な構造に着目して，それに実在的物理的意義を見いだそうと懸命な努力を開始した．こうして作用量子の発見はプランクに帰するところとなった．天野が言うように，「この輻射公式の発見は輝かしい量子の世紀の序曲とはなった」のである[13]．

物理工学研究所の初期の華やかな業績について言えば，欧米各国の政府，産業界にとっては万国博覧会や輸出実績を通して現れた技術開発とその産業への影響こそが目を見張るべきものであり，脅威となったに違いない[14]．19 世紀中にボロメーターは順次改良され，電気炉や光高温計が出現して，熱輻射の研究は次の段階に移っていくが，それを支えた技術の波及効果も見逃せない．それぞれの目的があると思われるボロメーターのいくつかのヴァリエーションがドイツで製作された．三高コレクションにもボロメーター (Cat. No. 148) が 1 個保存されているが，1898 年にベルリンの C. P. Goerz 社から島津製作所を通して購入したものであり，当時のドイツの科学界と産業

■リース電気空気温度計
Riess Electric Air Thermometer (Cat. No. 76)

大きさ：ガラス球の直径 77；木の台 370×156×75；全体の高さ 166
購入年：1891 (明治 24) 年
購入年：8 円
納入業者：島津製作所
製造業者：不明
台帳記入名称：リース氏エレクトロサーモメーター

ガラス球内に導線を張り，静電気を放電して引き起こされる球内の空気の膨張から，通電によって発生する熱量を測定する装置．ガラス球の両側面にある端子から白金線を球内に通してある．ガラス球の下部に細管を接続し，細管には着色した水を指標として入れ，0 から 24 mm までの目盛が刻まれている．細管の傾きは調節することができ，最大の傾きは 12° である．

Riess は，それまで U 字型であった電気空気温度計を改良して，ガラス球に繋がる細管を木の台に取り付けて傾斜をつけ，指標が読みやすい温度計を 1837 年に製作した．彼は，感度がよくなったこの温度計を用いて，各種金属の抵抗とガラス球中での発熱量を比較して，発熱量が荷電量の 2 乗と針金の長さに比例し，針金の断面積に反比例することを発見した．

文献
中村清二 (1902), pp 586-587. Hackmann (1978), pp45-55. Baird & Tatlock (1912), p. 604.

近代日本と物理実験機器

界の活発な関係を反映したものの1つであろうと考えられる．C. Paul Goerz (1854-1923) は Emil Busch (1820-88) の光学工場で修行した後，1886年にベルリンで独立し，光学機器を中心として急成長したメーカーである[15]．

4-2　温度の直接測定

　熱の現象を解析するのに先立って，定量的な測定の第一歩として，国際的に共通の基準となる正確な温度計が作られねばならなかった．このことを意識して最初に商品としての温度計を生産し始めたのはアムステルダムで科学機器製造業を営んでいたDaniel Gabriel Fahrenheit (1686-1763) で，当時最低温度と考えられていた氷と塩の混合物の融点を0度，健康な成年男子の体温を98度として，1714年にアルコール温度計を製作し，次いで17年に水銀温度計を製作した．このFahrenheitの研究に刺激されてGlasgow大学のJoseph Black (1728-99) が水の融点や沸点を調べて，熱量という，温度とは別の測定可能な量と潜熱とを発見した．次いで物質によって同じ温度上昇に必要な熱量が違うこと，すなわち比熱を発見した．

　Blackの発見は，それ以後の液体温度計に目盛を刻む方法の基礎となった．Fahrenheit目盛の後に提案され，広く社会的に受け入れられた目盛が2種あったが，Ganotの教科書には，何れも温度定点を水の氷点と沸点にして製作する方法が詳しく記述されている[16]．2種のうちの1つはRené Antoine Ferchault de Réaumur (1683-1757) の名に帰せられ，2定点の間を80分割するものだった．次いで2定点の間を100分割するものがAnders Celsius (1701-57) に帰せられているが，それぞれ製作の経過は分からない．後者はCentigrade目盛とも呼ばれ，国際実用温度目盛として広く使われるようになった．理化学辞典の初版によれば，Réaumurが1730年に，Celsiusが1742年に，それぞれの温度目盛を提唱したとされている[17]．Fahrenhaitの死後，ファーレンハイト目盛も水の沸点まで拡張され，氷点を32°F，沸点を212°Fと定めたので，3種の目盛は相互に変換式で関係付けられるようになった．地域や目的によって常用される目盛が違うので，2種または3種の目盛が刻まれているものがある．三高コレクションで最も古い温度計 (Cat. No. 1200) には，ファーレンハイト目盛とレオミュール目盛が刻まれている．また温度定点を決めるための沸騰点試験器 (Cat. No. 80) も三高コレクションの1つである．

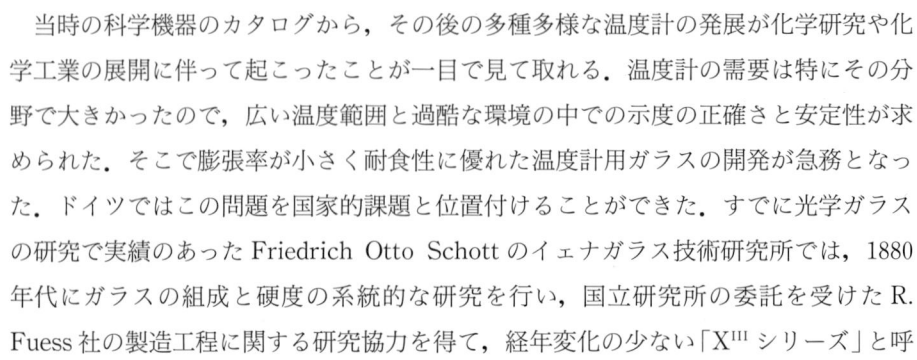

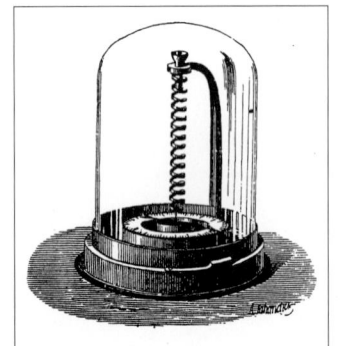

　当時の科学機器のカタログから，その後の多種多様な温度計の発展が化学研究や化学工業の展開に伴って起こったことが一目で見て取れる．温度計の需要は特にその分野で大きかったので，広い温度範囲と過酷な環境の中での示度の正確さと安定性が求められた．そこで膨張率が小さく耐食性に優れた温度計用ガラスの開発が急務となった．ドイツではこの問題を国家的課題と位置付けることができた．すでに光学ガラスの研究で実績のあったFriedrich Otto Schottのイェナガラス技術研究所では，1880年代にガラスの組成と硬度の系統的な研究を行い，国立研究所の委託を受けたR. Fuess社の製造工程に関する研究協力を得て，経年変化の少ない「X^{III}シリーズ」と呼

図3-4-8　ブレゲーの温度計/Deschanel (1877) より

ばれる温度計用ガラスの開発と量産に成功した[18]．以後各国国家機関の検定を受けて販売される標準温度計（Cat. No. 136）にはイェナ温度計用ガラスが必ず使用され，広く科学研究や工業用に用いられてきた．ところでこの国家的課題の設定と采配には国立研究所の役割が極めて大きかったことを見逃すことはできない．Heinrich Ludwig Rudolf Fuess (1838-) は76年にベルリンにワークショップを持って科学機器メーカーとなるが，彼はHelmholtzや他の科学者技術者とともに国立物理工学研究所の設立を強く働きかけた人々の一人であった[19]．

温度計の信用性が高まり，用途が広がるにつれて，特殊な目的のための温度計が種々製作された．Ernst Otto Beckmann (1853-1923) が考案した温度計（Cat. No. 230）もその1つであり，凝固点降下や沸点上昇など，ある温度からのわずかな変化を測るために工夫され，ベックマンの分子量測定装置の中に組み込まれた精密な温度計である．この温度計のように，水銀を入れた細管に複数の水銀溜めを作り，管の一部をさらに細くして，必要な温度範囲の測定精度を上げる工夫が行われている．また低温測定には温度計用の液体にトルエンを用いて－100°Cまで，ペンタンで－200°Cまでの低温の測定が19世紀末までに行われていた．

膨張率が違う2種類の薄い金属を張り合わせたバイメタルの温度計は1820年にはすでに出現していた．Abraham-Louis Bréguet (1747-1823) はパリの時計メーカーとして有名だったが，ブレゲーの金属温度計は洗練されたデザインと，感度がよく，排気鐘の中でも使用できることで高い評価を受けていた．バイメタルで螺旋構造を作り，その伸縮で温度を測る仕組みになっているが，湾曲をなめらかにするために膨張率が中間の第3の金属を挟んで，プラチナ―金―銀の3重構造にしているという．この型の温度計は，国内では金沢大学に保存されている．三高コレクションにはLeybold社の金属温度計（Cat. No. 177）が残されているが，その組成は分かっていない．バイメタルは温度の電磁的な測定と制御が始まるとスィッチ（Cat. No. 255）として使われるようになるが，19世紀末までには火災検知器の一種としても使用されていた[20]．

4-3 熱量計

Blackが潜熱や熱量の研究を行った際に比熱も測定していたが，それは大きな氷の塊に空洞を開け，試料を入れて氷の蓋をするという方法であった．Antoine Laurent Lavoisier (1743-94) はBlackの研究に刺激され，Pierre Simon de Laplace (1749-1827) とともに氷の潜熱を利用する金属製の熱量計（Cat. No. 172）を作り，1789年にカロリメーターという名称で発表した．彼らは熱素説を提唱しており，熱素を検出しようとしてこの名称になった．以後化学や化学工業の分野で測定する目的や対象に応じてさまざまな熱量計が開発され，用いられた．1870年にRobert Wilhelm Bunsen (1811-99) が発表した氷熱量計は，Lavoisierと同じく氷の潜熱を利用したもので，研究室で少量の試料について測定するのに適しており，優れた熱量計とされていた[21]．この熱量計はガラスの2重管の下部にU字型の側管が繋がっており，2重管の間に蒸留

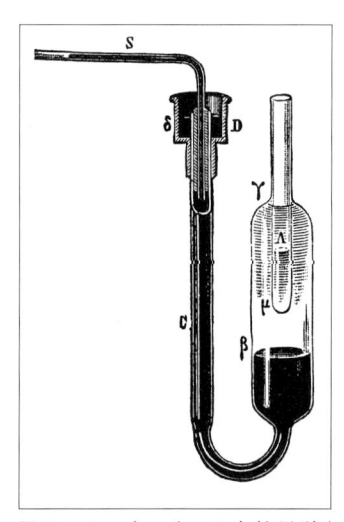

図3-4-9 ブンゼンの氷熱量計／Ganot (1906) より

水と少量のアルコールを入れ，側管に水銀を満たして側管の蓋に目盛をつけた細管を通しておく．あらかじめ蒸留水を凍らせて，重量と温度が既知である試料を内管に入れ，2重管の氷が溶けた分だけ細管の水銀柱が押し下げられるという仕組みで，溶けた氷の量を比較的正確に測定することができた．このブンゼンの熱量計の仕組みを説明しやすいように，教育用機器として Emil Reichert (1838-94) が考案したのがライヘルトの氷熱量計 (Cat. No. 178) である．

Thomas Andrews (1813-85) が 1848 年に考案し，Pierre Eugene Marcellin Berthelot (1827-1907) などが改良したボンベ熱量計は水熱量計の一種で，燃焼熱の測定に用いられる．耐圧容器の中で高圧酸素を加え，試料を完全燃焼させた熱でボンベを取り巻く水の温度上昇と体積変化から熱量を求める．この場合は温度の精密測定が必要で，ベックマン温度計が用いられる．Andrews はまた，反応熱を測定する簡単な方法とそのための熱量計を考案した．この熱量計はアンドリューズのカロリファー (Cat. No. 179) と呼ばれている．

ガラス球中で火花放電を起こしてその時発生する熱量を測定する装置は，銀細工師 Ebenzer Kinnersley (1711-78) が 1761 年に発明した[22]．William Snow Harris (1791-1867) がコイルを通して放電する電気空気温度計を 1827 年に発表した．ガラス球の下に U 字型の細管を接続し，着色した水を指標として入れ，放電による空気の膨張を測定して，熱量を求めるものである．Peter Theophil Riess (1804-83) は細管を傾斜のある木の台に取り付け，指標の読みの感度をよくした電気空気温度計 (Cat. No. 76) を 1837 年に発表し，各種金属の抵抗とガラス球中での発熱量を比較して，発熱量が荷電量の 2 乗と針金の長さに比例し，針金の断面積に反比例することを発見した．

他にも生理学では生物の発熱量を測定するための熱量計が製作された．自動化した装置では抵抗温度計が組み込まれた．

4-4 内燃機関

James Watt (1736-1819) が Black の知己を得て Glasgow 大学の構内に仕事場を持ち，そこで蒸気機関と出会うのは 1763 年のことで，それは Black が潜熱や熱量の研究を行っていた時期とも重なる．Watt は蒸気機関の熱効率を上げるための研究の中で独自に潜熱の存在に気づき，分離凝縮器の発明をはじめ，いくつもの重要な発明を行う一方，月光協会の会員になるなど，科学者との交流にも努めた．1789 年にはロンドン王立学会の会員になり，1814 年には技術者としてはじめてフランス学士院外国人会員に推された．彼の研究と活動は蒸気機関を工場の動力として汎用できるところまで改善を進めるとともに，熱機関の効率の問題を理論的考察の対象にまで整理することに大きく寄与した．

Nicolas Leonard Sadi Carnot (1796-1832) が 1824 年に「火の動力についての考察」を発表してカルノーサイクルという考え方を提示した．これが熱機関の理論を物理学の中に位置付け，熱力学を建設する第一歩となったのであるが，彼の論文の現実的な

役割は19世紀の技術者たちに明確な努力目標を提示したことにあった．19世紀にはさまざまな熱機関が発明され，実用化され，工場，輸送機関，冷凍技術などの動力となった．こういう産業を支えた人々が中等，高等教育における科学教育の充実をも支えたのであり，教育内容は実験を重要視した実用的なものとなった．たとえばGanotの教科書ではニューコメンの蒸気機関からオットー・サイクルまでを歴史的に扱って解説している[23]．

技術者たちは機械制工業の発達のために原動機の軽量化を目指してさまざまな工夫を行い，1860年ころにJean Joseph Etienne Lenoir (1822-1900) が無圧縮式電気点火によるガス機関を商品化した．このガス機関の改良を目指していたNikolaus August Otto (1832-91) が1876年に火花点火式1気筒4サイクルのガス機関を開発した．この機関はLenoirの機関に比べて爆音が小さかったので，当時「サイレント・オットー」と呼ばれ好評を得た．これがオットー・サイクルとして，理論および構造の両面で内燃機関の原型となったが，重量が大きく，燃料もガスであるため定置型に限られていた．1883年にはGottlieb Daimler (1834-1900) が熱管点火の高速ガソリンエンジンの特許を取り，改良を重ねて高速化，軽量化，小型化を実現し，1886年にはガソリン自動車の実用化に成功した．

第三高等学校にもいくつかのエンジンの模型が存在したと言われるが，現在はガソリンエンジンの模型 (Cat. No. 280) だけが残されている．

文献

[1] Turner, G. L'E., *Nineteenth Century Scientific Instruments* (1983) p. 120.

[2] Ganot, Adolphe, *Elementary Treatise on Physics, Experimental and Applied*, translated by E. Atkinson (1893) pp. 390-3.

[3] Deschanel, Augastin Privat, *Elementary Treatise on Natural Philosophy*, translated by J. D. Everett (1877) p. 807.

[4] 島津製作所『明治十五年六月理化器械目録表』No. 57.

[5] 前出 Turner (1), p. 114.

[6] Hackmann, Willem D., "Thermopile", in Robert Bud & Deborah Jean Warner ed. *Instruments of Science, An Historical Encyclopedia* (1998b), pp. 618-21.

[7] 前出 Ganot (2) p. 961.

[8] Sorrenson, Richard J. & Burnett, John, "Pyrometer" in Robert Bud & Deborah Jean Warener ed., *Instruments of Science, An Historical Encyclopedia* (1998) p. 497-9.

[9] Brashear, Ronald S., "Bolometer", in Robert Bud & Deborah Jean Warner ed., *Instruments of Science, An Historical Encyclopedia* (1998), pp. 69-71.

[10] 中村清二『実験物理学』(1902) pp. 537-41.

[11] 天野清『量子力学史』中央公論社 (1973)「§1 十九世紀末におけるドイツ工業の発展と研究機関の増設」pp. 5-11.

[12] 島津製作所『物理器械目録』(1929) pp. 315.

[13] 前出天野(11) pp. 39-40.

[14] 永平幸雄，川合葉子，小林正人訳『科学機器製造業者から精密機器メーカーへ』大阪経済

法科大学出版部 (1998) Williams, Mari E. W., *The Precision Makers* (1994).

[15] Brachner, A., "German nineteenth-century scientific instrument makers", in P. A. de Clercq ed., *Nineteenth-Century Scientific Instruments and their Makers* (1985), pp. 140.

[16] 前出 Ganot (2) pp. 278-84.

[17] 『理化学辞典』岩波書店 (1935).

[18] 宮下晋吉「近代顕微鏡・光学ガラス発達史」『立命館産業社会論集』第32巻第1号 pp. 97-116, 第2号 pp. 59-78.

[19] 前出 Brachner(15)p. 139.

[20] Smithies, Nigel, "Fire Detector" in Robert Bud & Deborah Jean Warner ed., *Instruments of Science, An Historical Encyclopedia* 1998) pp. 241-3.

[21] Roberts, Lissa, "Calorimeter" in Robert Bud & Deborah Jean Warner ed., *Instruments of Science, An Historical Encyclopedia* (1998), pp. 77-80.

[22] Hackmann, Willem D., *18th Electrostatic Measuring Devices* (1978).

[23] 前出 Ganot (2) pp. 442-56.

■ランフォード示差温度計
Rumford's Differential Thermometer (Cat. No. 54)

大きさ：台座の直径 117；全体の幅 530，高さ 327
購入年：1886（明治 19）年
購入費：3 円
納入業者：不明
製造業者：J. Salleron（Paris）
台帳記入名称：レスリー氏双頭検温器
機器記載事項：ガラス管の支持枠の下部，左右に「Thermoscope de Rumford」，「J. Salleron tue Lavee au Marais 24 a Paris」と書かれている．

温度のわずかな変化を検出する器械．U字形に曲げた細いガラス管の両端にガラス球が取り付けてある．底部に着色したアルコールを入れ，一方のガラス球を暖めると球内の空気が膨張してアルコールを反対側に押す．ガラス管を取り付けた枠に目盛りがあって，液体の移動を読み取ることができる．凹鏡と組み合わせて，放射熱の検出に用いられた．

Leslie と Count Rumford がほぼ同時に発明した．写真の機器は Rumford の型である．ランフォード型とレスリー型の比較は図 3-4-3 を参照．

本機は現在片方のガラス球が欠けている．

文献
Ganot (1902), p. 296.
Deschanel (1877), p. 263.
島津製作所 (1882) No. 57.

■コルベの示差温度計
Kolbe Differential and Double Thermoscope (Cat. No. 208)

大きさ：台 345×195×42；横木までの高さ 720；全体の高さ 957；円筒の部品の直径各 72，厚み各 21
購入年：1905（明治 38）年
購入費：28 円
納入業者：山科吉之助
製造業者：不明
台帳記入名称：示差寒暖計

熱や電気の実験を演示するために Adolph Wilhelm Herman Kolbe (1818-84) が考案した装置で，1902 年学術誌に発表された．Max Kohl 社のカタログによれば，この装置を用いた 30 の重要な学校実験の説明書が無料で提供され，それぞれの実験に対応するアクセサリーがセットで販売されていた．装置は木製の台座に立てた板にレスリー型の示差温度計を 2 組取り付け，その上に上部に溝を彫って部品を左右に移動できるようにした横木が取り付けられている．

本器は熱線の吸収や透過などの実験をするセットで，熱源の蒸気を通す円筒と受容器用の円筒 4 個などの部品が付属している．受容器の面は白黒，磨いた面と粗い面などがあり，温度計とゴム管で繋ぐことができる．温度計の後部と横木には目盛がある．

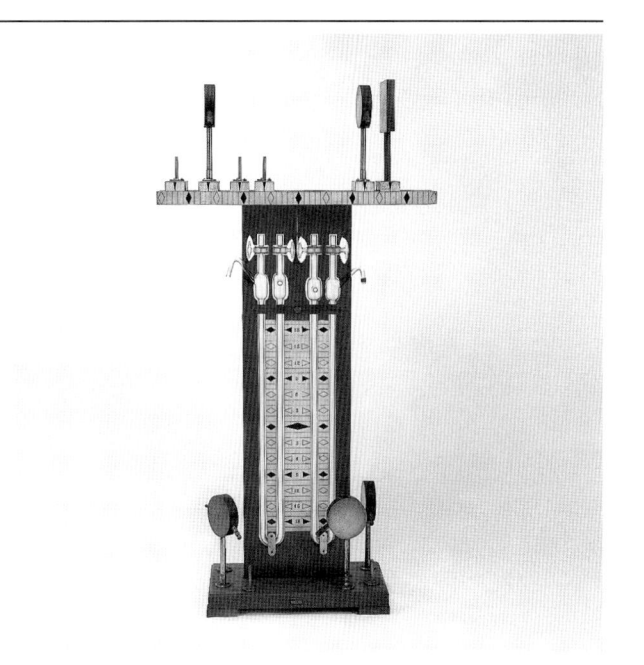

文献
Max Kohl (c1911), pp. 595-600.
Müller-Pouillets (1907), pp. 126-128.

■ ルーベンスの熱電堆
Rubens' Thermopile (Cat. No. 264)

大きさ：パイルの直径 30，高さ 45；支持台の直径 81；全体の高さ 204
購入年：1911（明治 44）年
購入費：40 円 90 銭
納入業者：島津製作所
製造業者：Max Kohl (Chemnitz)
台帳記入名称：ルーベン氏熱電堆
刻印：Max Kohl A. G. Chemnitz

2 種の金属として鉄とコンスタンタンを用いた熱電対を直列に接続したもの．メローニの熱電堆に比べて小型で，熱感応が速く，すぐゼロ点に戻るため，精度が高くなった．四角錐のコーンは熱をパイルに効率よく集めるためのもので，電流計に接続して測定する．この熱電堆は Rubens が空洞輻射の実験のために製作，1898 年に発表された．彼が発見した残留線を使って，この熱電堆で輻射スペクトルの赤外部を測定し，量子論確立の契機となった．

Max Kohl 社は 1876 年 Chemnitz で創立した物理機器，教育機器，および X 線装置のメーカーである．

文献
Max Kohl (1905), p. 533.
島津製作所 (1929), p. 315.
Brachner (1985), p. 143.

■ ボロメーター
Bolometer (Cat. No. 148)

大きさ：温度計 50×35，高さ 55；格子の窓 37×5；保護箱 470×287×195
購入年：1898（明治 31）年
購入費：75 円 20 銭
納入業者：島津製作所
製造業者：C. P. Goerz (Berlin)
台帳記入名称：フレッヘン　ボルメーター
刻印：金属プレートに Paul Gors Berlin, S. W. 47

熱輻射線測定用の抵抗温度計．細くて薄い白金箔を平行に並べた格子状の回路を作り，箔が熱線を吸収して温度が上昇した時の電気抵抗の変化を測定する．通常は温度計を 2 個 1 組で使い，一方は熱線にさらし，他方は遮蔽して，それぞれにホイートストンブリッジの回路に組み込んで 2 個の温度計の差を測定する．

本機器は木製の保護箱に 1 対の温度計が入っており，ガラス張りの窓とシャッターがついている．購入時の台帳には「フレッヘン　ボルメーター」，1930 年頃に整理された保管台帳には「サーフェース　ボロメーター」とあるが，それぞれドイツ語と英語のカタカナ表記で，表面ボロメーターを意味する．

文献
中村清二 (1902), pp. 537-541.
Ganot (1890), p. 979.

■温度計（紙箱入り）
Thermometer (Cat. No. 1200)

大きさ：直径 18，長さ 317；紙箱 335×32×22
購入年：1891（明治 24）年
購入費：2 円 50 銭
納入業者：不明
製造業者：不明
台帳記入名称：華摂両氏大管寒暖計

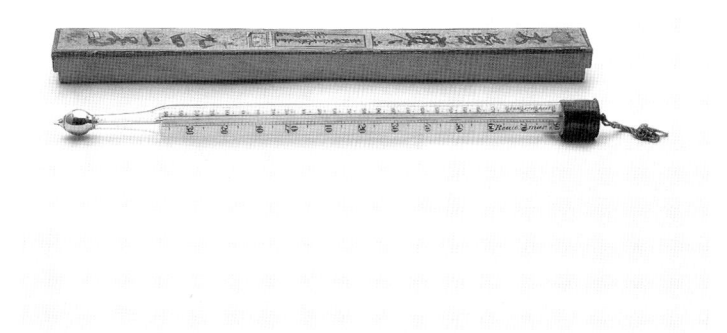

　ガラス管に水銀を封入した温度計で，頭部に真鍮製の蓋がある．台帳には「華摂両氏大管寒暖計」と記載されているが，紙箱には「大管寒暖計」と大書した上に，「華列両氏大管寒暖計」と書いたシールが貼られている．目盛板の頭部近く，左右にそれぞれ「Fahrenhait」「Reaumur」と書き込みがあり，−30°から 212°まで，−30°から 80°までの目盛が刻まれている．したがって箱に書かれた名称が正しい．

　正確な目盛を持つ液体温度計を最初に生産したのは Fahrenheit で，まずアルコール温度計を 1714 年に，水銀温度計を 17 年に製造した．英語圏では今もこの目盛が日常生活で使われている．その後レオミュール目盛とセルシウス目盛の温度計が製作され，広く使われるようになった．以上の 3 種の温度目盛はまず中国に導入され，それぞれ人名の漢字表記から，華氏，列氏，摂氏目盛として日本に導入された．

■標準温度計
Normal Thermometer (Cat. No. 136)

大きさ：直径 12，長さ 550；ケース直径 18，長さ 571
購入年：1898（明治 31）年
購入費：45 円
納入業者：島津製作所
製造業者：R. Fuess
台帳記入名称：標準寒暖計
刻印：Normal Thermometer arbitr.?eala R. FUSS BERLIN -Steglitz No. 659 Nr. 9443?1897 目盛 50-0--40，上部に 15-0--0.5

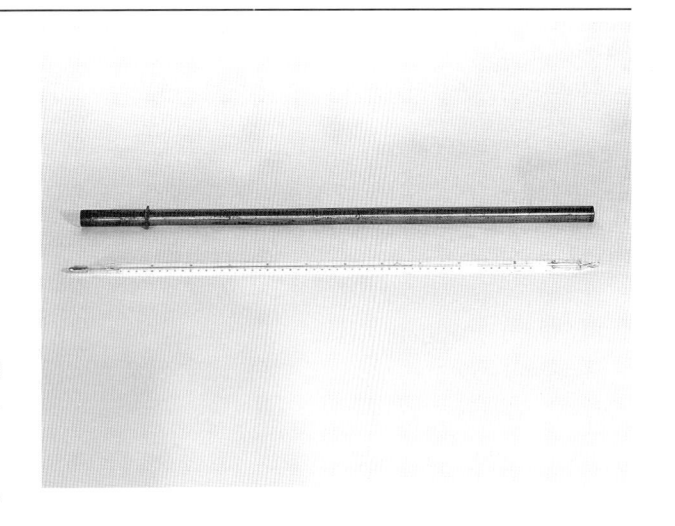

　イェナガラス製の 2 重管で，ミルクガラスといわれる白いガラスに目盛を刻み，水銀を入れた細管とともに外側のガラス管に封じ込めたもの．目盛は 10 分の 1 度刻み．真鍮のケース付き．測定精度が保障されており，普通の温度計や他の温度測定装置の校正用として使用された．

　1880 年代，光学ガラスで有名な Schott のイェナガラス技術研究所におけるガラスの組成と硬度などの系統的な調査と研究の結果，耐熱性，示度の耐久性に優れた "イェナ 16^{III}" が温度計用ガラスとして完成された．R. Fuess 社はこのガラスで温度計を製造して温度計用ガラスの完成に寄与した．以後，イェナ温度計用ガラスを用いたものが標準温度計として，国家機関の検定を受けて広く科学研究や工業用に用いられてきた．島津製作所の 1929 年の目録にはさまざまな用途と温度範囲の標準温度計が P. T. R.（ドイツ国立物理工学研究所）検定證付きで揃えられている．

文献
宮下晋吉（1995）．
島津製作所（1929），pp. 251-261.

■ベックマン温度計
Beckmann Thermometer (Cat. No. 230)

大きさ：直径14，長さ540；ケースの直径32，長さ561
購入年：1909（明治42）年
納入業者：島津製作所
購入費：280円
製造業者：Fritz Kohler
台帳記入名称：ベックマン氏寒暖計
刻印：D. R. G. M 172863, Thermometer nach Beckmann, Fritz Kohler, Leipzig R. Centigrade 目盛 -0.2-0-6℃

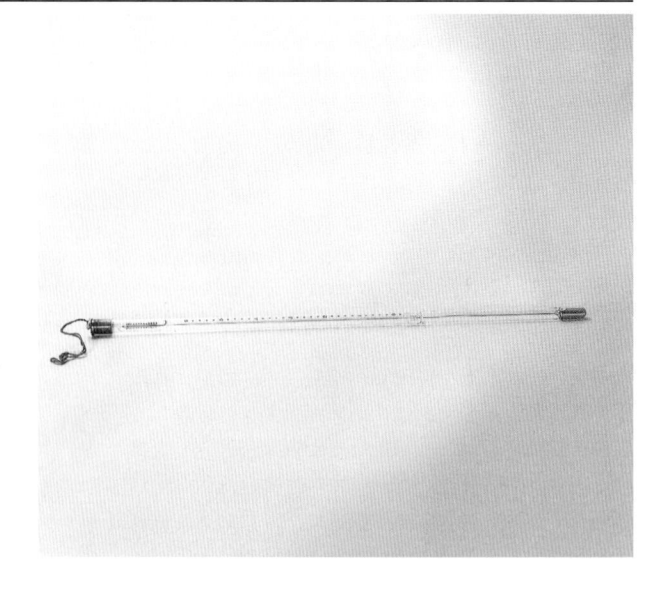

1℃の100分の1まで計測できる精密な水銀温度計で，Beckmannが1888年に発明したものである．この温度計によって凝固点降下や沸点上昇などが測定できるようになり，ベックマンの分子量計測装置の中に組み込まれて，有機化合物などの分子量測定に広く用いられた．

温度計には，10分の1℃まで読み取れる0℃から6℃までの主目盛の他に，上端近くにごく細い湾曲したガラス管とやや広がった水銀溜めが続いており，水銀溜めに沿ってさらに細かい目盛が刻まれていて，任意の温度からの小さな変化を読み取ることができる．写真の機器は沸点法に用いる温度計である．D. R. G. M. は Deutsches Reichs-Gebrauchsmuster（ドイツ国実用新案）の略称である．

文献
Müller & Pouillets (1907), pp. 35-36.
Baird & Tatlock (1912), p. 276, 336.
島津製作所 (1929), p. 261.

■沸騰点試験器
Apparatus for Determining the Boiling Point of Thermometer (Cat. No. 80)

大きさ：底部の直径129，高さ87；胴部の直径76，高さ209；全体の高さ335
購入年：1894（明治27）年
購入費：40円
納入業者：島津製作所
製造業者：不明
台帳記入名称：沸騰点試験器

温度計の沸点を定める装置．銅製で，蒸気を導く胴の部分は少し細く，内部は2重になっている．3つの開口部は真鍮製で，上部から，すでにゼロ点を定めた温度計を，木栓を通して差し込み，下端が水の表面より少し上になるように固定し，沸騰した水の蒸気の温度が安定した時に印をつける．横の開口部の一方には圧力計を取り付け，圧力の補正を行って目盛を確定する．装置の高さは，沸点に達した時，温度計の水銀柱の頭部が見えるように設定されている．もう一方の開口部は蒸気の逃し口である．

この装置はBaird & Tatlock社の1912年のカタログに「ルニョー〔Henri Victor Regnault (1810-78)〕の沸点を定めるの装置」として掲載されている．

文献
Deschanel (1877), p. 248.
Baird & Tatlock (1912), p. 337.
内藤卯三郎他 (1928), p. 147.

図3-4-10 沸騰点試験器の断面図／Deschanel (1877) より

■最高最低金属温度計
Maximum and Minimum Metallic Thermometer (Cat. No. 177)

大きさ：ゼンマイ部分の幅90；目盛板部分の幅141；全長233；木箱140×257×70
購入年：1902（明治35）年
購入費：16円82銭5厘
納入業者：E. Leybold's Nachforger
製造業者：不明
台帳記入名称：最低最高金属製寒暖計
目盛：Centigrade Max 45-0-25 Min

ある時間帯の中での最高温度と最低温度，および現在の温度を示すことができる温度計．熱膨張率の異なる2枚の金属を張り合わせた帯状のバイメタルの一端を固定し，渦巻きに巻いた他端に指針を取り付け，温度による変位を大きく示した．指針は温度が上がると左に，下がると右に振れる．指針の両側に湾曲した腕を持つ軽い金属の針があり，温度の上下に伴って指針に押されて左右に動き，最高，および最低の温度の位置にとどまることになる．スケールの目盛は水銀温度計と比較校正されており，写真の機器は45℃から−25℃までの目盛がある．

文献
Müller-Pouillets（1907），pp. 57-58.
Leybold（1902），pp. 132-133.
島津製作所（1929），p. 273.

■バイメタルスイッチ
Bimetallic Switch (Cat. No. 255)

大きさ：台162×52；全体の高さ51
購入年：1911（明治44）年
購入費：4円50銭
納入業者：島津製作所
製造業者：不明
台帳記入名称：ファイヤアラーム

一定の温度で電流を接続したり切断したりする装置．熱膨張率の違う2種の細く薄い金属を張り合わせて1枚の板にしたものをバイメタルという．高温になると膨張率の小さい金属の方に曲がる性質を利用して，温度センサーや温度調節器の一部として広く用いられるようになった．

写真の機器には「サーモスタット」と白いペンキで書かれている．開発された初期には，熱だけに反応するセンサーを一般にサーモスタットと呼んでいた．バイメタルを温度センサーとして自動火災報知器に組み込んで商品化したのは1870年代のことであったらしい．

この機器は，台は鉄であるが，バイメタルの組成は分からない．

■ラヴォアジェとラプラスの氷熱量計
Lavoisier and Laplace's Ice Calorimeter (Cat. No. 172)

大きさ：最上部の直径 122；胴の部分の外径 89；
　　　　全体の高さ 337
購入年：1901（明治 34）年
購入費：12 円
納入業者：島津製作所
製造業者：不明
台帳記載名称：金属製アイスカロリメーター
刻印：内蓋 3 枚に「20」

　氷の融解を利用して試料物体の比熱を測定する装置．銅製の 3 重の容器からなっていて，外側の 2 層に砕いた氷を入れ，それぞれの層から管で溶けた水を外に導く．一番内側の容器に試料物体を入れ，次の層から溶けた水の量を量り，比熱を求める．一番外側の層は外界からの熱の出入りを防ぐ役割を持つ．三脚は真鍮製である．

　これは Lavoisier が Laplace とともに Black の氷熱量計の着想を生かしてはじめて装置を作り，比熱，反応熱，生物が発生する熱などを次々と測定したものである．彼らは熱素（カロリック）説を唱え，熱素の量を測定しようとしたので，カロリメーターと名付けた．

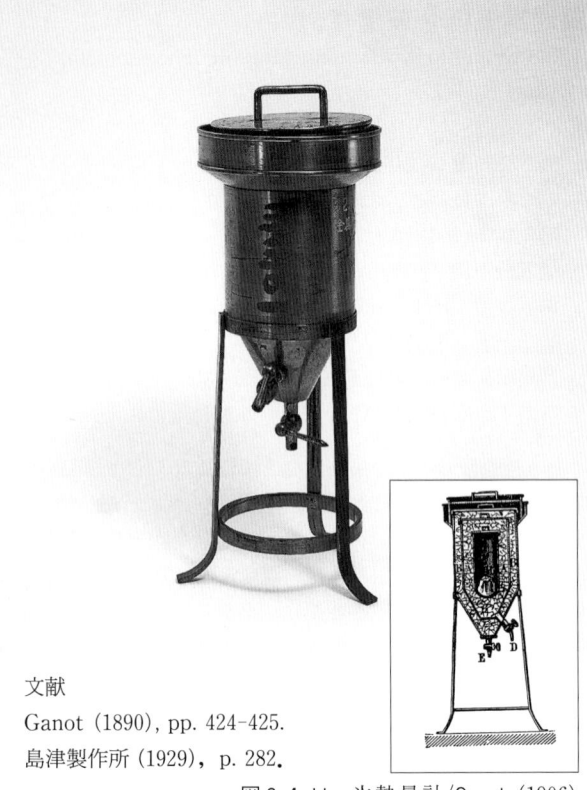

文献
Ganot (1890), pp. 424-425.
島津製作所 (1929), p. 282.

図 3-4-11　氷熱量計/Ganot (1906) より

■ライヘルトの氷熱量計
Reichelt's Calorimeter (Cat. No. 178)

大きさ：台木 88×20×630；2 重管外径 88；
　　　　木箱 120×85×663
購入年：1902（明治 35）年
購入費：7 円 36 銭 1 厘
納入業者：E. Leybold's Nachforger
製造業者：不明
台帳記入名称：ライヘルト氏カロリメーター

　氷の融解を利用して試料の比熱を測定する仕組みを説明する装置．ブンゼンの氷熱量計を基本に Reichelt が考案したものである．熱量計部分は上部が融合した 2 重管で，内管に試料を入れる．内管の周囲は蒸留水を満たし，その下部から側管にかけて水銀を満たしておく．ブンゼンの氷熱量計では側管の蓋に細管を挿し込むが，この装置は側管から水銀柱用の細管が分岐しており，全体を木の台に固定している．実際の測定では熱量計全体を 0℃にしなければならないので，この装置で測定が行われたとは考えられない．細管部分には台木に上から下に向かって 10 から 100 までの目盛が刻まれている．国内の教科書では，中村清二の『物理学』の中にブンゼンの氷熱量計について解説しているのが早い．

文献
中村清二 (1902), pp. 294-295.
Ganot (1890), p. 425.
Leybold (c1902), p. 156.

■アンドリューズのカロリファー
Andrews' Calorifer (Cat. No. 179)

大きさ：大きい水銀溜めの直径 45；
　　　　管の直径 8；全長 300
購入年：1902（明治 35）年
購入費：84 円 13 銭
納入業者：E. Leybold's Nachfolger
製造業者：不明
台帳記入名称：アンヅリュー氏カロリ
　　　　ファー
記載事項：紙箱に「Andrews　Calorifer　#
　　　　Vorsicht!!!　水銀注意」

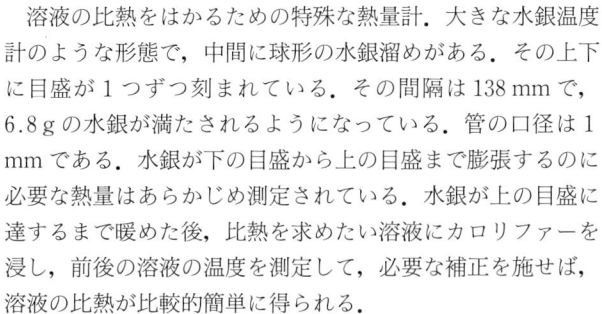

　溶液の比熱をはかるための特殊な熱量計．大きな水銀温度計のような形態で，中間に球形の水銀溜めがある．その上下に目盛が 1 つずつ刻まれている．その間隔は 138 mm で，6.8 g の水銀が満たされるようになっている．管の口径は 1 mm である．水銀が下の目盛から上の目盛まで膨張するのに必要な熱量はあらかじめ測定されている．水銀が上の目盛に達するまで暖めた後，比熱を求めたい溶液にカロリファーを浸し，前後の溶液の温度を測定して，必要な補正を施せば，溶液の比熱が比較的簡単に得られる．

　Andrews が考案し，多くの溶液の比熱や，物質の反応熱を測定した．その後 L. Pfaundler が改良を加えたものがライボルト社や多くの科学機器販売会社から販売された．

文献
Müller-Pouillets (1907), pp. 179-181.
Leybold (c1902), p. 157.

■ガソリンエンジンの模型
Model of Gasoline Engine
(Cat. No. 280)

大きさ：本体の高さ 227；車輪の直径 195；ガソリンタン
　　　　クの直径 56，高さ 129；台 335×195×44；誘導
　　　　コイル 64×104×55
購入年：1916（大正 5）年
購入費：25 円
納入業者：松本佐兵衛
製造業者：不明
台帳記載名称：ガソリン発動機

　ガソリンを燃料とする内燃機関．ガソリンと空気を混合してシリンダー内で圧縮し，電気火花で点火・燃焼させて，ピストンを往復運動させる．火花点火式 4 サイクルのエンジンとしては，1876 年に Otto が発明したガスエンジンが最初のものであった．Daimler はエンジンの軽量小型化に努めて，83 年に高速ガソリンエンジンの特許を取り，改良を重ねて自動車用エンジンを完成し，85 年に 2 輪車，86 年に 4 輪車に搭載して，実用化に成功した．

　島津製作所のカタログには「ガソリン機関模型」と「発火用コイル」が記載されており，教育用科学機器として商品化されていたことが分かる．

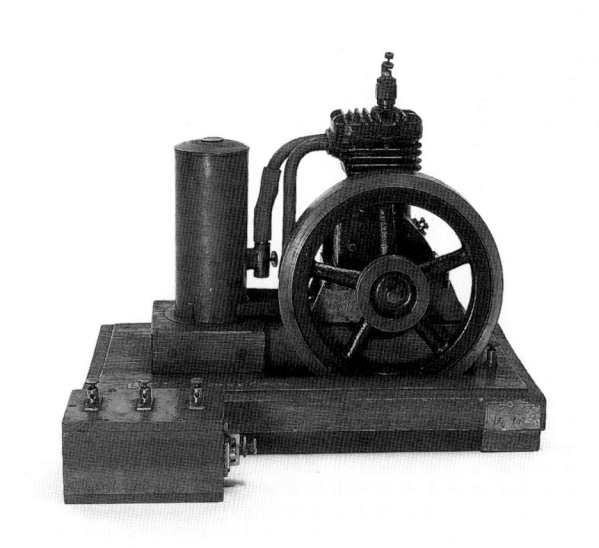

文献
Ganot (1890), pp. 455-6
島津製作所 (1929), p. 322

5 光学

　言うまでもなく，光は人間の知覚にとって欠かせない要素である．したがって，光に関する科学と技術は，まず人間の視覚を助ける手段として発展し，光の性質の理解とともにやがて光そのものの本性を解明する方向に進み，その成果が新しい道具や機器に応用されるという連鎖の中で発展してきた．古代から光の反射を利用した鏡が用いられ，やがて透明ガラスの製造と加工が可能になり，13世紀後半には，レンズが作られ，眼鏡や拡大鏡として使用された．ヨーロッパでいろいろなレンズや鏡が入手できるようになったのは1500年頃と言われる．これらを組み合わせて，遠方のものや，微少なものを拡大して見る試みが行われたのは16世紀の後半と伝えられる．Galileo Galilei (1564-1642) は1608年頃オランダで望遠鏡が発明されたことを聞いて，1609年望遠鏡を摸作，これを用いて天空を観測し，木星の衛星や土星の輪，太陽黒点など多くの発見をした[1]．また1666年，Isaac Newton (1642-1727) は，プリズムを用いて，太陽光を7色の虹に分解する実験を行い，光の色について研究した．Newtonが用いたプリズムや小孔とレンズの組み合わせはプリズム分光器の原形と見なされるものである[2]．これらの機器は光学機械の端初であり，その後新しい機器が次々と開発されていった．

　三高コレクションに保存されている光学機器は100点近くに及ぶが，以下ではそれらを機能別に，(1)反射と屈折，干渉と回折の実験機器，(2)望遠鏡と顕微鏡，(3)カメラルシダと投影器，(4)偏光器と検糖計，(5)分光器，(6)ヘリオスタットに分類し，それぞれについて歴史的背景を述べた後に個々の機器について解説する．

5-1 反射と屈折，回折と干渉

　金属を磨いて作った鏡は紀元前から知られており，古代中国の鏡や日本の古墳時代の鏡は，権力の象徴であった．人工ガラスの製造や加工が行われたのは古代バビロニヤまで遡ると伝えられ，美しい色のガラスは宝物として珍重されたが，それらは主として不透明なガラスであった．透明で美しいガラスが発見されたのは，前6世紀以降

である.前1世紀頃,溶融ガラスを加工する技法が出現して以来,ガラス製造業は急速に発展した.無色な透明ガラスが作られ,レンズが加工されるようになったのは,13世紀末頃と伝えられる.初期に拡大鏡として用いられた凸レンズが眼鏡として使用されたのは,15世紀半ばと記録されている.鏡やレンズがヨーロッパに普及したのは1500年代と言われるが,その品質については,あまり分かっていない.16世紀になり,2,3個のレンズを組み合わせて遠方の物体を拡大して見る試みがいろいろ行われた[3].

一方,光が透明物体に斜めに入射すると屈折する現象は古代ギリシャのClaudius Ptolemaeus (c 90-168) により記録されているが,後にJohann Kepler (1571-1630) 等多くの科学者により研究され,1626年Willebrot Snel (1591-1626) がこれを法則の形に確立した.17世紀には光を屈折させる道具としてのプリズムがすでに作られていた.レンズやプリズムを通すと光が色づくことはすでに知られていたが,Newtonは色と光の本性に関する研究を始め,1666年プリズムを通すと太陽光が7色に分解することを示し,いったん各色に分解された光は再度プリズムを通してもそれ以上分解しないことを明らかにした.また7色分解された光を1か所に集めると,元の白色光になることを確認した[4].三高コレクションに保存されているプリズムには,三角プリズムとその支持台 (Cat. No. 17など) や,装飾を施したプリズム,および材質の異なる6個のプリズムのセット (Cat. No. 155) がある.この他,7色の光の再合成を演示する機器 (Cat. No. 183) も保存されている.

上記のプリズム類の他,三高コレクションの光学機器の中には以下の特殊な鏡や眼鏡類がある.

日本や中国に伝わる魔鏡と言われるものは,一見しただけでは普通に表面を研磨した青銅鏡にしか見えないが,これに太陽光などを投射すると,その反射光により鏡の脊面の彫刻模様が壁に写し出される.この神秘的な働きから「魔鏡」あるいは「透光鏡」(中国での名称)と呼ばれた.江戸時代のキリスト教禁制のもとでは,密かに信仰を守った人々がこれらの鏡を用いて十字架やキリスト像を投射して礼拝に用いたと伝えられる.明治初期に「お雇い外国人」として来日した東京開成学校のR. W. Atkinson (1850-1929) が1874 (明治7) 年にはじめて,後に東京大学のC. F. Bersonが1880 (明治13) 年に,次いで日本人学者,後藤牧太や村岡範為馳が1883 (明治16) 年に,その原因を研究している[5].

図3-5-1 円柱鏡の説明図/Deschanel (1877) より

磨かれた円柱の表面は，周辺の物体や風景を著しく変形して写し出すので円柱鏡として興味がもたれた．絵を描いた紙面の上に磨いた円柱鏡を立て，その表面の反射による像が正常な絵に見えるように，あらかじめ大きく変形した絵を描いておく技法が，17世紀頃流行した．このような絵は Anamorphic Art として興味が持たれ，また円柱鏡自体は Anamorphoscope と呼ばれた．これに関する最初の論文は 1638 年に Jean Francois Niceron によって出版されている[6]．

立体鏡に関しては，BC 280 年頃 Euklid が左右の眼による像が異なることを認識していたと伝えられ，16 世紀になり，Leonard da Vinci (1452-1519) や Giambattista dell Porta 等，ヨーロッパの自然哲学者によって研究されたが，その原理は英国の Charles Wheatstone (1802-75) によって確立された．彼は 1832 年末，2 種類の立体鏡をロンドンの光学技師に作らせた．1 つは反射型立体鏡であるが，あまり普及しなかった．他の 1 つは屈折型である．後者は 1849 年に David Brewster (1781-1868) により改良されレンズまたはプリズムが用いられてより小型になった．パリの光学技師 J. Duboscq によって作られた Brewster 型の立体鏡は，1851 年のロンドン大博覧会に出品され，ビクトリア女王の賞賛を得た．その際女王が立体鏡の絵画に関心を示したことから，立体鏡画製作業が盛んになり，装飾された立体鏡が 19 世紀の多くの家庭に普及した．立体鏡はまた，当時の科学玩具としても人気を集めた[7]．Brewster の立体鏡はその後多くの改良を経たが，基本的な型は今日まで続いている．第 1 次大戦以後，関心は薄らいだが，第 2 次大戦中，航空写真の技術として応用され，今日では立体顕微鏡にも応用されている．

回折，干渉実験器具に関しては，1807 年に，Thomas Young (1773-1829) が 2 重スリットを用いた実験による干渉の原理を報告したのにつづき，Augustin Jean Fresnel

■光の再合成器
Light Recombination Mirrors (Cat. No. 183)

大きさ：600×250×高さ596　　納入業者：E. Leybold
購入年：1902 (明治35) 年　　　製造業者：不明
購入費：39円43銭5厘　　　　　台帳記入名称：スペクトラ色ノ合一ヲ示ス器

　プリズムなどで虹色に分散された光を再合成して，白色光になることを示す演示実験装置である．三脚台の柱に支えられた横木の上に直径 5 cm の 7 個の鏡が取り付けてある．各鏡は約 9 cm の間隔をおいて置かれている．各鏡の傾きや方向を調節して，それぞれが各色の光を受け，それを反射させ 1 か所に集光すると，白色光が再現する．鏡は焦点距離の長い凹面鏡で，鏡を取り付けた横木は，そのまま全体を任意に傾けることができる．

　1902 年の Leybold 社のカタログには本装置の図が掲載されているが，鏡が 6 個しかついていない．本器そっくりの説明図が Baird & Talock 社のカタログに掲載されており，その図では本器同様に鏡が 7 個ついている．Ganot の教科書にはプリズムで分散された光が，この装置を用いて再合成される実験の模様が説明されている．

　　　文献
　　　Leybold (c1902), pp. 222-3.　Baird & Tatlock (1912), p. 394.　Ganot (1906), p. 578.

近代日本と物理実験機器

(1788-1827) はこれをフォローしてより厳密な実験を行った．Fresnel は 1815 年複鏡を用いて干渉縞の実験を行い，続いて複プリズムによる実験でも干渉縞を観測し，数学的理論の展開とあわせて光の波動説を確証した[8]．三高コレクションの複鏡 (Cat. No. 137) はフレネルの干渉実験を演示する機器である．

一方，ガラス職人として才能を発揮していた Joseph Fraunhofer (1787-1826) は，1810 年代に分光器の改良におけるスリットの役割を調べた．その際，小孔による回折像を詳しく研究した．いろいろな形の小孔を 1 個または数個並べ，それによる回折像を調べ，また横に並べた多数のスリットによる回折像を研究し，透過型回折格子を開発した[9]．

三高コレクションの光の回折試験装置および付属品 (Cat. No. 182) はこれらの回折像を観察するための機器で，種々の小孔をもつマスクを取り替えて望遠鏡の先端部に嵌め込むようになっている．

5-2 望遠鏡と顕微鏡

望遠鏡は 1608 年頃オランダの眼鏡製造業者 Zacharias Jansen (1588-c1628) によって発明されたが，その特許をめぐって裁判が行われた．望遠鏡のニュースを聞いた Galilei は，1609 年，このオランダ式望遠鏡を模作し，天空の観測を行った．

望遠鏡にはレンズを用いた屈折望遠鏡と反射鏡を用いた反射望遠鏡がある．前者には 3 つのタイプがあり，第 1 のタイプは 2 つの凸レンズを用いるもので，像が倒立し

■天体望遠鏡
Telescope (Cat. No. 20)

大きさ：鏡筒の口径 92 × 長さ 1200；脚の高さ 1170
購入年：1881 (明治 14) 年
購入費：400 円
納入業者：不明
製造業者：A. Prazmowski (Paris)
台帳記入名称：望遠鏡
刻印：A. PRAZMOWSKI 1. R. BONAPARTE PARIS

本器は天体観測および地上観測兼用の望遠鏡である．対物レンズの口径は 92 mm で，接眼鏡は天体観測用が 3 個，地上観測用が 1 個ある．「小林義生君測定結果」として「地上用：100×，天体用：150×，180×，200×」と記録されたメモが添付されている．何れも，短い焦点距離の 2 個の凸レンズを組み合わせた構造で，強い色収差がある．太陽観測のため，接眼レンズに減光フイルターを鏡筒の下部に嵌め込むようになっている．鏡筒の外側に低倍率の補助望遠鏡がついており，主鏡筒の向きを粗く調整するのに用いられる．宇田川準一の教科書に類似品の説明が記載されている．

文献
宇田川準一 (1876) Vol. 4-7, pp. 37-9． Poggendorff (1894-1904), p. 143, 1065.

近代日本と物理実験機器

て見えるが天体観測には支障はない．第2のタイプは地上の観測に使用されるもので，第1のタイプの望遠鏡の接眼レンズに，さらに凸レンズを加えて像を正立させるものである．第3のタイプは対物レンズに凸レンズを用い，接眼レンズには凹レンズを用いて正立像を見るもので，ガリレオ型（オランダ型）として知られている．この型は安価で像が正立しているので広く普及したが，視野が狭く，倍率が大きく取れない難点があり，オペラグラスや双眼鏡などに用いられた．

　18世紀半ばまでは屈折望遠鏡が主流であったが，レンズを用いる屈折望遠鏡はレンズによる色収差のため像の周辺が色でにじんで見え，また球面収差のため像がぼける難点がある．このため18世紀後半には，色収差のない反射望遠鏡が普及した．しかし一方で，クラウンガラスとフリントガラスの組み合わせによる画期的な色消レンズが1758年にJohn Dollond (1706-61)によって開発され，屈折望遠鏡が復活した[10]．三高コレクションの天体望遠鏡（Cat. No. 20）は地上用望遠鏡も兼ねた第2のタイプである．

　一方，2，3個のレンズを組み合わせて微少な物体を拡大して観察する方法は，1600年頃望遠鏡の発明と前後して，Jansen父子によって発明されたと言われている．記録に現れた最初の顕微鏡は1631年に描かれたIssac Beckmannの図面である．この装置は「Microscopium」と名付けられていたが，1665年 Robert Hooke (1635-1703)が"*Micrographia*"を著してから急速に広まった．初期の顕微鏡は筒にレンズをはめた簡単なもので，光源に向けて手で支えて観察した．Hookeは鏡筒を支える支柱を考案し，しっかりした土台に据え，傾けて使えるようにした．その後いろいろな工夫が加えられたが，17世紀の間はレンズを複数個用いる複合顕微鏡は進歩しなかった．当時

■読み取り顕微鏡（測微顕微鏡）
Micrometer Screw Microscope (Cat. No. 216)

　　　大きさ：212×200×高さ333；箱　385×217×135
　　　購入年：1906（明治39）年
　　　購入費：227円50銭
　　　納入業者：島津製作所
　　　製造業者：Max Kohl（ドイツのChemnitz）
　　　台帳記入名称：フラウンホーフェル氏スクリウマイクロメーター
　　　刻印：本体にMax Kohl Chemnitz

　顕微鏡に微測尺をつけたもので，物体の大きさを測定するための装置である．最初Fraunhoferによって考案された器械で，垂直方向および水平方向に観測できる．水平面内および垂直面内で鏡筒を回転および移動できるよう微調機構を備えており，副尺により移動距離を1/500 mmまで読み取ることができる．上下移動および取り外し可能な鏡験台がついている．三脚は折りたたんで全体を箱に収納するようになっている．Max Kohl社および島津製作所のカタログに同型器の記載がある．

　　　文献
　　　Max Kohl (1905), p. 152.　島津製作所 (1906), p. 7.

近代日本と物理実験機器

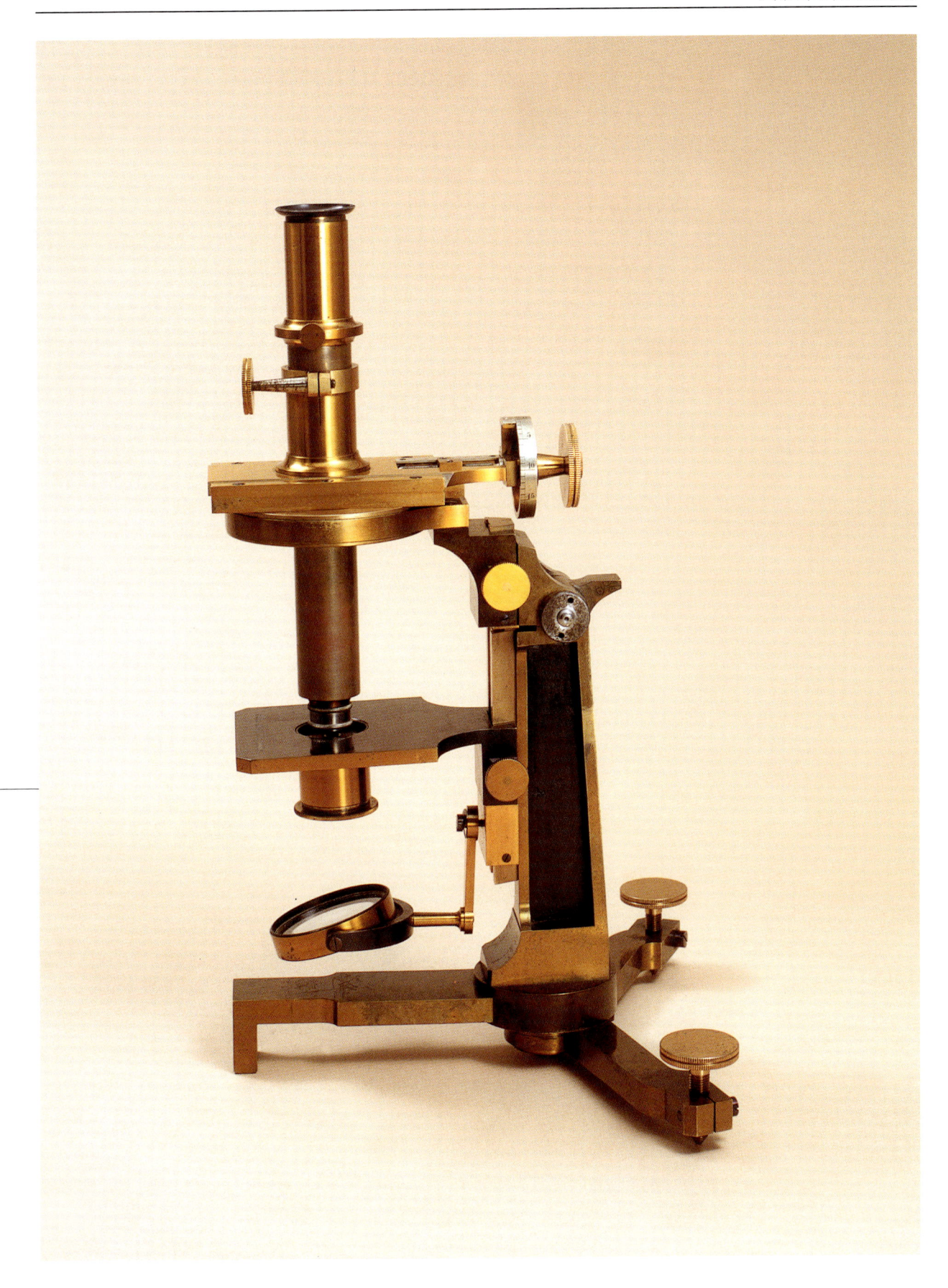

入手できるガラスの質は悪く，色づいていたり泡が入って傷ついているものが多く，レンズで得られる像の鮮明度は色収差と球面収差の影響を強く受けた．単式レンズ顕微鏡（拡大鏡）の場合，球面収差はレンズを絞り，開口を小さくして，強い光で被観測体を照射することで改善されたし，また眼球が接眼レンズの役目を果たし，色収差の影響が少なくてすんだ．このため単式顕微鏡（拡大鏡）は，17-18世紀の間，複式顕微鏡より重宝された．この間の約200年間に行われてきた改良は，主として顕微鏡を保持するスタンドの安定性と微細調整機構，あるいは明るい照明を得るという点であった．

複合顕微鏡用の小さなレンズの色収差の補正は，18世紀末にアムステルダムの機器製造者 Harmanus van Deiji によって達成された．球面収差の改善はこれより遅れ，1830年に Joseph Jackson Lister (1786-1869) が出版したレンズの不遊点（無収差点）についての研究により前進した．無収差レンズの開発により，多くの収差が改善され倍率が向上した．さらに，コマ収差も補正する無収差・色消レンズの開発が Lister によってなされた．Lister はその後，イギリスで数年間接眼レンズ製造者として働き，どこよりも良質の接眼レンズを達成した[11]．

通常，被観察物体から出た光はいったん空中を通り対物レンズに入るが，この間を水などの液体で埋める工夫が，1840年代に水中生物などの観察のためになされ，明らかな利点が確認された．1878年に Zeiss 社の Ernst Abbe (1840-1905) によって液浸レンズが導入され，対物レンズの口径比を大きくするのに役立った．顕微鏡では像の明るさを増すため口径比の大きな対物レンズが有利であるが，口径比が大きくなると，残留色収差が現れ，球面収差も無視できなくなる．Abbe はこれを改善するためアポクロマート対物レンズを開発し，最高の分解能を達成した．19世紀末にはほとんど分解能の理論的限界まで達したものが Zeiss 社やその他の製造者から入手できるようになった[12]．三高コレクションにある Seibert 社の顕微鏡 (Cat. No. 39) は液浸レンズを備えており，James Parkes & Son 社のものは色消しレンズを備えている．

地上用望遠鏡や顕微鏡は，18世紀後半から保持支柱の堅牢化と上下，左右の移動や回転操作の精密化および顕微鏡の試料台の精密移動などの改良が並行して進められ，精密機械装置と結合して高性能化した．すなわち，望遠鏡では，遠方の2点間の間隔や角度の測定が可能になり，顕微鏡では視野内の微小距離の測定が可能になった．これに基づき，それぞれの測定目的に合致した移動顕微鏡や水平顕微鏡，読み取り顕微鏡，トランシット等が18-19世紀にかけて開発・改良された．三高コレクションには，精密な調整機構もつこれらの機器が含まれている．

他方，William Hyde Wollaston (1766-1828) は，1809年，結晶面の角度測定のために，光の反射を用いた反射測角器（goniometer）を発明した．測角器はもともと角度を測定するための器具で，初期には接触型測角器（分度器）を意味しており，アームを手で操作し，岩石や結晶などの面に接触させ，2面のなす角度を測定するのに用いられた．Wollaston が考案した装置は，水平軸に対して目盛り円盤を垂直に取り付けた構造で，軸の一方に結晶を取り付け，その結晶面に一定方向から光を入射させ，反射光を直接眼または拡大鏡で観測し，次いで観測位置を固定しておき，円盤と結晶を回転し，

隣接する結晶面からの反射光を眼で観測して，円盤の目盛で回転角を読み取るという簡単なものであった．この装置の発明は鉱物学の発展に大きな転機をもたらした．1843年，Jacques Babinet は Wollaston 型の改良を行い，水平目盛円盤の中心に結晶を保持し，光を入射させるコリメーターと反射光を観測する望遠鏡を取り付けたタイプを考案した．この装置の中心にプリズムや回折格子を置けば，そのまま分光器として使用できるもので，Babinet はこれを用いて回折格子の研究も行ったと記されている[13]．反射測角器は結晶の角度測定のみならず，固体や液体の屈折率測定や分散能の測定に，また分光器として波長測定などに使用された．三高コレクションの反射測角器 (Cat. No. 90) は水平目盛盤型である．

5-3　カメラルシダと投影器

レンズや鏡により物体を見る装置としての拡大鏡や望遠鏡，顕微鏡の発達とともに，像を記録する器具やこれを再現する装置が考案されていった．カメラ・オブスキュラから発展したカメラは，18世紀半ば写真乾板が開発されるとともに飛躍的に進歩した．これより先，画像を筆写記録する補助器具のカメラルシダが，1804年に William Hyde Wollaston (1766-1828) によって考案された[14]．一方ガラス板に描かれた絵や記録された画像を投影再現する幻灯機についての最初の記録は Athanasius Kircher (1646年) に遡る[15]．

カメラの普及以前に，画像をスケッチするため Wollaston が考案した器械 (初期の名称：Room of light) は，当時まだ芸術家などに使われていたカメラ・オブスキュラ (camera obscura) から区別するためにカメラルシダと名付けられた．1668年，Robert Hooke が考案した「light room」が18世紀にラテン語で「camera lucida」と訳されたのを参考に名付けられたものである．Wollaston のカメラルシダは図 3-5-2 に示すような4面プリズムである．これを水平に置いた画用紙の上にかざし，プリズムの垂直端面から入射する遠景の光を，プリズムの内部全反射を経てプリズムの他端上方へ射出させる．これを上から覗き，下の画用紙上にその像をなぞってスケッチする仕組みであった．これはかなり難しい技術で，Talbot はこれを用いて辛抱強く転写を試みたが成功せず，結果として彼を写真技術の開発へ向かせた．カメラルシダは英国の旅行家に愛用され，ヨーロッパで熱烈に歓迎され，いくつかの改良器が提案された．

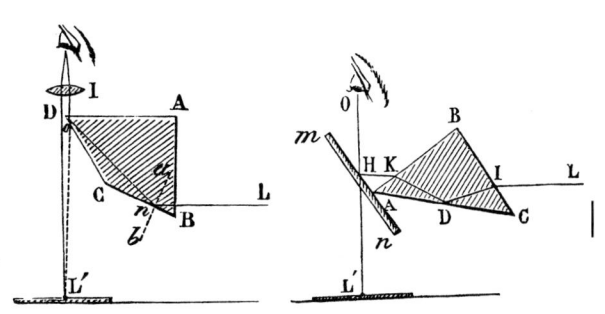

図 3-5-2　左図は Wollaston 型で右図は Amici 型のカメラルシダ/Ganot (1906) より

Giovanni Battista Amici (1786-1863) は 1819 年に直角プリズムと反射鏡を組み合わせた改良型を発表した[16]．1882 年，Abbe によりさらに見やすい改良型が発表された．これは，半透明直角プリズムを用いたもので，顕微鏡と結合して，その像を転写するのに用いられた[17]．また，反射鏡の代わりに全反射プリズムをもう 1 個用いた，Amici 型の変形も提案され，顕微鏡と結合して使用された．芸術家の補助器具としてカメラルシダは 19 世紀末まで人気があったが，写真機が普及し，その使用は減少した．少数ではあるが 20 世紀まで製造が続いて，風景画素描の補助器具として，またその原理に興味がもたれ，子供の玩具として売買された．三高コレクションのカメラルシダには，Wollaston 型，Abbe 型，Amici 型などがある．

カメラ・オブスキュラは，風景や外部の物体の倒立像を，暗箱の小孔を通して暗箱内の後ろの壁や暗室のスクリーンに写す器具として古くから知られていた．古代中国では BC 5 世紀の記録があり，ギリシャのアリストテレスもこの装置を知っており，孔を小さくすれば，像がシャープになることに注目していた．装置自体は 10 世紀に，アラビヤの Alhazan によって記述されているが，16 世紀にはヨーロッパの学者に広く知られ，珍しいものではなくなっていた[18]．18 世紀には，レンズをつけた暗箱装置は写真技術と結合して，一方ではカメラとしての発展をたどり，他方では，幻灯機として改良されていった．

幻灯機としての最初の記録は 1646 年，Athanasius Kircher (1601-80) の *Ars Magna Lucis et Umbrae* 第 1 版に記載されている．1659 年 Cristiaan Huygens (1629-95) は太陽光の代わりに人工光源を用いて像を投影し，「Lanterne Magique」と名付けた．幻灯機はガラス板等に描かれた画を壁等に投影するもので，今日のスライドプロジェクターあるいは映写機の前身である．いろいろ改良が行われたが，1799 年 Étienne Gasper Robertson が「Phantasmagoria（次々に移り変わる幻影）」で恐怖画像を初演してから，幻灯機は急速に人気を集めた．幻灯機の光学系にも改良が加えられ，2，3 個のレンズの組み合わせを用いたものが，1851 年ロンドン大博覧会で St. Vincent

■幻灯機のスライド
Slides for Magic Lantern (Cat. No. 56)

大きさ：箱 254×209×120　　納入業者：不明
購入年：1886（明治 19）年　　製造業者：進成堂
購入費：15 円　　　　　　　　台帳記入名称：幻灯　映画二箱付

幻灯機に付属していたスライドで，幻灯機本体は失われている．スライドは木製の枠にはめ込まれており，人体解剖図，月の満ち欠け，天体や地球の模型図など，ガラスにカラーで描かれている．計 13 枚が現存している．地球の運行などを示すため，スライドの画面を回転する歯車仕掛けがついたものが 3 枚ある．箱の裏に「石油を使用すべし」との注意書きがある．注意書きには，「東京本郷区元町一丁目一四番地，進成堂」と書かれている．同類のものは Astronomical Mechanical Slides として，19 世紀後半にヨーロッパで用いられていた．

文献：Mollan (1994), pp. 189-91.

近代日本と物理実験機器

Beechey により公表された[19]．初期のスライドはガラス板に手書きされたものであったが，これに歯車機構をつけ，手動で回転させて，惑星の軌道運動や，日の出や日没の動きを風景に重ねて投影する等の考案がなされ，1850年にはLangenheim兄弟が写真スライドを導入し，Lewis Wrightはミクロ・スライドを投影できる幻灯機を考案した[20]．一方，不透明な画像や物体の像を投影するため反射型投影器が考案され，また，水平に置かれたスライドを垂直壁に投影する垂直投影器なども19世紀後半に考案された．本書では三高コレクションのうち，透過型の水平および垂直投影器（Cat. No. 161および162）と簡易反射型投影器（Cat. No. 257），反射および透過両用投影器（Cat. No. 242）を採録した．また投影器本体は失われているが興味ある映像が動くスライド（Cat. No. 56）や，Leybold社から納入された写真のスライド（Cat. No. 1035）も取り上げた．

1740年頃Leiberkyunにより考案された日光顕微鏡は，透明な微少物体を拡大投影する装置として注目された[21]．拡大投影のため強力な光源が必要で，窓に固定したヘリオスタットから太陽光を導入して用いられた．三高コレクションには，手動ヘリオスタットと結合した日光顕微鏡がほぼ完全な形で残っている．

5-4　偏光器と検糖計

Huygens は1665年に方解石について発見された複屈折の現象から光の偏光についての認識をもっていたと伝えられる[22]．しかし偏光について系統的研究が始まったのは，1808年，Étienne Louis Malus (1775-1812) が窓からの反射光が偏りをもつことを

■ネレンベルグの偏光装置
Nörrenberg's Polarization Apparatus (Cat. No. 23)

大きさ：156×153×高さ366　　製造者：東京大学理学部工作場
購入年：1881（明治14）年　　　台帳記入名称：向極光線試験器
購入費：11円　　　　　　　　　刻印：東京大学理学部工作場造品
納入業者：不明

ガラスなど透明物質に Brewster 角（偏光角）で入射した光の反射光は，反射面に垂直な偏りを持つ偏光となる．本器はこの原理を応用し作られた偏光装置である．2本の柱で保持された透明なガラス板（下）と不透明な黒色ガラス板（上）および底部の台に設置された平面反射鏡で構成されている．上下のガラス板は鉛直軸に対し約33度の傾きを持つように調整される．光は右図の経路で進む．上下の斜めのガラス板による反射面をあらかじめ直交させて，光が出てこないようにしておき，中間に試験物体を挿入して光の透過を調べることにより，試験物体による偏光面の回転角を知ることができる．

図3-5-3　ネレンベルグ偏光装置の光路図／Ganot (1906) より

文献
Turner (1996), pp. 161-2．島津製作所 (1906), pp. 33-5．

近代日本と物理実験機器

発見してからである．この現象は直ちに，フランスの Arago, Biot, Fresnel や，スコットランドの David Brewster (1781-1868) 等の関心を引き，1815 年に Brewster の法則が発見され，1816 年 Fresnel は光が横波であると仮定して，方解石による複屈折と偏光現象が説明できることを数学的に示した[23]．これと並行して Jean Baptiste Biot (1774-1862) は物質の光学活性の研究を広範に行い，1812-38 年に溶液や結晶，油などの光学活性度と旋光能（偏光面を回転させる作用）について発表した[24]．かくして物質の光学活性度とその分子的構造の関係が認識されるようになり，一連のまったく新しい光学機器が開発された．偏光度測定技術は直ちに化学，結晶学，生物学および医学の分野で有用であることが認識され，検糖計として知られる特別に製作された偏光計が考案され，溶液中の庶糖の濃度を測定するために広く用いられた．また糖尿病患者の尿中の糖分濃度を測定するために糖尿計が用いられるようになった[25]．

偏光計は偏光子と検光子を組み合わせたものであるが，Biot や Malus 等が用いた 1810 年頃の偏光計は，偏光子と検光子の両方に「Brewster 角」で使用する黒ガラス反射板を用いていた．のちに方解石で作られたニコルプリズムが用いられるようになった．ニコルプリズムは 1828 年鉱物学者だった William Nicol (1768-1851) が，2 個の方解石を組み合わせ，異常光線のみが効率よく通過するように考案したもので，20 世紀になっても広く用いられた．他に Wollaston, Foucault, Prazmowski, Paul Glan, Silvanus Thompson 等によっても偏光プリズムが考案された．1830 年頃，Johann Gottlieb Christian Nörrenberg (1787-1862) は反射ガラス板を偏光子とし，検光子にニコルプリズムまたは黒ガラス反射板を用いた縦型偏光計を作った．これは数十年にわたって人気を集めた[26]．三高コレクションには東京大学理学部工作場で作られた Nörrenberg type 偏光装置 (Cat. No. 23) が残っている．

同じ 1830 年頃，G. B. Amici は偏光顕微鏡を考案し，19 世紀後半岩石学や結晶学の

■検糖計
Saccharimeter (Cat. No. 65)

大きさ：長さ 325×高さ 333；度盛円盤の直径 122
購入年：1889 (明治 22) 年
購入費：155 円
納入業者：杉本宗吉（東京）

製造業者：Hermann & Pfister (Bern)
台帳記入名称：サッカリメートル
刻印：本体に「No. 488, Hermann & Pfister in Bern」，試料管に「100, 200, 220」

E. E. Mitscherlich によって最初に考案された検糖計の改良型である．支持アームの右端に偏光子用ニコルプリズムと度盛円盤が，左端に検光子用ニコルプリズムと接眼レンズが配置されており，この中間に一定長の試料管が挿入される．試料管の液を通過した光の偏光面の回転角を，右端の偏光子を回転させて測定し，その回転角から試料液の糖分の濃度を知る．目盛円板は直径 122 mm で，このうち約 45 度の範囲に 350-0-150 Gram の目盛りが 0.1 g/立間隔の庶糖濃度で刻まれている．円板の目盛りは付属する補助望遠鏡（紙面奥側）で観測する．副尺で 1/100 g まで読むことができる．

文献
Turner (1983), pp. 220-2. Turner (1996), p. 578.

近代日本と物理実験機器

分野で用いられるようになった．1844年，Eilhard Mitscherlich (1794-1863) は2個のニコルプリズムを用いた偏光計を導入し格段に精度を改善した．三高コレクションには，Mitscherlich の初期の型および精巧な改良型の2つの検糖計が残っている．

1848年，Soleil は石英板を用いたソレイル補償板を使用して精巧な検糖計を開発した．1873年に Maria Alfred Cornu (1841-1902) と Duboscq は黄色光に対し偏光面の回転角を決めるため，2分割した視野の明るさを比較し，それらが等しくなるように偏光子を回転調整する半影式検糖計を提案した．三高コレクションの半影検糖計 (Cat. No. 1088) は半円形の結晶石英板と半円形のガラス板を組み合わせた Laurent 型半影板を用いたものである．この他に，種々の光学部品を組み合わせていろいろな偏光実験に使用できる万能型の偏光試験装置もある．

1827年，K. M. Marx は電気石挟みの間にはさんだ結晶片やガラス片等を観察し，加圧により複屈折性が誘起されたり，変化したりすることを発見した[27]．この方法が改良され，ガラスや結晶の歪み検査に利用されるようになった．三高コレクションの教育用簡易偏光器 (Cat. No. 287) は黒色ガラス反射板とニコルプリズムを用いた偏光計で，加圧による歪み検査にも利用できる．

5-5　分光器

1666年 Isaac Newton は，はじめてガラスプリズムを用いて白色光を分解した．Newton はプリズムで分解された7色の光の帯を「スペクトル」と名付けた．また，色の純度を高めるためプリズムの前に小孔とレンズを置き，これを通してプリズムに光

■顕微分光器
Micro-Spectroscope (Cat. No. 111)

　　　大きさ：鏡筒の長さ140；鏡筒の中央部の直径30
　　　購入年：1896 (明治29) 年
　　　購入費：35円80銭
　　　納入業者：高田商会
　　　製造業者：不明
　　　台帳記入名称：マイクロスペクトロスコープ

本器は顕微鏡の接眼レンズ部にはめて，微細検体のスペクトル測定を行うための分光器である．本体は直視分光器で，5個の三角プリズムを張り合わせた直視プリズムが用いてある．中央部のプリズムの下には入射スリットと色消しレンズがある．上端には接眼鏡があり，微調ネジで焦点が調整できる．本体鏡筒の側方にある小孔より参照光を取り入れ，スリットに付属している小型全反射直角プリズムでスリットの一部分を通して参照光を直視プリズムへ導き，検体のスペクトルに参照スペクトルを重ねて比較観測する．この分光器は1870年代に Sorby & Browning によって考案されたもので，医学，生物，食料品などの検査用に使用された．Bennett の機器史書に同型器が紹介されている．

　　　文献
　　　Bennett (1984), p. 10.

近代日本と物理実験機器

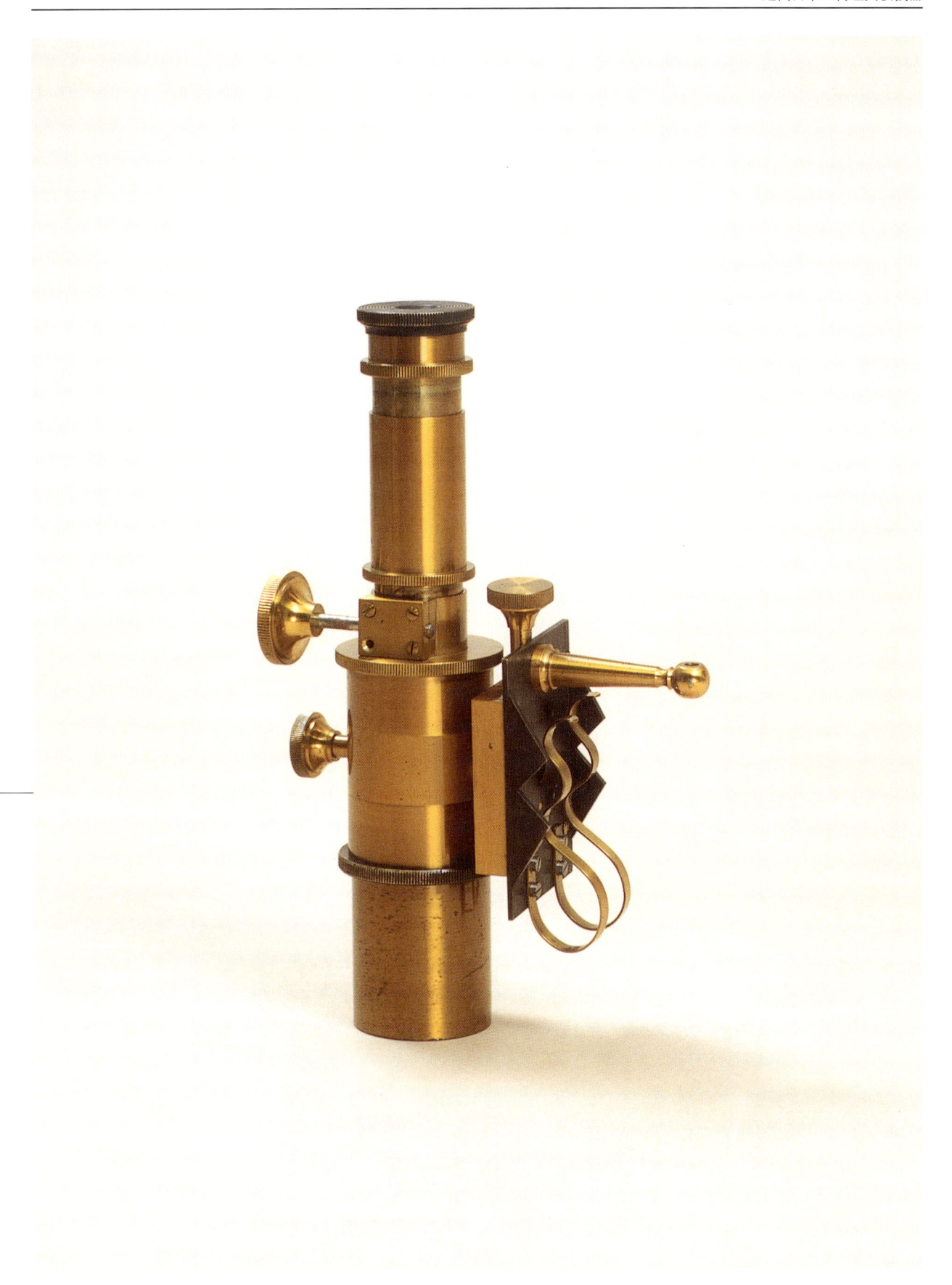

をあて，色づいた小孔の像をスクリーンに写し出した．これは今日のプリズム分光器の原形である．Newton の研究は 1672 年まで出版されなかった[28]．

　1800 年代のはじめ Thomas Young (1773-1829) による光の干渉実験で光の波動性が示されると，いろいろな色の光の波長の決定が行われた．1802 年頃 Wollaston は太陽黒線や炎光の輝線スペクトルの観測をした．1811 年，ババリヤのガラス職人として光学ガラスの改良に才能を発揮していた Fraunhofer は Newton 式の分光器に代わって，スリットを用い，レンズを経てプリズムで分光された光をプリズムの後ろに置いた小型望遠鏡で観測することにより正確にスペクトル線の偏角の測定を行った．この方式を用いて炎光のスペクトルの中に多数の特徴的な輝線があること，また太陽光のスペクトルの中に多くの黒線があること，および炎光のスペクトルの輝線が太陽光のある特定の黒線の位置と一致することを発見した．黒線の位置は一定しており，彼の名前にちなんでフラウンホーファー線と名付けられた．詳しい測定により，彼は約 700 本の太陽黒線のカタログを作成した．これ等の黒線は，いろいろなガラスの分散度を比較するための標準を与え，また分光学の基礎となった．Fraunhofer は，プリズム分光器の改良や回折格子の作成，色消望遠鏡，ヘリオメーターなどの光学機械の改良に貢献し，ドイツ光学の基礎を築いた[29]．

　Fraunhofer によりスペクトル線の標準がつくられ，光学器械の較正に役立ったが，それらの物理学的な意味は 19 世紀の半ばまで理解されなかった．Fraunhofer の後，炎や電弧（アーク）のスペクトルにおいて，種々の元素がそれぞれ固有の発輝線や吸収線をもつことが次第に認識されていった．1858 年，Kustav Robert Kirchhoff (1824-77) は「物体による光の吸収能と，その波長の光の発光能が，同一温度では一定である」という法則を発見し，「太陽スペクトルの黒線は，太陽周辺外気の元素による吸収の結果である」と説明した．同じハイデルベルグ大学の化学教授であった Robert Wilhelm Bunsen (1811-99) は Kirchhoff と協力して，1859 年，しっかりした分光器を作り，直ちに地上の種々の元素の炎光スペクトル研究を行い，炎光スペクトルに現れる個々の輝線は炎中に存在する化学元素固有のものであることを確認した．この方法は現代分光分析の基礎を与えた．彼等はこの方法により，炎光中の Na による黄色の輝線が，太陽黒線の D 線に一致することを見いだした．これが今日の天体分光学を拓くことに繋がった．この後分光分析は爆発的に広がり，分光器の性能向上や波長の精密測定が進んだ．一方 1870 年頃，写真乾板の技術が進み，スペクトルを写真乾板に記録する方法が用いられ，それまでの眼による観測に比べ，格段に精度が向上した[30]．

図 3-5-4　直視分光器における光路図

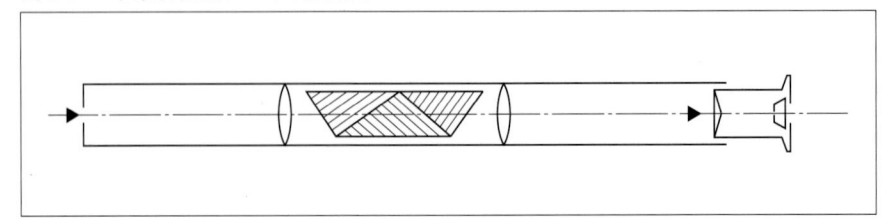

分光器は改良の過程で目的に応じていろいろなタイプのものが開発されたが，三高コレクションの内の古い型では，コリメーター，プリズムおよび標尺管を持つDuboscq型配置の分光器の他，プリズムを2個持ち，スクリーンにスペクトルを投影する友田式スペクトル投影装置がある．この他，20世紀初期に開発され，優れた性能を誇ったAdam Hilger社の小型水晶分光写真機も現存している．

プリズムを1個用いる標準型分光器は，光の屈折のためプリズムからの出射方向は入射方向からそれるという不便さがある．スペクトルを光源と同じ方向で観測するため，1860年G. B. Amiciにより直視分光器が考案された．3個のプリズムを用いる方式で図のように両端には屈折率に比して分散能の小さいクラウンガラス・プリズムがあり，真中に屈折率に比して分散能の大きいフリント・ガラスプリズムを配置したものである[31]．場合によっては，5個または7個のプリズムを組み合わせたものも用いられた．屈折率が異なり，分散能の違うプリズムの組み合わせにより，黄色の光はほぼ直進的にプリズムから出射し，中心光軸の周りに分散した光のスペクトルが観測できる．分散や分解能は大きくないが，Amici型分光器はポケットに入る小型のものが主で，現場での直接観察に用いられた．Amici型分光器の変形もいくつか考案された．本節では三高コレクションのうち，大型と携帯用小型直視分光器の他，直視プリズムを用いた顕微分光器を紹介するが，ポケット用小型直視分光器も数個現存している．

2個の30度プリズムと1個の全反射直角プリズムを一体として作ったプリズムが，1899年PellinとBorcaによって考案された[32]．このプリズムでは，入射光と出射光のなす偏角が常に90度になるので，観測望遠鏡を固定しておき，波長を変える時はプリズムを回転させるだけでよいので，単色計としての利用に優れており，定偏角 (Constant Deviation) 分光器として広く用いられた．三高コレクションにはAdam Hilger社の定偏角分光器でコリメーターとプリズムの間が延長されたものが現存しており，ルンマーゲールケ板や階段格子と併用できる．

1800年代の初頭，Youngによる光の回折・干渉の研究の後，同一光源からの光を2つに分けて，一方に試料を通し，他方と干渉させる二光束タイプのJaminの干渉計 (1856) やMach-Zehnderタイプの干渉計 (1891) などが開発された．中でも重要なのは，1881年にAlbert Abraham Michelson (1852-1931) が作った鋭敏な干渉計で，半透明の鏡を用いて光を互いに直角方向に二分するものであった．これにより，光の速さには地球の軌道運動の影響が見いだせないことが示された．これがAlbert Einstein (1879-1947) による特殊相対性理論の契機となった[33]．

一方1897年FabryとPerotは2枚の半透明板を平行に置き，この間での多重反射による干渉効果を利用した多光束型干渉計を考案した[34]．Michelsonの階段格子 (1898) や，Lummer-Gehrcke平行板 (1903) も多光束干渉器の一種で，何れも分解能は極めて大きく，プリズム分光器と結合して用いられることが多い．三高コレクションのルンマーゲールケ板や階段格子は定偏角分光器と併用できるようになっている．

5-6 ヘリオスタット

太古では太陽が唯一の強力な光源であり，夜を照らす月や星も道しるべとして利用された．また，火の使用は人類にもう1つの光源をもたらした．しかし，初期の多くの光学実験や光学器械は太陽を光源として利用した．1666年の有名なNewtonによる光の色分解の実験は太陽光を用いたものであり，分光学の基礎を築いたFraunhoferの太陽黒線の発見は太陽光の研究によるものであった．

太陽は天空を時々刻々移動するので，反射鏡を用いて太陽光を実験室へ導入しても，その入射光線の方向は徐々に変化する．したがって，長時間の実験には不都合であった．反射鏡の角度を時々調整して太陽光を室内へ導く手動式ヘリオスタットは早くから使用されていたが，実験室内へ常に決まった角度で太陽光を導入するため，地球の自転と同期して反射鏡を動かす仕掛けを考案したのは，17世紀中期，イタリアのGiovanni Borelli (1608-79) であると伝えられる．実際に作ったのはオランダの物理学者 Willem Jacob s'Gravesande で，1742年に科学界の注目を集めた．彼はギリシャ語に因んで，自作の装置に「Heliostat」と刻印した．彼の装置は，自由回転できるスタンドで反射鏡を支え，もう1つのスタンドに太陽と同期して動く時計をつけ，両者をアームと滑りジョイントで結合して調整し，太陽光を一定方向へ導くものであった．これは広く知られたが，実際に作られたものは少なかった．

ヘリオスタットは1800年頃から大きく発展したが，初期に考案された2箇の反射鏡

■手動ヘリオスタット
Heliostat (Cat. No. 64)

大きさ：328×330×420；平面鏡300×110；開口経の直径92
購入年：1889 (明治22) 年
購入費：23円5銭
納入業者：教育品製造合資会社
製造業者：教育品製造合資会社
台帳記入名称：ヘリオスタット　穴付角板一枚添

後述する日光顕微鏡と結合して，太陽光を導入するために用いられた装置である．ヘリオスタットの名称はギリシャ語の「太陽」と「スタンド」に因んで命名された．本器は手動式ヘリオスタットで，光を取り込むために円形の穴を空けた木製の角板と，これに取り付けられた平面鏡で構成されている．木製の角板は暗室の窓などに取り付け固定し，鏡を外に出して太陽に向ける．木板の内側には，これに密着して回転する大きな座金があり，これに鏡を保持する支柱が2本ついている．太陽の移動に伴って手動で歯車により座金を回転させ，鏡を徐々に東から西へ向けて太陽を追尾し，一定方向で室内へ太陽光を導入する．友田鎮三の教科書に説明があり，島津製作所カタログにも記載されている．写真は日光顕微鏡をつけた状態で撮影されたものである．

文献
Sherman in I. S (1998), pp. 305-8.
友田鎮三 (1910), pp. 188-9.
島津製作所 (1929), p. 325.

近代日本と物理実験機器

を用いる装置は，反射率の大きな鏡が開発された1850年代に再認識され人気を博した．その後，1個の反射鏡を用いるタイプがCambey (1823年)，やSilbermann (1843年) により考案され，1862年Léon Foucault (1819-68) は，鏡を大きくし，構造を堅固にし，機械的精度を高め，調整手順を簡略化した．1879年，Thomas Alva Edison (1847-1931) により白熱電灯が完成され，照明用の光源として普及する1880年代までヘリオスタットの発展は続き，顕微鏡光源，写真技術，光の波動説の検証，分光学など多くの実験分野のみならず，教育分野でも活用され，19世紀物理学者の強い関心を集めていた[35]．電灯が普及するようになってからも，ヘリオスタットは研究機関や教育機関で19世紀末まで利用された．

文献

[1] Van Helden, Albert, "Telescope, Invention of (to ca. 1630)", in Lankford, John ed., *A History of Astronomy* (1997) pp. 509-11.

[2] Sawyer, Ralph A., *Experimental Spectroscopy* (1946) pp. 2-3.

[3] 前出 Van Helden (1)，pp. 509-10.

[4] 前出 Sawyer (2) pp. 1-2.

[5] 日本物理学会編『日本の物理学史　上　歴史・回想編』東海大学出版会 pp. 182-4.

[6] Lagemann, Robert T., *Garland Collection* (1983) p. 181.

[7] Ward, John, "Stereoscope", in Bud, Robert & Warner, Deborah Jean ed. *Instruments of Science, An Historical Encyclopedia* (1998) p. 578.

[8] Ganot, A., *Elementary Treatise on Physics Experimental and Applied* tr. by E. Atkinson (1906) pp. 671-4.

[9] 前出 Sawyer (2), pp. 5-6.

[10] Turner, Gerard L'E., "Telescope (Early)", in Bud, Robert & Warner, Deborah Jean

■自動ヘリオスタット（時計仕掛）
Heliostat (Cat. No. 163)

大きさ：635×310×高さ750　　製造業者：佐賀器械製作所（佐賀）
購入年：1900（明治33）年　　　台帳記入名称：自動ヘリオスタット
購入費：130円　　　　　　　　刻印：佐賀　野口製
納入業者：児玉

太陽を光源として利用するため，反射鏡を太陽の方向に向くようにゼンマイ式時計仕掛けで自動的に追尾し，その光を常に一定方向に導く装置である．金属製三脚つきの支柱の上部に時計仕掛けがあり，支柱の中間に反射鏡を保持する湾曲した腕がついている．ヘリオスタットは1800年頃からいろいろ改良が加えられてきた末，1879年ベルリンのRudolf Fussにより考案されたのが本器のタイプである．本器を据えつけるためには，時計の回転軸を地軸と平行に設置する必要がある．同型器が明治36年の第5回内国勧業博覧会の学術部門で3等賞を授賞した．島津製作所カタログに同類器の記載がある．

文献
Sherman in I. S. (1998), pp. 305-8.　島津製作所 (1929), p. 329.　Müller-Pouillets (1914), p. 63.

近代日本と物理実験機器

ed. *Instruments of Science, An Historical Encyclopedia* (1998), pp. 599-601.

[11] Turner, Gerard L'E., "Microscope, Optical (Early)", in Bud, Robert & Warner, Deborah Jean ed. *Instruments of Science, An Historical Encyclopedia* (1998), pp. 387-90.

[12] Bracegirdle, Brian, "Microscope, Optical (Modern)", in Bud, Robert & Warner, Deborah Jean ed. *Instruments of Science, An Historical Encyclopedia* (1998), pp. 390-1.

[13] Turner, Steven C., "Goniometer", in Bud, Robert & Warner, Deborah Jean ed. *Instruments of Science, An Historical Encyclopedia* (1998), pp. 290-1.

[14] 前出 Ganot(8), pp. 611-2.

[15] Carter, Debbie Griggs, "Magic Lantern", in Bud, Robert & Warner, Deborah Jean ed. *Instruments of Science, An Historical Encyclopedia* (1998), p. 365.

[16] Ward, John, "Camera Lucida", in Bud, Robert & Warner, Deborah Jean ed. *Instruments of Science, An Historical Encyclopedia* (1998), pp. 89.

[17] Turner, Gerard L'E., *The Great Age of the Microscope, The Collection of the Royal Microscopical Society through 150 Years* (1989) p. 374.

[18] Ward, John, "Camera Obscura", in Bud, Robert & Warner, Deborah Jean ed. *Instruments of Science, An Historical Encyclopedia* (1998) pp. 90-1

[19] 前出 Carter(15), p. 365.

[20] 同上, p. 366.

[21] Ragozzino, Ezio & Schettino, Edvige, *Early Instruments of the Insitute of Physics, Univeresity of Naples* (C. U. E. N.) pp. 54-5

[22] Born, Max & Wolf, Emil, *Principle of Optics* 4th ed. (1970) p. xxii.

[23] Brenni, Paolo, "Polarimeter and Polariscope", in Bud, Robert & Warner, Deborah Jean ed. *Instruments of Science, An Historical Encyclopedia* (1998), p. 475.

[24] Johnston, Sean F., "Polarimeter, Chemical", in Bud, Robert & Warner, Deborah Jean ed. *Instruments of Science, An Historical Encyclopedia* (1998), p. 473.

[25] 前出 Brenni(23), pp. 475-6.

[26] 同上, pp. 475-6.

[27] 同上, pp. 475-6.

[28] 前出 Sawyer(2), pp. 2-3.

[29] 同上, pp. 4-6.

[30] 同上, pp. 8-10.

[31] 同上, p. 72 and p. 84.

[32] 同上, p. 74.

[33] Warnick, Andrew, "Interferometer", in Bud, Robert & Warner, Deborah Jean ed. *Instruments of Science, An Historical Encyclopedia* (1998), p. 339.

[34] 同上, p. 340.

[35] Shermann, Roger E., "Heliostat", in Bud, Robert & Warner, Deborah Jean ed. *Instruments of Science, An Historical Encyclopedia* (1998), pp. 306.

■三角プリズムと支持台
60° Prism and Supporting Stand (Cat. No. 17)

大きさ：三角形の一辺の長さ 36×幅 59，
　　　　スタンド；直径 100×高さ 365
購入年：1881 (明治 14) 年
購入費：5 円
納入業者：不明
製造業者：不明
台帳記入名称：三角玻瑠

60度プリズムを空間で任意の向きに設置することができるよう工夫された支持台である．プリズムは幅 59 mm の透明ガラス三角柱で，保持用腕に片持ちで支えられ，その軸周りに自由に回転でき，支柱に対して自在に傾斜できるようになっている．支柱は伸縮自在である．Newton の実験を再現し，太陽光を分散させるために用いられている絵が Turner の実験機器史書や Ganot の教科書などに載っている．同型器が宇田川準一著の『物理全誌』に掲載されている他，島津製作所カタログにも記載されている．

文献
Ganot (1906), p. 560.
Turner (1983), pp. 148-9.
宇田川準一 (1876)，Vol. 4-7 p. 19．
島津製作所 (1922), p. 136．

■三角プリズムと支持台
60° Prism and Supporting Stand (Cat. No. 18)

大きさ：三角形の一辺の長さ 36×幅 60，
　　　　スタンド；直径 125×高さ 205
購入年：1881 (明治 14) 年
購入費：2 円
納入業者：不明
製造業者：不明
台帳記入名称：三角玻璃

光を屈折・分散させる器具で，透明な三角形のガラス柱である．ガラス柱の両端を保持金具で支え，支柱に保持されている．中央のプリズム部分の幅は約 60 mm で，その両側は同じガラスに装飾を施した一体構造になっている．保持金具は任意角度に傾けることができる．同型器は島津製作所カタログに記載されている．

文献
島津製作所 (1882), No. 59．

■プリズム（6個）
Prisms (Cat. No. 155)

大きさ：三角形の一辺の長さ 30×高さ 31；
　　　　箱 93×143×高さ 61
購入年：1899年（明治32）年
購入費：6個合計で 97円 68銭
納入業者：島津製作所
製造業者：Hartmann & Braun 社
購台帳記入名称：プリズム（6個）箱に記載されている事
　　　　　　　項：「獨逸国ハルトマンブラウン會社製
　　　　　　　プリズム　フリントグラス，クラウング
　　　　　　　ラス，クオルツ，ウラングラス，フォス
　　　　　　　フェート」と墨で書かれている．

　いずれも正三角形の 60度プリズムで，それぞれの価格はウラニウムガラス（29円 70銭），クオルツ（26円 40銭），バリウムフォスフェートガラス（23円 10銭），フリントガラス（9円 24銭），クラウンガラス（9円 24銭）である．それぞれ側方の 2面が内接円形に研磨されている．他に，側面が 3面とも研磨された水晶プリズムがある．木製の箱に入っており，蓋に墨字で 5個の材質名が仮名で記されている．6個のうち 1個は，三角形の辺長 35×高さ 36の大きさである．ウラニウムガラスのプリズムの放射能は自然放射線量の約 2倍である．

反射型ゴニオメーターに取り付けて，ガラスの種類による屈折率の違いや分散能を測定する実験のために購入されたと思われる．

■円柱鏡
Cylindrical Mirror (Anamorphoscope) (Cat. No. 139)

大きさ：直径 72×高さ 181
購入年：1898（明治31）年
購入費：3円
納入業者：島津製作所
製造業者：不明
台帳記入名称：円柱鏡　画三枚添

　平面上に描かれた図形や絵の上に円柱鏡を置いて反射による像を眺めると，著しく変形して見える．逆に白紙の上に円柱鏡を置き，この鏡を見ながら，鏡に写る像が正常な図形として認知できるように白紙の上に図形や絵などを描くと，出来上がった図形や絵はおよそ意味のある形をなさない無定形な図形や絵となる．光の反射を学ぶための器具で，古い物理学教科書によく掲載されている．本器は真鍮製でクロム鍍金されている．付属していた 3枚の画は紛失しているが，島津製作所カタログに記載がある他，内藤卯三郎の教科書にも紹介されている．

文献
Lagemann (1983), p. 181.
島津製作所 (1929), p. 126.
内藤卯三郎他 (1928), pp. 306-7.

近代日本と物理実験機器

■ 魔鏡（2個）
Magic Mirror (Cat. No. 43)

大きさ：直径 235×厚さ 5（「末廣」の彫刻）；直径 200×厚さ 3（「高砂」の彫刻）
購入年：1883（明治 16）年
購入費：80 銭
納入業者：不明
製造業者：不明
台帳記入名称：日本鏡
刻印：末広；天下―岩崎和泉守義政, 高砂；天下―岩井丹波守正保

写真で示されているのは本鏡の裏面で，浮字や浮絵が彫刻されている．表の面は研磨されており鏡面になっている．鏡面に光を投射すると，反射光により壁やスクリーンに裏の彫刻模様の像が浮かび出る．この不思議な現象の原因については，次のように解明されている．すなわち，鋳造された鏡の素材を研磨して仕上げていくと，鏡面全体がやや凹面状になるが，裏面の模様のために鏡材の肉厚部分は平面に近く，肉薄部分は凸状に仕上がるため，肉厚の部分からの反射は明るい像を，肉薄の部分からの反射は暗い像を写し，結果として鏡の背面の模様に応じた明暗の像が現れるというわけである．

文献
村岡範為馳 (1883), pp. 133-7；(1884), pp. 227-8.
石野亨 (1977), pp. 24-26.
島津製作所 (1929), p. 348.

■ 立体鏡
Stereoscope (Cat. No. 89)

大きさ：84×309×173；レンズ 33×33
購入年：1895（明治 28）年
購入費：4 円 50 銭
納入業者：島津製作所
製造業者：島津製作所
台帳記入名称：ステレオスコープ

同一物を，両眼の間隔程度に隔たった左右 2 つの場所から別々に撮影または観察した図形を，それぞれ対応する左右の目で別々に見ると，その物体が立体的にみえる．立体鏡はこれを補助する道具で，通常それぞれ 2 枚 1 組になった写真や図形が多数付属している．これらの写真は立体写真と呼ばれる．本器は Brewster 型立体鏡で，本体は木製である．覗き窓に角形のレンズが嵌めてあり，光路がわずかに屈折して左右の目が対応する写真を別々に見るようになっている．付属写真には，明治 42 年京都市で開催された内国博覧会場の表門，島津製作所創業時の建物，陳列場，庭園，人物，雷鳴などを撮影した 8 組の立体写真がある．本器は島津製作所のカタログに記載されており，類似の機器は J. Fricks のテキストにも記載されている．

文献
Turner (1983), p. 300.
島津製作所 (1929), p. 422.
Fricks (1907), p. 1685.

■フレネルの複鏡
Fresnel's Interference Mirrors (Cat. No. 137)

大きさ：130×150×高さ 286；反射鏡 55×39
購入年：1898（明治 31）年
購入費：43 円 20 銭
納入業者：島津製作所
製造業者：不明
台帳記入名称：フレネル氏分光管

フランスの物理学者 Fresnel が光の波動説を裏付けるために行った実験の 1 つに（1815 年）用いた鏡が，フレネルの複鏡である．図 3-5-5 のように 2 枚の平面鏡 M1 と M2 を少し傾けて配置したものである．鏡の斜め前に置かれた点光源 F から出た光が鏡により反射され，F1 および F2 の位置から光が射出されたかように広がってゆき，互いに干渉して干渉縞をつくる．実際には点光源 F の代わりにスリットを置き，ここへレンズで集光する．

本鏡は真鍮製の 2 個の枠の中に黒鏡が 1 個宛納められている．枠の上下についている蝶番と裏面の微調ネジにより両鏡の角度が調整できる．本器と一緒に用いるスリットが付属している．複鏡を用いる干渉実験の解説は村岡範為馳著の教科書（明治 40 年）に記載されている．

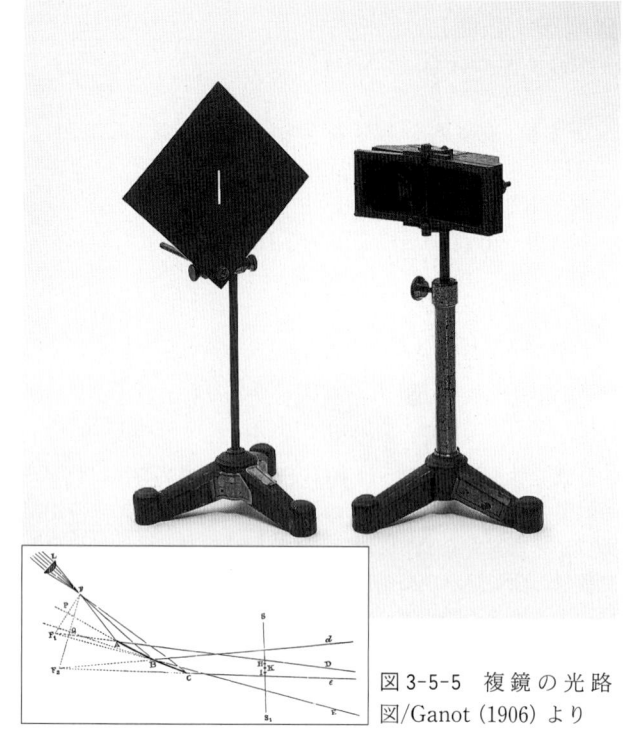

図 3-5-5 複鏡の光路図/Ganot (1906) より

文献
島津製作所 (1922), p. 170．村岡範為馳，森総之助 (1907), pp. 154-8．理化学辞典 (1935), p. 1308．

■光の回折試験装置および付属品
Diffraction Apparatus (Cat. No. 182)

大きさ：望遠鏡の鏡筒，口径 25×313；支柱の高さ 333
購入年：1902（明治 28）年
購入費：52 円 58 銭
納入業者：E. Leybold
製造業者：不明
台帳記入名称：ヂフラクション試験器

光の回折現象を示す演示実験装置である．口径 25 mm で色収差のない望遠鏡の先端に種々の小孔のあるマスクを取り付け，それを通過してくる光の回折像を望遠鏡で観測する装置である．小孔の形や配置などによる回折パターンの違いをみるため，12 個の木製枠にそれぞれはめられたマスクが付属している．マスクには，小円孔をそれぞれ 1 個または 2 個有するもの，小円孔が一列に 5 個並んだもの，それぞれ三角形小孔 1 個，四角形小孔 1 個有するもの，菱形小孔をそれぞれ 1 個，2 個，3 個有するもの，金網格子 1 個，微細ガラス格子 1 個，可変スリットを有するもの 1 個，およびフィルターガラス 1 個，計 12 個があり木製の箱に収められている．

文献
Leybold (c1902), p. 548.

Max Kohl (c1911), p. 548.

■顕微鏡
Microscope (Cat. No. 39)

大きさ：96×126×高さ 213；箱 328×294×123
購入年：1883（明治 16）年
購入費：80 円
納入業者：不明
製造業者：Siebert 社
台帳記入名称：顕微鏡　函入り
刻印：Siebert

　本器はドイツ Seibert 社製の顕微鏡で，真鍮製の鏡筒の上下に対物レンズおよび接眼レンズを取り付けた構造である．対物レンズは，Seibert No. I が 1 個，No. V が 2 個，No. VI が 2 個，No. VII (Immersion) が 1 個で，計 6 個が付属しており，接眼レンズは I 型，Periskopisch II 型，および III 型が各 1 個付属している．No. VII 型対物レンズは，高分解能と明るさを得るため，試料と対物レンズの間を液体で満たす液浸法に用いるレンズで，開口数を大きくし，明るさを増す利点がある．

文献
Turner (1989), p. 315.

■顕微鏡
Microscope (Cat. No. 41)

大きさ：84×153×高さ 250；鏡筒，直径 31×120；
　　　　箱 290×185×130
購入年：1883（明治 16）年
購入費：80 円
納入業者：不明
製造業者：J. Parkes & Son 社（Birmingham）
台帳記入名称：顕微鏡
刻印：J. Parkes & Son Patentees, Birmingham

　本器には鏡筒の上下移動とその微調整のため，支柱に円形の副尺がついており，上下の移動距離を読み取ることができる．接眼鏡が 2 個，視野絞りが 2 個付属している．J. Parkes & Son 社の色消レンズを用いた複合顕微鏡（1885 年頃製造）がケンブリッジの Whipple Museum に保存されている．

文献
酒井佐保編 (1895), pp. 407-409.

■移動顕微鏡
Travelling Microscope (Cat. No. 229.2)

大きさ：310×158×高さ 270
購入年：1908（明治 41）年
購入費：142 円
納入業者：島津製作所
製造業者：Becker 社（London）
台帳記入名称：トラベリングマイクロスコープ
刻印：BECKER HATTON WALL, LONDON

　水平および垂直方向に各々16 cm の目盛り尺に沿って移動できる機構を備えた顕微鏡で，移動距離を読み取ることができることから，島津製作所カタログでは読み取り顕微鏡（Reading Microscope）と紹介されている．鏡筒を垂直にして顕微鏡として用い，スペクトル写真乾板の読み取りなどに利用された．また鏡筒を水平に保持し対物レンズを取り外して望遠鏡として用い，遠方の物体の2点間の間隔を測ることにも利用される．水平および垂直移動距離は副尺により 1/100 mm まで測定できる．大塚明郎編の理科実験図解辞典に詳しい操作法が図解されている．

文献
島津製作所（1929），p 56.

大塚明郎編（1966），p 38.

■水平顕微鏡
Horizontal Microscope (Cat. No. 252)

大きさ：184×165×高さ 405；箱 230×233×447
購入年：1910（明治 43）年
購入費：75 円
納入業者：島津製作所
製造業者：E. Leitz（ドイツの Wetzler）
台帳記入名称：ホリゾンタル　ミクロスコープ
刻印：E. Leitz Wetzler

　本器は鏡筒を水平に保持し，上下の移動機構と視線方向の水平移動機構を備えた顕微鏡で，近距離にある物体の上下2点間距離を精密測定する装置である．鏡筒の上には水平度調整用の水準器がついている．鏡筒の高さはネジ機構により三脚台座から 34-55 cm の間を移動させることができ，副尺で 1/10 mm まで読み取ることができる．接眼鏡内の絞りには 1 cm の長さを 100 分割した目盛りをもつマイクロメーターがついている．鏡筒は水平面内で回転可能で，任意の方向に向けることができる．対物レンズは，焦点（対物）距離が 5，9，および 48 cm の 3 個が付属しており，鏡筒を視線方向に移動して焦点位置の微細調整ができる．E. Leitz 社および島津製作所カタログに同型器が記載されている．

文献
Leitz (1905), p. 58.
島津製作所（1929），p. 7.

■反射測角器
Reflection Goniometer (Cat. No. 90)

大きさ：度盛盤の直径183；全高337
購入年：1895（明治28）年
購入費：100円
納入業者：島津製作所
製造業者：島津製作所
台帳記入名称：ゴニオメートル
刻印：京都島津製作所製造

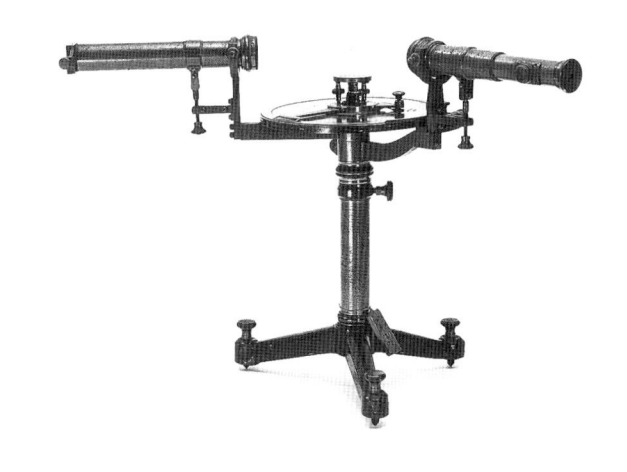

　本器の主要部は，水平度盛円盤の中心に設置された結晶を載せる試料台と，円盤の周りに沿って回転する一対の視準器（コリメーター）と望遠鏡で構成されている．視準器のスリットから入射した光を，中央の試料台に置かれた結晶面の1つに当て，その反射像を望遠鏡で見る．次いで望遠鏡を固定したまま試料台を回転させ，結晶の隣の面の反射像を見る．この試料台の回転角を，試料台と一緒に回転する指示針により度盛盤の角度から読み取り，その差から結晶の両面のなす角度を知る．この装置は中央の試料台にプリズムや回折格子を載せると，そのまま分光器として使用できる．本器は第三高等学校教授の村岡為馳教授が請求して購入されたもので，同類器は島津製作所のカタログに記載されている．

文献
Turner in I. S (1998), pp. 290-292.
島津製作所 (1929), p. 77.

■写景用カメラルシダ
Camera Lucida (Cat. No. 19)

大きさ：本体支柱　直径8×長さ262；箱55×283×49
購入年：1881年（明治14）年
購入費：7円
納入業者：不明
製造業者：Negretti & Zambra (London)
台帳記入名称：屈折照物鏡
刻印：Negretti & Zambra London

　屋外の景色や，少し離れた場所にある物体を紙に転写するための器具である．本器は1804年にWollastonによって考案されたタイプで，図のようなプリズムにより，離れた場所にある物体の像をプリズム内での2回全反射を経て直接肉眼で観測する．プリズムを支柱の上部に取り付け，支柱をやや傾けてテーブルの端に固定する．プリズムを上から覗くと物体の像がテーブル上に見える．その場所に紙を置くと，観測者にはテーブル上の紙やペンと物体の像が重なって見えるので，ペンで物体の像をなぞりながら紙に転写する．本器と同型器や類似器についてはGanotやDeschanelの著書に詳しい記載がある．

文献
Turner (1989), p. 319.
Ganot (1902), p. 611-2.
Deschanel (1877), pp. 916-7.

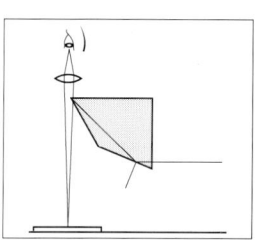

図 3-5-6　Wollaston型カメラルシダの光路図

■顕微鏡用カメラルシダ
Camera Lucida (Cat. No. 203)

大きさ：取付金具　直径27×9；反射鏡90×58；アーム
　　　　130；プリズム部　直径16×11
購入年：1903（明治36）年
購入費：24円
納入業者：島津製作所
製造業者：Kraus Baush & Lomb 社
台帳記入名称：カメラルシダ
刻印：Kraus Baush & Lomb, Paris, Lochester, New
　　　York

　顕微鏡像を転写するための器具である．顕微鏡の接眼鏡に取り付ける円筒金具と，これに連結する直角プリズムを内蔵した観測鏡，および転写すべき紙面を同時観察するための長い腕の先についた反射鏡で構成される．直角プリズムの斜面には反射用メッキが施されている．転写紙面からの光を反射鏡で観測鏡筒の側方の穴へ導き，直角プリズムで上へ送る．観測者はこれにより紙面を見る．一方直角プリズムのメッキ面の中央には小孔があり，顕微鏡から来る光を通過させ上の観測者へ送る．観測者は顕微鏡像と転写紙面が重なって見えるように反射鏡を調整し，顕微鏡像を見ながら紙面上にこれをなぞり転写する．本器はAbbeタイプの転写器で，島津製作所のカタログに記載がある．

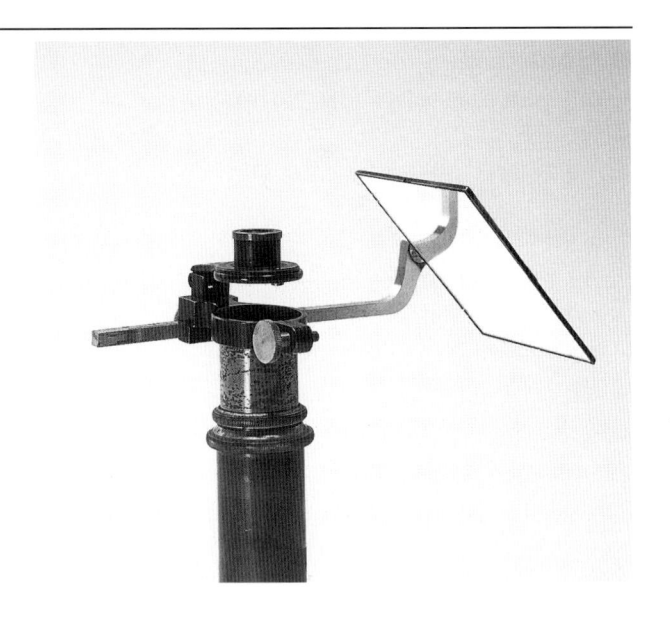

　文献
　　島津製作所 (1926), p. 894.
　　Turner (1989), p. 322.

■顕微鏡用カメラルシダ
Camera Lucida (Cat. No. 303)

大きさ：取付リング　直径25×12；直角プリズム　12×
　　　　12×12，箱　66×73×52
購入年：1924（大正13）年
購入費：10円
納入業者：不明
製造業者：Zeichenprizma G. S. 社
台帳記入名称：カメラルシダ
刻印：Zeichenprizma G. S. & Co.

　本器はAmici型カメラルシダの変形で，やや離れた2物体を同時に一眼でみることにより，一方を他方へ転写するための器具である．2個の全反射プリズムを用いている．図のように物体Aから来た光は2個のプリズムを経て，間隙を通って進み，眼に入る．一方物体Bから来た光は直接間隙を通って進む．両方の光を一眼でみると，物体AとBが重なって見える．Bを実物体とし，Aをテーブル上の紙とすると，Bの像をAの紙の上でなぞることにより，転写することができる．顕微鏡で見た像を写生する時などに用いる．

　文献
　　理化学辞典 (1935), p. 293.

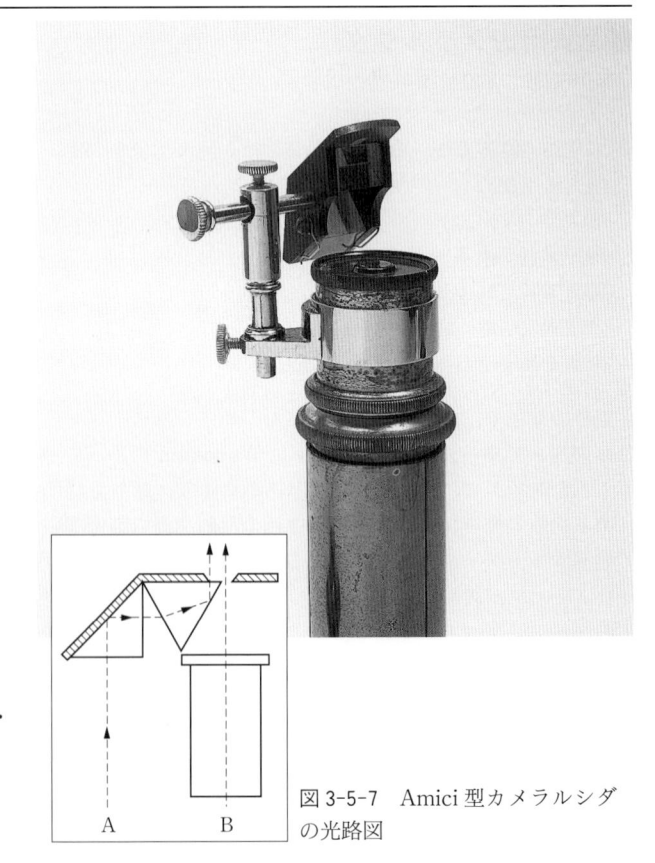

図 3-5-7　Amici型カメラルシダの光路図

■日光顕微鏡
Solar Microscope (Cat. No. 110)

大きさ：直径 94×455
購入年：1896（明治 29）年
購入費：30 円
納入業者：島津製作所
製造業者：不明
台帳記入名称：日光顕微鏡

本器はヘリオスタットに取り付け，太陽光を用いて微小透明物体の像を壁などに拡大投影する器械である．1740 年頃 Keiberkuyn によって考案されたもので，暗箱写真機からの改良である．投影には強い光源が必要であるため太陽光が用いられた．初期には木と真鍮で造られていたが，後にすべて真鍮で造られるようになった．ヘリオスタットから太陽光を導入する太い筒部には，大きな集光レンズ（直径 60 mm）がついている．この先端には，さらに絞りレンズがあって試料に集光する．島津製作所のカタログや教育品製造合資会社のカタログに同類器が記載されている．

文献
Ganot (1902), p. 614
島津製作所 (1929), p. 446

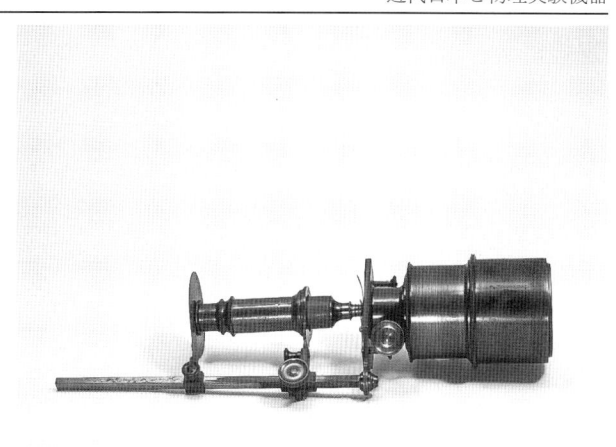

図 3-5-8 日光顕微鏡の光路図/Ganot (1906) より

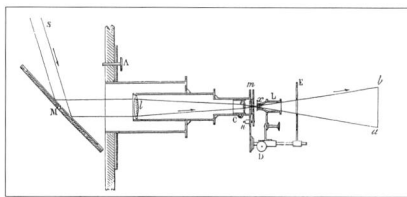

■投影器
Projector (Appareil de Projection) (Cat. No. 161)

大きさ：136×195×315；箱　293×477×224；集光レンズの直径 94
購入年：1900（明治 33）年
購入費：98 円
納入業者：児玉親愛
製造業者：Ph Pellin 社 (Paris)
台帳記入名称：アパレイルプロゼクション
刻印：Mon Jules Duboscq Ph Pellin Paris

スライドの画像等を拡大投影する器械である．真鍮製の大きな筒の内部に集光レンズを備え，光源からの光を集める．集光筒の枠に固定された支柱の一端に投影レンズがついている．両者の間にスライドを挿入するホルダーがあるはずだが，本器では失われている．集光された光はスライドを経て投影レンズでスクリーンへ投影され，拡大像を写し出す．投影レンズの焦点位置はピニオンラック機構により調整される．本器には光源が付属していないが，強い光源と結合して用いられた．

文献
理化学辞典 (1935), p. 140．　Gerhardt (1902), p. 150．

■投影器
Projector (Appareil Vertical) (Cat. No. 162)

大きさ：253×205×498
購入年：1900（明治33）年
購入費：123円75銭
納入業者：児玉親愛
製造業者：Ph Pellin 社（Paris）
台帳記入名称：アパレイユウエルチカル
刻印：Mon Jules Duboscq Ph Pellin Paris

　水平に置かれたスライドの画像などを壁やスクリーンに投影する器械である．下部の真鍮製の円筒内に反射鏡と直径116 mmの集光レンズを備え，上部に試料デッキがある．この上に置かれたスライドや画像などを下から照射し，透過した光を真鍮製の支柱で保持されたレンズおよび反射鏡により水平方向に投射して，スクリーン上に拡大像を結ばせる．投射レンズの焦点位置は支柱についている微調ネジ機構で調整する．本器はフランス名でAppareil Verticalと呼ばれる．

　文献
　Turner (1996), p. 636.

■幻灯機用スライド画 (32枚)
32 lantern slides (Cat. No. 1035)

大きさ：84×100×厚さ3（32枚）；箱102×127×117
購入年：1908（明治41）年
購入費：不明
納入業者：不明
製造業者：E. Leybold 社
台帳記入名称：幻燈付属映画参拾弐枚
シール記入：No. 487 Nachdruck verboten. E. Leybold's Nachf. Köln a. Rh. 1905 Kraftlinien eines Stromes

　幻灯機用のスライド画で計32枚現存している．うち17枚は磁力線の模様を表示した写真で，他の15枚は電話器やモールス電信器などの機器の写真である．本スライドは幻灯機の付属品として納入されたが，本体の幻灯機は失われている．一部にシールを添付したものがあり，製造業者名や画像説明文が記入されている．Max Kohl 社のカタログに磁力線などのスライドが記載されている．島津製作所のカタログにも一部記載されている．

　文献
　Max Kohl (1926), p. 965. 島津製作所 (1929), p. 512.

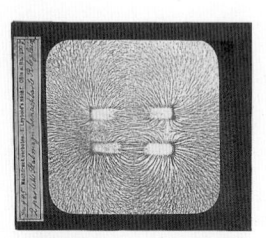

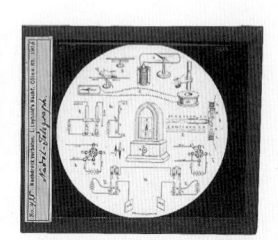

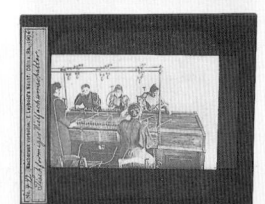

■ メガスコープ
Megascope (Cat. No. 257)

大きさ：327×254×高さ 450；箱 393×310×588
購入年：1911（明治 44）年
購入費：77 円 50 銭
納入業者：島津製作所
製造業者：Max Kohl（ドイツの Chemnitz）
台帳記入名称：ケーベル氏射影装置

不透明な画像や物体の像を投影する装置である．木製の箱が基台を兼ね，その前方側面に大きな集光レンズがついている．箱の内部後方に反射鏡が斜めに置かれている．外部光源の光が集光レンズを経て箱に入り，後方の反射鏡で箱の底に置かれた画像や物体を照らす．照らされた物体から出た光は箱の上部に設置された投影レンズを通り，その上にある 45 度反射鏡により水平に投射され，スクリーンや壁に像を結ぶ．透過型の投影器と異なり，不透明な木版画や写真，書画などを直接投影することができる利点があるが，反射光を用いるので，明るい像を写すためには，強力な光源が必要である．同型器がそれぞれ Max Kohl 社，島津製作所，および教育品製造合資会社のカタログに記載されている．

文献
Max Kohl (c1911), p. 159.
島津製作所 (1922), p. 167.
教育品製造合資会社 (1913), p. 216.

■ 反射・透過両用投影器
Epidiascope (Cat. No. 242)

大きさ：670×222×450
購入年：1923（大正 12）年
購入費：642 円
納入業者：島津製作所
製造業者：E. Leitz (Weltzer)
台帳記入名称：独逸ライツ製幻燈装置（エピヂイアスコープ）
刻印：E. Leitz Weltzer

反射・透過両用投影器．すべて金属製で，脚上の箱の中に電球を備え，その前方に集光レンズがある．箱の外に，円錐状の筒がついており，その先端に焦点距離 250 mm, F：4.3 の投影レンズがある．集光レンズと円錐筒の間に間隙があり，ここにスライドを挿入してその拡大像をスクリーンに直接投影する．他方，箱の底には広い穴が空いており，書画や実物を載せる棚がついている．棚に載せた書画は電球で照らされ，箱の上部についている投影レンズと反射鏡で水平に投射され，スクリーンに像を結ぶ．本器は反射光を用いる Episcope と透過光を用いる Diascope を合体したもので Epidiascope と命名されている．島津製作所カタログに記載がある．

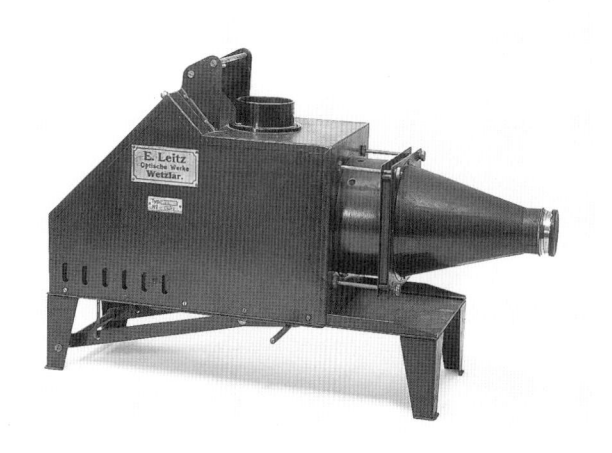

文献
島津製作所 (1929), p. 472.

■偏光試験装置
Dove's Polarization Apparatus (Cat. No. 113)

大きさ：653×高さ 700
高入念：1896（明治 29）年
購入費：247 円 80 銭
納入業者：高田商会
製造業者：不明
台帳記入名称：ポラリザシオンアパラタス

偏光に関する種々の実験を行うための多目的装置である．真鍮製の目盛り付き光学ベンチと，その上をスライドする数個のスタンドや，度盛円盤，雲母板等をはめたホルダー，黒色ガラス，多数の平凸小型対物レンズ，大型望遠レンズ，接眼レンズ，数個のニコルプリズム，復屈折プリズム，ガラス板検光子，試験片加圧器，急冷ガラス板，5個の結晶片サンプル，6枚のスライド，電気石，偏光万華鏡，検糖管など種々の光学部品やサンプルで構成されている．目的に応じていろいろの部品を組み合わせて実験を行うため，ホルダーや部品にはそれぞれ精巧な微調ネジや移動装置，接合用はめ込みネジ等がついている．本器はドイツの C. Gerhardt 社のカタログに，Polarizations-Apparat nach Dove と記載されている．

文献
Gerhardt (1902), p. 174.
島津製作所 (1929), p. 487.
教育用品製造合資会社 (1913), p. 137–8.

■ミッチエルリッヒの検糖計
Mitscherlich's Saccharimeter (Cat. No. 211)

大きさ：520×高さ 423；箱 275×606×160
購入年：1905（明治 38）年
購入費：60 円
納入業者：島津製作所
製造業者：不明
台帳記入名称：ミッチェルリヒ験糖器

英国の学者 E. E. Mitscherlich が最初に考案した最も簡単な検糖計で，両端に設置された偏光子と検光子用のニコルプリズムが同一軸の周りに回転できるようになっている．その中間に一定長の空の試料管を挿入し，検光子から覗いた視野が暗黒になるようあらかじめ偏光子と検光子の偏光面を直交させておく．次に，試料管に溶液を満たして挿入し，視野が少し明るくなるのを，検光子を回転して再び暗黒になるように調整する．この時の検光子の回転角を検光子に取り付けた目盛板で読み取り，溶液中の糖分濃度を知る．この型の検糖計は中間部分から光が漏れ，検光子の視野を完全に暗黒にするのが困難なため，測定が不正確である．試料管は消失している．

文献
理化学辞典 (1935), p. 1430.
島津製作所 (1929), p. 494.

■教育用簡易偏光器
Educational Set of Polarizing Apparatus (Cat. No. 287)

大きさ：箱 37×325×53
購入年：1918（大正 7）年
購入費：25 円
納入業者：吹田長次郎
製造業者：E. B. Benjamin（Philadelphia）
台帳記入名称：偏光器
刻印：E. B. Benjamin Opticians Philadelphia

木製の箱に収められた簡単な偏光実験装置である．蓋を開けて，磨りガラス板と透明ガラス板を，それぞれの一辺を接合させ，箱の片側に山形に立てる．箱の底には裏面を黒く塗ったガラス板が水平に置いてある．箱の他端に立てたスタンドの先端に検光子用のニコルプリズムがついている．入射光は磨りガラスを通り，偏りが除かれて底面の黒色ガラスに対し Brewster 角に近い角度で入射する．反射光は山形の稜線に平行な偏光となり，透明ガラス板を通過した後，ニコルプリズムを通して観測される．石英や雲母，方解石などの一軸性または二軸性結晶片や，その他セレナイト粉末で色付けをしたスライドなど数枚の試料片が付属している．

文献
Baird & Tatlock (1912), p. 411.
島津製作所 (1922), p. 174.

■半影検糖計
Half-Shadow Saccharimeter (Cat. No. 1088)

大きさ：235×158×305；箱 192×397×108
購入年：1922（大正 11）年
購入費：230 円
納入業者：不明
製造業者：C. P. Goertz（Berlin）
台帳記入名称：半影サッカリメーター
刻印：C. P. GOERTZ BERLIN Nr. 1860

糖尿病など医学用の検査に用いられる検糖計．偏光子と検光子の中間に特殊な半影板が挿入してある．この半影板は視野を近接した 2 つの半円形の部分に分け，検光子の偏光面が偏光子の偏光面に対し特定の角（45 度）をなす時，両視野の明るさが等しくなるようにしてある．試料が挿入されると，偏光子を通った光の偏光面が回転し，両視野の明るさに差が生ずるので，これを再び等しい明るさになるように検光子を回転する．この時の回転角から試料の濃度が求められる．±15°の範囲の回転角を副尺により 1/10 度の精度で読み取ることができる．半影板には Laurent 型が用いられている．同型器が島津製作所のカタログに，医学用偏光計の名称で記載されている．

文献
理化学辞典 (1958), p. 1070.
島津製作所 (1929), p. 502.

■分光器
Spectroscope (Cat. No. 22)

大きさ：235×204×高さ 372
購入年：1881（明治 14）年
購入費：370 円（本体＋プリズム）
納入業者：島津製作所
製造業者：Negretti & Zambra 社（London）
台帳記入名称：分光鏡
刻印：NEGRETTI & ZAMBRA INSTRUMENT MAKERS LONDON

　本器は Duboscq 型配置の分光器で，中央の円形台の上にプリズムがある．これを囲んで 3 本の鏡筒があり，プリズムの周りを目盛り円盤に沿って回転できる．1 本はコリメーターで，先端にスリットがついている．他の鏡筒は観測用望遠鏡で，筒長が調整できる．奥側の短い副鏡筒は目盛り標尺用望遠鏡で，この先端にある目盛りを照らすと，入射した光は他端のレンズで平行光となり，プリズムの斜面で反射し，観測用望遠鏡へ導入される．観測者にはスリットから入射した光のスペクトルと副鏡筒の目盛りの像が重なって見えるので，スペクトル線の各部の位置を判定する．プリズムは密閉されていないので視野のコントラストはよくない．

文献
酒井佐保 (1895), p. 483.
Negretti & Zambra (c1871), p. 177.

図 3-5-9　分光器の光路図／酒井佐保 (1896) より

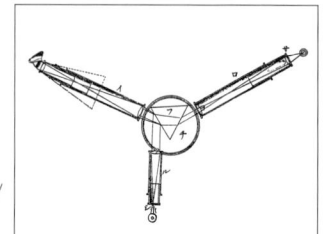

■直視分光器
Direct Vision Spectroscope (Cat. No. 164)

大きさ：182×524×高さ 404
購入年：1900（明治 33）年
購入費：123 円 75 銭
納入業者：児玉親愛
製造業者：Ph Pellin 社（Paris）
台帳記入名称：直視スペクトルスコープ（大）
刻印：Mon Jules Duboscq Ph Pellin Paris

　本器は据え置き型直視プリズム分光器で，種々の微調機構がついた本格的装置である．真直な鏡筒本体に短い標尺用側管がついている．黒く塗った中央部の筒に 3 個組みの直視プリズムが入っている．プリズム筒の右端にコリメーターがはめ込んであり，その先端に可変スリットがついている．プリズム筒の左端には望遠鏡がついており，直視プリズムで分散されたスペクトルを観測する．側管の先端にはめてある目盛り板を別光源で照すと，通過した光は直視プリズムの斜面で反射して望遠鏡内に導かれる．スリットから入射した光のスペクトルに目盛りが重なって見えるので，スペクトル線の必要部分が確認できる．本器は Ph Pellin 社のカタログに記載されている．

文献
Pellin (1906), p. 10.

■携帯用直視分光器
Vorger's Spectroscope (Cat. No. 184)

大きさ：鏡筒の直径19×長さ97
購入年：1902（明治35）年
購入費：46円7厘
納入業者：E. Leybold
製造業者：不明
台帳記入名称：フォーゲル氏スペクトロスコープ

小型直視分光装置の一種である．木製の箱に収納されており，箱の蓋が台座になっている．これに支柱を立て，分光器本体，試料管，光源，平面鏡などをクランプする．分光器は直径19 mmの円筒状で，3個の三角プリズムを張り合わせた直視プリズムが筒の中央にあり，その両側にレンズがある．Na-D線が視野の中心に見え，この波長を中心に左右にスペクトルが展開する．スリットの下部に参照光導入用の小型直角プリズムがついていて，付属の平面鏡から参照光を分光器内に導入して参照スペクトルを同時に観測する．本器はVoger氏の考案によるもので，ドイツのE. Leybold社のカタログに掲載されている．

文献
Leybold (c1907), p. 365-366.

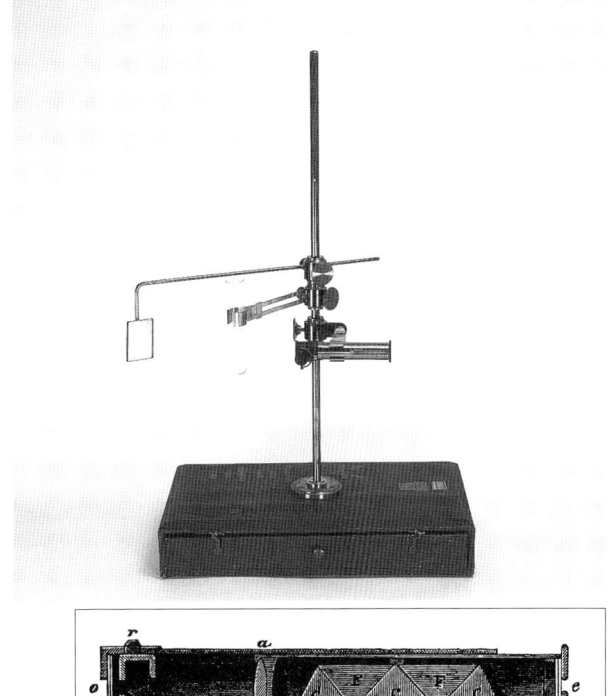

図3-5-10　直視分光器の内部図/Ganot (1906) より

■友田式スペクトル投影装置
Tomoda's Apparatus for Projection of Solar Spectrum (Cat. No. 243)

大きさ：700×195×高さ360；鏡筒の直径50
購入年：1910（明治43）年
購入費：45円
納入業者：島津製作所
製造業者：不明
台帳記入名称：友田氏考案分光器

明治専門学校長であった友田鎮三が考案した講義用のスペクトル投影装置．支柱上の横木に取り付けられた鏡筒と，架台の左端に設置された円形台上の2個のプリズムで構成されている．鏡筒の中央やや右にある太い筒を，ヘリオスタットの筒口にはめ込み，鏡筒の右端にある集光レンズで太陽光を鏡筒内のスリットに集光する．入射光は筒内の投影レンズを経て2個のプリズムを照らす．ここで別々に屈折・分散され，互いに直角近い角度で離れ，スクリーンに拡大された2つのスペクトルを投影する．一方は標準スペクトルを与え，他方の光路に試料を挿入して両者のスペクトルを比較することができる．島津製作所カタログに掲載されている．

文献
島津製作所 (1929), p. 358.

■定偏角分光器（写真機）
Constant Deviation Spectroscope (Spectrograph)
(Cat. No. 292)

大きさ：高さ 182
購入年：1921（大正 10）年
購入費：877 円
納入業者：島津製作所
製造業者：Adam Hilger 社（London）
台帳記入名称：スペクトロメーター　アダムヒルガー社
刻印：ADAM HILGER LTD. LONDON ENGLAND
　　　NO. D. 10. 301/23254

　本体は定偏角分光器で，図のような Pellin-Broca 定偏角プリズムが用いられている．波長によらず入射光と出射光の偏角が 90 度になるように工夫されている．目的のスペクトル線を視野の中心に来るようにプリズムを回転調整しておき，コリメーターとプリズムの間に階段格子またはルンマーゲールケ板等を挿入して，その干渉効果を併用してスペクトル線幅や微細構造などを高分解能測定することができる．プリズムによる分散が，干渉計の高次光の重なりを除去するのに役立つ．観測側に望遠鏡または写真機を取り付けて測定できる．島津製作所のカタログには同型器が記載されている．

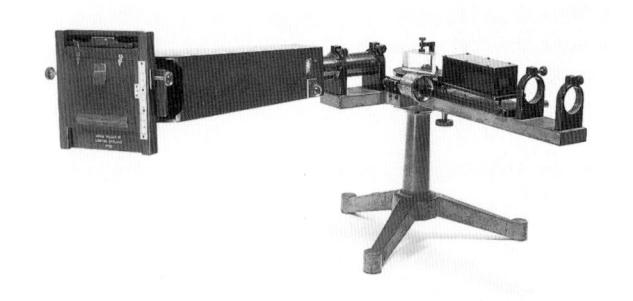

文献
物理学辞典編集委員会編
(1996), p. 1946.
島津製作所 (1926), p. 793.
Bennett (1984), p. 19.

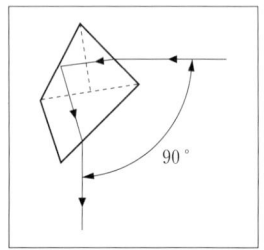

図 3-5-11　定偏角分光器の光路図

■ヒルガー小型水晶分光写真機
Hilger Small Quartz Spectrograph (Cat. No. 305)

大きさ：高さ 361
購入年：1926（大正 15）年
購入費：715 円
納入業者：不明
製造業者：Adam Hilger（London）
台帳記入名称：水晶スペクトログラフ
刻印：ADAM HILGER LTD LONDON ENGLAND
　　　NO. E.37.301/25211

　19 世紀末に一流の分光器メーカーに成長した英国 Adam Hilger 社が製作販売した代表的小型水晶分光器である．プリズム室およびカメラ部は，当初マホガニー材の箱枠で囲われていたが，後に本器のように金属製になり，カメラの撮り枠だけが木製になった．測定波長域は 165-800 nm と広く，大変使いやすい分光器として広く普及した．水晶の複屈折性によるスペクトル線のボケを防ぐため，右旋光と左旋光の 30 度水晶プリズムを張り合わせたコルヌプリズムが使用されている．スリット正面下部に参照光取り入れ用の小型直角プリズムがついている．スリット長を加減するためのウエッジも挿入できるなど，多くの工夫が施されている．

文献
島津製作所 (1929), p. 390.
Bennett (1984), pp. 16-17.

■石英水銀灯
Quartz Mercury Lamp (Cat. No. 258)

大きさ：200×320×高さ230；箱270×415×328
購入年：1911（明治44）年
購入費：200円
納入業者：島津製作所
製造業者：W. C. Heraeus社（ドイツのHanau）
台帳記入名称：水銀ランプ
刻印：W. C. Heraeus Hanau/M. D. R. P.

紫外線領域にも強い発光線を持つ強力光源として考案された水銀放電管の一種．石英管に2つの電極を取り付け，空気を排除し，精製水銀を入れて密閉した構造である．両端の電極部には水銀溜めがあり，ここに水銀が溜っている．放電により発生する熱を放散させるために，両端の電極部分に銅の薄板が数枚ずつついている．通常は水銀が途切れているため通電していないが，両極に約110ボルトの直流電圧を加え，アノード側を把手で持ち上げて水銀をカソード側へ流すと両極は水銀で繋がり，大電流が流れ発熱し水銀蒸気が発生する．1～2秒間して把手を元に戻すと，中央部の水銀は途切れて大電流が切れるが，水銀蒸気に電圧が加わって発光する．発光スペクトルは紫外～可視～赤外領域にわたって広く分布している．紫外線光源や照射用光源として用いられた．

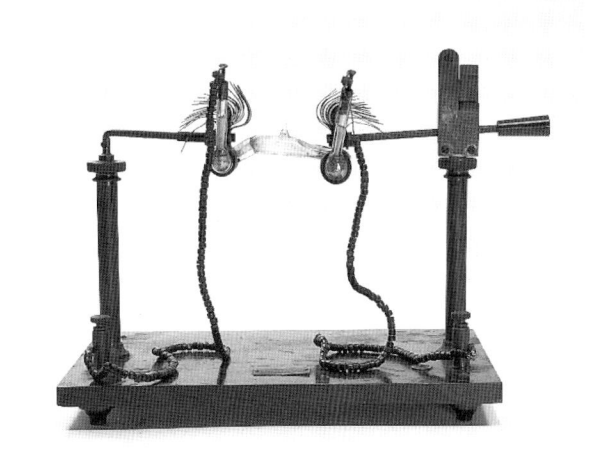

文献
Müller-Pouillets (1914), p. 589-91.

■ルンマーゲールケ板
Lummer Gehrcke's Plate (Cat. No. 273)

大きさ：40×273×厚さ24；木箱62×301×高さ41
購入年：1914（大正3）年
購入費：408円
納入業者：島津製作所
製造業者：Adam Hilger社（London）
台帳記入名称：ルンマーゲールケパラレルプレート
刻印：ADAM HILGER LTD LONDON ENGLAND THICKNESS=10.28 ^M_M　MELTING=508　μ_D=1.57402　C-D=0.00398，D-F=0.00993　F-G=0.00832

1903年にドイツのLummerとGehrckeにより考案されたもので，両面が平行度の高い透明ガラスまたは石英板で作られている．その内部での多重反射を利用した干渉器で高分解能分光測定に用いられる．平行光が直角プリズムから平行板へ入り，図のように平行板内を上下の面で多重反射しながら進む．各反射ごとに一部の光は屈折して外へ出る．これにより平行板の上下に2つの光束ができる．各反射ごとに外部へ出た光の間には，ガラス内を一往復した分に相当する光路差（位相差）が生じており干渉が起こる．これを望遠鏡で集光すると，対物鏡の焦点面に干渉縞を生ずる．干渉の次数が大

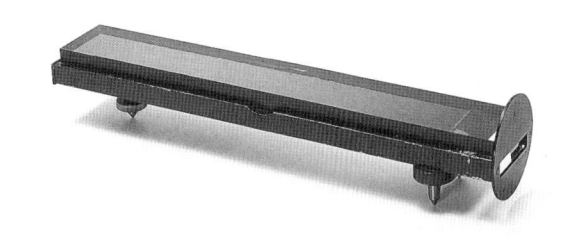

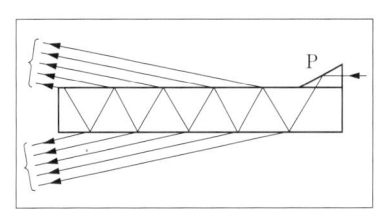

図 3-5-12　ルンマーゲールケ板の光路図

きいので，分解能は極めて大きい．定偏角分光器と併用されることが多い．

文献
島津製作所 (1926), p. 791.
物理学測定研究會 (1939), p. 47.

■階段格子
12 Plates Echelon Grating (Cat. No. 293)

大きさ：175×75×厚さ65
購入年：1921（大正10）年
購入費：462円
納入業者：島津製作所
製造業者：Adam Hilger 社（London）
台帳記入名称：エシェロン　アダムヒルガー社製
刻印：12 PLATES ECHELON GRATING THICK-NESS OF ECHELON PLATE=9.526 ^M_M THICK-NESS OF STEP=1 ^M_M MELTING=631 μ_D=1.5707 C-D.00405 D-F.01005 F-G.0083 ADAM HILGER LTD LONDON ENGLAND

　1898年にMichelsonによって考案された高分解能分光用の回折格子の一種である．等しい厚さの20～30枚のガラス板を図のように約1mmづつずらして階段状に並べ，カナダバルサムで張り合わせて真鍮枠で固定したものである．分解能は極めて大きく，次数の異なるスペクトルの重なりを避けるため，補助用の定偏角分光器などと組み合わせて使用される．本器は12枚のガラス板を重ねたものである．我が国の分光学の開祖と目される長岡半太郎は，大正の初期に階段格子を用いた高分解能の分光実験を行い，交叉スペクトル法を考案した．

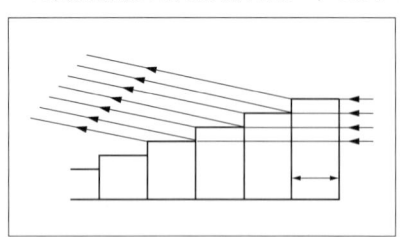

図3-5-13　階段格子の光路図

文献
理化学辞典（1958），p.215.
島津製作所（1922），p.144.
板倉聖宣他（1973），p.433.

6　静電気と磁気

　電気の研究は，1800年のAlessandro Volta (1754-1827) による電堆の発明で大きく変わる．それ以前の研究は静電気の研究であり，それ以降の研究は電流に移っていくが，電気現象を理解させるための物理教育用機器としては，摩擦起電器や箔検電器等の静電気器械が広く活用され続けた．三高コレクションにも，物理教育用として種々の器械が存在しており，ここでは①静電起電器，②検電器と電気計，③医療用電気機器に分類して紹介していく．

　他方，磁気については，航海用の羅針盤として古くから利用されてきたが，磁気に関する本格的な研究は1600年のWilliam Gilbert (1544-1603) の『磁石論』に始まる．磁気は当初，航海との関連が深かったが，19世紀に入って地磁気測定の重要性が増していく．三高コレクションにも地磁気測定の教育用実験器械が存在し，それらを以下で紹介していく．

6-1　静電起電器

　Otto Von Guericke が1660年に高圧静電気を発生させる摩擦起電器を発明して以来，摩擦起電器はライデン瓶とともに静電気研究の重要な実験手段となっていった．Guericke の摩擦起電器は，イオウ球を回転させそれに乾いた手を当てて静電気を発生させる装置で，電気学史における画期的な意義を持つ研究手段であったが，Guericke 自身は，この研究を自らの宇宙観の流れの中でとらえ，電気の実験研究としては把握していなかった．電気研究の道具として本格的に活用したのは，Francis Hauksbee Senior (1666-1713) である．Hauksbee は1706年，脆弱なイオウ球をガラス球に替え，乾いた手の代わりに羊皮の束で摩擦する方式の摩擦静電器を作り，ガラス球内を真空ポンプで真空に引いてグロー放電を確認した[1]．

　摩擦起電器を一般に広めていったのは，ライプチッヒ大学の古典学教授Johann Heinrich Winckler (1703-70) である．Winckler は，ガラスをこするのに皮革のクッションを使い，ガラス球をガラス円筒に代え，手回しを踏み子で動かす改良を加え，

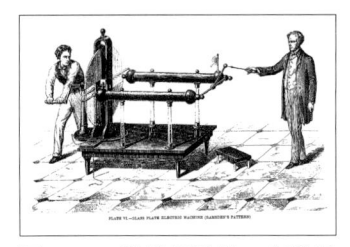

図3-6-1 摩擦起電器の実験風景/Guillemin (1891) より

その起電器を1745年に王立学会に提出した．1750年代に入り，イギリスの優秀な機械製作者 Jesse Ramsden (1735-1800) は，ガラス円板と皮革を摩擦させる摩擦起電器に改良し，1760年代にこの型の起電器の販売を始めた．光学機械製作者としても有名な，Peter Dollond (1706-61) も同様に販売を開始し，こうして摩擦起電器が広く普及していった．これまで製作されたガラス円板型摩擦起電器で非常に大きいものは，1783年にイギリスの科学機器製造業者 John Cuthbertson (1745-1822) が製造した起電器で，現在オランダ・ハーレムの Teyler's Museum に保管されている．ガラス板の直径は1m65cm もある巨大なもので，61cm の火花を飛ばし，50万ボルトを発生させることができる[2]．

起電器が発達し，巨大化してくるに従い，それらの起電器の能力をどのように比較するかという問題が生じる．起電器の効率の良さと出力の強さを示すには，火花放電の起こる最大間隔を測ることが適切であると考えられ，放電間隔が器械に表示された．しかし，火花放電の間隔はいろいろな要因に依存しており，Jean Baptiste Le Roy (1720-1800) が1772年に製作した摩擦起電器では，クッションと一次導体の間を離したことと絶縁性を高めたことで，火花間隔が非常に長くなった[3]．しかし，摩擦起電器の発生電位さえ一定であれば，火花放電そのものは，空気の湿度と温度，放電球の大きさ等を定めれば，簡便な電圧測定方法に利用できる．William Snow Harris (1791-1867) と Peter Theophil Riess (1804-83) はそれぞれ独立に，火花間隔が今日の「電位」に比例することを見いだした[4]．Riess は，自らの考案した装置をスパークマイクロ

■ラムスデンの摩擦起電機
Ramsden's Frictional Electrical Machine (Cat. No. 34)

　　　　大きさ：328×170×高さ486（取っ手を除く）；ガラス円盤　直径300で厚さ6
　　　　購入年：1881（明治14）年以前
　　　　購入費：18円
　　　　納入業者：不明
　　　　製造業者：W. E. STATHAM
　　　　台帳記入名称：電気機　ラムスデン氏　エレクトロマシーン
　　　　刻印：金属プレート；W. E. STATHAM OPTICIAN 111 STRAND LONDON

　　　　ガラス円盤を回転させて皮革と摩擦を起こし静電気を発生させる起電機．発生した静電気は，銅管を通じて取り出され，火花放電等の静電気の実験に使われる．導管部分は失われている．明治初年に広く普及した中等程度の物理学書である宇田川準一『物理全誌』には起電器の詳しい説明とともに，それを使用したさまざまな静電気の実験が記述されている．製造業者の W. E. STATHAM は，1851年ロンドンで開かれた大博覧会の目録に名前が見られる．

　　　　　文献
　　　　　Hackmann (1985), pp. 53-91．　宇田川準一 (1876), pp. 31-2．
　　　　　Turner (1983), pp. 188-9．

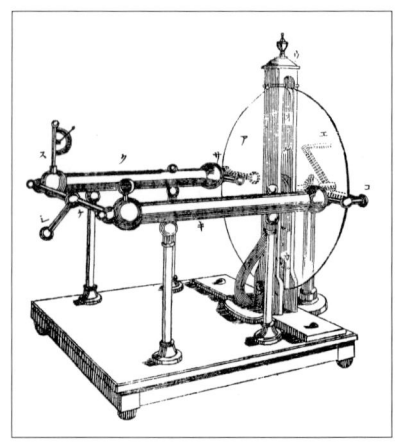

図3-6-2 ラムスデンの摩擦起電器/宇田川準一 (1876) より

近代日本と物理実験機器

メーター（Spark Micrometer）と名付けたが，三高コレクションのもの（Cat. No. 191）は Riess 型の装置である．スパークマイクロメーターは高周波交流の電圧測定において便利な簡易測定方法であり，島津製作所の大正 11 年と昭和 4 年のカタログにテスラの実験装置の一部として同型図がのせられており，「スパーク　マイクロメーター　テスラ氏電流試験用」と記されている[5]．

摩擦起電器は，やがて誘導起電器にその席を譲ることになる．静電誘導による発電の原理は，Volta の起電盆にある．この起電盆は Alessandro Volta (1745-1827) が発明したもので，Volta は 1775 年 6 月に Joseph Priestry (1733-1804) に手紙でこの装置のことを書いたが，Priestry からは注目されなかった．しかし，同じ手紙の内容が，1776 年 7 月の *Observations sur la Physique* に掲載された[6]．

起電盆の発明から 90 年近くが経過した後の 1865 年，ドイツ Greifswald 大学の物理学教授 Wilhelm Theodor Bernhard Holze (1836-1913) が最初に実用的な誘導起電器を発明した．誘導起電器は，摩擦起電器に比べて強力であるだけでなく，湿度の影響が小さいという利点があった．その後，August Joseph Ignaz Toepler (1836-1903) や James Wimshurst (1832-1903) が改良型を製作していった．特に 1880 年，Wimshurst が Toepler の起電器を改良して製造した誘導起電器は，最も単純な機構で，かつ最も強力な起電器となった．細長いアルミ箔片を張った 2 つのガラス板を互いに逆方向に回転させ，誘導された静電気を 2 つの導体管で取り出す仕組みである．この起電器は学校の教育用に瞬く間に普及した．1895 年の X 線の発見以降は，大きくて頑丈な Wimshurst 起電器が X 線発生用の高電圧供給装置として使用された．Wimshurst はイギリスの工学者で 1898 年には王立学会会員に推挙されている[7]．

第三高等学校の諸前身校へ多くの科学機器を納入し，科学機器メーカーとして着実に成長していた島津製作所はこの誘導起電器の性能の高さに注目し，その製作と販売を積極的に推し進めた．島津製作所の『理化器械 100 年の歩み』には，「明治 17 年初代島津源蔵の長男梅治郎（二代目源蔵）が，わずか 16 歳の少年でありながら，ウイムズハスト感応起電器の試作に成功している．……明治 18 年京都勧業博覧会を視察した文部大臣森有礼が，この実験を見て賞賛し彼を激励した」と述べられている．また島津源蔵が命じて明治 19 年に創刊された『理化学的工芸雑誌』の明治 20 年 4 月号には誘導起電器の広告が出ている[8]．三高コレクションのウィムズハースト静電高圧発生装置（Cat. No. 224）には，島津製作所のプレートが張られ，「専売特許」と記入されている．島津製作所の創業者，島津源蔵の息子・源吉が発明し，特許を取ったのである（特許第19268 号感応起電器・明治 44．2．2 特許）．これは，日本のような湿気の多いところで使用できるようにするために，金属箔にエボナイト板を張り付けて覆い，空気を遮断したものである．

図 3-6-3　Holtz の誘導起電器 / Guillemin（1891）より

6-2　検電器と電気計

18 世紀に静電気の研究が進む中で，帯電の程度を知る方法が課題となっていった．

1747年，Jean Antoine Nolle (1700-70) は Benjamin Franklin (1706-90) への手紙で，糸の開きが電気帯電の目安になると伝えている．Nollet はそれを電気計と呼んだ．しかし携帯用の測定器としては，1753 年の John Canton (1712-72) の検電器が最初のものであり，2 つの木髄の小球を糸で垂らした簡単なものであった．その後，風の影響を除くためにガラス瓶に入れたりして改良が積み重ねられていく[9]．

1786 年，Abraham Bennet (1750-99) は木髄球の代わりに金箔を使い，鋭敏な感度を持つ検電器を作った．他方 Volta は，木髄球の代わりにわらを使い，わらの開きを目盛りで読み取って定量的な測定を行えるようにした．さらに Volta は，今日の平行平板コンデンサーを検電器の感電部に用いて微量な電気をも検知できるようにした[10]．Bennet の金箔を検電部に使った Volta の凝集検電器は，その後，静電気の研究装置として，また演示実験装置として，普及していった．三高コレクションのヴォルタの凝集検電器 (Cat. No. 194) は島津製作所から購入されたが，島津製作所の明治 39 年のカタログでは「ボルタ氏濃集金箔検電器」の名称になっている．

1800 年のヴォルタ電堆の発明は，検電器にも新たな発展の道を開いた．1806 年，Thomas Georg Berhard Behrens (1775-1813) は，ヴォルタ電堆の両極の間に 1 枚の金属箔をつり下げて，電荷の正負と帯電量の両方を測ることができる検電器を作成した．その後，Tübingen 大学の数学・天文学の教授であった Johann Gottlieb Friedrich von Bohenberger (1765-1831) は，J. A. De Luc (1727-1817) の高電圧乾電堆を使用した検電器を作成し，広く用いられた．Gustav Theodor Fechner (1801-87) はそれを改良し，乾電堆を使い，木箱に入れ，外から電極の間隔を調整できるようにした．その発明年は少なくとも 1829 年にまで遡ることができる．Fechner はドイツの物理学者・心理学者・哲学者で，1843 年に Leipzig 大学で物理学教授となった人物である．1840 年代の Fechner 検電器がスコットランドの St. Andrews 大学に保存されているが[11]，それは三高コレクションのもの (Cat. No. 144) と同型の器械である．

図 3-6-4　Volta の凝集検電器／Ganot (1906) より

Volta は，自らの作成した検電器にストローマイクロメーター (straw electrometer) と名付けた．検電器ではなく，電位計となるには，電気の単位が明確とならなければならない．1775 年の Coulomb 逆二乗則の発見，1826 年のオームの法則の発見があって，1830 年代に電磁単位の絶対測定が始まった．Karl Friedrich Gauss (1777-1855) は，Wilhelm Edward Weber (1804-91) とともに，地磁気の絶対測定に成功した．William Thomson (1824-1907) も電位の絶対測定に関心を持ち，絶対電位計を設計し，1855 年の British Association に提出した．2 枚の平行な円盤状導体間に働く引力を天秤で測定する仕掛けであるが，円盤の外側に電界が広がって計算が不可能にならないようにガード・リング (guard ring) をつけるなど工夫がされている[12]．面倒な操作が必要な絶対電位計を，通常の測定に使用するわけにはいかないので，絶対電位計で電位を参照して使用する精密な電位計が必要になる．Thomson は，そのような電位計として象限電位計を開発し，1867 年の *British Association Report* に発表した．四分円状の 4 つの銅板を 2 層としてその間に入れた 8 字型のアルミ板が，銅板間で生じた電位差でねじれるのを利用した精密な電位計である．初期のものは，約 400 V までの電

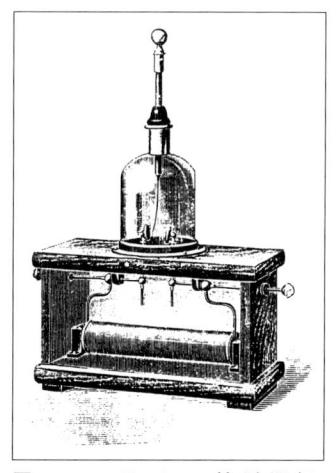

図 3-6-5　Fechner 検電器／C. Gerhardt (1902) より

199

位が測定でき，約 0.01 V の感度を持っていた[13]．Thomson は，その他にもさまざまな電流計，電圧計を発明し，特許を取った．その面での協力者となっていたのが，グラスゴーの James White である．三高コレクションには，トムソン象限電位計は 2 つあるが，その内の 1 つ (Cat. No. 130) は，高田商会を通して J. White 社から 278 円 24 銭 5 厘で購入したもので，機器に J. White 社の製造であることを示すプレートが張られている．グラスゴーの Kelvin Museum に三高コレクションの機器と同型のもので初期に製造された象限電位計が存在する．J. White 社は 1850 年にグラスゴーで創設された科学機器メーカーで，19 世紀後半に隆盛を誇った．Thomson との関係が深く，Thomson はしばしば，J. White の工場を訪れ，アイデアを出して，新しい科学機器の開発を促している．2 人の協力により，さまざまな電気測定機器，測量機器が生み出された．1905 年には合弁会社 Kelvin & James White が設立された[14]．

　この象限電位計はさまざまなタイプのものが発売された．もう 1 つの三高コレクションのトムソン象限電位計 (Cat. No. 131) は，四角いガラス箱の中に硫酸入りガラス瓶と象限測定部を入れた，より簡単な作りとなっている．実際，価格も先の J. White 名入りの象限電位計が 279 円 24 銭 5 厘であったのに対して，これは，メーカー名は入っておらず，85 円である．C. Gerharldt 社のカタログにはこの種の四角いガラス箱

■トムソン象限電位計
Thomson Quadrant Electrometer (Cat. No. 130)

大きさ：290×290×高さ 358　購入年：1897 (明治 30) 年
購入費：278 円 24 銭 5 厘　納入業者：高田商会
製造業者：J. White
台帳記入名称：タムソンクオードランドエレクトロメーター　ランプ付
刻印：2 か所に，「JAMES WHITE GLASGOW」，「LORD KELVIN'S QUADRANT ELECTROMETER N785」と刻印されている．

微少な電位差を測定する精密な測定機器．円筒形の金属箔を 4 つの象限に分けて互いを絶縁し，相対する 2 つの象限部を導線で結び，同じ電位にしてある．円筒内に 8 の字状のアルミ板を入れて一定電位を与え，2 つの象限の内一方を接地し，他方の象限に電位を与えると，アルミ針が 2 つの象限の間に移動する．象限部の下方の濃硫酸入り瓶は，装置の内部を乾燥させるとともに，アルミ針に一定電位を供給する蓄電器になっている．

　　　文献
　　　Ganot (1906), pp. 813-5.
　　　Turner (1983), p. 200.
　　　Hackmann (1998) in I.S. pp. 208-11.
　　　Green (1970), p. 20.

図 3-6-6　Thomson 象限電位計の内部構造図/Ganot (1906) より

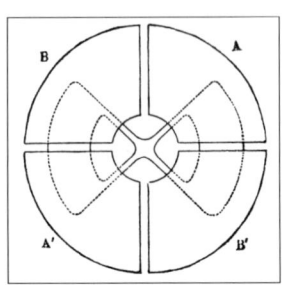

図 3-6-7　Thomson 象限電位計の象限部/Ganot (1906) より

近代日本と物理実験機器

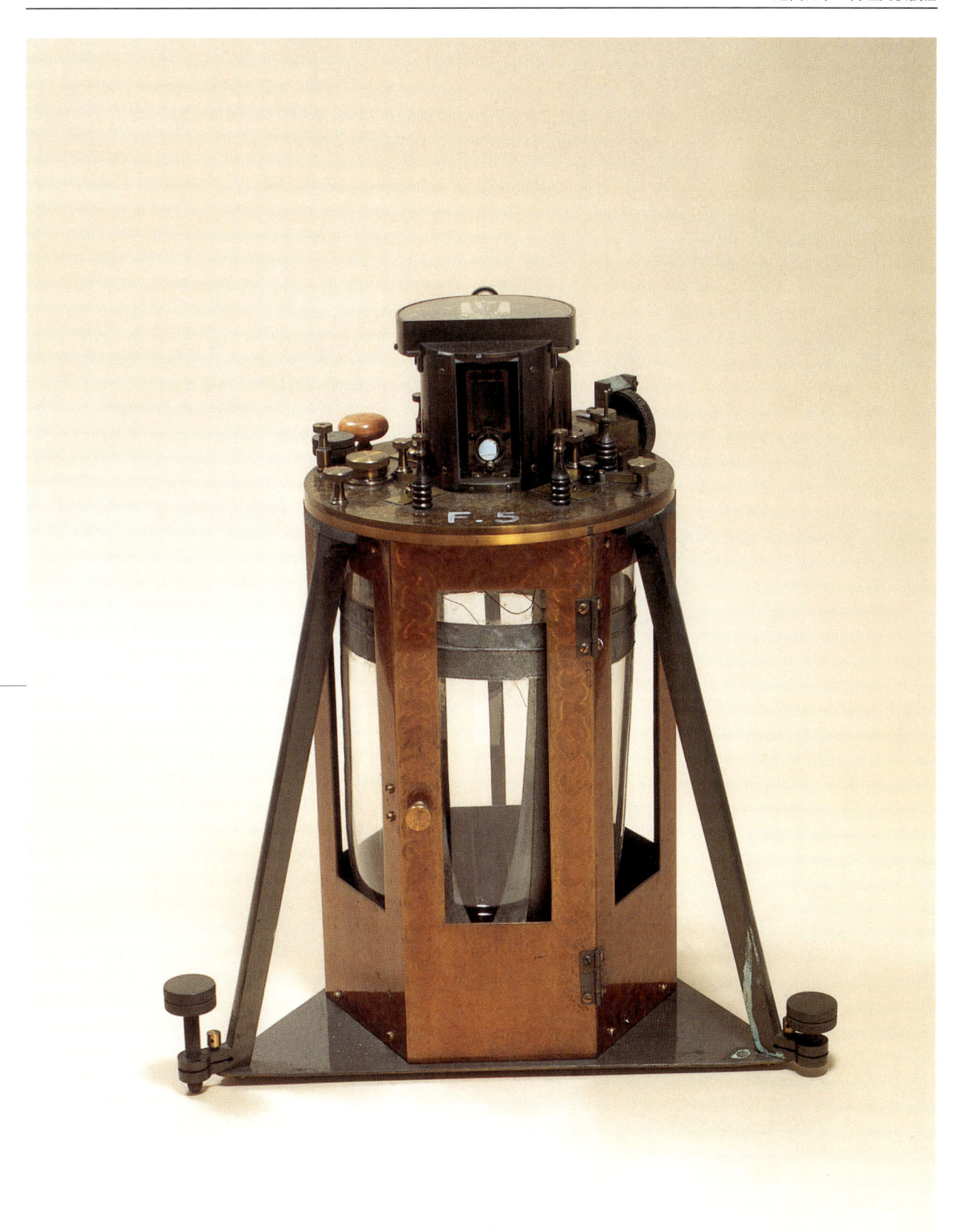

タイプの象限電位計が掲載されている．おそらく簡単で廉価な実験機器として売り出されていたのであろう．

　この電位計は精密であるが，濃硫酸を入れた瓶があり，また装置も大きく取り扱いに不便なので，簡便な形にさまざまに改良を加えられたが，ドレザレック象限電位計はその最も普及した電位計である[15]．トムソンの象限電位計と比べると，濃硫酸の入ったライデン瓶がなく，したがって，液体による制動機構はないが，石英糸を使って針の運動はすばやくかつ動揺がないように作られている．Friedrich Dolezalek (1873-1920) はハンガリーで生まれ，Hannover 大学で学び，Göttingen 大学で学位を取った物理・化学者である．一時 Siemens & Halske 社に入ったが，Göttingen 大学に戻り，物理と化学の研究を行った．Dolezalek の象限電位計は，1897 年にドイツの有名な科学機器研究誌である *Zeitschrift für Instrumentenkunde* に発表された．

6-3　医療用電気機器

　電気的な刺激を医療に利用しようとする動きは，摩擦起電機の発明時から始まったが，本格的となったのは，1745-6 年のライデン瓶の発明以降である．Abbe Nollet (1700-70) は 1746 年，Sauveur François Morand (1697-1773)，Joseph Marie François de la Sône (1717-88) とともに，ライデン瓶の電気が身体の麻痺部分に回復を与えるか

■ドレザレック象限電位計
Dolezalek's Quadrant Electrometer (Cat. No. 249)

　　大きさ：全体の高さ 276；窓ガラスのついた円筒部の直径 93；象限部の直径 58
　　購入年：1910（明治 43）年
　　購入費：102 円
　　納入業者：島津製作所
　　製造業者：Cambridge Scientific Instrument Company
　　台帳記入名称：ドレザック氏象限電位計
　　刻印：CAMBRIDGE SCIENTIFIC INSTRUMENT CO. LTD CAMBRIDGE ENGLAND No. 8793

　Friedlich Dolezalek は，簡便な使用に向いている象限電位計を開発したが，それが本機器で，広く普及した電位計である．トムソンの象限電位計と比べると，濃硫酸の入ったライデン瓶がない，したがって，制動機構がないが，針の運動はすばやく，かつ動揺がない．ただ海底電線の敷設等のために，船上で用いる時は，特別の制動装置が必要となる．8 の字状の可動アルミ針には，上部から真鍮製外箱の内部に差し込まれている充電棒から充電し，一定電圧にする．

　本機器と同じメーカーの製品で 1903 年製のものが，ロンドンの Science Museum に保存されている．島津製作所の大正 11 年のカタログには，まったく同一の機器図が掲載されており，その説明書に，「懸垂用水晶製繊條 3 個（直径 0.003, 0.006 及 0.009 粍）及燐青銅製繊條 1 個付き」と記載され，さらに英文で径 0.006 mm で 60 mm の水晶糸の場合，アルミ針に 60 ボルトを与えた時の感度は，0.1 ボルト差で 1 m 離れたスケールで 150 mm の振れとなると説明している．

　　文献
　　Debus (1968), p. 470.　Lyall (1991), No. 199.　島津製作所 (1922), p. 191.

近代日本と物理実験機器

図 3-6-8 Clarke の発電機/Deschanel (1877) より

どうか試験したが，失敗に終わった．ジュネーブの実験物理学教授の Jean Jallabert (1712-68) は，1747 年，事故にあって右半身麻痺した鍛冶屋の電気治療を試みて成功し，筋肉に対する電気刺激を発見した[16]．

Michael Faraday (1791-1867) は 1831 年に電磁誘導を発見したが，それを発電に応用していったのは，Hyppolyte Pixii (1808-35)，Joseph Saxton (1799-1873)，Edward Montague Clarke (1804-46) である．フランスの科学機器製造業者であった Pixii は 1832 年に発電機を発明したが，それは静止したコイルに対して，永久磁石を回転させるものであった．1833 年に，重い磁石を回転させるのではなくコイルを回転させる改良を行ったのは，アメリカの科学機器製造業者 Saxton である．水銀の入った碗を整流子にし，コイルは馬蹄形磁石の前で回転させる構造であった．

その1, 2年後，ロンドンの科学機器製造業者 Clarke は，Saxton の発電機を改良し，回転接触式の簡便な整流子をつけ，コイルの回転する位置を馬蹄形磁石の横に置く装置を作成した．この発電機ははじめて医療に利用された．Clarke は 1836 年の論文で，「好きな時に均一で安定した電気の供給が確実に得られ，医療実務者にとって最も重要な器械である．」と述べている[17]．しかし，医療用として実用的であるには，小さくて，携帯可能な発電機である必要があり，さまざまな製造業者がその改良を行った．それらは通常，装置全体が箱に入っており，携帯に便利で，かつ即時使用できるように作られている．「Improved Patent Magneto-Electrical Machine for Nervous

■クラーク磁石発電機
Clarke Magneto-Electric Machine (Cat. No. 25)

　　　　大きさ：箱 263×175×高さ 113
　　　　購入年：1881（明治 14）年以前
　　　　購入費：16 円
　　　　納入業者：不明
　　　　製造業者：S. Maw Son & Thompson
　　　　台帳記入名称：磁電気器
　　　　刻印：商標用金属プレートに S. MAW SON & THOMPSON LONDON TRADE MARK と刻まれている．箱蓋の裏側に使用法等の書かれたラベルがついていて，そこには「THE IMPROVED MAGNETO-ELECTRIC MACHINE FOR NERVOUS DISEASES MANUFACTURED BY S. MAW SON & THOMPSON, 10, 11 & 12, ALDERSGATE STREET, LONDON, E. C. …」と書かれている．

医療用に製作された電磁誘導式発電機．箱の中に大きい馬蹄形磁石が入っており，その横で2つのコイルを回転させ，発生した電流を整流子で取り出す．発生電圧は，ハンドルでコイルの回転数を変えることと，馬蹄形磁石に軟鉄片を出し入れして磁束領域を変化させることで調整する．

本器と同一の機器図が島津製作所の大正 11 年，昭和 4 年，昭和 12 年のカタログに掲載されており，かなり長期にわたり，販売されていたことが分かる．順天堂大学医学部医史学研究室に同型器が保存されている．S. Maw Son & Thompson は医薬特許品，コルク製品，度量測定器具，外科医器具，医療用瓶の販売を行っていた外科医器具製造業者で，1871 年以来，その商号を使用していた．

　　　　文献　布施光男 (1978), pp. 111-4. Clifton (1995), p. 57.
　　　　　　　島津製作所 (1937), pp. 218-9. Deschanel (1877), pp. 766-9.

近代日本と物理実験機器

Diseases」と書かれた Clarke 発電機がアメリカとイギリスで最もよく普及した[18]．三高コレクションのクラーク磁石発電機 (Cat. No. 25) はその 1 つで，手動で回転数の調整をすることと，磁束分路回路によって，与える電気量を調節する仕組みになっている．この器械は 20 世紀初めまで長期間にわたって使用されていたことは，島津製作所の大正 11 年，昭和 4 年，昭和 12 年のカタログに図入りで掲載されていることから分かる．

　三高コレクションのクラークの磁石発電機の箱の裏蓋には，次のような説明書が張られている．「使用説明書──2 つの金属コードを箱の端のソケットにつける．コードの他端部を，電流を通したい箇所に当てる．電流量はハンドルの回転で調節する．パワーを大きく上げたい時は，磁石と保持子の接触を断つように銅の取っ手を箱の端から引き抜く．湿ったスポンジをそれぞれの取っ手に被せると，時々患者に不快感を与える痛感を避けることができる．スポンジは，湿気で装置が錆びるので，箱の中に放置したままにしてはならない．軸受けとスプリングは時々油拭きしなければならない」．Clarke はアイルランド生まれの科学機器製造業者で，1833 年には Watkins & Hill 社で働き，1837 年のロンドン電気学会の創立に参画した．電気器や偏光器の販売で知られた．

　しかし，数年後，この医療用発電機に，誘導コイルという強力なライバルが現れる．誘導コイルは，2 つの巻き数の異なる別々のコイルを鉄心に巻き付け，1 次側のコイルに電流を接続する時と切断する時に，2 次側コイルに高圧電流が生じる装置である．Michael Faraday (1791-1867) および Joseph Henry (1797-1878) がそれぞれ独立に自己誘導を発見して以後，アメリカの物理学者 Charles Grafton Page (1812-68) や，アイルランドの牧師でメイヌース (Maynooth) の St. Patrick College の物理学教授であった Nicholas Joseph Callan (1799-1864) が誘導コイルを発明し，改良していく．特に Callan はこの装置を精力的に開発し，Callan が製作した誘導コイルは 1837 年にロンドン電気学会に提出され，実験科学者や科学機器製造業者の大きな関心を引きつけた[19]．

　誘導コイルを電気治療用としてではなく，生理学研究用として利用し発展させたのは，ドイツの電気生理学者 Emil Du Bois-Reymond (1818-96) である．Du Bois-Reymond は，1840 年，生理学で著名な Johannes Müller (1801-58) のもとで Hermann von Helmholtz (1821-94) 等の同僚とともに生理学研究に従事し，神経伝達における電気現象や動物電気の現象を解明した．Du Bois-Reymond の研究の特徴は，生理学に実験的手法を導入し，特に実験機器の製作に力を入れたことである．三高コレクションとして保存されている誘導電流刺激装置 (Cat. No. 28) はその同型品の 1 つである．誘導コイルの 1 次コイルと 2 次コイルの距離を調節して，2 次コイル側から得られる電気刺激を調整する装置である．生理学者からは「Du Bois-Reymond sliding-carriage induction coil」と呼ばれ，1849 年に発表された[20]．Du Bois-Reymond の誘導電流刺激装置の同型機器が三高コレクション中に含まれており (Cat. No. 28)，明治 13 年にロンドンの Elliott Brothers 社に発注されたものである．誘導電流刺激装置はさまざま

図 3-6-9　Du Bois-Reymond の誘導電流刺激装置/Cambridge Scientific Instrument Co.（1891）より

なメーカーのカタログでその機器図が掲載されているが，その形はメーカーごとにさまざまに異なっている．しかし，三高コレクションのものとまったく同一の機器図が Cambridge Scientific Instrument 社の 1891 年のカタログに掲載されている[21]．科学機器製造は多品種少量生産であるために，自社だけですべての製品を製造することは困難で，多くのメーカーは他社の製品を転売していた．Elliott Brothers 社は当時ロンドンの大手科学機器メーカーであったが，おそらくは Cambridge Scientific Instrument 社の製造になる本機器を販売したものと推測できる．

6-4　地磁気の測定

最古の地磁気の測定道具は羅針盤である．ヨーロッパでの最も初期の記述は，1187 年に修道士の Alexander Neckam（1157-1217）によりなされた．そして，羅針盤は，大航海時代の到来とともに，航海の道具として発展していったが，また羅針盤は，携帯用日時計の普及した 16 世紀には，その付属品として盛んに製造され，その製造業者も多く現れた．そうした日時計製造業者の一人，Nürnberg の Georg Hartmann（1489-1564）は，磁針が水平より 9 度傾いていることを記述し，はじめて伏角の存在を示した[22]．はじめて伏角計を製作し，それを明らかにしたのは，イギリスの航海器具製造業者の Robert Norman である．Norman は 1581 年の著書 *The Newe Attractive* で，伏角計の製造とそれによってロンドンでの伏角 71°50′ を測定したことを明らかにした．Norman の伏角計では，磁針の回転軸は水平軸にあり，したがって鉛直面内でのみ回転する．その鉛直面が磁気子午面に一致するように選べば，伏角が得られるが，Norman はそのことを記述していない．William Gilbert（1544-1603）は，小さな羅針盤をつけて磁気子午面を容易に見つけることができることを示唆した[23]．その後の伏角計の発達は基本的に磁針の支持部分の改良であり，後に，瑪瑙のナイフエッジが使われるようになる．

磁気の強さについては，Uppsala 王立学会のメンバーである Friedrich Mallet（1728-97）が 1769 年にはじめて羅針盤の磁針の振動を使って，異なった地点で水平強度を測った．他方，Jean Charles Borda（1733-99）は 1776 年，伏角計を使って磁場の強さを測った．しかし，当時は磁気強度の単位が未確定であったために，測定者によって，また測定機器によって値が異なり，その値の比較ができない状況であった[24]．磁気強度の絶対測定が待たれたが，それを行ったのは Karl Friedrich Gauss（1777-1855）

図3-6-10　伏角計/Ganot (1906)より

と Wilhelm Edward Weber (1804-91) である．Gauss は，1807年に Göttingen 大学天文台長に就任し，1816年頃から磁気測定を始めるが，Weber が Göttingen 大学物理学教授になるとともに，二人による磁気測定の共同研究が行われるようになった．Gauss の方法は，地磁気の方向に向いている磁針に対してそれと直角な方向から棒磁石を近づけて磁針の振れの角を測る「振れの実験」と磁石を水平面内に置いて自由に振動させてその周期を測る「振動実験」を組み合わせたものである．「振れの実験」を行う実験機器は磁気計と言い，これから地磁気の水平分力と磁石の磁気能率の比が求められ，「振動実験」でそれらの積が求められる．この方法によって，測定装置に依存しない地磁気の「絶対」測定が可能となり，地磁気の大きさが結局，時間，質量，長さをもとにしたものにできるようになった．その後，Weber によって同様な考えがさらに他の電気諸量にも進められ，絶対単位系が導入されるようになった[25]．

　「振動実験」を行う実験装置は，学生教育用として多くの物理学教科書に採用され，長く学生実験として行われてきた．三高コレクションの振動磁力計 (Cat. No. 142) もその1つで，第三高等学校で製作されたものである．

　伏角計は，やがて地磁気感応器にその座を譲ることになる．Michael Faraday (1791-1867) は1831年電磁誘導の現象を発見するが，その原理を地磁気に利用して，地磁気の方向を測定するのが地磁気感応器である．この地磁気感応器は，1837年に Weber によって発明されるが，電流計の精度が低い19世紀の段階では，精度よく地磁気の方向を測定できず，もっぱら学校での教育用に使用された．しかし1880年代に，スイスの物理学者でロシア中央物理観測所長の Heinrich Wild (1833-1902) とパリ気象台長

■伏角計
Dip Circle (Cat. No. 44)

　　　大きさ：磁針の長さ 21.5；磁針の入ったガラス箱　395×108×高さ 328,
　　　　　　垂直目盛り円盤の直径 244；水平円盤の直径 186
　　　購入年：1883 (明治16) 年
　　　購入費：90円
　　　納入業者：不明
　　　製造業者：藤島常興
　　　台帳記入名称：台付デビングニードル
　　　刻印：明治十五年十二月古光堂藤島製造

　地磁気の伏角を測定する器械．空気の影響を除くために磁針と目盛り付き円盤は箱の中に入れられている．円盤を回転し，磁針が垂直に立つ位置を求め，その位置より円盤を90度回転すると，磁針は磁気子午面内に入る．磁針の両端の指す角度を読み取り，その平均を取ると，伏角が得られる．

　この器械の製作者，藤島常興は，1873年に開催されたウィーン万国博覧会に派遣された技術伝習生の一人で，明治初期の代表的な科学機器製造業者である．特に優良な測量器械の製造を目指した人物である．藤島は古貨幣模造も行い，その際，自らの製造所を古光堂と呼んだが本機器にはその名が刻み込まれている．

　　　文献　中川保雄 (1979), pp. 140-7, 207-14. Ganot (1902), pp. 724-5.
　　　　　　村岡範為馳, 森總之助 (1925), pp. 188-91.

近代日本と物理実験機器

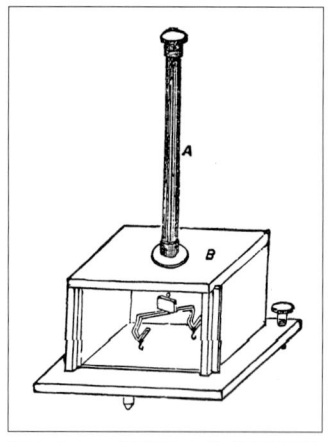

図3-6-11 振動磁力計/村岡範為馳と森總之助 (1925) より

Éleuthère Élie Nicolas Mascart (1837-1908) が電流計のゼロ点法を完成させてから，精密な測定ができるようになり，20世紀には伏角計に代わり地磁気の方向測定の中心となっていった[26]．アメリカのスミソニアン博物館には1950年代にアメリカ海軍観測機器製作所によって製造され，アラスカの磁気観測所に備え付けられた地磁気感応器が現存する[27]．

三高コレクションの地磁気感応器 (Cat. No. 189) は，物理学教育用の器械で，ドイツの著名な教育機器製造メーカー，E. Leybold社の製品である．回転軸は1つしかないが，装置全体を立てて使うこともできるように足が側壁についており，水平軸，垂直軸の両方で測定できるように作られている．明治29年の酒井佐保の物理学教科書には，水平軸とそれに直角な軸も回転できる地磁気感応器が図示され，詳細に次のように説明されている．「獨人ウェーベルは嘗て此理を應用して地磁氣の方位角および傾斜角を測定する方法を發明せり」[28]．

文献
[1] Hackmann, Willem D., "Electrostatic Machine", in Bud, Robert & Warner, Deborah Jean ed. *Instruments of Science, An Historical Encyclopedia* (1998) pp. 221-2.

■地磁気感応器
Earth Inductor (Cat. No. 189)

大きさ：500×240×高さ440
購入年：1902 (明治35) 年
購入費：26円29銭
納入業者：E. Leybold
製造業者：E. Leybold
台帳記入名称：地球ノ磁場ヲ用ヰテ電流ヲ起ス器
刻印：商標の金属プレートにMECHANISCHE WERKSTATTEN E. LEYBOLDS NACHFORGER CÖRN a. RHEINと刻まれている．

地磁気によって誘導電流を発生させる講義用の演示器械．円形の枠にコイルが巻き付けてあり，その回転で地磁気の磁力線を切ることによって発電する．この装置の支持柱に足があり，装置全体を90°回転させて垂直方向にも回転軸をとって地磁気の方位角や伏角を測ることができる．第三高等学校はE. Leybold社から29点を一括購入しているが，その中の1点である．

Leybold社の1902年のカタログには機器図が掲載されている．基本的な構造は本器と同じであるが，回転軸の支柱の形と，整流子にも支柱がある点が異なる．説明書きには，「地磁気による誘導を示すPalmieriの装置 50マルク」と書かれている．

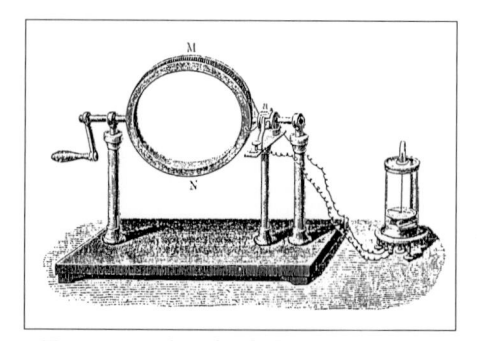

図3-6-12 地磁気感応器/E. Leybold (c1902) より

文献 酒井佐保編 (1896), pp. 314-6. Leybold (c1902), pp. 292-3.
島津製作所 (1906), p. 54.

近代日本と物理実験機器

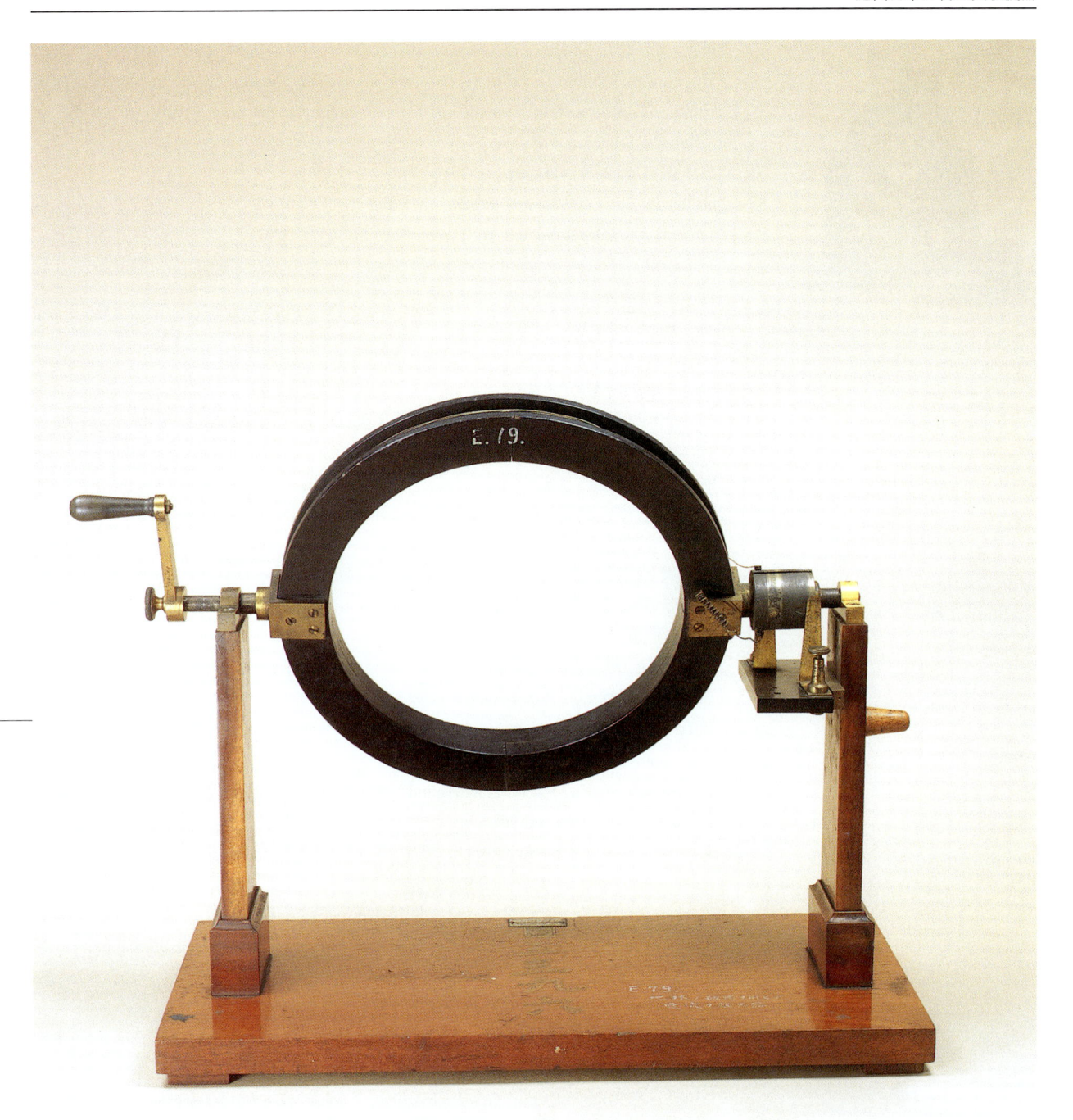

図 3-6-13 地磁気感応器/Müller-Pouillets (1909) より

[2]同上，pp. 223.
[3]Hackmann, Willem D., *18th Electrostatic Measuring Devices* (1978) pp. 44-5.
[4]Ganot, A., *Elementary Treatise on Physics Experimental and Applied* tr. by E. Atkinoson (1902) p. 808.
[5]島津製作所『物理器械目録』(1929) p. 713.
[6]Heilbron, J. L., *Electricity in the 17th and 18th Centuries: a study of early modern physics* (1979) revised ed. by Dover Pub. (1999) p. 416.
[7]Turner, G. L'E., *Nineteenth Century Scientifc Instruments* (1983) pp. 192-3.
[8]島津理化器械株式会社『理化器械100年の歩み』(1977) p. 28.
[9]前出 Hackmann(3), p. 17.
[10]同上，pp. 21-2.
[11]同上，pp. 25-6.
[12]Green, George & Lloyd, John T., *Kelvin's Instruments and the Kelvin Museum* (1970) p. 20.
[13]同上，pp. 22-3.
[14]Clarke, T. N., Morrison-Low, A. D., & Simpson, A. D. C., *Brass & Glass* (1989) p. 252-75.
[15]清水與七郎『電気磁気測定法並測定器具　上巻』(1934) pp. 228-9.
[16]Rowbottom, M., & Susskind, C., *Electricity and Medicine: History of their Interaction* (1984) pp. 15-6.
[17]Clarke, E. M., "Desicrption of E. M. Clarke's Magnetic Electrical Machine", *Philosophical Magazine* Ser. 3 Vol. 9 (1936) p. 265.
[18]前出 Rowbottom 他(16), p. 59.
[19]同上，pp. 57-61.
[20]Rothschuh, K. E., "Du Bois-Reymond" in Gillispie, C. C., ed., *Dictionary of Scientific Biography 4*, (1981) p. 202.
[21]Cambridge Scientific Instrument, *Instrument Manufactured and Sold by Cambridge Scientific Instrument Co.* (1891) p. 57.
[22]Parkinson, W. Dudley, "Geomagnetic Instruments" in Good, A. Gregory ed., *Sciences of the Earth, An Encyclopedia of Events, People, and Phenomena* (1998) pp. 446-7.
[23]Kelly, Suzanne, "Gilbert, William" in Gillispie, C. C., ed., *Dictionary of Scientific Biography 5*, (1981) p. 149-50.
[24]前出 Parkinson(22), p. 448.
[25]高木純一『電気計測の歴史』(1965) pp. 105-8.
[26]Multhauf, Robert P. and Good, Gregory, *A Brief History of Geomagnetism and a Catalogue of the Collections of the National Museum of American History* (1987) p. 37.
[27]同上，p. 83.
[28]酒井佐保編『物理学教科書　下巻』(1896), p. 315.

■ 火花電圧計
Spark Micrometer (Cat. No. 191)

大きさ：212×150×高さ210
購入年：1902（明治35）年
購入費：9円
納入業者：島津製作所
製造業者：島津製作所
台帳記入名称：振動放電気器
刻印：商標金属プレートに，「京都 島津製作所器械部 TRADE ⊕ MARK THE INSTRUMENT DEPARTMENT OF SHIMADZU'S FACTORY KYOTO」と記載あり．

火花放電の起こる間隔で電圧を測る電圧計．両極に針金の先端部を用いる場合と，球状金属体を用いる場合があり，使用電圧が高くなるに従って球状金属体がよく利用されるようになった．この器械は後者である．

本機器購入の請求者は第三高等学校物理学教授の玉名程三で，明治35年10月にテスラの実験装置一式を購入しており，この火花電圧計はその一部である．島津製作所の大正11年のカタログに掲載されている装置一式と購入品目は一致する．

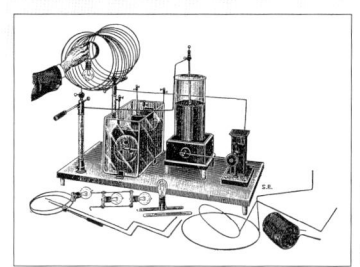

図3-6-14 火花電圧計を使用した実験装置/島津製作所（1929）より

文献
内藤卯三郎他（1931），pp. 319-23．
正木修（1942），pp. 630-2．

■ ビオ二重球
Biot's Apparatus (Cat. No. 32)

大きさ：中空の真鍮球とその支持台，支持台下部の直径130，高さ340，球の直径103
購入年：1881（明治14）年以前
購入費：3円50銭
納入業者：不明
製造業者：不明
台帳記入名称：蓄電球
刻印：プレートに「京都島津製作所 TRADE ⊕ MARK SHIMAZDU'S FACTORY KYOTO」

電気は導体の表面にのみ分布することを教示する実験装置．ガラスで絶縁した中空の真鍮球と，その球の外直径と同じ大きさの内直径をもつ2つの真鍮の半球からなる．半球にはそれぞれガラスの絶縁体の柄がついている．中空の真鍮球に電荷を与え，2つの半球をそれに被せると，電荷は半球に移る．半球を離し，真鍮球および半球をそれぞれ検電器で調べると，真鍮球は帯電しておらず，半球は帯電していることが分かる．

文献
Ganot (1902), p. 748.
Deschanel (1877), pp. 523-34.
島津製作所（1922），p. 192．

■起電盆
Electrophorus (Cat. No. 46)

大きさ：ぼんの直径 204，高さ 23；金属板の直径 147
購入年：1883（明治 16）年
購入費：3 円 50 銭
納入業者：不明
製造業者：不明
台帳記入名称：エレクトロフォーラス

　静電誘導によって電気を得る非常に簡便な装置．真鍮製皿の中に樹脂が詰められている盆状のものと，ガラスの柄のついた真鍮板からなる．この電気盆は Alessandro Volta (1745-1827) が発明したものである．Volta は 1775 年 6 月に Joseph Prieatry に手紙でこの装置のことを書いた．Abbe Rozier にも送られた同様の手紙は，1776 年 7 月の *Observation sur la Physique* に掲載された．宇田川準一『物理全志』（明治 8 年）には「「エレクトロホーラス」ハ多量ノ電氣ヲ發起スル器械ニシテ伊太利國著名ノ理學家ボルタ氏ノ創製ニ係ル此器ハ……」と書かれ，詳しく説明されている．

文献
　宇田川準一 (1876), pp. 36-7.
　川本清一訳述 (1879), pp. 545-6.
　Turner (1973), pp. 331-2.

■ウイムズハースト静電高圧発生装置
Wimshurst Electrical Machine (Cat. No. 224)

大きさ：300×210×高さ 364；ガラス板の直径 270 厚さ 8
購入年：1908（明治 41）年
購入費：25 円
納入業者：島津製作所
製造業者：島津製作所
台帳記入名称：ウキムシャルスト氏エボナイト製発電機
刻印：刻印は 2 か所；専賣特許，登録⊕商標　島津感應起電器　SHIMADZU'S HIGH TENSION INFLUENCE MACHINE TYPE 1 NO. 5811

　静電誘導を利用して高電圧を発生させる装置．火花放電や尖端放電等の静電気の実験に利用する．島津製作所の昭和 4 年の『物理器械目録』には，本機器とまったく同一の機器図が掲載されている．回転円板の直径も同じ 27 cm であり，タイプが No. 1 であることも一致している．昭和 4 年の目録に価格は書かれていないが，明治 39 年の島津製作所のカタログには「ウキムシャルスト発電機　エボナイト板製」として 3 段階の価格 33 円，25 円，18 円がつけられている．このうち 25 円の起電器が購入されたと推定できる．

文献
　島津製作所 (1906), p. 40.
　Turner (1983), pp. 192-3.
　Mollan (1994), pp. 113-5.

図 3-6-15　ウイムズハースト起電器/島津製作所 (1906) より

■ヴォルタの凝集検電器
Volta's Condensing Electroscope (Cat. No. 194)

大きさ：上部真鍮円板の直径 70；ガラス瓶の内径 122；
　　　　全体の高さ 284
購入年：1902（明治 35）年
購入費：2 円 50 銭
納入業者：島津製作所
製造業者：島津製作所
台帳記入名称：コンデンシングエレクトロスコープ
刻印：TRADE ⊕ MARK

微少な電位を検知できる蓄電式検電器．ガラス瓶内の立棒は金箔が開き過ぎてガラス壁に張り付くことを防ぐためのものである．宇田川凖一『物理全志』には「前ニ記載シタル金箔製験電器ハ些少ノ電氣ヲ測知シ得ベシト雖モ之ニ添加フルニ第二百六十二圖ノ如キ二個ノ濃集板ヲ以テスレハ即チ更ニ些少ノ電氣ト雖モ尚能ク之ヲ則知スヘシ……」と記載されている．

島津製作所の明治 39 年のカタログには，「ボルタ氏濃集金箔験電器　2 円 50 銭」と記載されており，台帳に記載された購入金額と一致している．第三高等学校教授の玉名程三の請求になるものである．

文献
宇田川凖一 (1876), pp. 50-1.
島津製作所 (1906), p. 40.
Deschanel (1877), pp. 579-80.
Hackmann (1978), p. 22

■フェヒナー型はく検電器
Fechner-type Single Leaf Electroscope (Cat. No. 144)

大きさ：360×148×高さ 170
購入年：1898（明治 31）年
購入費：38 円 40 銭
納入業者：島津製作所
製造業者：不明
台帳記入名称：エレクトロメーターナルフェーヒネル

1 枚箔の検電器．下部の箱の中に，乾電堆の Zamboni Pile が収納されている．電池の両極は，上部のガラス瓶中の 2 つの金属円板に連結されている．検電器のロッドから，1 枚の金箔が，2 つの金属円板の真ん中に位置するようにつり下げられ，ロッドに静電気を与えると，金箔は，その正負に応じて，右左に振れる．測定する前に，下の箱を付き通っている短絡棒で 2 つの金属円板を放電させる．

文献
Hackmann (1978), p. 25-6.
Walmsey (1911), p. 55.

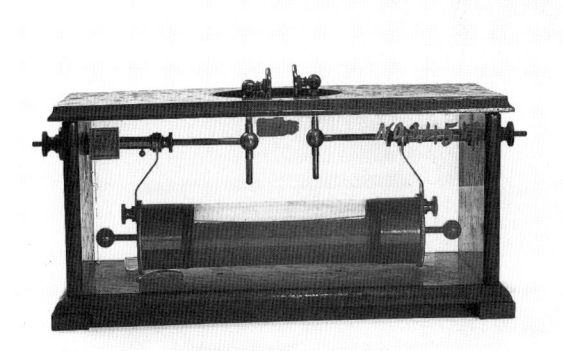

図 3-6-16　フェヒナー型はく検電器／Gerhardt 社 (1902) より

■トムソン象限電位計
Thomson Quadrant Electrometer (Cat. No. 131)

大きさ：322×322×高さ538
購入年：1897（明治30）年
購入費：95円
納入業者：島津製作所
製造業者：不明
台帳記入名称：タムソン氏クォードランド
　　　　　　　エレクトロメーター
「電気計　タムソン氏象限電気計」と白書されれている

　微少な電位差を測定する精密な電位計．本機器は，Cat. No. 130の同型器と比べると，簡易な構造になっている．四面がガラスに囲まれた直方体の箱には，ライデン瓶と象限部が入っている．8の字状のアルミ針を垂らす絹糸は，箱の上部に置かれたガラスジャーで外部から保護されている．絹糸とそのねじりを測る鏡は失われている．オランダのTeyler's Museumに同じような四角いガラス箱に入った象限電位計が保存されており，それにはBranly電位計の記名がある．Guillemin物理学書によれば，パリのCathoric大学教授Edward Branly (1844-1940) がトムソン象限電位計を改良した電位計である．

文献
Turner (1983), p. 200.
Hackmann (1998) in I. S. pp. 208-11.
Guillemin (1891), pp. 530-531.

■誘導電流刺激装置
Du Bois Reymond Induction Coil (Cat. No. 28)

大きさ：78×523×高さ125（2つ折りにした時の長さ）
購入年：1881（明治14）年以前
購入費：18円
納入業者：不明
製造業者：不明
台帳記入名称：電氣反激試驗器

　生体に電気刺激を与える生理学実験用装置．生理学者Du Bois-Reymondが1849年に発表した．1次コイルと2次コイルの距離を変えて2次電流の量を変化させ，刺激の強さを調整する．単一刺激と断続刺激の両方を与えることができる．単一刺激の場合にはスイッチの開閉で行うが，断続刺激の場合には電磁石を利用した自動断続装置を使う．本機器には1次コイルと2次コイルは失われている．本機器はロンドンのElliott Brothers社に発注された．その当時の注文書が残っており，合計5ポンド15シリングが支払われている．

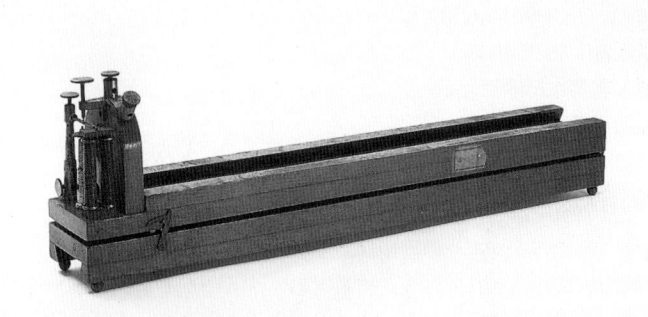

文献
Cambridge Scientific Instrument Co (1891), p. 57.
Lyall (1991) No. 407.
ウイリアムズ (1998) pp. 37-43.

■電気誘導試験器
Induction Spirals (Cat. No. 212)

大きさ：197×90×高さ 406
購入年：1905（明治 38）年
購入費：6 円
納入業者：島津製作所
製造業者：不明
台帳記入名称：マッシー感応電気試験器

ライデン瓶の放電により誘導電流が起こることを示す演示実験装置である．ガラスや樹脂でできた板に銅線を螺旋状に張り付けたものを2つ用意し，互いに向かい合うように置く．一方の板の銅線にライデン瓶を繋いで放電させると，他方の板の銅線に誘導電流が起こり，その銅線の両端を手で持っている人は感電する．Ganot は Matteucci が考案したと書いている．

機器の請求者は第三高等学校教授の玉名程三である．2 枚のうち 1 枚しか残っていない．同型の機器は，Max Kohl 社の 1905 年のカタログと E. Leybold 社の 1902 年頃のカタログに見られる．

文献
Max Kohl (1905), p. 573., Ganot (1902), pp. 972–3.
Leybold (c1902), pp. 305–6.

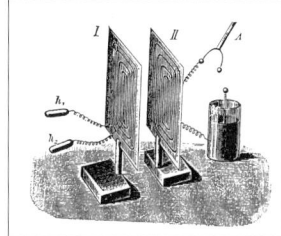

図 3-6-17 電気誘導試験器/Max Kohl (1905) より

■伏角針
Dipping Needle (Cat. No. 27)

大きさ：台；直径 51×高さ 120，針の長さ 85
購入年：1881（明治 14）年以前
購入費：1 円 50 銭
納入業者：不明
製造業者：不明
台帳記入名称：下傾針

地磁気の伏角を測る簡単な伏角計である．本機器には目盛り板が失われているが，それを取り付けるためのねじ穴が 2 か所見られる．針の先が途中から非常に細くなっているが，これは目盛り板で正確に読み取る目的でそのように作られたのであろう．伏角針には，軸を水平に回転できて方位針に変えることができるタイプ，上からつり下げるタイプなど多様な製品があることが当時のカタログに見られる．

文献
Griffin (1910), p. 686.
Max Kohl (1926), p. 806.

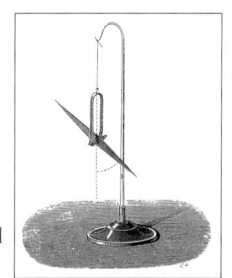

図 3-6-18 伏角針/Deschanel (1877) より

■振動磁力計
Oscillation Magnetometer (Cat. No. 142)

大きさ：箱；270×155×高さ155，ガラス管；直径12
　　　　　高さ625，アルミ円盤の直径60
購入年：1898 (明治31) 年
購入費：80銭
製造者：第三高等学校
台帳記入名称：磁石振動箱
箱に「磁石振動箱」と墨書

地磁気の水平分力と棒磁石の磁気能率の積を測る器械．棒磁石を絹糸で上から吊るし，地磁気の作用下で振動を起こさせ，その周期を測定することから，上記の積の値が得られる．振れの実験と組み合わせて，地磁気の水平分力の絶対測定が得られる．本機器では，箱の中に磁石と反射用鏡とアルミ円盤が，箱の上のガラス管を通った絹糸で吊されている．

文献
村岡範為馳，森総之助 (1925)，pp. 191-4．
Good in I. S (1998), pp. 368-71.
島津製作所 (1922)，p. 186．

7 電磁気学

　1800年の電堆の発明で,電気の研究は静電気の時代から電流の時代へと移行した.19世紀前半には電磁気学の研究が進み,その後の電気の応用の時代を準備する.まず,本格的な電気産業として花開いた分野は電気通信で,その後電気照明の分野が続き,巨大な電力産業が19世紀後半に成長していった.

　三高コレクションにはこれら電磁気の発展を追うことのできる実験器械が存在している.ここでは①電池,②電磁相互作用,③電磁力で回転を起こす装置,④抵抗器と抵抗測定,⑤電流計と電圧計,⑥電気通信,⑦電気照明の7つに分類して紹介する.

7-1　電池

　Alessandro Volta (1745-1827) が1800年に王立学会に報告した電堆によって,電流を連続的に流す手段が確立し,電気の歴史に新たな段階が切り拓かれた.電堆の発表は大きな反響を呼び,各地で追試が行われた.同年 Anthony Carlisle (1768-1840) と William Nicholson (1753-1815) は電堆によって水の電気分解を行い,水が水素と酸素からなることを示した.

　また,Sir Humphry Davy (1778-1829) は,電気は化学作用によって生じ,したがって純水で電気は発生しないことを証明した.他方,電池の改良も進められた.1801年,Cruickshank は液漕型の電池を作り,1815年,William Hyde Wollaston (1766-1828) は銅板をU字型に曲げて亜鉛版を取り囲む電池を作成した[1].

　しかし,それらの電池では,正極の銅板に水素気泡が発生し,逆の方向の起電力を生じさせる分極作用が起こる.電池の急速な劣化を防ぐには,この分極作用の克服が課題となっていたが,それを解決したのが,イギリスの物理学者・化学者 John Fredric Daniell (1790-1845) である.Daniell は1820年に湿度計を発明し,科学者としての名声を高めていくとともに,1831年にロンドンの King's College で最初の化学教授に就任する.そして1836年,ダニエル電池を発明した.Daniell は,電池の正極・銅板側と負極・亜鉛板側の間に素焼きの隔壁を入れ,それぞれの側に硫酸銅液,硫酸亜鉛液を

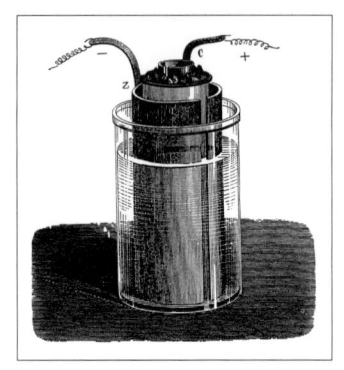

図3-7-1 Daniell電池／Guillemin (1891) より

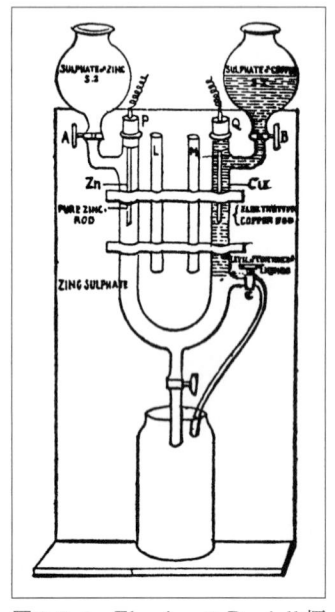

図3-7-2 FlemingのDaniell標準電池／Houston (1898) より

入れた．すなわち2種の液体からなる電池を作ったのである．電流が通じた時に亜鉛板で発生した水素は素焼き円筒の壁を通して外に出て，硫酸銅と反応して銅を析出し，負極・銅板での水素ガスの発生が防がれる仕組みである．この2種液体・隔壁方式の電池は，その後，1839年のグローブ (Grove) 電池，ブンゼン (Bunsen) 電池へと改良されていく[2]．

他方，電気研究の進展とともに，異なる電池の起電力を比較できる標準電池が必要となる．1882年，Erasmus Kittler (1852-) は，化学的に純粋な銅板，一定温度で一定濃度の硫酸等の条件にかなうダニエル電池を「標準電池」と名付けた[3]．ダニエル電池を標準電池として工夫する試みは，William Thomson にも見られるが，三高コレクションのダニエル標準電池 (Cat. No. 134) は，John Ambrose Fleming (1849-1945) が1885年に考案した標準電池である．U字管の右側のガラス管には，15℃で比重1.1の純粋な硫酸銅溶液，左側のガラス管には15℃で比重1.4の純粋な硫酸亜鉛溶液を入れて使用すると，起電力が1.074となる[4]．しかし，この電池は，測定時に液の交換が必要であり，あまり実用的ではない．Fleming は，イギリスの電気技術者で，1881年からロンドンの Edison Electric Light Company の顧問となり，その後1885年から1926年までロンドンの University College の電気工学教授として活躍した．C. Gerharldt 社のカタログでは，類似の機器図が載せられ，「Fleming による標準ダニエル電池」33マルクと記載されている．

標準電池としてはじめて広く普及したのは，イギリスの電気技術者 Josiah Latimer Clark (1822-98) が発明し，1873年にロンドンの王立協会に論文を提出したクラーク標準電池である．この電池は，電極としては亜鉛と水銀を，溶液には硫化水銀と硫酸亜鉛を用いる．その起電力は15℃で1.433ボルトであるが，任意の温度での値も計算式から求めることができる[5]．Clark は，海底電信に特に興味を持ち，Society of Telegraphic Engineers and Electrician の創設に尽力し，その4代目の会長に就任している．

クラーク標準電池は，電極に連結させている白金線が亜鉛アマルガムとの合金化により膨張し，時にガラス管を破壊する．またその起電力の温度係数が大であること，温度の変化に対して起電力が即座に反応しないこと等の欠点があり，やがてウエストン標準電池に取って代わられる．アメリカの電気技術者 Edward Weston (1850-1936) は1892年に，クラーク電池の亜鉛の代わりにカドミウムを用いて，温度係数の小さいウエストン標準電池を発明した[6]．

ヴォルタ電堆の発明後，起電力の発生原理について化学作用による解釈と金属接触説による解釈が対立した．この接触説の考えが，ドイツ・グライフスヴァルトの Thomas Georg Bernhard Behrens (1775-1813) をして乾電堆の発明へと導いた．Behrens は1806年に金箔と錫箔からなる乾電堆を発明し，それを帯電体の正負を検知する検電器に使用した．Behrens の研究は注目を浴びなかったが，それとは独立にイタリア Verona 大学の物理学教授であった Giuseppe Zamboni (1776-1846) が1812年に発明した乾電堆は広く使用された．三高コレクションのザンボニーの乾電堆 (Cat. No.

122) は同型品である．Zamboni が当初作成した電堆では金箔片と銀箔片が使用されたが，Negrett & Zambra 社の製品では，銀箔と紙，二酸化マンガンを 1 層として，1000 層，2000 層と積み重ねられ，常温で 100 V 程度が得られる．長寿命であることが特徴で，数年間使用することができる．検電器によく使用される．乾電堆の成功は接触説の側に有利なように思われたが，Paul Erman (1746-1851) は 1807 年に Behrens の乾電堆が完全に乾燥した空気の中におくと，起電力を失うことを見いだした．乾電堆では乾いた紙を金属板の間に挟むが，空気中の湿気が自然としみ込む[7]．

7-2　電磁相互作用

デンマークの物理学者 Hans Christian Oersted (1777-1851) は，1819-20 年に電流の磁気作用を発見し，さらに強力な装置で実験（エールステズの実験）を行ってその結果を確認し，1820 年 7 月に発表して，そのコピーをデンマーク内外の研究者に送った．その発見は非常に大きな関心を集め，多数の学者がこの新領域の研究に殺到した．

フランスの物理学者・天文学者 Dominique François Jean Arago (1786-1853) が 9 月 11 日にパリの科学アカデミーで Oersted の実験を André Marie Ampère (1775-1836) 等に伝えた．Ampère は大いに関心を抱き，直ちに研究を開始し，7 日以内に科学アカデミーに最初の結果を報告した．そして Ampère は，プラス電気の流れる方向が電流の流れる方向であると定義して，それはその後一般に使用されるようになった．その上で，有名な右ネジの法則をうち立てた．単極のみの磁石を作ることはできないが，図 3-7-4 のような装置を組み立て，電流が磁石の一方の極のみに作用して，右ネジの法則に従って，回転させることができることを示した[8]．

また，Ampère は，2 本の平行な導線は同方向に電流が流れれば引き合うし，反対方向に流れれば反発することを示した．また，任意の角度で相対する導線間の力も，数学的な解析を加えて導き出した．さらに環状導線に流れる電流同士は，互いに偏向しようとする力を受けることから，環状電流は磁針と同じように振る舞うことを見いだし，磁石を環状電流の集まりと見なして数学的な解析の対象とした．

平行な導線に同方向に流れる電流は引き合うという Ampère が見つけた現象をコイルに応用すれば，コイルに電流を流すと導線同士が引き合い，その結果，コイルは収縮することになる．これを使って，イギリスの医師 Peter Mark Roget (1779-1869) は跳躍コイルを作り，1835 年に発表した．ロジェーの跳躍螺旋と呼ばれ，導線同士に働く力を示す教育器械として利用された．

導線が，互いに離れた位置で直交する場合には，一方の導線が他方の導線の方向に沿って進むように力が働く．このことを示す教育用実験装置として，電流旋転器がある．発明者の名前は不明であるが，19 世紀後半における多くの科学機器メーカーのカタログにその装置図が見られる．

Arago は，Oersted の実験をパリ科学アカデミーに伝えた後，Ampère と共同でソレノイドの実験を行うが，Ampère の陰に隠れてあまり目立つことはなかった．しかし，

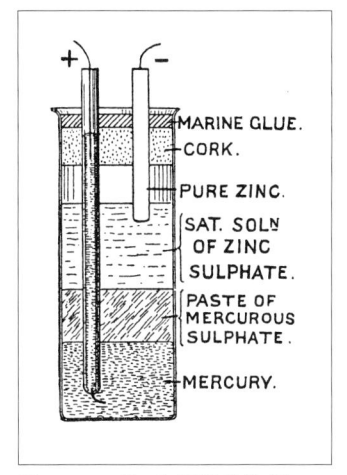

図 3-7-3　Clark 標準電池/Ganot (1906) より

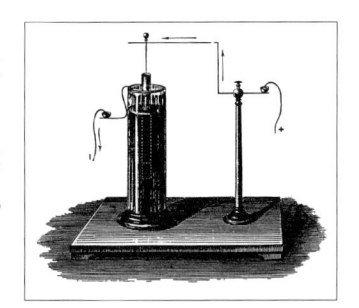

図 3-7-4　Ampère による磁石の回転を示す装置/Deschanel (1877) より

図 3-7-5 磁気渦動電流制振器/Walmsey（1911）より

パリで3年間部屋を共有したほど親しい友人 Alexander von Humboldt (1769-1859) と，1822年，グリニッジの丘の磁気強度を測定している時，コンパスの磁針の振動に対して金属物質が与える減衰効果を発見し，それをさりげなく記述した．その後 Arago はその記述の重要性を再認識し，アラゴ円板として知られる，非磁性体金属の回転が磁針に与える影響について報告した．1825年に Arago は，ロンドン学士院の最高の表彰である Copley 賞を授与された．Arago は，アラゴ円盤の原因として，渦電流を認識していなかったけれども，この結果は，後に Faraday に電磁誘導の実験を思いつかせるに至る重要な契機となり，また Faraday によって，金属板中で起こる誘導電流がその原因であることが示された[10]．フランスの実験物理学者 Jean Bernard Léon Foucault (1819-68) は，アラゴ円板の実験をもとに，強力な磁場中で銅板を回転させることで，強い制動力を生じさせることのできる装置を製作した．この磁気渦動電流制振器には1855年，Copley 賞が授与された[11]．

1883年，Adalbert Carl von Waltenhofen (1828-) は渦電流による制動作用を示す教育用演示器械を発明した[12]．それが広く一般に使用されたことは，さまざまな科学機器メーカーのカタログに掲載されていることから分かる．三高コレクションのワルテンフォーフェルの振子（Cat. No. 248）もその1つで，島津製作所の製品である．Waltenhofen は1883年以降ウイーンの工科大学の電気工学の教授を務めた人物である．

7-3 電磁力で回転を起こす装置

はじめて電気を力学的な動力に変える実験を行ったのは，Michael Faraday (1791-1867) である．Faraday は1821年に電磁的回転の発見を行い，1831年に電磁誘導を発見した．この1821-31年は Faraday が電気研究に集中した期間であった．1820年に Hans Christian Oersted が電流の磁気作用を発見して以後，この興味深い現象に関して多量の研究論文が生み出されていた．Faraday の友人で，*Philosophical Magazine* の編者であった Richard Phillips (1778-1851) は，Faraday にそれらの仕事を概観して，合理的な学説と根拠のない推察を区別してほしいと依頼した．Faraday は，当時は化学の問題に関心があったので気が進まなかったがその仕事を引き受け，仕事を進める中で電磁気の研究に熱中していった．Faraday はエールステズの実験で，小磁針が導線の周りで円を描くように，その極を向けることに関心を持ち，その回転を具体的に見せる実験装置を作り，1821年の *Quarterly Journal of Science* に発表した．そこには2つの実験が示されており，磁石の周りを導線が回転する実験と，導線の周りを棒磁石が回転する実験である．何れもはじめて，電気力が力学的力に変換された実験である[13]．

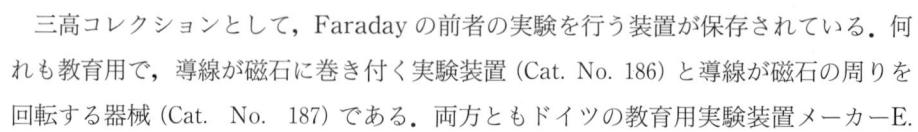

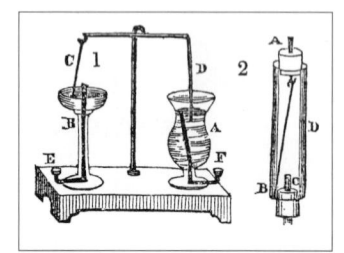

三高コレクションとして，Faraday の前者の実験を行う装置が保存されている．何れも教育用で，導線が磁石に巻き付く実験装置（Cat. No. 186）と導線が磁石の周りを回転する器械（Cat. No. 187）である．両方ともドイツの教育用実験装置メーカーE.

図 3-7-6 Faraday の実験/Francis (1842) より

Leybold 社から購入したものである．

その後，さまざまな電動機が考案されていくが，1833 年に William Ritchie (-1837) が発明した電動機もその１つである．水銀中に入った導線が接続子となり，垂直軸の周りを回転子が回転する仕組みになっている．しかし，この装置は，電動機として実用化されたわけでなく，演示用，教育用として使われていったに過ぎない[14]．Ritchie はスコットランド生まれで，パリで物理学を学んだ後で，1832 年からロンドン大学の物理学・天文学の教授となった．

三高コレクションの直流電動機 (Cat. No. 24) では，水銀溜の端子ではなく，金属接続端子になっている．島津製作所の大正 11 年，昭和 4 年のカタログには同一の機器図が掲載されており，それぞれ，「電磁廻轉器 Ritchie's Top」，「リッチー氏独楽（電磁石廻轉器）Ritchie's Top」と名称がつけられている．

その後，電磁的な力を吸引力として利用した電気モーターがいくつか発明されたが，電源が高価な電池であることで実用化にはほど遠かった．しかし，1880 代に交流配電網が整備されていくに従い，交流発電機が発達していく．そして 19 世紀後半には交流電動機が発明されていった．最初に実用的な交流電動機として現れたのは，誘導電動機である．1824 年の Arago の渦電流の発見に基づき，1888 年，Nicola Tesla (1856-1943) は，回転磁場中に入れた導体は回転するという誘導の原理を使い，二相誘導電動機を発明した．三相誘導電動機については，1891 年のフランクフルト電気技術博覧会に，Michael von Dolivo-Dobrowosky (1862-1919) が展示した．Dolivo-Dobrowosky の誘導電動機は，堅牢な円筒型の特別な回転子「リスの篭形」を用い，非常に頑丈で最も普及したタイプで成功を収めた[15]．Dolivo-Dobrowosky はペテルブルグに生まれ，ダルムシュタットの工業大学に学び，技師として Allgemeine Elektricitäte Gesellschaft に入り，ほとんどその生涯をそこで送った．当初直流技術を研究対象としていたが，Galileo Ferraris (1847-97) の回転磁界の理論研究に刺激を受け，1888 年以降，多相交流の応用に専念していった．

三高コレクションの三相回転磁場説明器 (Cat. No. 246) は物理学教育用の実験機器で，島津製作所から購入されたものである．島津製作所の昭和 4 年のカタログにはまったく同じ機器図が掲載されており，「廻轉磁場説明器　三相　第 14318 号の手動発電機を用ひ實驗するもの　Apparatus for illustration of rotary field」と書かれている．

7-4　抵抗測定

1826-7 年に Georg Simon Ohm (1789-1854) が発表したオームの法則は，電気回路の基本法則を明らかにしたもので，その後の電気学と電気技術の発展に重要な一歩を築いた．オームの法則は Gustav Theodor Fechner (1801-87) や Charles Wheatstone (1802-75) 等によって実験の追試を行われ，確認されたが，「修正長さ」等のあいまいな概念がまだ残っていた[16]．しかし電気回路の設計上重要な部分として「抵抗」が位置付

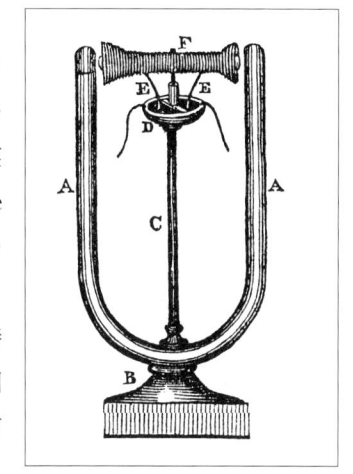

図 3-7-7　Ritchie の電動機/Francis (1842) より

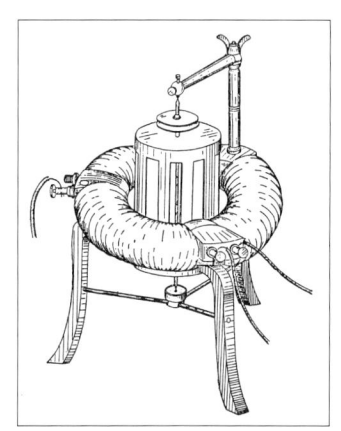

図 3-7-8　誘導電動機/内藤卯三郎 (1931) より

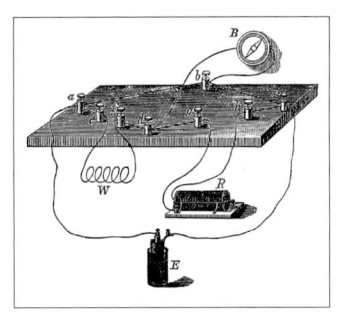

図 3-7-9 ホイートストン・ブリッジ/Walmsey (1911) より

けられていく．

　可変抵抗器は当初電気測定機器として発展していったが，1843 年，Wheatstone は，Davidson の電気モーターの速度を制御する道具として使用し，電池の能力が落ちてもモーターの速度を一定に保つことができる便利な道具であると報告している[17]．三高コレクションのすべり抵抗器 (Cat. No. 47) は，円筒形の絶縁体に導線を巻き付けたタイプである．この Slide Resistance は岩波の『理化学事典』初版 (1935 年) には，1841 年に Johann Christian Poggendorff (1796-1877) が考案したと記載されている[18]．

　抵抗を正確に測定するホイートストンブリッジは，1833 年，イギリスの数学者 Samuel Hunter Christie (1784-1865) がその原理を *Philosophical Transaction* に発表した．Wheatstone も 1843 年に同誌に発表し，Christie の先取権を認め，そのことを論文の脚注に載せた．しかし，Christie の論文は難解で当時の人々に理解されがたく，またオームの法則に触れられていなかったことから，Wheatstone の名がつけられた名称で回路名が残った[19]．Wheatstone はイギリスの物理学者で，おじが楽器製造業を営んでいたので，おじのもとに働きに出た．やがて音響の実験で知られるようになり，1834 年 King's College の実験物理の教授になり，1837 年電信機の特許を取るなど電気技術分野で活躍した．

　ホイートストンブリッジでは 4 つの抵抗のうち，3 つの抵抗の値が既知であれば，残りの 1 つの抵抗値が求められる．電流の流れない時の値を求めるゼロ点法であり，電池の安定性および電流計の目盛り精度に依存しない優れた測定法であった．また，容易に使用できる測定法であったので，広く利用された．

　三高コレクションのメーターブリッジ (Cat. No. 67) は，ホイートストンブリッジの一種で，1 m の長さの導線に，接点を摺動させて 2 つの抵抗の比を変えて測定する実験

■ PO 型ホイートストンブリッジ
Post Office Pattern Wheatstone Bridge (Cat. No. 73)

大きさ：249×170×高さ 175　　製造業者：Elliott Brothers
購入年：1891 (明治 24) 年　　　台帳記入名称：ポストオフヒースレヂスタンス
購入費：220 円　　　　　　　　刻印：ELLIOTT BROS LONDON No. 1885 temp, 15℃ B. A. UNITS
納入業者：宮田籐左ヱ門

　PO (Post Office) 型のホイートストンブリッジ抵抗測定器．比例辺の抵抗には 10，100，1000 Ω が，測定辺の抵抗には，1，2，3，4，10，20，30，40，100，200，300，400，1000，2000，3000，4000 Ω が配置されている．
　Elliott Brothers 社の 1892 年頃のカタログに三高コレクションのものと類似の機器図が掲載されているが，機器の説明として，「抵抗コイルのセット，ブリッジ，電池のキー，電流計のキー，古いポストオフィス型，白金・銀の合金線付き」と書かれ，値段は£26 がつけられている．
　納入業者の宮田籐左ヱ門は測量・製図器械の輸入・販売・修理業者で，後に合名会社玉屋商店を設立する．

　　文献　Elliott Brothers (c1892), p. 6.　　Brown in I. S (1998), pp. 663-5.

近代日本と物理実験機器

図3-7-10 標準抵抗器/Müller-Pouillets (1914) より

室用の抵抗測定器である．1mの導線を使うことから，メーターブリッジの名がついたが，摺動ブリッジとも言う．ごく近年まで利用され，イギリスでは1970年代まで使用されていた[20]．

一般に使用されたタイプは，栓型抵抗箱である．箱の中に一定の抵抗値を有する複数の金属巻き線が埋め込まれ，プラグを差し込んでそれらの抵抗間の接続を行い，種々の抵抗の組み合わせを作り出して，ホイートストンブリッジによる抵抗測定を行う仕組みである．PO (Post Office) 型の栓型抵抗箱がよく普及したが，英国郵政省電信局で使用されたので，その名称がつけられた．

三高コレクションのPO型ホイートストンブリッジのうち，1つ (Cat. No. 73) は，1891年に購入したもので，イギリスのElliott Brothers製である．同社は，1817年にWilliam Elliottが創設した会社で，1850年に2人の息子が参加し，1856年頃にWatkins and Hillを吸収して急成長し，19世紀末にはイギリスで最も有名な科学機器製造業者の1つとなった．もう1つ (Cat. No. 119) は1900年に購入したベルリンのOtto Wolff製である．この製品は1904年のセントルイス博覧会に出品された製品で，$0.1\,\Omega$単位の抵抗まで測定可能な高精度の抵抗箱である．

さまざまな測定器，さまざまな測定条件で抵抗値が測定されるので，標準抵抗値が定まっていなければ，その比較が困難となる．電気の研究が進むに伴い，早くから抵抗の単位と標準抵抗値の決定が希求されていた．1864年大英科学振興協会は抵抗の単位をオームとして，絶対単位の10^9の値に決めた．そして翌1865年，合金コイルによる標準抵抗を設定したが，すでに1863年にWerner von Siemens (1816-92) の提唱した水銀抵抗器が実用化されていた．Siemensの水銀抵抗器では，0℃で，断面積1 mm^2，長さ1mの水銀柱の抵抗が$1\,\Omega$と決められていた[21]．イギリスでも1876年，水銀柱抵抗器の優れたことが認められ，標準抵抗として置き換えられた．

しかし，実際に日常的に使うには，簡便に使用できる標準抵抗器が必要である．そのため金属線を使用した標準抵抗器が発達してきた．その抵抗器は，経年変化がないこと，抵抗の温度係数が極めて小さいこと等いくつかの条件を満たさなければならない．大英科学振興協会で製作されたのは白金33.3%と銀66.6%の合金 Platinum silverで，その温度係数は約0.0003であった．他方ドイツの国立物理工学研究所で研究された結果製造されたのは，マンガニンを使った抵抗器であった．マンガニンは，マンガン12%，ニッケル4%，銅84%の合金で，その温度係数は0-10℃で0.000025，

図3-7-11 コールラウシュブリッジ/清水與七郎 (1934) より

15-30°Cでほぼ0で，Platinum silver に比べて，優れた特性を有していた[22]．

三高コレクションの PO 型ホイートストンブリッジのうち，イギリスから購入の抵抗箱には Platinum silver が使われており，ドイツから購入の抵抗箱にはマンガニン線が使われている．三高コレクションの標準抵抗器（Cat. No. 120 および 214）には両方とも，マンガニン線が使われており，両方とも 4 個入りで，20°Cでそれぞれ 0.1 Ω，1 Ω，10 Ω，100 Ω の抵抗値を示す．

化学の領域で電解質溶液の電気伝導度の問題が課題になってくると，その測定方法をどうするかが論議のまととなった．溶液の場合，普通の直流式の抵抗測定では分極が起こる．1873 年に Friedrich Wilhelm Georg Kohlrausch (1840-1910) は，交流を用いたコールラウシュブリッジを考案した．コールラウシュブリッジでは，交流を用いた点，電流計の代わりに高周波を探知する電話を用いた点以外はホイートストンブリッジと同じである．コールラウシュブリッジは，溶液の抵抗の他に，電池の内部抵抗や避雷針の接地抵抗を測定するため等に使用された．Kohlrausch はドイツの化学者・物理学者で，Erlangen 大学，Göttingen 大学で学び，1903 年，Berlin 大学教授，1895 年から国立物理工学研究所の所長を務めた．

三高コレクションのコールラウシュブリッジ（Cat. No. 218）は，ドイツ Max Kohl 製で Kohlrausch の'Universal Pattern Wheatstone Bridge'である．この型のブリッジは，スイッチを切り替えれば，普通の直流による導体抵抗と液体抵抗の両方を測定することができるようになっており，誘導コイルと電磁断続器，摺動ブリッジ，スイッチ，プラグ型抵抗器よりなる．

7-5　電流計

1820 年，Hans Christian Oersted (1777-1851) は，学生への講義中の実験が契機となって，電流の磁気作用を発見した．磁針の振れの感度を上げるために，同年，Halle 大学教授の Johann Salomo Christoph Schweigger (1779-1857) は，導線を四角い枠に何度も巻き付けて，その中に磁針を入れる装置を考案した．Schweigger 自身はそれを「倍増器（Verdopplungs-Apparat）」と呼んだが，その後「倍率器（multiplier）」の名で広まった．

Cambridge 大学の化学教授 James Cumming (1777-1861) は，1821 年に地磁気の影響を小さくするために，磁針の下に小さな，「中和」磁石を置いた．この方式はその後の電流計でよく利用されていった．Ampère は，エールステズの実験で地磁気の影響を取り除くために，金属導線の上下に互いに逆方向に極を向けた磁針を 1 本の銅線でつり下げる装置を考案し，1821 年に発表した[23]．このような磁針の配置を無定位磁針というが，それをはじめて電流計に応用したのは，フィレンツェ博物館の物理学教授 Leopoldo Nobili (1784-1835) である．2 つの互いに逆方向の極を持つ磁針のうち 1 つは，コイルの中にあり電流による磁場の振れを受け，もう 1 つは，コイルの外にあり指示針の役割を果たす．William Hackmann によれば，Nobili は以下の 3 つの要素を

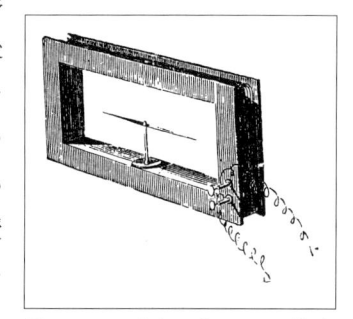

図3-7-12　Schweigger の倍率器/Guillemin (1891) より

図3-7-13 Nobiliの無定位電流計/Guillemin (1891) より

組み合わせ，無定位磁針計を製作した．(1)クーロンの静電ねじり秤の絹懸垂線（1784年），(2) Schwiggerの倍率器コイル（1820年），(3) Ampèreが創案した無定位磁針である．Nobiliはその最初の無定位磁針計を1825年の5月13日にモデナ（Modena）科学アカデミーに提出した[24]．

Poggendorffは，倍率器の実験で，コイルの巻き数が多いほど磁針の振れは増加し，やがて一定の振れ角に至ることを発見した．このコイルによる磁針の振れが物理的に何を意味するかが問題となっていた．1826年にオームの法則が発見され，抵抗と電流の関係が明らかになるにつれて，倍率器を電流計として使用するようになっていく[25]．

コイル面を磁気子午線の方向に向けて，磁針がコイル面内に入るようにする．電流をコイルに流し，磁針の振れ角を読むと，その角度のタンジェントが電流の強さとなる．これは，磁針電流計の一種であり，電流の強さが磁針の振れ角のタンジェントに比例するので，正接電流計と呼ばれる．パリ・ソルボンヌ大学の物理学教授Claude Servais Matthias Pouillet (1790-1868) が1837年にこの装置を記述した．Pouilletは直径41.2 cmの銅単線と5-6 cmの磁針で装置を作った[26]．

Antoine César Becquerel (1788-1878) は，いろいろな導線の抵抗を比較するために，差動電流計を考案し，1826年に発表した．差動電流計では，2つの別々のコイルに流れる電流がそれぞれ，時計回り，反時計回りに磁針を回転させようとする．2つの電流が同じであれば，磁針はゼロ点に静止する[27]．この装置は1859年，Cromwell Fleetwood Varley (1828-83) によって再び取り上げられ，改良を加えられ，電信線の修理に利用された．

Pouilletは1837年，正弦電流計を考案し，発表した．電流をコイルに流して磁針が振れた後，コイル面を磁針の方向と一致するように動かし，その角度を読み取る．その角度の正弦を計算すれば，電流の強さが求められる．正接電流計よりも精密な測定

■正接電流計
Tangent Galvanometer (Cat. No. 59)

大きさ：380×445×高さ610；メーターの直径198；
　　　環状銅板の直径295
購入年：1886（明治19）年
購入費：19円50銭

納入業者：不明
製造業者：不明
台帳記入名称：電気盤
　　　　　　　（正切電流計）

一枚の環状銅板に流れる電流が環の中心に磁場を作る．磁針と直角に指示針が取り付けられ，磁針は短くて均質な磁場中を回転するように工夫されている．指示針はアルミニウム製で長く，目盛りを読み取りやすくしている．飯盛挺造纂訳『物理学　下編』（明治14年）には，機器名「正切測電盤」として機器図（右図）が掲載され，その原理および使用法が5頁にわたって詳細に説明されている．

文献　飯盛挺造纂訳 (1881), pp. 201-5.　Stock (1983), pp. 15-6.

図3-7-14　正接電流計/飯盛挺造 (1881) より

近代日本と物理実験機器

図 3-7-15　正接電流計/Guillemin（1891）より

であるが，流すことのできる最大電流が作る磁場は，地磁気の大きさまでに制限される．正弦電流計は，磁針の長さに考慮して製造すれば正接電流計としても使用できるので，通常，正弦正接電流計として販売されていた[28]．

正接電流計において，コイルの中心に磁針を置くのではなく，コイルの中心軸に沿ってコイルから離していくと，磁針の感度は落ちていく．したがって，より広範囲な電流量を測ることができる．この方式の広範囲測定可能な電流計には，1853 年，ドイツ人物理学者 Gustav Heinrich Wiedemann（1826-99）が考案したヴィーデマン電流計と，1881 年，William Thomson（1824-1907）が発表したトムソングレーデッド電流計（Thomson's Graded Galvanometer）がある[29]．両方とも同型器が三高コレクションとして保存されている．

後者の電流計では，木台の上に溝が掘られ，磁針指示計がその溝に沿ってコイルの中心から移動する．コイルから離れるに従って，大きな電流量が測定できる．1902 年の電気機器取扱書，Rankin Kennedy の *Electrical Installations* では，この機器は広範囲の電圧を測定できて便利であるが，高価なので，学生実験用には自作して使用すればよい，として詳細にその方法を述べている[30]．この種の電圧計が当時非常に重宝されたことを物語っている．この電流計は W. Thomson が 1881 年に特許を取得したものであるが，Thomson と親交のあったグラスゴーの J. White が製作していた．当時トムソン電流計の販売代理権を持っていた Elliott Brothers 社から明治 24 年に購入されたものが三高コレクションに保存されている（Cat. No. 75）．この電流計の請求者は当時第三高等学校に勤務していた水野敏之丞で，水野はこの電流計を，発見されたばかりの電波の研究に用いた．

19 世紀中葉から始まる電信の普及とともに，電信線工事のための携帯用電流計が現

図 3-7-16　トムソングレーデッド電流計/Kennedy（1902）より

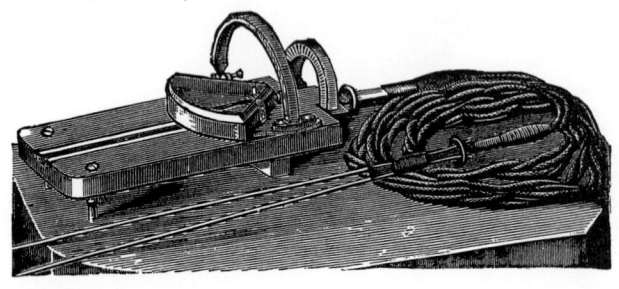

図 3-7-17　保線工夫用検電器/Baired & Tatlock（1912）より

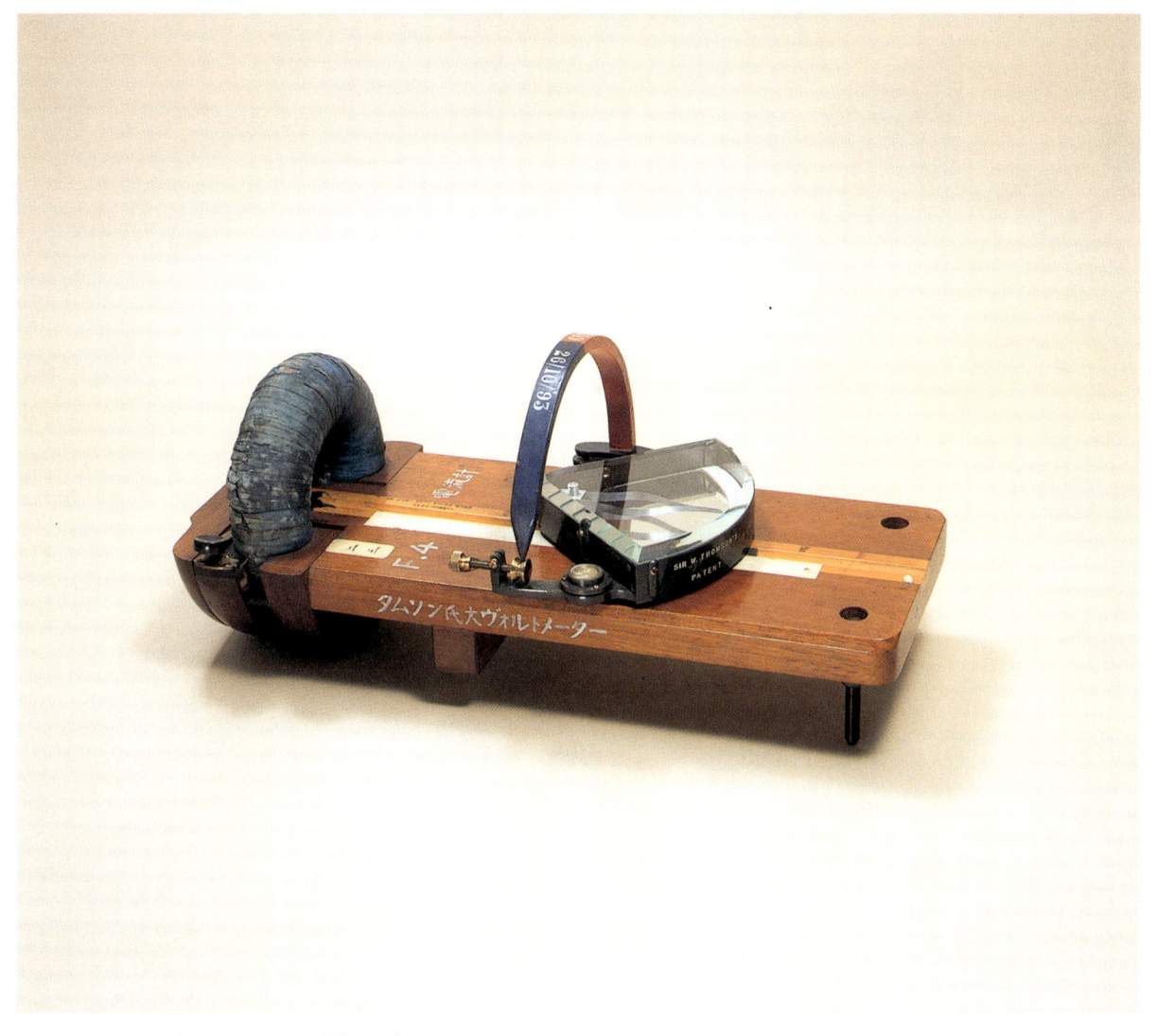

■トムソングレーデッド電圧計
W. Thomson's Graded Voltmeter (Cat. No. 84)

大きさ：398×169×高さ172　　製造業者：J. White
購入年：1894（明治27）年　　台帳記入名称：タムソン氏グレーテドボルトメートル
購入費：220円74銭　　刻印：磁力計：SIR W. THOMSON'S PATENT N°
納入業者：高田商会　　258 J. WHITE GLASGOW

　トムソン考案の可動磁針型の正接電圧計．この電圧計の特徴は，広範囲の電圧で測定ができることである．同型器にトムソングレーデッド電流計があるが，それとの違いは，コイルを高抵抗にするために細い導線が多数巻き付けられている点である．長方形の木台の真ん中にV字状の切り込みが入れられ，それに沿って目盛りが，1/16, 1/8, 1/4, 1/2, 1…と刻まれているが，その間隔は等間隔ではない．磁針計をその切り込みに沿って動かし，コイルとの距離を調節することによって，広範囲の電圧に対応して測定できる．コイルの抵抗は5000Ω程度で非常に大きくしてある．磁針計の上には地磁気を打ち消しかつ磁針に復原力を与えるための弧状磁石がつけられている．ユトレヒト大学博物館に同型器がある．Elliott Brothers社の1892年頃のカタログ中にSir William Thomaso's New Standard Electrical Instrumentsの章があり，そこに同型器の図が載せられ，Graded Voltmeterとの名称で，20ポンドの値が付けられている．

　　文献　Larden (1887), p. 289.　Elliott Brothers (c1892) p. 19.

図 3-7-18 Thomson 反射検流計/Guillemin (1891) より

れた．それらは小型軽量で頑丈な電流計でなければならないが，研究用の精密な測定は必要でなかった．保線工夫用検電器はその要求にかない，長年使用された．磁針は鉛直面内を動き，その重心は回転軸より下に位置している．したがって，電流が流れない時には，その重さで垂直に立ってゼロ点を示すようになっている．電流が流れると磁針が振れ，目盛りを読み取る仕組みである[31]．

1857 年から始まった大西洋横断海底電線の敷設事業は 1865 年に実用化に成功する．その際，長距離送信時の微弱信号を検知する検流計の開発が課題となった．Thomson は鏡反射式の検流計を考案した．無定位磁針電流計において，磁針を小さくすれば，磁針が軽くなり感度を上げることができる．ただし，小さな磁針の振れをどのように精度よく検知するかが問題となる．磁針に小鏡をつけ，それの振れを反射光の位置によって読み取る．この方式が光反射式電流計である．

この Thomson 反射検流計は，信号の判読には速い反射光線の動きを読み取っていく熟練が必要であるという難点が伴ったので，1867 年に同じく Thomson が発明したサイフォンレコーダーにとって代わられる．他方，実験室ではその後も鋭敏な検流計として長く使用される[32]．三高コレクションのトムソン反射検流計 (Cat. No. 74) は，

■トムソン反射検流計
Thomson's Reflecting Galvanometer (Cat. No. 74)

　　　大きさ：全体の高さ 528，
　　　　　　　円筒部；直径 117×厚み 83
　　　購入年：1891（明治 24）年　　　購入費：93 円 50 銭
　　　納入業者：宮田籐左ヱ門　　　　製造業者：Elliott Brothers 社
　　　台帳記入名称：タムソン氏レフレクチングガルバノメートル
　　　刻印：ELLIOTT BROS LONDON No1016

光反射式可動磁針型電流計．コイルの上方の弧状磁石で，地磁気を打ち消し，小鏡の磁針に復原力をつける．反射光を使うことによって，微小な電流を感知できる．納入業者の宮田籐左ヱ門は測量機器の販売業者である．後に合名会社玉屋商店として度器製作修復所の名称の工場を経営し，さらにその後，玉屋測量器械製作所として測量器械の製造を行っている．島津製作所の明治 39 年の目録に同一の機器図がタムソン氏反射電流計との名称で載せられており，75 円の値がついている．またオランダの Teyler's Museum に同型器が存在する．

　　　文献　島津製作所 (1906), p. 49.　　Elliott Brothers (c1892), p. 2.　Turner (1983), pp. 200-1.

近代日本と物理実験機器

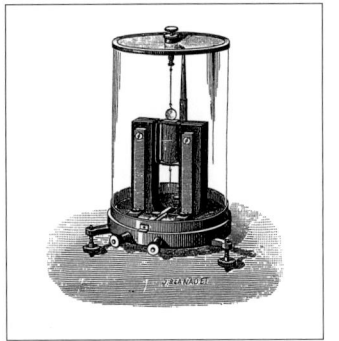

図 3-7-19　D'Arsonval 電流計/Ganot (1906) より

水野敏之丞（第2章参照）が購入した機器で，Elliott Brothers の製品である．

可動磁針型電流計は可動コイル型に比べて感度で上回るが，外部磁場の影響を受けやすく，実験室以外の一般的な使用においては欠点がある．可動コイル型はそれ自身が強い磁場を作るために，外部磁場の影響をほとんど受けずにすむという利点がある．

College de France の実験医学の教授であった Jacques Arsène D'Arsonval（1851-1940）は，Marcel Deprez（1843-1918）の可動軟鉄針電流計の軟鉄針を固定してそれを囲むコイルを回転させることを考えた．D'Arsonval はその考えのもとに可動コイル電流計を作成し，1882 年発表した．この可動コイル鏡反射型電流計を，発明者の名をつけて D'Arsonval 電流計，Deprez 電流計，あるいは両方の名をつけて Deprez-D'Arsonval 電流計と称した[33]．

ダルソンバール電流計はその後，さまざまなメーカーで工夫され，改良型が出現するが，リーズ型ダルソンバール電流計はその中でも非常に普及したタイプであった．永久磁石が矩形になっており，コイルが長方形で全体として平板で小さくて扱いやすいポータブルタイプである．Leeds & Northrup 社のカタログによれば，2 つの型，P 型と H 型があり，P 型（$25）は教育・商業用で，H 型（$52）はより精度が要求される一般測定用である[34]．三高コレクションのもの（Cat. No. 286）は P 型で，三脚のついた木台に取り付けるタイプである．Leeds & Northrup 社は，1899 年に Morris E. Leeds が電気測定機器製造の目的で創設した Morris E. Leeds & Company に，1903 年に Edwin F. Northrup が加わって成立したフィラデルフィアのメーカーである．

ほとんどの電流計では電磁力が利用されるが，電流による熱の発生を利用したのが熱電流計である．熱電流計は，直流，交流ともに測定できる．またソレノイドがない

■ダッデル熱電流計
Duddell's Radiomicrometer (Cat. No. 269)

大きさ：箱 62×167×高さ 43；
　　　　本体 直径 220×高さ 342
購入年：1913（大正2）年
購入費：235 円 80 銭
納入業者：島津製作所
製造業者：Cambridge Scientific Instrument Company
台帳記入名称：ダッデル氏熱電流計
刻印：CAMBRIDGE SCIENTIFIC INSTRUMENT CO LTD CAMBRIDGE ENGLAND NO. 14605 DUDDEL'S PATENT U. K 17642 1900

熱電対を利用して交流の電流量を測る熱電流計．石英糸に小さな鏡と一巻きの銀製輪線がつり下げられ，輪線は永久磁石の間に置かれている．輪線の先はビスマスとアンチモンの熱電対に繋がれ，測定すべき電流を加熱線に通じると，その輻射熱で熱電対の電位が上昇し，電流が流れる．その結果，輪線は電流量に対応して磁場中でねじれを起こし，そのねじれの度合いを小鏡で拡大して測定する．箱は，それぞれ抵抗の異なるヒーターが 6 個入るように作られているが，その内 5 個が残存している．箱の上蓋の裏側に，紙が貼られ，Heater No，日付，抵抗が記されている．日付はすべて Dec 14/12 となっているから，1912 年 12 月 14 日の記載を意味している．Heater No と抵抗はそれぞれ，1036 で 4.3 ω，1022 で 11.5 ω，1041 で 39 ω，1049 で 116 ω，1069 で 360 ω，992 で 1164 ω と記載されている．

　　文献　清水輿七郎 (1934), pp. 359-60.　Lyall (1991), No. 178.　Stock (1983), pp. 37-8.

近代日本と物理実験機器

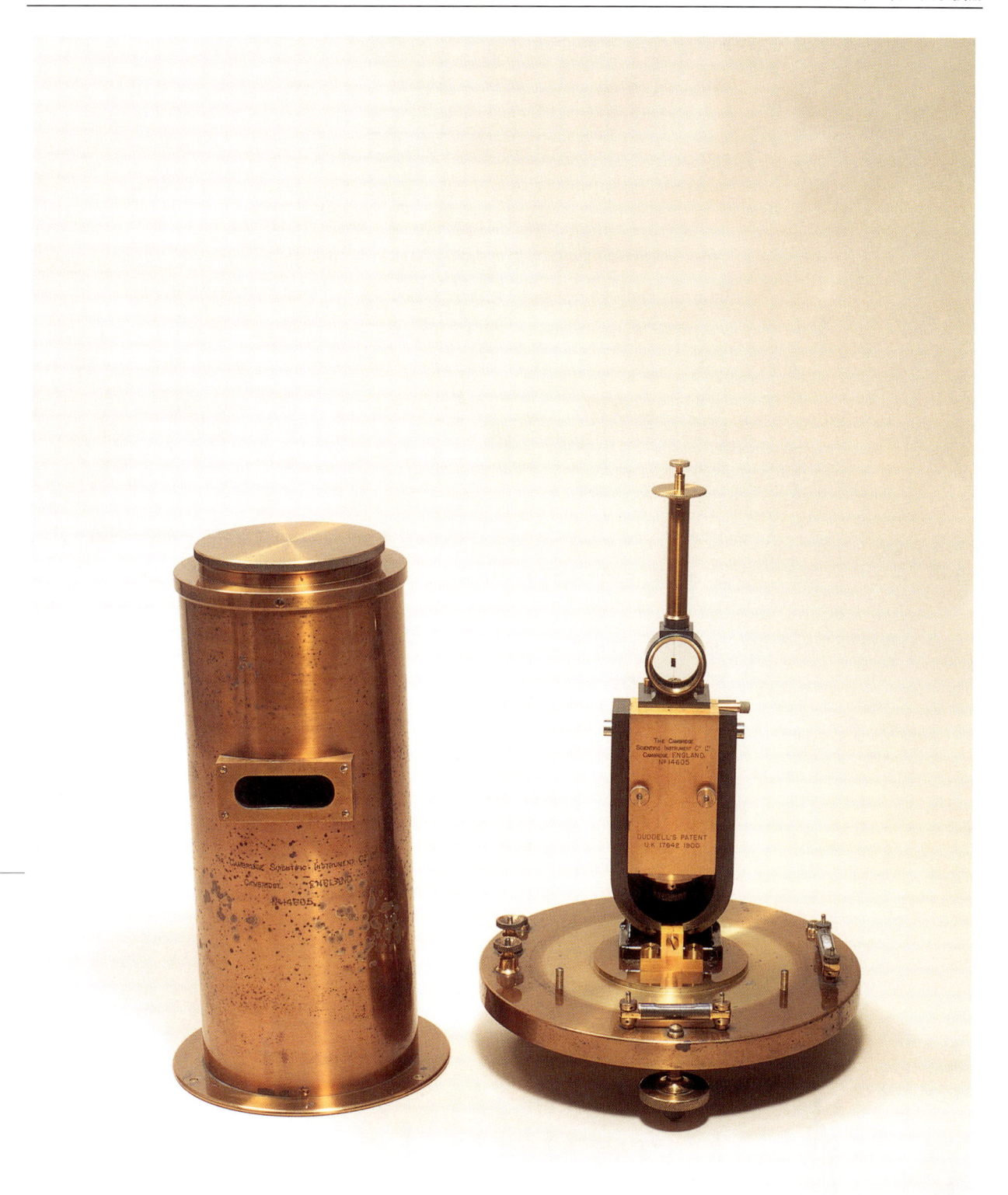

ためにインダクタンスが小さく，交流の周波数が大きくても測定可能であるという特徴がある．熱電流計は，金属線の膨張を利用したものと，熱起電力を活用したものの2種類に分かれる．

　ドイツのGraz大学教授Igaz Klemenčič (1853-) は，1891年，熱電堆による電流計をはじめて製作した．熱電流計の精度を落とす大きな原因に，加熱部周辺の空気の対流があるが，これも1902年，Peter Nikolajewitsch Lebedew (1866-1912) によって真空にした球中に熱電堆を入れることによって解決された．イギリスの電気技術者William du Bois Duddell (1872-1917) は1904年，非常に鋭敏な熱電対を持ち，120 kHzの交流を20 μAまで測ることができる高性能の熱電流計を発明した[35]．

　この電流計は，Charles Vernon Boys (1855-1944) が1887年に発明した熱電放射計 (Radiomicrometer) の発展したものでもある．熱電放射計は，月や惑星からの放射熱を測定する目的で作られた．それ故，ダッデル熱電流計と違い，加熱線部分はなく，放射熱を感じる黒い小板が置かれていた．この熱電放射計は1マイル先のロウソクの熱を感知できた[36]．

　三高コレクションのダッデル熱電流計 (Cat. No. 269) を製造したのは，Cambridge Scientific Instrument Companyである．同社は，進化論で有名なCharles Robert Darwin (1809-82) の一番下の息子Horace Darwinによって1881年に設立された会社である．当初はCambridge大学の生理学研究室に実験機器を製造し供給していたが，次第に機器の種類を広げ，企業規模を拡大していった[37]．

　鏡を使う反射型電流計は精度が良く研究室の使用には適していたが，計測に時間がかかる欠点があった．アメリカの技術者Edward Weston (1850-1936) は，1888年にダルソンバール電流計を指針型電流計に改良し，特許を取得した．このウエストン型は指示計方式であるため，携帯用に適し，堅牢性を有し，かつ精度も向上されたために，19世紀後半から広く普及した[38]．Weston Electrical Instrument社は1888年に電気計器の製造のために設立され，さまざまな実用性のある電気計測器を生み出した電気計測器メーカーである．

7-6　電気通信

　太古から現在まで行われている最も簡便な通信方法は人が情報を携帯して伝えることであり，日本では早打ちや飛脚等にみられるように明治初期までこれが主なものであった．また，もっと迅速に伝えるものに直接見通しの効く狼煙台間を次々と光によって伝達する狼煙があった．1792年に狼煙の煙に替わる複雑なシステムをフランスのClaude Chappe (1763-1805) が開発し，telegrapheと名付けた．望遠鏡を用いて，両端が折れ曲がる腕木のパターンをアルファベット等に対応させて文章を送るもので，セマフォアと呼ばれる．Napoleon Bonaparte (1769-1821) はこれのネットワークを張り巡らせてヨーロッパの征服と大帝国の維持に役立てた．

　1800年に電気を定常的に作り出す電池が発明された．電池が作る電流は電線を通っ

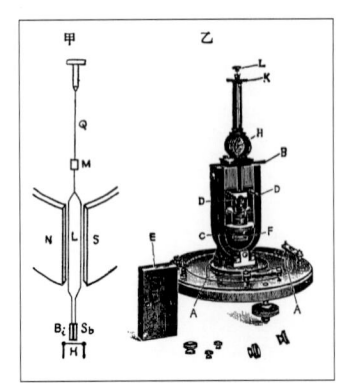

図3-7-20　Dudddel熱電流計/清水與七郎 (1934) より

て遠くまで伝わるので，その電流の断続を情報として用いた通信が種々試みられた．最初に実用化されたのは Sir Charles Wheatstone (1802-75) と William F. Cooke (1806-79) の単針電信機である．図 3-7-21 の前面上部の針にはコイル内に置かれた無定位磁針が連結され，前面下部のハンドルにはコイルに通じる電流のスイッチと方向変換機が連結されている．ハンドルが上下の位置では電流が流れない．送信機・受信機は同型で，両者のコイルは直列に繋がり同じ方向に同じ電流が流れるようになっている．電流の帰路はアースである．さて送信機のハンドルをたとえば右に回すと受信機に同じ電流が流れてコイル内の磁針が同じく右に傾き (r)，左に回すと逆方向の電流が流れて針は左に傾き (l)，その結果，前面の指針が右左に傾く．この操作をアルファベットに対応させて，文章が通信される．しかし，この単針電信機では 1 分間に 12-20 語以上は送れなかった[39]．

また Wheatstone は誰にでも使用できる電信機として，1840 年にダイヤル電信機を発明した．手前のハンドルは手動の電信機である．円形にアルファベットを記した文字盤に指針が備えられ，送信側の指針を手で動かすと受信側の指針が自動的に同じ文字を指す．送信機の指針を 1 文字動かすと，それに固定された歯車が回転しそれに圧着するバネによって電流が一時的に流れる．その電流が受信機の電磁石に流れて指針を 1 コマ動かすので，受信機の指針は常に送信機のそれと同じ文字を指すのである．これは電信符号の訓練のない者にも利用できて，鉄道の各駅間の通信などに使用された[40]．

1837 年にアメリカの Samuel F. B. Morse (1791-1872) が発明したモールス符号を用いた電信機は広く使用された．その理由は通信速度が速いことと記録ができるためである．彼は若い頃は肖像画家であったが電信に興味を持ち，43 才で New York 大学の教授となってからその製作を始め，優れた協同者を得てモールス電信機の実用化に成功した．モールス符号は長短 2 種の電流断続を組合わせてアルファベットに対応させたものである．たとえば「救助」を表す SOS は…―――…であって，簡明で間違いがない．モールス電信機はまずアメリカで 1844 年に実用化され，次いでヨーロッパ等で急速に発達し，1858 年には大西洋横断の海底電線が敷設され新旧大陸間を情報が迅速に伝わることとなった．

図 3-7-21 (左)　単針電信機，送受信機/Ganot (1906) より

図 3-7-22 (右)　ダイヤル電信機の模型，左は送信機で右は受信機/Ganot (1906) より

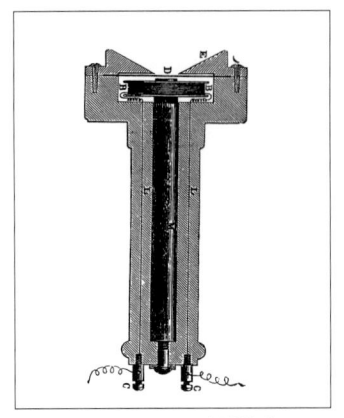

図 3-7-23 Bell の電話機/Ganot (1906) より

日本ではすでに江戸時代に幕府の勝海舟，藩では佐賀藩・薩摩藩・長州藩・福井藩等が電信に関心を持っただけでなくさらに電信機を製作し実験する者も現れた．公衆電信は 1870 (明治 3) 年に東京・横浜間で開設され，その後の 3 年間に全国に及ぶ電信網が一応の完成をみた．

電話は，1876 年にイギリス生まれの発明家 Alexander G. Bell (1847-1922) によって発明され，同年にアメリカ合衆国建国百年記念のフィラデルフィアで開かれた万国博覧会で実演された．送話器の断面図に見られるように，棒状の磁石の先端近くにコイルを，磁石の先端に隙間を挟んで軟鉄の振動板を置く．音声の空気振動によって振動板が振動し，コイルに誘導電流が生じる．その電流は電線を通して受話器に伝えられ，電磁力によって振動板が振動し，音源となって音声が再生される．やがて多数の加入者が一対一の通話をする電話交換の業務が開始された[41]．

非常に微弱な音や振動を振動電流に変換して遠方に送る装置が，1878 年に David E. Hughes (1831-1900) によって発明されマイクロホンと名付けられた．Hughes はアメリカで教育を受け，ケンタッキー州 Bardstown 大学の物理学教授となったが，後にイギリスに戻り物理学上の研究と種々の発明に力を尽くした．彼のマイクロホンの原理は，両端を尖らした炭素棒を炭素塊の凹みで緩く支えて電話回路に組み込む．すると音の振動によって緩く接触した接点の電気抵抗が変化して電流の強弱を惹起し，受話器に大きい音を発するのである．その後，電話機は技術的に種々改良が加えられた．特に送話器は振動板に接触した炭素粒の電気抵抗が振動の圧力によって変化するものが，広く用いられている[42]．

電磁波による無線電信が発明される以前に，近距離間を電線なしで交信する方法があった．電池と電鍵を含む 1 本の導線を地面に平行に張り，その両端をアースする．隔たったところに受話器を含む 1 本の導線を同様にアースする．電鍵によって交流を断続させると，それが地面を流れて他の導線に至り受話器で受けることができる．電話が発明された 1880 年代から使用され始め，第一次大戦では前線で盛んに使用された (地中導体無線電信)．他の方法はイギリスの著名な物理学者 Sir Oliver J. Lodge (1851-1940) によって研究・実用化された方法で，2 個のコイルの 1 つに電鍵と交流電源を，もう 1 つに受話器を繋いで離れたところに置くと，電鍵で作られた信号を電磁誘導によって受話器で聞くことができる．海底に送信コイルを並べ，船底に受信側コイルをつけておくことによって，船の海上での位置が分かる．これを利用して港内での船舶の誘導等に使用された (電磁誘導式無線電信)．

1888 年に Heinrich Rudolph Hertz (1857-94) がはじめて，電波の発生に成功した．また 1890 年にフランスの物理学者 E. Branly (1844-1940) が，また 1894 年に Lodge が，電波に敏感に反応して電気抵抗が減るコヒーラーを発明した．これはガラス管の両端に電極を封入し間に電気粉末を充填したものである．イタリアの発明家 Guglielmo M. Maroconi (1874-1937) はコヒーラーを検波器としてアンテナを接地して実験に成功した後，1896 年にイギリスに渡り電波を使用した無線電信を実用化した．また 1898 年に Lodge は受信機の同調に関する特許権を得，以後，同調回路が採用された．

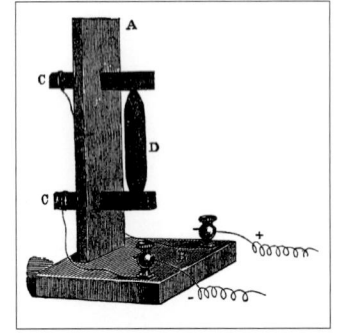

図 3-7-24 Hughes のマイクロフォン/Ganot (1906) より

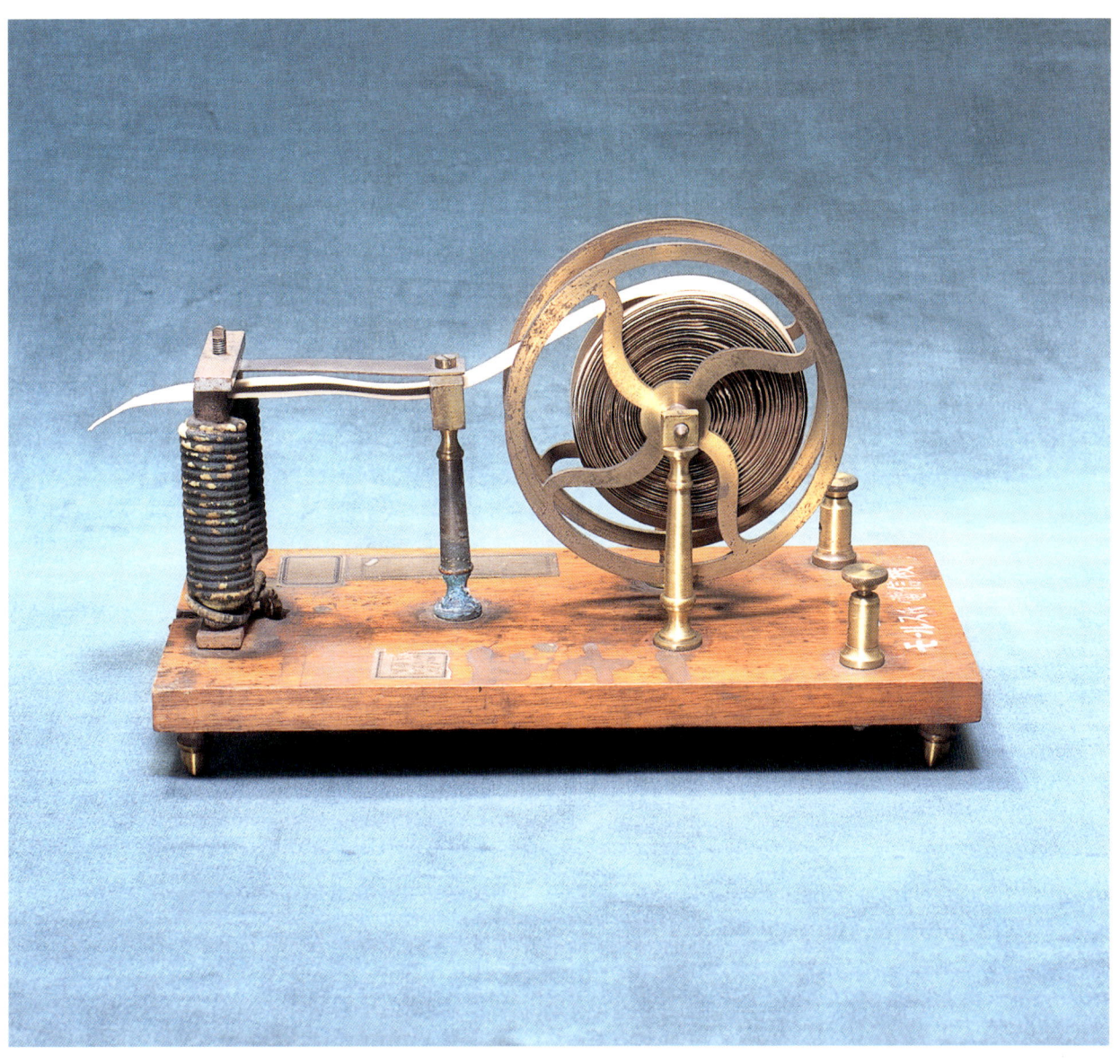

■モールス電信機の模型
Morse's Telegraph Model (Cat. No. 36)

大きさ：台 225×112；印字用テープリールの幅 26；
　　　　電磁石　直径 19 高さ 60，全体の高さ 140
購入年：1881（明治 14）年以前
購入価格：5 円

納入業者：不明
製造業者：不明
台帳記入名称：モールス氏電信機

　本機はモールス受信機の教育用模型である．この模型の左端の端子に送信機からの電流回路を繋ぐ．左側のリールに巻かれた紙テープが中央のガイドと右端の 2 個の電磁石のヘッドを通って手動で引出される．信号電流が伝わって来ると電磁石が働き，そのヘッドにある鉄片が吸引され，それに付属したピンによってテープに刻印される．
　島津製作所 1882 年カタログに記載されている電信機模型は，端子，リール軸受等の形状にわずかな差異はあるが，本機とまったく同型である．同カタログでは上等 12 円，中等 10 円，下等 8 円の値段がついている．また Pike 社の 1856 年図解カタログに類似の製品が掲載されており，当時広く普及した模型であることを示している．

　　文献　Pike (1856), pp. 379-81．島津製作所 (1882), No. 102．

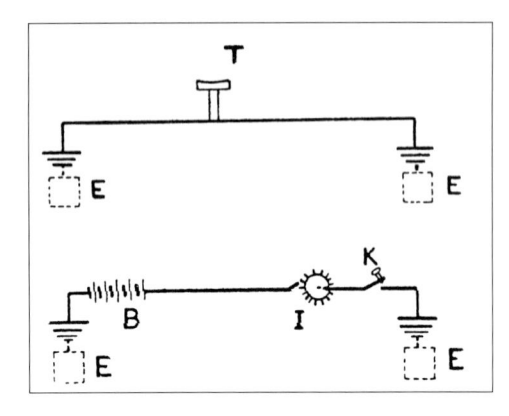

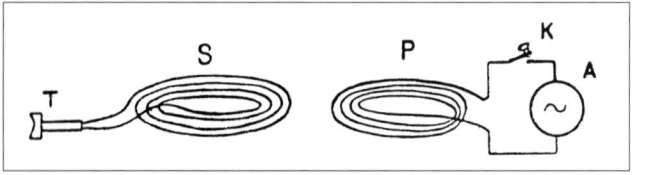

図 3-7-25(左)　地中導体無線電信/フレミング（1942）より
図 3-7-26(右)　電磁誘導式無線電信機/フレミング（1942）より

さらに1901年にはアメリカ大陸からイギリスへの無線電信に成功し，丸い地球上でも電波は伝播し長距離無線電信が可能であることを示した[43]．

7-7　電気照明

産業革命の進展とともに大工場が出現し，工場での安全かつ強力な照明設備が必要となり，そうした社会的要請のもとで電気照明技術が発展していった．Sir Humphry Davy (1778-1829) は19世紀初頭に王立研究所の2000個のヴォルタ電池を使って2つの炭素の間でアーク光を発生させたが，当時は，電源が電池であったことから，実用的な照明としてアーク灯が使用されることはなかった．やがて電磁誘導式の発電機が

■火花コヒーラー説明用無線電信機
Wireless Telegraph with Spark-gap and Coherer (Cat. No. 278)

大きさ：送信機　98×162×高さ168；
　　　　受信機　116×182×高さ273
購入年：1915（大正4）年
購入費：17円
納入業者：島津製作所
製造業者：島津製作所

台帳記入名称：火花コヒーラー式無線電信送受信機
刻印：金属プレートに「TRADE ⊕ MARK SHIMADZU FACTORY TOKYO KYOTO FUKUOKA　島津製作所　東京　京都　福岡」と記入されている

本機はMalconiの無線電信機の機構を説明するための教育用機器であって，送信装置と受信装置の2台からなる．この製品は島津製作所の1915年と1922年のカタログに見られ，類似製品が多くの教育機器製造会社のカタログに見られる．

送信装置はその1次回路に電池用端子とスイッチを持つ感応コイル，その2次回路の火花ギャップと金属棒のアンテナ2本（本機では欠落）からなる．感応コイルの1次回路に電流を流すと2次回路に高周波の電気振動が生じアンテナから電波が放射される．受信装置は2本の金属棒のアンテナ（本機では欠落），コヒーラー，コヒーラーを衝撃するタッパー，リレー，ベル，電池用端子2組からなる．アンテナが電波を捕らえ，コヒーラーに電流が流れるとリレーが働き，電流が流れてベルが鳴る．同時にタッパーがコヒーラーを打って元の状態に戻す．

文献　島津製作所 (1922), p. 293.　Leybold (c1907), p. 277.　Griffin (1910), p. 820.

近代日本と物理実験機器

発達するに従い，アーク灯の実用化が可能となった．特に，1876 年にロシアの Paul Jablochkoff (1847-94) が 1876 年に簡便な電気ろうそくを発明して以降，アーク照明が各地に普及していった[44]．

しかし，アーク灯は光が強すぎる照明であること，また炭素棒の消耗が激しいこと等の欠点があり，やがて，電気照明の座を白熱電灯に譲ることになる．白熱式の電灯については，19 世紀はじめからいくつかの実験的試みが行われたが，金属線が融解しやすい弱点を持っていたことと必要な真空度が得られなかったために成功に至らなかった．しかし，1865 年に Hermann Johann Philipp Sprengel (1834-1906) が発明した水銀ポンプによって，炭素フィラメント電球の製造が技術的に可能となった．Joseph Swan (1828-1914) は 1840 年代から炭素フィラメントを使用した白熱電球の製作を試みたが失敗しあきらめていた．しかし，シュプレンゲル水銀ポンプの発明を知って研究を再開した．1878 年に Swan は炭素フィラメント白熱電球を発明し，その製造会社を 1881 年に設立した．他方，アメリカの Thomas Alva Edison (1847-1931) は炭素の木綿糸を炭化させて馬蹄形状の輪を作り，それをフィラメントとして真空管中に封じ込めた．Edison は 1879 年の大晦日の日に，その新しい電球を使い，自分の研究室から半マイルも離れたメンロー公園 (Menlo Park) の通りを数千人の観客の前で明るく照らして見せた．Edison は白熱電球の発明にとどまらず，発電し，配電する仕組みを作り上げていった．1881 年には，ニューヨークのパール通り (Pearl Street) に最初の発電所を開設し，さまざまな付属設備を開発していった[45]．

■チクレル無線電信機
Complete Apparatus for Zickler's Wireless Telegraph (Cat. No. 198)

大きさ：台　235×475×53；
　　　　チクレル管　直径 39 で長さ 127；
　　　　誘導コイル　直径 40 で長さ 100；
　　　　同調コイルの外径 32；
　　　　全体の高さ 260
購入年：1902 (明治 35) 年

購入費：52 円 58 銭
納入業者：E. Leybold
製造業者：不明
台帳記入名称：チクレル無線電信器
刻印：スイッチに「125 V 4 A 250 V 2 A」

この光電気式電信機は当時オーストリアのモラヴィア地方ブリュン工業高校教授（電気工学）K. Zickler の発明である．無線電信の送信は通常電気振動を発生させる感応コイルの 1 次側に挿入された電鍵（キー）の手動によってなされる．それに対してこの無線電信機は発振回路中の火花放電を起こす空隙が排気したガラス管（チクレル管）中にあり，そこに紫外線を照射して発振させるものである．紫外線の光路中に厚いガラス板を出入りさせて電波を断続させ，信号を作る．

Leybold 社 1902 年版価格表に本機の価格が 100 マルクとあり，Max Kohl 社の 1905 版カタログにはチクレル管の図と解説があり，価格は 50 マルクである．

文献
Zickler (1898), pp. 474-5.　Leybold (c1902), p. 394.
Max Kohl (1905), p. 799.

近代日本と物理実験機器

文献
[1] 井原聡『19世紀—20世紀前半期における物理学の実験機器・装置の発展過程の総合的分析』平成2年度—3年度科研費研究成果報告書 (1992) pp. 249—67.
[2] Thackray, Arnold, "Daniell, John Frederick" in Gillispie, C. C., ed., *Dictionary of Scientific Biography 3*, (1981) p. 556-8.
[3] Dunsheath, Percy, *A History of Electrical Engineering* (1962) p. 49.
[4] フレミング, J. A. 『近代電気技術発達史』(1932) p. 300.
[5] 前出 Dunsheath (3), pp. 49-50.
[6] 同上, pp. 50-1.
[7] ダンネマン『大自然科学史7』保田德太郎訳 pp. 175-80.
[8] 同上, pp. 240-1.
[9] Pfaundler, Leop., *Müller-Pouillets Lehrbuch der Physik und Meteorologie* IV (1914) pp. 681-2.
[10] Hahn, Roger, "Arago, Dominique, Francois Jaen" in Gillispie, C. C., ed., *Dictionary of Scientific Biography 1*, (1981) pp. 200-3.
[11] マチョス『西洋技術人名辞典』高山洋吉編 (1946) p. 507.
[12] 前出 Pfaundler (9), p. 48.
[13] Williams, L. Pearce, "Faraday, Michael" in Gillispie, C. C., ed., *Dictionary of Scientific Biography 1*, (1981) pp. 533.
[14] 山崎俊雄, 木下忠昭『新版電気の技術史』(1992) pp. 113-4.
[15] シンガー『技術の歴史9』pp. 180-1.
[16] ホイッテーカー『エーテルと電気の歴史 上』霜田光一, 近藤都登訳 (1976) p. 113.
[17] Bowers, Brian, *A History of Electric Light & Power* (1991) p. 50.
[18] 『理化学事典』(1935) 岩波書店 p. 280.
[19] Brown, C.N., "Wheatstone Bridge", in Bud, Robert & Warner, Deborah Jean ed. *Instruments of Science, An Historical Encyclopedia* (1998) pp. 663-4.
[20] 同上, pp. 664.
[21] Walmsey, R. M., *Electricity in the Service of Man* (1911) pp. 356-7.
[22] 清水興七郎『電気磁気測定法並測定器具 上巻』(1934) pp. 43-7.
[23] Stock, John T., et al, *The Development of Instruments to Measure Electric Current* (1983) pp. 10-3.
[24] Hackmann, Willem D., *Catalogue of Pneumatical, Magnetical and Electrical Instruments* (1995) p. 166.
[25] 前出 Stock (23), p. 14.
[26] 同上, p. 15.
[27] 前出 Hackmann (24), p. 166.
[28] 前出 Stock (23), p. 16.
[29] 前出 Stock (23), p. 17.
[30] Kennedy, Rankin, *Electrical Installations of Electric Light, Power, Traction and Industrial Electrical Machinery* Vol. (1902) pp. 26-8.
[31] 前出 Stock (23), p. 17.
[32] Green, George & Lloyd, John T., *Kelvin's Instruments and Kelvin* Museum (1970) p. 30-1.
[33] 前出 Stock (23), pp. 18-9.
[34] The Leeds & Northrup Co., *Moving Coil Galvanometers Catalogue 20* (1991) pp. 15-

9.
[35] 前出 Stock(23), p. 37-8.
[36] 同上, pp. 37-8.
[37] Williams, Mari E. W.: *The Precision Makers* (1994); 永平幸雄, 川合葉子, 小林正人訳『科学機器製造業者から精密機器メーカーへ』(大阪経済法科大学出版部 1998) pp. 37-43.
[38] Gooday, Graeme J. N., "Ammeter", in Bud, Robert & Warner, Deborah Jean ed. *Instruments of Science, An Historical Encyclopedia* (1998) pp. 22-4.
[39] 前出フレミング(4), pp. 15-23.
[40] 同上, pp. 31-4.
[41] 同上, pp. 98-9.
[42] 同上, pp. 100-1.
[43] 同上, pp. 333-46.
[44] 同上, pp. 167-8.
[45] McGrath, Kimberley A. et al ed., *World of Invention* (1999) pp. 410-1.

■ダニエル標準電池
Daniell Standard Cell (Cat. No. 134)

大きさ：箱；275×470×高さ79
購入年：1897（明治30）年
購入費：18円
納入業者：島津製作所
製造業者：THE EDISON-SWAN COMPANY
台帳記入名称：ダニエル氏標準電池
刻印：金属プレートが箱に張られており，THE EDISON-SWAN COMPANY'S STANDARD DANIELL CELL *FLEMINGS PATTERN* No. 29 E. M. F. 1.072 Legal Volts at 15°C Zinc Sulphate —— 1.4 Sp. Gr. at 15°C Copper Sulphate —— 1.1 Sp. Gr. at 15°C WORKS PONDERS END. LONDON と記載.

ダニエル電池は，素焼きの隔壁で仕切った2室の一方に，硫酸銅と銅板を，他方に硫酸亜鉛と亜鉛板を入れた電池である．起電力は1.1ボルト程度で，最大電流量が小さく0.2アンペアを越えないが，比較的長時間の使用に適する．しかし使用時間が長くなるとともに硫酸亜鉛の量が次第に増加するために，起電力は幾分低下していく．

本機器は，ダニエル電池を標準電池として使用するために，硫酸亜鉛と硫酸銅の溶液を新しく供給して，基準となる起電力を維持する電池である．この標準電池は John Ambrose Fleming の考案になるものである．

文献
Gerhardt (1902), pp. 238-9.
Turner (1996), pp. 230-1. 酒井佐保編 (1896), pp. 188-91.

■クラーク標準電池
Clark Standard Cell (Cat. No. 159)

大きさ：箱；直径110×高さ168；電池 直径92×高さ160
購入年：1899（明治32）年
購入費：23円2銭
納入業者：島津製作所
製造業者：Hartmann & Braun
台帳記入名称：クラークセル
刻印：電池の上面には NORMAL-ELEMENT nach L. CLARK HARTMANN & BRAUN, FRANKFURT A/M No. 142，上面に張り付けられた金属プレートには47 1898の数字とその間に商標が記載されている．

水銀｜硫酸水銀のアマルガム｜硫酸亜鉛のアマルガム｜亜鉛，という構成の標準電池である．この電池の起電力は，15°Cで1.434 V である．1873年に Latimer Clark が発明し，標準電池として広く普及したが，その温度係数が大きいこと等の欠点があるために，ウエストン電池の発明後はほとんど使用されなくなった．本機器の製造は，ドイツ・フランクフルトの Hartmann & Braun 社による．

Max Kohl 社のカタログにまったく同一の機器図が載せられており，「クラークの標準電池 ドイツ帝国物理工学研究所の基準に基づき製造 試験証明書付き」との解説がつけられ，値段は40マルクになっている．

文献
Lyall (1991) No. 371-2.
清水與七郎 (1934), p. 54. Max Kohl (1905), p. 599.

■ザンボニーの乾電堆
Zamboni Dry Pile (Cat. No. 122)

大きさ：木台　35×88×厚み8；
　　　　本体　直径32×高さ177
購入年：1896（明治29）年
購入費：4円80銭
納入業者：島津製作所
製造業者：不明
台帳記入名称：ザンボニースパイル

ヴォルタ電堆では，電解質をしみ込ませた布や紙を使ったが，乾電堆では乾いた紙を使う．空気中の湿気がしみ込んで起電力を生起させる．ザンボニー電堆は乾電堆の一種で最もよく使われた．銀箔，紙，二酸化マンガンからなる1層を数千枚積層して，ガラス管中に入れ，両端に電極をつける．検電器によく使用される．Negretti & Zambra 社の1871年のカタログに広告が出されている．そこでは「ザンボニー電堆　銀，二酸化マンガン，紙でできており，イオウで絶縁されている．」との説明がなされ，価格は£1 S 10 と £3 の2種が提示されている．

文献
Negretti & Zambra, (c1871), p. 122
Turner (1996), pp. 226-7.
Ganot (1902), pp. 835-6.

■エールステズ試験器
Oersted's Apparatus for Deflection of Magnetic Needle by Electric Current (Cat. No. 26)

大きさ：木製下台の直径150；磁針の長さ103；
　　　　端子間の長さ258と287
購入年：1881（明治14）年以前
購入費：2円
納入業者：不明
製造業者：不明
台帳記入名称：磁石付測電気器

銅棒に電流を流した時その周りに磁界ができて磁針が振れることを示す装置．エールステズの実験を学ぶ実験器械である．銅棒を南北方向に向け，磁針をそれと平行に置いて通電する．2本の銅棒の間に磁針を載せる軸頭がついている．ネジ付きの端子が3個ついており，磁針の上部のみ，下部のみ，および上下両方の銅棒に電流を通すことができるようになっている．

島津製作所の最も古い物理学器械カタログ，島津の明治十五年カタログに同様の形をした機器図が掲載されているが，その磁針が薄い長方形の板状になっている．名称は「流電計」で上等3円50銭，中等2円，下等1円の価格がついている．

文献
島津製作所 (1882) No. 97.

図 3-7-27 「エルステッズ試験器」/島津製作所 (1882) より

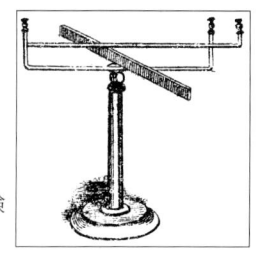

■電流による磁石の回転を示す装置
Apparatus to show Rotation of Magnetat by Current (Cat. No. 188)

大きさ：木台　178×91×厚み20；柱の高さ241；
　　　　円形部　73×厚み17
購入年：1902（明治33）年
購入費：11円4銭2厘
納入業者：E. Leybold
製造業者：E. Leybold
台帳記入名称：ファラデー氏廻転磁石
刻印：商標の金属プレートに，MECHANISCHE WERK-STATTEN E. LEYBOLDS NACHFORGER CÖRN a. RHEIN と刻まれている．

右ネジの法則に従って，電流が，真ん中に置かれた磁石の上方の磁極に作用して，それを回転させることを示す器械である．磁石は失われている．Leybold 社の1902年のカタログには，まったく同一の機器図が掲載されている．このカタログはドイツ語，英語，フランス語の3か国語で説明がつけられているが，この機器のドイツ語による説明では，「磁石がその自軸で回転することを示す装置」とあり，英語とフランス語の説明では「ファラディの回転磁石」と書かれている．値段は21マルクである．

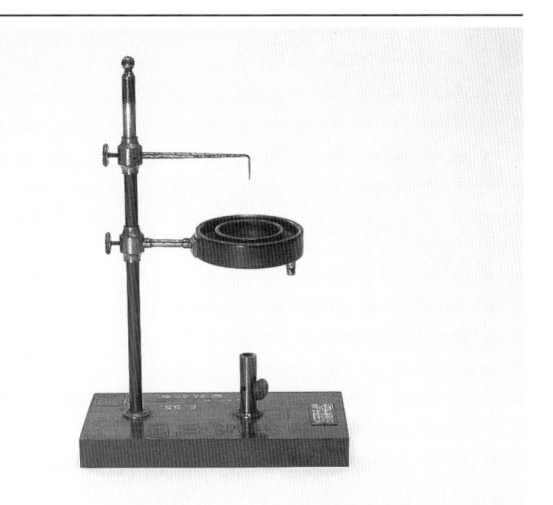

文献
島津製作所（1922），p. 262．
Leybold（c1902），pp. 354-5．
Müller-Pouillets（1914），pp. 674-5．

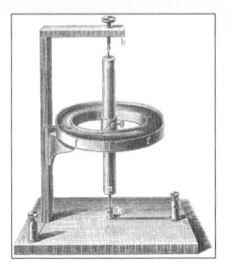

図 3-7-28　磁石の回転を示す装置／Müller Pouillets（1914）より

■電流旋転器
Apparatus to show the Rotation of a Vertical Current by a Horizontal Current (Cat. No. 45)

大きさ：196×286×高さ45；槽の直径180；
　　　　中心の円柱の高さ125
購入年：1883（明治16）年
購入費：4円50銭
納入業者：不明
製造業者：不明
台帳記入名称：電気廻転器
刻印：第三高等学校のマーク

電流間に働く力を示す演示装置．2つの直行電流において，第一の電流の流れる導線を固定しておけば，第二の導線は第一の導線に平行な力を受ける．

島津製作所の大正11年，昭和4年，昭和12年のカタログには類似の機器図が載せられ，何れも同じ機器名がつけられている．島津製作所の明治39年のカタログに機器図は掲載されていないが，同じ機器名がのせられており，「電流旋轉器水平電流ノ為直動電流ノ廻轉ヲ示ス　12円」と価格も記載されている．

図 3-7-29　電流旋転器／川本清一訳述（1879）より

文献
川本清一訳述（1879），pp. 205-6．
島津製作所（1906），p. 50．
島津製作所（1922），p. 262．

■ロジェーの跳躍螺旋
Roget Jumping Spiral (Cat. No. 29)

大きさ：89×191×高さ288
購入年：1881（明治14）年以前
購入費：3円
納入業者：不明
製造業者：不明
台帳記入名称：電気吸彈器

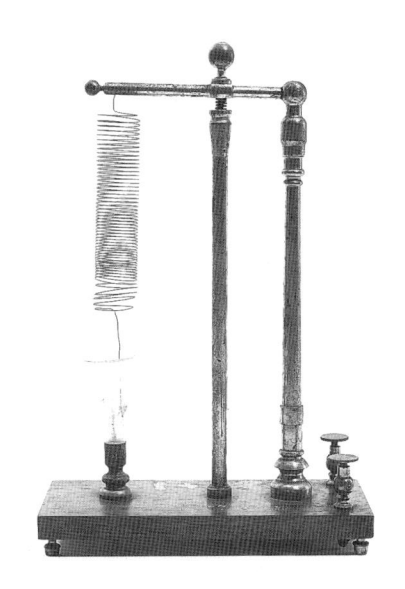

螺旋コイルの下端の鉄片を水銀溜に入れておき，コイルに電流を流す．同じ方向に流れる平行電流は互いに引き合うために，コイルは収縮し，下端の鉄片が水銀溜から離れ，電流は切断される．すると，コイルはもとの伸びた状態に戻り，鉄片が再び水銀溜に入る．こうしてコイルは伸縮を繰り返す．水銀溜に鉄片が出入りするたびに火花を発する．

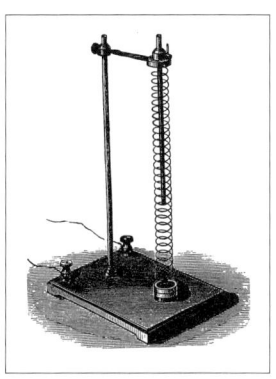

Ganotの物理書では，「鉛筆の太さ程度の鉄芯を螺旋コイル

図3-7-30 跳躍螺旋/Ganot (1906) より

に入れると，跳躍はより激しくなる．回路の自己誘導が増加し，火花はより明瞭に，かつ騒々しくなる」と述べられている．

文献
Ganot (1902), pp. 889-90. 島津製作所 (1882), No. 92.

■ワルテンフォーフェルの振子
Waltenhofen Pendulum (Cat. No. 248)

大きさ：275×190×高さ485
購入年：1910（明治43）年
購入費：23円
納入業者：島津製作所
製造業者：島津製作所
台帳記入名称：ワルテンホーフェル振子
刻印：商標の金属プレートに，「TRADE ⊕ MARK 島津製作所 京都 東京 SHIMADZU FACTORY KYOTO TOKYO」と刻まれている．

渦電流による金属板の制動作用を示す演示実験器械．電磁石で作られた磁場の間を，金属製の振子が通過する時，渦電流が生じて振子の動きを抑えるように働く．電磁石に電流を流さなければ振子は数回振れるが，電流を流すとたちまち止まる．

島津製作所の大正11年のカタログに

図3-7-31 ワルテンフォーフェルの振子/村岡範為馳と森總之助 (1925) より

同じ機器図が掲載されている．明治39年のカタログに機器図は掲載されていないが，機器名と価格が，「ワルテンフォーフェン氏振子 20円」と記載されている．

文献
島津製作所 (1906), p. 54.
村岡範為馳, 森總之助 (1925), pp. 349-50.
Poggendorff (1894-1904), p. 1594.

■導線が磁石の周りを回転する器
Apparatus to show the Rotation of the Wire around the Magnet (Cat. No. 187)

大きさ：221×147×高さ360
購入年：1902（明治35）年
購入費：3円68銭
納入業者：不明
製造業者：E. Leybold
台帳記入名称：水銀ノ磁電気的廻転ヲ示ス器

電流を通じた導線が磁場中で電磁力を受けて回転することを示す演示用実験器械．ガラス瓶の中の水銀に上から導線を垂らす．ガラス瓶の下に電磁石が置かれ，電気を通じて電磁石を働かせると導線は電磁力を受け，磁石を軸に水銀中を回転する．木台に切り替えスイッチがついており，電流の方向を逆転させて逆方向に導線を回転させることができる．この装置は，M. Faraday が1821年に雑誌論文中に記述した．E. Leybold社のカタログでは「水銀の回転を示す器械」との名称で，7マルクで売られていた．

文献
Muller-Pouillets (1914), p. 675.
Leybold (c1902), p. 355.

■導線が磁石に巻き付く実験装置
Apparatus to show Magnetic Action on Flexible Conductor (Cat. No. 186)

大きさ：240×351×高さ505
購入年：1902（明治33）年
購入費：13円14銭5厘
納入業者：E. Leybold
製造業者：E. Leybold
台帳記入名称：磁石ニヨリテ銅線ノ回転ヲ示ス器
刻印：商標の金属プレートに，MECHANISCHE WERK-STATTEN E. LEYBOLDS NACHFORGER CÖRN a. RHEIN と刻まれている．

鉛直に立てた電磁石の鉄心に対して導線を平行に垂らしておき，コイルに電流を流して鉄心を磁石に変えると，導線が鉄心に巻き付くことを示す講義用実験装置．この種の装置では，磁石として永久磁石と電磁石を使う場合があり，本機器は後者である．電流転換器がついており，電流の方向を変えて巻き付き方を反対にすることができる．Leybold 社の1902年のカタログには，まったく同一の機器図が掲載されており，「弾力性のある導体に対する電磁作用を示す器械　電流転換器付き　35マルク」と記載されている．

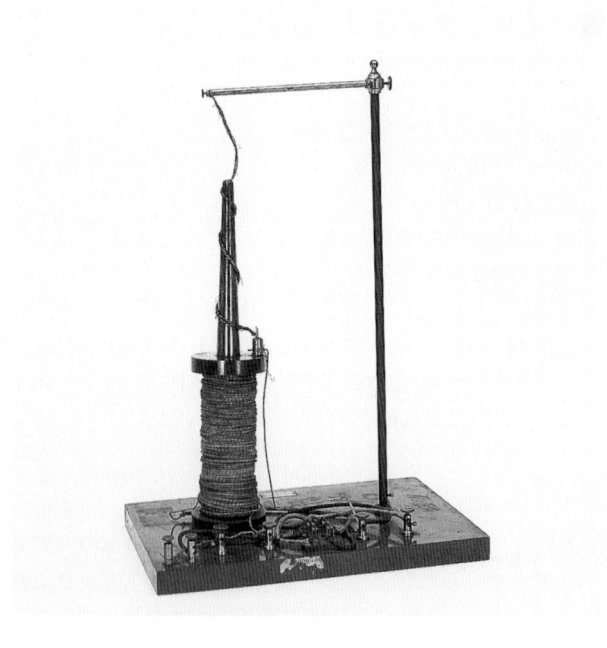

文献
島津製作所 (1922), p. 262.
内藤卯三郎他 (1931), pp. 276-7.
Leybold (c1902), pp. 354-5.

■直流電動機
Revolving Electro-Magnet (Cat. No. 24)

大きさ：台の直径 87；全体の高さ 255
購入年：1881（明治 14）年以前
購入費：5 円
納入業者：不明
製造業者：不明
台帳記入名称：台附吸鉄（回轉）

直流モーター．アメリカの科学機器製造業者 Pike 社の 1856 年カタログ，同じくアメリカの製造業者である Ritchie 社の 1857 年カタログ，京都の島津源蔵の明治 15 年目録の 3 社のカタログに類似の図が掲載されている．ただ，それらに掲載されている図では，馬蹄形磁石の上方で磁石を固定するためのU字型支えに，整流子の支えが突き通されている．その結果整流子の端子は電機子の上に位置し，しかも端子は水銀溜めとなっている．本機器は島津製作所の大正 11 年の目録に掲載された図と一致し，その目録には「電磁廻轉器 Ritchie's top」と記載されている．

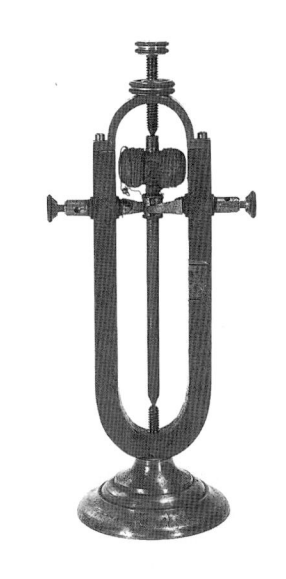

図 3-7-32　リッチーの電動機/Pike (1856) より

文献：Ritchie (c1857), p. 44．島津製作所 (1882) No. 91．

■三相回転磁場説明器
Apparatus for Demonstration of Rotary Field, three phase
(Cat. No. 246)

大きさ：190×188×高さ 152；円筒形回転子の高さ 122
購入年：1910（明治 43）年
購入費：12 円
納入業者：島津製作所
製造業者：島津製作所
台帳記入名称：交流モートル
刻印：商標の金属プレートが張り付けられ，「TRADE ⊕ MARK　島津製作所　京都　東京　SHIMADZU FACTORY KYOTO TOKYO」と刻まれている．

三相式誘導電動機の原理を説明するための器械．周囲の 6 つのコイルで三相の回転磁界を作る．中心にかご型回転子が入っている．島津製作所の昭和 4 年のカタログにはまったく同じ機器図が掲載されており，「廻轉磁場説明器　三相　第 14318 号の手動發電機を用ひ實驗するもの　Apparatus for illustration of rotary field」と書かれている．関連機器として本機器購入の約 1 か月後の 6 月 1 日には「交流ダイナモ」を 120 円で島津製作所から購入している．

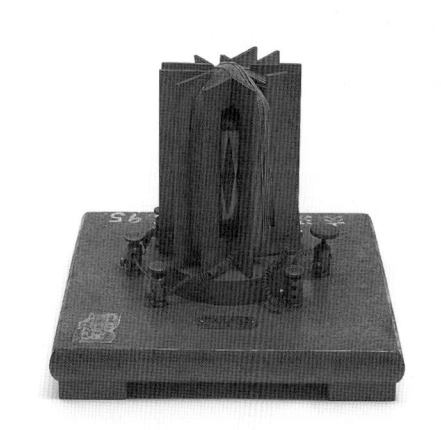

文献
島津製作所 (1922), p. 273.
島津製作所 (1929), pp. 696-7.

■すべり抵抗器
Cylindrical Rheostats (Cat. No. 47)

大きさ：下台　182×425；全体の高さ200
購入年：1883（明治16）年
購入費：5円50銭
納入業者：不明
製造業者：不明
台帳記入名称：リヲスタット

スライドを移動させて抵抗を変化させる可変抵抗器．石材等の耐熱性絶縁物で作った円筒の周りに，抵抗線を互いに接触しないように螺旋状に巻かれてある．螺旋に平行に金属棒がついており，金属棒には，抵抗線と接触するスライドが動く．スライド部分から取り出した端子と，抵抗線の端の端子とを回路で結んで抵抗として使用する．木台上に張られた金属板に5mm単位で230mm長の目盛りが刻まれている．抵抗値は小さくて1Ωである．この抵抗器は簡便で廉価であるが，欠点はスライドと抵抗線の接触が不確実であることである．島津製作所の大正11年目録には，Cylindrical Rheostatとしてそれぞれ，2.5，4，10Ωの3種類の抵抗器が販売されている．

文献
友田鎮三（1910），pp. 303-4．
Walmsey（1911），pp. 357-8．

■メーターブリッジ
Meter Wire Bridge (Cat. No. 67)

大きさ：170×1110×高さ110
購入年：1889（明治22）年
購入費：15円
納入業者：尾崎米吉
製造業者：不明
台帳記入名称：ホキートストンブリッヂ

ホイートストンブリッジの一種で，長さ1mの摺動線をもつ摺動ブリッジである．測定には他に，電池，検流計，被測定抵抗物が必要である．検流計に流れる電流がゼロになる位置を，摺動子を動かして見つける．その両端からの長さの比率で対象物の抵抗を算出する．

納入業者の尾崎米吉は東京の物理学器械製造業者である．明治39年の『工場通覧』には，工場名，設立年月日，工員数等が次のように記載されている．「東京府　尾崎工場　物理學用器械　本所區横綱町二ノ一　尾崎米吉　明治十年三月　12名」

文献
Ganot（1902），pp. 934-5．

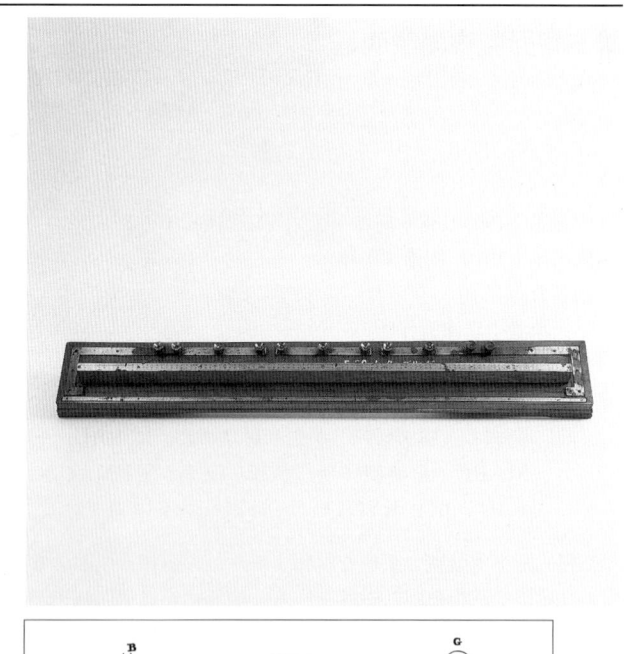

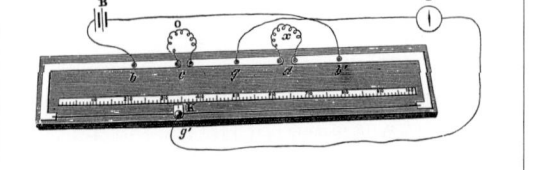

図 3-7-33　Metre wire bridge/Ganot (1906) より

■栓型ホイートストンブリッジ
Wheatstone Bridge (Cat. No. 166)

大きさ：箱　350×230×高さ 220
購入年：1900（明治 33）年
購入費：410 円
納入業者：島津製作所
製造業者：Otto Wolff
台帳記入名称：ホイトストンブリジ
刻印：抵抗値の数値以外では int. Ohm richtig bei 20℃
　　　Manganin Otto Wolff Berlin 1583 と刻まれている．

ホイートストンブリッジ法を用いる PO 型抵抗測定器．比例辺の抵抗は，0.1，1，10，100，1000 で，測定辺の抵抗は，0.1，0.1，0.1，0.2，0.5，1，1，2，5，10，10，20，50，100，100，200，500，1000，1000，2000，5000，10000，10000，20000，50000 である．コイル数は 25 個である．非常に広範囲の抵抗測定に使用できる高級品である．

この機器は 1904 年のセント・ルイス博覧会に Otto Wolff 社が出品した製品で，教育用器械展示品のドイツ製品リスト書の中で，Otto Wolff 社の箇所に，「栓開閉型ホイートストンブリッジ　この器械には，1000-100-10-1-0.1 オームの 5 対の分岐抵抗，および 0.1 から 50,000 まで，合計 111,111.1 オームの一組の比較抵抗が含まれている．……」と紹介されている．

文献
Wissenschaftliche Instrumente (1904), pp. 205-9.

■標準抵抗器
Standard Resistance (Cat. No. 120)

大きさ：箱　197×220×高さ 125；抵抗器円筒部の直径
　　　　100×高さ 50
購入年：1896（明治 29）年
購入費：44 円 45 銭
納入業者：高田商会
製造業者：不明
台帳記入名称：ウヰデルスタンドアインハイツステロン（4 個）
刻印：箱には「標準抵抗箱 4 個入　0.1 ヲーム，1 ヲーム，拾ヲーム，百ヲーム」と記載されている．4 個の抵抗器にはそれぞれ，0.1 Ohm RICHITIG BEI 20℃，1 Ohm RICHITIG BEI 20℃，10 Ohm RICHITIG BEI 20℃，100 Ohm RICHITIG BEI 20℃ と刻印されている．

マンガニン線を使った標準抵抗器．抵抗値はそれぞれ，0.1 Ω，1 Ω，10 Ω，100 Ω の 4 種である．C. Gerhardt 社の 1902 年カタログに同一な機器図が掲載されており，カタログでの名称は Widerstand-Einheitsetalon である．台帳の品名は，C. Gerhardt 社のカタログのものと一致する．この抵抗器は水銀端子と接触端子の両方を備えている．写真の端子のうち，長い方の端子で鍵型になっているのは，水銀に浸けるためのものである．

文献
Gerhardt (1902), pp. 267-8.
清水與七郎 (1934), pp. 43-7.
Fricks (1907), pp. 216-7.

■標準抵抗器
Standard Resistance (Cat.No.214)

大きさ：箱　195×210×高さ172；
　　　　抵抗器　円筒部の直径86；全高　155
購入年：1906（明治39）年
購入費：105円
納入業者：島津製作所
製造業者：不明
台帳記入名称：標準抵抗器（四個）
刻印：2箱にそれぞれ2個ずつの標準抵抗器が入っている．1つ目の箱には「標準抵抗箱4個ノ内　0.1オーム，100オーム　貳個」，2つ目の箱には「標準抵抗箱4個ノ内　拾オーム，壱オーム　貳個」と記載されている．4個の抵抗器にはそれぞれ，0.1 int, Ohm RICHITIG BEI 20°C Manganin, 1 int, Ohm RICHITIG BHI 20°C Manganin, 10 int, Ohm RICHITIG BHI 20°C Manganin, 100 int, Ohm RICHITIG BHI 20°C Manganinと刻印されている．

　マンガニン線を使った標準抵抗器．抵抗値がそれぞれ，0.1Ω，1Ω，10Ω，100Ωの4種が購入された．両端子とも水銀端子である．Max Kohl社の1926年カタログに全く同一に機器図が掲載されており，カタログリストには他に1,000, 10,000, 100,000Ωに抵抗器が載せられている．標準抵抗器には，①抵抗の温度変化が小さいこと，②銅に対する熱起電力が小さい等の特性が必要であるが，その金属線としてマンガニン線が使用されている．

文献
Max Kohl (1926), p. 926
清水興七郎 (1934), pp. 43-47
Fricks (1907), pp. 216-217

■コールラウシュブリッジ
Kohlrausch's Bridge (Cat. No. 218)

大きさ：箱　380×225×高さ185；本体　347×183×高さ93
購入年：1907（明治40）年
購入費：130円
納入業者：島津製作所
製造業者：Max Kohl
台帳記入名称：コーラウシュユニバアーサルブリッジ
刻印：金属プレートに，MAX KOHL Werkstatten für Präzisionsmechnik Chemitz iS と刻まれている．

　電解質溶液の抵抗を測定する場合，液内に分極作用が起こるが，交流を使うことによって分極作用を相殺することができる．ホイートストンブリッジと異なり，交流を発生させるために誘導コイルを用い，電流計の代わりに電話機で検知する．機器には0.1，1，10，100，1000Ωの抵抗がついており，プラグを差し込み，比例辺の抵抗を変えることができる．溶液の抵抗の他に，電池の内部抵抗や避雷針の接地抵抗の測定に使用される．またスイッチを切り替えれば，普通の直流による摺動型ホイートストン・ブリッジとしても使用できる．Max Kohlの1926年カタログに同一の機器図が掲載されている．

文献
理化学辞典 (1935), p. 556．
Max Kohl (1926), p. 931．
清水興七郎 (1934), pp. 514-8．

■検流計
Simple Galvanoscope (Cat. No. 79)

大きさ：台の直径 121；全体の高さ 62
購入年：1893（明治 26）年
購入費：2 円 50 銭
納入業者：島津製作所
製造業者：不明
台帳記入名称：エレクトロスコープ

コイルの中に磁針を置いただけの簡単な電流計．微少な電流でない場合に，電流が流れているかどうか，あるいは 2 回路の電流量の比較ができる程度のものである．木台の上に目盛りのついた紙が貼られている．円周上に溝がつけられてあり，ガラス蓋が被せられていたと推測される．磁針は失われている．大正 2 年の教育品製造合資会社のカタログでは「電流計　小型　簡単　3 円」となっている．明治 19 年の文部省編輯局『物理器械使用法』ではエールステズの実験が解説された後に，「湿電氣計」として説明されている．

文献
教育品製造合資会社 (1913), p. 168.
文部省編輯局 (1886), p. 123.

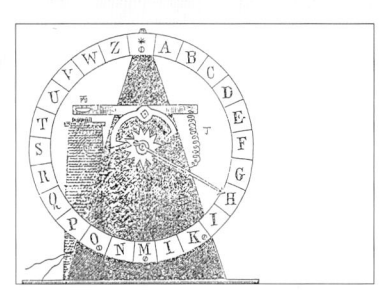

図 3-7-34　検流計／文部省編輯局 (1886) より

■説明用電圧計
Lecture-room Voltmeter (Cat. No. 235)

大きさ：箱　225×134×高さ 323
購入年：1909（明治 42）年
購入費：30 円
納入業者：島津製作所
製造業者：不明
台帳記入名称：説明用ヴォルトメーター
刻印：目盛りに VOLTS No. 36828

可動磁針型電圧計．電流計に高抵抗コイルを直列配置して電圧計に変えている．電圧計の原理を説明する講義用の器械である．正接電流計とは異なり，コイルの作る磁場の方向は鉛直方向であるため，地磁気の影響をあまり考慮せずにすむ．この電圧計は，高抵抗のコイルの入らない点を除けばまったく同一の講義用電流計と一緒に購入された．明治 39 年の島津製作所のカタログには，目盛りの数値を除いて同一の機器図が掲載されており（カタログでは 0-30 と 0-3 の 2 種類の目盛りがうたれている），35 円の値段がつけられている．

Max Kohl 社のカタログにも類似の器械が掲載されており，その説明では「直流用の講義室電圧計，0 から 3 ボルトまで読み取ることができるが，抵抗を付加すればその範囲を 10 倍に拡大できる」とある．値段は 48 マルクがつけられている．

文献
島津製作所 (1906), p. 56.
森総之助編 (1914), p. 277.
Max Kohl (1905), pp. 645-6.

■無定位電流計
Astatic Galvanometer (Cat. No. 95)

大きさ：ガラス円筒の直径 135；全体の高さ 236
購入年：1895（明治 28）年
購入費：25 円
納入業者：島津製作所
製造業者：不明
台帳記入名称：アスタチック電流計

　無定位磁針型電流計．三脚架で支えられ，ガラス円筒の蓋がついており，三脚架の上の部分は回転できる．磁針の振れは円形の目盛り板で，0〜90，0〜−90 で 1 度まで読み取るように作られている．この電流計の請求者は当時第三高等学校教授であった村岡範為馳である．島津製作所の大正 11 年のカタログには図入りで掲載されており，機器名は「無定位検流計」となっている．その説明書きには「コイルは 2 オーム及 50 オームの 2 種の抵抗を有するもの」と書かれている．

　文献
　Deschanel (1877), p. 397.
　Hackmann (1995), pp. 165-6.
　島津製作所 (1922), p. 220.

図 3-7-35　熱電対と接続された無定位電流計/Deschanel (1877) より

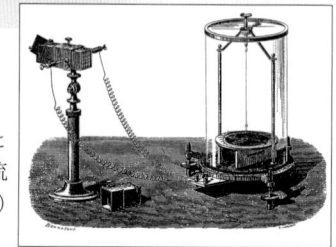

■投影用電流計
Galvanometer for Projection (Cat. No. 167)

大きさ：直径 117×高さ 265
購入年：1900（明治 33）年
購入費：89 円 10 銭
納入業者：教育品製造会社
製造業者：不明
台帳記入名称：投影用ガルヴァノメートル

　講義の際に投影器の上に置いて，電流計の磁針の動きを拡大して示す装置．無定位磁針電流計である．購入の請求者は，当時京都帝国大学理工科大学の助教授であり，第三高等学校の嘱託教授を兼任していた田丸卓郎である．

　製作所名は，機器には記されていないが，パリの Pellin 社である．京都大学総合人間学部の「舎密局〜三高資料室」には，田丸卓郎が Pellin 社に注文した書類があり，教育品製造合資会社を通して 7 点注文している．そのうち 2 点は投影器で，それと組み合わせて使用したものであろう．

　文献
　Max Kohl (1905), p. 630.
　Mollan (1994), pp. 82-3.

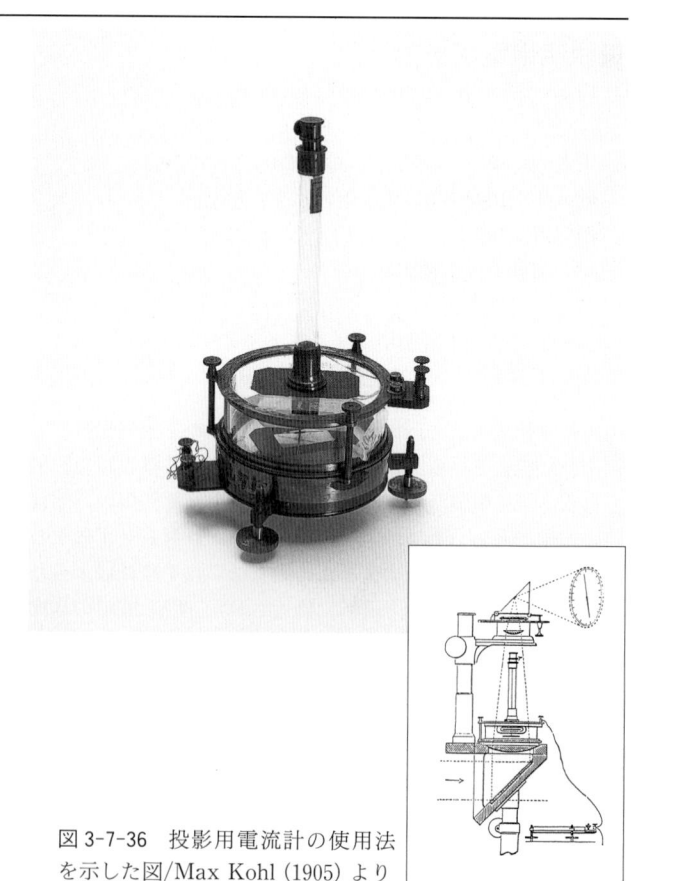

図 3-7-36　投影用電流計の使用法を示した図/Max Kohl (1905) より

■正接正弦電流計
Tangent and Sine Galvanometer (Cat. No. 96)

大きさ：全体の高さ 266；水平目盛円盤の直径 158；鉛直
　　　　目盛円盤の直径 169
購入年：1895（明治 28）年
購入費：28 円
納入業者：島津製作所
製造業者：不明
台帳記入名称：タンゼント電流計

可動磁針電流計の一種である正接正弦電流計．正接電流計としても，正弦電流計としても両方で使用できる．正接電流計では，磁針の振れの角度の正接が電流の強さに比例し，正弦電流計はその角度の正弦が電流の強さに比例する．正接電流計として使用する場合には，コイルの作る磁場が比較的均一であるコイル面の中心部で磁針が動くようにするため，短い磁針がおかれている．その磁針に垂直に長い目盛り針がついている．正接電流計よりも正弦電流計の方が精確な判定ができるが，操作数が多くなる．本機器には水平目盛板に副尺が1つ付いており，0.1度まで読み取ることができる．磁針にはストッパーが付いている．

文献
Stock (1983), p. 16.
Gerhardt (1902), p. 254.

■正接正弦電流計
Tangent and Sine Galvanometer (Cat. No. 176.1)

大きさ：水平円板の高さ 120，全体の高さ 200
購入年：1898（明治 31）年
購入費：150 円
納入業者：児玉親愛
製造業者：不明
台帳記入名称：タンゼントガルバノメーター

磁針電流計の一種で，正接電流計と正弦電流計の両方に使用できるタイプ．本機器は学生実験用器械である．長い磁針にはそれと直角に短いアルミ針がついている．端子は4か所にある．島津製作所の大正11年のカタログにはまったく同一の機器図が掲載され，「正切正弦電流計…水平螺旋ヲ有スル三個ノ脚付　長短二種ノ磁針ヲ附シコイルハ十分ノ一オーム及百五十オームノ二種ノ抵抗ヲ有スル」と書かれている．

文献
島津製作所 (1922), p. 221.
Stock (1983), p. 16.
Gerhardt (1902), p. 255.

■正弦示差兼用電流計
Sine and Differential Galvanometer (Cat. No. 215)

大きさ：箱　155×151×高さ 105
購入年：1906（明治39）年
購入費：91 円
納入業者：島津製作所
製造業者：MAX KOHL
台帳記入名称：正弦示差兼用ガルバノメーター
刻印：MAX KOHL CHEMNITZ

　正弦電流計と示差電流計の両方を兼ね備えた，ピボット式可動磁針指示計方式の電流計である．コイルの支持部に 2×400 W，$2×48.5 \Omega$ と書かれている．端子は 2 個ずつ 2 組あり，それぞれ A1, A2, E1, E2 と刻まれている．収納箱の裏ぶたに紙が貼られており，それには，ドイツ語で，正弦電流計として使用する際には，$J=0.00057 \sin\alpha$ の式になると書かれている．MAX KOHL 社の 1905 年のカタログには同一の機器図が掲載されている．その説明として，「示差電流計としても使用できる正弦電流計　130 マルク」と記載されている．同じ機器図は島津製作所の大正 11 年のカタログにも見られる．

文献
Max Kohl (1905), p. 620.
島津製作所 (1922), p. 221.
清水輿七郎 (1934), pp. 438-44.

■ヴィーデマン電流計
Wiedemann Galvanometer (Cat. No. 97)

大きさ：145×1030×高さ 54
購入年：1895（明治28）年
購入費：6 円 80 銭
納入業者：島津製作所
製造業者：不明
台帳記入名称：ウキデマン測電器

　可動磁針，鏡反射型の電流計．中央に鐘型の磁針が吊され，その振れ角は，鏡への反射光線を目盛り板で見ることによって読み取られる．コイルは磁針の両側に 2 個あって，その位置は自由に動かすことができる．磁針との距離を変えて電流計の感度を調整する．磁針を囲んでいる銅円筒は制動の役目を果たす．コイルの位置の読み取るために木製の台に刻まれた目盛りは 1 cm 単位で 1 m の長さである．購入の請求者は第三高等学校教授の村岡範為馳である．ケンブリッジの Whipple Museum に，19 世紀末に製造された Edelmann 社製のヴィーデマン電流計が保存されている．その電流計の高さは 60 cm であり，懸垂線の通る管が本電流計より長く作られている．

文献
清水輿七郎 (1934), p. 327.
Stock (1983), pp. 16-7.
Lyall (1991), No. 13.

■トムソングレーデッド電流計
W. Thomson's Graded Current Galvanometer
(Cat. No. 75)

大きさ：箱　199×384×高さ147
購入年：1891（明治24）年
購入費：121円
納入業者：高田商会
製造業者：J. White
台帳記入名称：タムソン氏グレーテドガルバノメートル
刻印：磁力計：SIR WH THOMSON'S J. WHITE PAT-ENT No. 226 GLASGOW

トムソンが考案した広範囲の電流領域で測定可能な可動磁針型の正接電流計．長方形の木台の真ん中にV字状の切り込みが入れられ，それに沿って目盛りが，1/4, 1/2, 1……と刻まれているが，その間隔は等間隔ではない．磁針計をその切り込みに沿って動かし，コイルとの距離を調節することによって，広範囲の電流量に対応して測定できる．コイルの抵抗は1/1000Ω程度で非常に小さい．磁針計の上には地磁気を打ち消しかつ磁針に復原力を与えるための弧状磁石がつけられている．W. Thomson が1881年に特許を取得した電流計である．

文献
Larden (1887), p. 289.
Lyall (1991) No. 6.
Elliott Brothers (c1892), p. 19.
Hackmann in I. S (1998), pp. 208-11.

■携帯用無定位電流計
Portable Astatic Galvanometer (Cat. No. 147)

大きさ：円筒部　直径92×高さ42
購入年：1898（明治31）年
購入費：95円14銭
納入業者：高田商会
製造業者：Elliott Brothers
台帳記入名称：テスチングガルバノメートル
刻印：ELLIOTT BROS LONDON No. 1374

革ケース付きの携帯用無定位磁針型電流計．保線工夫用電流計とともに購入していることから，電信線工事用の電流計と思われる．目盛りは90-0-90が左右にあり，全円周に目盛りが打たれている．

購入の請求者は第三高等学校教授の村岡範為馳である．この時，村岡は他に2点，「デイフェレンシャルガルバノメートル」，「ホリゾンタルガルバノメーター」も同時に注文している．Elliott Brothers 社の1892年頃のカタログには同一の機器図が載せられ，その解説には，「携帯用の無定位電流計，中心に軸受けあり，抵抗1000オームまで測定可能，小棒磁石のついた革ケース　£5　s.5」と記されている．

文献
Elliott Brothers (c1892), p. 1.

■保線工夫用検流計
Linesman's Detector (Cat. No. 146)

大きさ：90×135×高さ180
購入年：1898（明治31）年
購入費：57円9銭
納入業者：高田商会
製造業者：Elliott Brothers
台帳記入名称：ディフェレンシャルガルバノメートル
刻印：ELLIOTT BROS LONDON No. 1392

電信線の保全・修理を行う保線工夫のために，単純で頑丈に作られ，持ち運びに便利な構造の検流計．可動磁針型の電流計で，電流の流れないゼロ点では，磁針は重力で垂直に向く．端子は4個あり，横方向に並んでいる．端の2個には＋の印が付き，真ん中の2つの端子に印はついていない．目盛りは70-0-70で1の単位で刻まれている．磁針の中心部には，磁針の振れ止めがついており，流れる電流量が多い場合に振れ過ぎないように工夫されている．購入の請求者は第三高等学校教授の村岡範為馳である．この時，村岡は他に2点，「テスチングガルバノメートル」，「ホリゾンタルガルバノメートル」も同時に注文している．

文献
Stock (1983), p. 17.
Baird & Tatlock (1912), p. 470.

■PO型水平検流計
Horizontal Galvanometer, Post Office Pattern
(Cat. No. 145)

大きさ：箱；240×190×高さ136
購入年：1898（明治31）年
購入費：57円9銭
納入業者：高田商会
製造業者：Elliott Brothers
台帳記入名称：ホリゾンタルガルバノメートル
刻印：検流計のメーター部；ELLIOTT BROS LONDON No. 1374, 箱蓋の裏面のシール；Horizontal Galvanometer with Shunts. No. 1447. Resistance of Galvano. =1000 B. T. Units. at the Temperature of 15.5°C

可動磁針型の指針式検流計．分路器がついており，電流計の抵抗に対する値は1/9, 1/99, 1/999であるので，測定範囲はそれぞれ10, 100, 1000倍となる．検流計にはElliottの商標が刻まれ，目盛りは40-0-40で，読み取り用の鏡がついている．主として電信用に使用された．購入の請求者は第三高等学校教授の村岡範為馳である．分路器は，1843年にWheatstoneがBakerian講義で発表した装置である．

文献
Lyall (1991) No. 12.
Stock (1983), p. 20.
島津製作所 (1937), p. 194.

■ダルソンバール電流計
D'Arsonval Galvanometer (Cat. No. 284)

大きさ：下台の直径 155；全体の高さ 285
購入年：1917（大正 6）年
購入費：40 円
納入業者：島津製作所
製造業者：島津製作所
台帳記入名称：ダルソンバール電流計
刻印：商標の金属プレートに，「TRADE ⊕ MARK SHIMADZU FACTORY KYOTO TOKYO FUKUOKA」と刻まれている

可動コイル，鏡反射型電流計．永久磁石の両極の間に，コイルを懸垂線で吊す．コイルの中央に円筒形の軟鉄が入っている．コイルに電流を通した時にできる磁場によって，コイルが偶力を受け，回転し，懸垂線がねじれて静止する．鏡反射方式でそのねじれ角を測定し，電流の強さを求める．

島津製作所の大正 11 年のカタログにはまったく同一の機器図が掲載されており，その説明では，「ダーソンヴァール氏反射電流計　コイルの抵抗 100 オーム　鏡は，平面鏡を特注しなければ通常は凹面鏡である」となっている．同型の器械が 3 個保存されている．

文献
Stock (1983), p. 19.
清水與七郎 (1934), pp. 337-42.
島津製作所 (1929), p. 226.

■講義用ダルソンバール電流計
D'Arsonval Galvanometer for Lecture (Cat. No. 263)

大きさ：箱　268×200×高さ 373
購入年：1911（明治 44）年
購入費：150 円 70 銭
納入業者：島津製作所
製造業者：Cambridge Scientific Instrument Co.
台帳記入名称：講義用ダルソンバール電流計
刻印：商標の金属プレートに，「CAMBRIDGE SCIENTIFIC INSTRUMENT CO. LTD. CAMBRIDGE ENGLAND No. 8582」と刻まれている．

ダルソンバール電流計の仕組みを講義で説明するための電流計．その仕組みが理解できるように，収納箱の全面はガラス板で，小鏡，可動コイル，磁石等の重要部がよく見えるように作られている．島津製作所の大正 11 年のカタログには類似の機器図が掲載されており，その説明では，「ダーソンヴァール氏反射電流計　講義用　可動コイルは 2 つあり，それぞれおおよそ 100 オームと 5 オームである．100 オームコイル感度は，1 m の距離で 1 mm の振れは約 0.000000004 アンペアで，外部抵抗の限度は約 750 オームである．5 オームのコイルを使う時，感度は，1 m の距離で 1 mm の振れは約 0.00000004 アンペアで，外部抵抗の限度は約 10 オームである……」となっている．

文献
Stock (1983), p. 19.
清水與七郎 (1934), pp. 337-42.
島津製作所 (1922), p. 226.

■ダルソンバール電流計
D'Arsonval Galvanometer (Cat. No. 199)

大きさ：220×208×高さ424；蓋筒の直径100
購入年：1902（明治35）年
購入費：84円12銭8厘
納入業者：E. Leybold
製造業者：E. Leybold
台帳記入名称：ダルソンバール電流計
刻印：商標金属プレートに，MECHANISCHE
　　　WERKSTATTEN E. LEYBOLDS
　　　NACHFORGER CÖRN a. RHEIN

可動コイル，鏡反射型のダルソンバール電流計．Ganotの物理学教科書では，Deprez and D'Arsonval 電流計として図解して説明されている．本機器の購入年に，第三高等学校はLeybold社から29点を一括購入しているが，その中の1点である．Leybold社の1902年カタログに同一の機器図が掲載されており，その説明では，「ダルソンバール電流計　地電流の観測に特に向いている．どの磁気攪乱にも影響されない．感度：振れの感度は1m離れたところのスケールを使った場合，1mmで0.00000001アンペアである　160マルク」となっている．

文献
Leybold (c1902), p. 332.
Stock (1983), p. 19.
清水輿七郎 (1934), pp. 337-42.
Ganot (1906), p. 921.

■リーズ型ダルソンバール電流計
D'Arsonval Type Reflecting Galvanometer
(Cat. No. 286)

大きさ：電流計の部分の金属箱113×28×高さ177；
　　　　スケールと鏡の間は500
購入年：1917（大正6）年
購入費：69円90銭
納入業者：島津製作所
製造業者：Leeds & Northrup Co.
台帳記入名称：ダルソンバール電流計（吊掛式）
刻印：2か所に35238とTHE LEEDS & NORTHRUP
　　　CO. PHILADELPHIA. 他にPATENTED JUNE
　　　20. 1905と刻まれた金属プレート

ダルソンバール電流計の改良型．Leeds & Northrup 社から売り出され，簡便な操作性から普及した．本機器は大正6年に島津製作所から5台，合計349円50銭で購入しているが，その内2台が残存している．他に大正6年に「ダルソンバール電流計」が120円で3台購入され，それらすべてが残存している．購入数が多いことから学生実験用に使用されたと思われる．

文献
Leeds & Northrup (1911), pp. 15-21.
Stein (1958), pp. 5-7.
島津製作所 (1929), pp. 593-4.

■ウエストン可動コイル型電圧計
Weston Moving-Coil Pointer Voltmeter (Cat. No. 135)

大きさ：箱；170×191×高さ99，本体；145×170×高さ67
購入年：1897（明治30）年
購入費：150円
納入業者：島津製作所
製造業者：Weston Electrical Instrument
台帳記入名称：ヴォルトメーター
刻印：金属プレートが2枚張り付けられている．1枚は特許の日付や番号などで，もう1枚には，WESTON ELECTRICAL INSTRUMENT CO NEWARK N. J. U. S. A. PATENTED NOV. 6TH 1888 NO 6353 と記載されている．電圧計の裏側には性能の証明書が張られている．その日付は May 13 1897 である．

強力な永久磁石の磁界中に，上方から白金線等で吊されたコイルを置き，コイルに電流を流した時に生じるトルクで電流量を測定する可動コイル型・指針型電圧計である．端子は2か所にあり，一方には＋と刻まれた金属片がついている．目盛りは，白いボード上に0から150まで刻まれ，150ボルトまで読み取ることができる．そのすぐ下に鏡がつけられてあり，指示針を正確に読み取ることができる．

文献
清水與七郎 (1934), pp. 153-4.
Lyall (1991) No. 99.　Stock (1983), p. 27.

■電流電圧計
Voltammeter (Cat. No. 290)

大きさ：175×196×高さ75
購入年：1918（大正7）年
購入費：18円
納入業者：島津製作所
製造業者：島津製作所
台帳記入名称：萬能メーター
刻印：メーター部に UNIVERSAL　實用新案登録第50459　No. 5805号の印字ある．また島津の商標マーク⊕がある．

可動コイル型・指針型の直流用電流計である．検流計，電流計と電圧計の3タイプに使用できるので「万能メーター」と名付けられている．電圧計として使用する時には，電流計の回路に高抵抗体を入れる．目盛りは2-0-10で0.2の単位で刻まれている．4つの端子があり，＋，A，V，Gの印がついている．それぞれプラス，電流計用，電圧計用，接地を意味している．同型器が他に2個保存されている．島津製作所の昭和4年のカタログには，同じ機器図が載せられ，「ユニヴァーサル　メーター　ダーソンヴァアール式　検流計（感度 $1×10^{-5}$ アンペア），ヴォルトメーター（10 ヴォルト）及アムメーター（10 アムペア）兼用」と記載されている．

文献
島津製作所 (1929), p. 585.
正木修 (1942), pp. 286-7.

■ダイヤル電信機
Dial Telegraph (Cat. No. 35)

大きさ：台 160×180；文字円盤の外径 100；全体の高さ 182
購入年：1881（明治14）年以前
購入費：18円
納入業者：不明
製造業者：不明
台帳記入名称：ダニエル氏字標板伝信機

本機は電磁石を用いたダイヤル電信機の教育用模型である．送信機が失われ受信機のみが残っている．本機の文字盤は28等分され，アルファベット，ATTENTION および休止を表す星形からなる．また本機はベルを備え，指針が1文字進むごとにベルが鳴り，音によっても受信文字を認識することができる．この種のベル付きの電信機は文献にはあまり見られない．

文献
Ganot (1890), pp. 894-6.
Max Kohl (1926), p. 962.
Leybold (c1907), p. 219.
飯盛挺造纂訳 (1879), pp. 240-6.

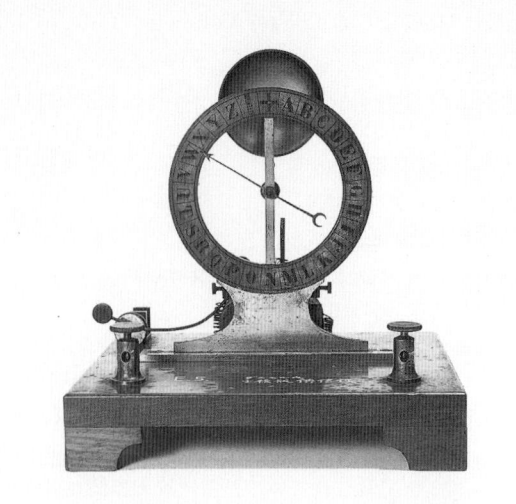

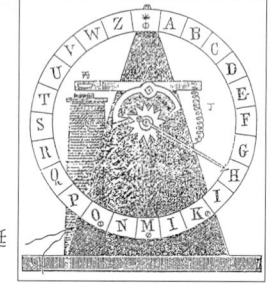

図 3-7-37　ダイヤル電信機／飯盛挺造纂訳 (1881) より

■モールス電信機
Morse's Telegraph (Cat. No. 49)

大きさ：台 152×381×58；紙テープの幅 19；印字用電磁石コイル（2個）直径 23，高さ 39
購入年：1884（明治17）年
購入費：130円
納入業者：不明
製造業者：W. Fix 社（ニューヨーク）
台帳記入名称：モールス氏電信機
刻印：真鍮製銘板に「W. Fix. N. Y.」

写真の右端は送信用の打鍵（キー）である．黒色つまみを指で押すと電気スイッチが閉じ，指を離すとバネによって元に戻りスイッチが開く．中央部にある電気リレー（継電器）は，遠くから送られて来た微弱な信号電流を強い電流に変換し，左端にある受信部に送る．その上部にあるリールの紙テープがその下にある電動モーターと歯車機構によって電磁石のヘッドを経て引出される．その際にリレーから送られた電流によって電磁石が働き，信号がテープに印字される．

文献
Ganot (1890), p. 896.
Mollan (1994), pp. 120-1.

■電信機の模型
Telegraph Model (Cat. No. 58)

大きさ：台 140×365；全体の高さ 100
購入年：1888（明治 21）年以前
購入費：12 円
納入業者：不明
製造業者：尾崎製造
刻印：真鍮製銘板に「東京浅草　尾崎製造　八幡町」と記
　　　名されている

　本機はモールス送信機の教育用模型である．写真の右には送信用の打鍵（キー）がある．このキーは左の箱内にある電磁石を通じて左端の電池用端子回路に繋がる．中央付近には電磁石によって動くスイッチがあり，それが中央部端子に繋がる．キーを操作させて電磁石に電流を流す音を発し，中央部端子の回路が閉じて信号を送る仕組みである．

　尾崎工場は明治 10 年に創立された物理学用器械を製造していた会社で，第三高等中学校では他に明治 22 年にホイートストンブリッジを 15 円で購入している．

文献
島津製作所（1922），p. 258
Turner（1996），p. 285.

■ヒューズマイクロフォン
Hughes' Microphone (Cat. No. 77)

大きさ：台 226×122×25；炭素棒両端子間の距離 56；誘
　　　　導コイル；直径 31 で高さ 81
購入年：1892（明治 25）年
購入費：2 円 50 銭
納入業者：島津製作所
製造業者：不明
台帳記入名称：ヒュース氏マイクロホン（微音試験器）

　本体の炭素棒は失われている．上下に間隔をおいて 2 個の真鍮製電極があり，それには凹みのある炭素が埋め込まれている．上の電極は縦方向に装着された小型誘導コイルの上部にある金属片に付着し，この金属片を押さえるネジによって上下の位置が微調整される．木製土台には空洞があって音が共鳴する仕組みになっている．時計のような発音体を置くと，その音が大きく拡大される．本器は島津製作所カタログに掲載のものと同一であり，また巻線が外れて露出したボビンには「長サ」の文字が見える．メーカーのカタログには種々の形式のものが見られる．

文献
島津製作所（1929），p. 678.

Ganot（1902），pp. 987-8.
Walmsey（1911），pp. 448-9.
フレミング（1942），pp. 100-1.
Garhardt（1902），p. 286.
Leybold（c1907），p. 244.

図 3-7-38　ヒューズマイクロフォン/Ganot（1906）より

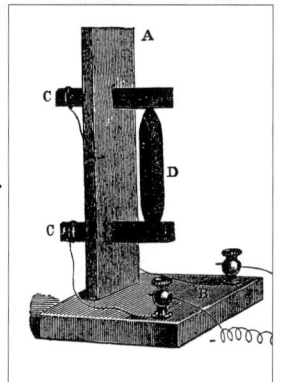

第3章　第三高等学校由来の物理実験機器　7　電磁気学

■ロッジ電気共鳴装置
Lodge Apparatus for Demonstrating Electirc Resonance (Cat. No. 262)

大きさ：1個の大きさ 605×602×70
購入年：1911（明治44）年
購入費：25円
納入業者：島津製作所
製造業者：不明
台帳記入名称：ロッジ氏電気共鳴試験器

　同じ共鳴振動数をもつ2つの電気振動回路が共鳴を起こすことを示す講義用実験装置である．太い針金でコの字型を作り，その一端をライデン瓶の外箔に繋ぎ，内箔は火花間隙と可変誘導コイルを通して他端に繋ぐ．火花間隙の両端に誘導コイルを入れ，電気振動を矩形の針金に起こさせる．他に，同型の矩形の針金回路を作る．2つの回路を平行に置くと，第一の回路の電気信号と共鳴を起こして，第二の回路の火花間隙に電気火花が飛ぶ．本器は島津製作所のカタ

図3-7-39　ロッジ電気共鳴装置／島津製作所（1929）より

ログとまったく同型であるが，ライデン瓶およびそれの台，火花間隙に並列に置かれる電球が失われている．

文献
島津製作所（1906），p. 59；（1922），p. 288
内藤卯三郎他（1931），pp. 308-9．
フレミング（1942）333-5．

■白熱電灯製造順序標本
Specimens to show Manufacturing Steps of Incandescent Electric Lamp (Cat. No. 251)

大きさ：箱　322×372×91
購入年：1910（明治43）年
購入費：5円50銭
納入業者：島津製作所
製造業者：島津製作所
台帳記入名称：電球構造ノ順序標本
刻印：箱に張り付けられた金属プレートに「TRADE ⊕ MARK 島津製作所　京都市木屋町二条南　東京市神田区錦町一丁目SHIMADZU FACTORY KYOTO TOKYO」と記載されている

　炭素フィラメント式白熱電球の製造工程を理解させるための教育用標本．前面がガラス張りの箱の中に，電球，炭素フィラメント入り試験管等が箱面に固定され，製造途中の各段階を示す電球や製造上必要な素材等が並べられている．
　島津製作所の昭和4年のカタログには，「白熱電燈球（タングステン心線）製造順序標本　箱入」と題する製品が掲載されている．昭和12年の同社カタログにも同じ製品が載せられており，その価格は8円となっている．

文献
島津製作所（1926），p. 663．
酒井佐保編（1896），pp. 280-2．

■グロー放電管
Glow Discharge Lamp (Cat. No. 267)

大きさ：全体の高さ 297；台の直径 123；ガラス管の最大
　　　　直径 75
購入年：1913（大正 2）年
購入費：23 円 50 銭
納入業者：島津製作所
製造業者：不明
台帳記入名称：グルーランプ

　グロー放電は電流の小さい間は陰極表面の一部だけが陰極として機能し，電流を増加するとその面積が電流に比例して増加する．したがって，放電電流に関係なく電圧降下は一定である．これを正規グロー放電と呼ぶ．この特性を利用したのが定電圧グロー放電管である．また，陰極全体が陰極としての機能を果たす以上に電流を流そうとすると電圧降下は大きくなる．図のグロー放電管の使用目的は明確でないが，その陰極の大きさ等からこうしたグロー放電の特性を調べるためものと考えることができる．

8　真空放電とX線

　低圧ガラス管内の放電の研究としては Gottfried Heinrich Grümmert (1719-76) と William Watson (1715-87) が 1744 年に行った実験が最初といわれており，観測された現象は Watson の電気の一流体理論と結びついていった．ほぼ 1 世紀を経て，1838 年に Michael Faraday (1791-1867) が放電実験を行って，陰極のグローと陽極に繋がる紫色の光の流れとの間に暗い間隙があることを発見した．この間隙はファラデー暗部と名付けられた．この実験に刺激されて，19 世紀の真空放電研究の歴史が始まった．1855 年に Johann Heinrich Wilhelm Geissler (1814-79) が水銀を用いた空気ポンプを発明して，真空度が改善されると，この分野の研究は急速に活発さを増し，物質の構造に関する人々の認識に変化を迫り，20 世紀の原子物理学への道を開くことになった．しかしながら，第三高等学校とその前身校が大正年間までに購入した機器は，陰極線やX線に関するものまでであった．真空放電の研究に用いられてきた，電極を数個封じ込んだガラス管を真空放電管，あるいは単に放電管と呼ぶ．

　この節では，放電管とX線管とのそれぞれの発達に関係させて，三高コレクションの機器を紹介していく．

8-1　放電管

　かつて，Otto von Guericke (1602-86) が 1650 年代に空気ポンプを製作した時には，大気圧より低い気圧の状態を作れば，それは真空と考えられていた．18 世紀にはピストン型の空気ポンプに改良が加えられたが，Faraday がグロー放電を観測したということは，この型のポンプで 1000 Pa 程度の真空度に到達していたことを意味する．真空放電と呼ばれてきたこの分野では，真空技術や関連技術の発展につれて，引き出されてくる現象が変化して，真空の定義や，その概念についても，次々と変化を迫られた．19 世紀の研究者はその時々に到達しうる最高の真空度を求めて実験を行い，議論を闘わせて，20 世紀の初頭には原子の構造を解明する段階に到達した．その過程で使用された機器の複製が，多くの教育用科学機器のカタログに記載され，普及した．

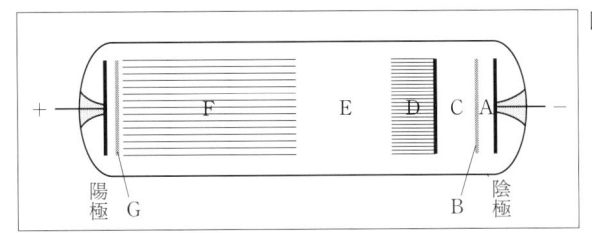

図 3-8-1　グロー放電

　天野清の『量子力学史』は，簡潔な叙述の中でも，新しい理論の展開の基礎にある実験の重要性を指摘することを忘れていない．「実験の技術とボーア以前の原子物理学」という表題の節は，冒頭に「科学的発見の歴史の可成りの部分は科学機器や装置の歴史である．」という Arthur Schuster (1851-1934) が著した『物理学の進歩』の中にある文章を引いて書き始められている．真空放電から陰極線やX線が発見されていく過程を追うこの節の特徴を表す文章である[1]．

　このような研究の起点になったのは Geissler が 1855 年に製作したガラス製の水銀ポンプであった．彼が Bonn 大学の物理学教授 Julius Plücker (1801-68) のために小さな放電管を作り始めたのは 1858 年のことであった．その前の年に，彼は Daniel Ruhmkorff やその他の研究者にも同じ放電管を作って送っていた．Plücker はこの放電管で Geissler とともに真空放電の研究を行って，後には封入した気体の輝線のスペクトルを測定するなど，分光学への道を開いた．この放電管は，新しい機器にそれを使用した研究者の名前をかぶせて呼ばれるという慣習に従って，プリュッカー管とも呼ばれたが，Plücker がいつも "Geissler's tubes" と呼んでいたので，ガイスラー管という名称が定着した．この管はそれまでのピストン型のポンプでは到達できなかった 1000〜100 Pa 程度の真空度に達しており，電極間に弱い電流を流すとグロー放電が起こって，放電縞が確認できた．

　この程度の真空度にしたガラス管内では，封じ込めた電極に 10 mA 程度の電流を流すとグロー放電が起こり，管に沿って図 3-8-1 のような明暗の区分が生じる．陰極から順に(B)を陰極光，(C)をクルックス暗部，または陰極暗部，(D)を負グロー，(E)をファラデー暗部，(F)を陽光柱，(G)を陽極光と呼ぶ．(A)は，管内の気体がアルゴンやネオンなどの不活性気体の時に現れ，アストン暗部と呼ばれる．この時の電位差はほとんど陰極側に集中していて，陽光柱の中ではあまり電位差がなく，時に放電縞が現れる．教科書などに見られる初期のガイスラー管の挿し絵では，この陽光柱の状態が管全体に広がっているものが描かれている．図 3-8-1 の状態からさらに真空度を上げると，陽光柱が小さくなり，陰極暗部が全体に広がり，陽極に近いガラス壁が陰極線によって蛍光を発するようになる．このように真空度によって放電の様子が変化するので，T字型のガラス管の両端に電極を封じ込めて真空装置に接続したものが，簡単な真空計として20世紀にも使われ続けていた．この放電管もガイスラー管と呼ばれており，真空実験の入門書や辞典などには，気圧を変えた時の放電の様子を図 3-8-3 のように写真にして掲載しているものがよく見られた．

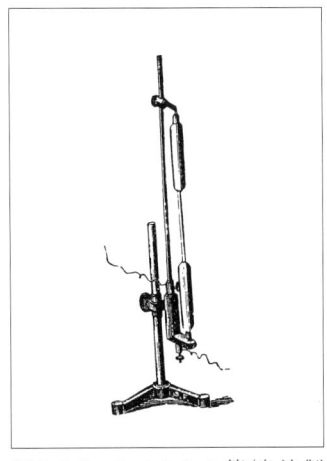

図 3-8-2　スペクトル管/島津製作所 (1929) より

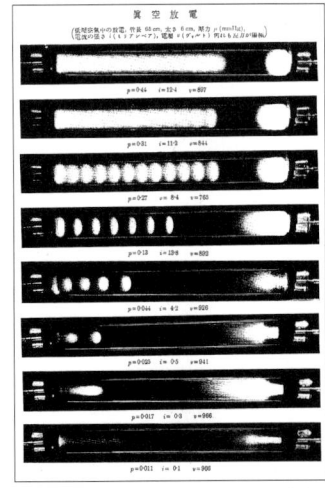

図 3-8-3　真空度と放電模様/理化学辞典 (1935) より

図 3-8-4 ガイスラー管のいろいろ／内藤卯三郎（1931）より

1958年の実験では，Plücker は管のガラス壁が蛍光を発し，それが磁気によって場所を変えることを発見し，陰極からある種の放射線が出ていることを認めていた．Plücker は最初 Bonn 大学の数学の講座を持ち，解析幾何学で業績を上げていたが，Faraday の影響を受けて理論物理学を研究するようになった[2]．そして，真空放電と気体のスペクトル測定という，実験物理学の2つの新しい分野の確立に寄与することになった．これらの仕事は彼の教え子の Johann Willhelm Hittorf (1824-1914) に引き継がれた．

Torricelli の真空の原理（第3章2節参照）を空気ポンプに用いられないかという発想は以前にもあったが，それを現実化したのは Geissler が初めてであった[3]．水銀を使うことで気密性は格段によくなったが，ガラス管とゴム管だけで構成されたポンプで，水銀溜めと管の位置関係をすべて手動で変えながら排気しければならなかったので，現在から考えれば，気の遠くなるような時間がかかる仕組みであった．このポンプは，その後改良されて，Hermann Johann Philipp Sprengel (1834-1906) や August Toepler (1869-1912) がさらに高真空に達するポンプを作るきっかけとなった．

三高コレクションのガイスラー管 (Cat. No. 121, 132) には，低圧空気中のグロー放電を調べるための単純な形の放電管の他に，ガラス管をさまざまな形に曲げ，種々の気体を封じ込め，または2重管にして蛍光物質の溶液を入れるなどして，発光の美しさや通電による変化を見せる工夫がいろいろと見える．この種の管のデザインには Geissler の工房でなければできないだろうといわれた繊細なガラス細工が見られる．また図 3-8-2 のように管の中程を細くするとその部分で放電光が強くなるので，種々の気体を封入して分光実験用に用いられたガイスラー管があった．真空度によって放電の様子が変化することを利用して，T字形のガイスラー管が手軽な真空計として用いられてきたことはさきにも述べた．

Geissler は，放電管だけを製作していたわけではなく，Plücker 以外にも Bonn 大学の研究者のために機器を製作し，大学の実験研究に寄与した．その功績によって，Bonn 大学の50周年に当たる1868年，彼に大学から名誉学位が贈られた．またウィーン万国博覧会でも演示実験を行い，その際，学芸功労賞（金十字賞）を授与されている．

陰極から出ている放射線の性質を詳しく研究した人々に，Auguste Arthur de la Rive (1801-73) や William Crookes (1832-1919)，Hittorf, Eugen Goldstein (1850-1930) などがいた．De la Rive が放電電流に対する磁気の影響を調べた装置は，ド・ラ・リーヴ管 (Cat. No. 197) として三高コレクションの中にある．Hittorf は1869年に，陰極と蛍光を発しているガラスの間にいろいろの形をした物体を置いて，その物体の影がガラスの壁にはっきり映ることを確認した．Goldstein はさらに徹底して実験を行い，陰極から出る放射線はすべて同じ方向に放出されており，その性質は陰極の物質によらないことを確かめ，この線に陰極線という名称を与えた．彼は陰極線がすべて平行に同一方向に放射されていることを示すために，陰極を星形にしたり，凹面にするなどという工夫をした放電管を発表した．三高コレクションの中には，陰極を星形にしたゴルトスタイン管 (Cat. No. 1016) が保存されている．

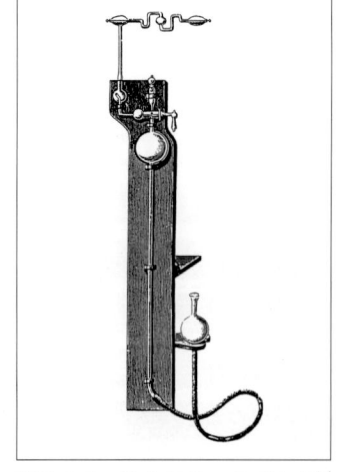

図 3-8-5 ガイスラーのポンプ／Gerhardt (1902) より

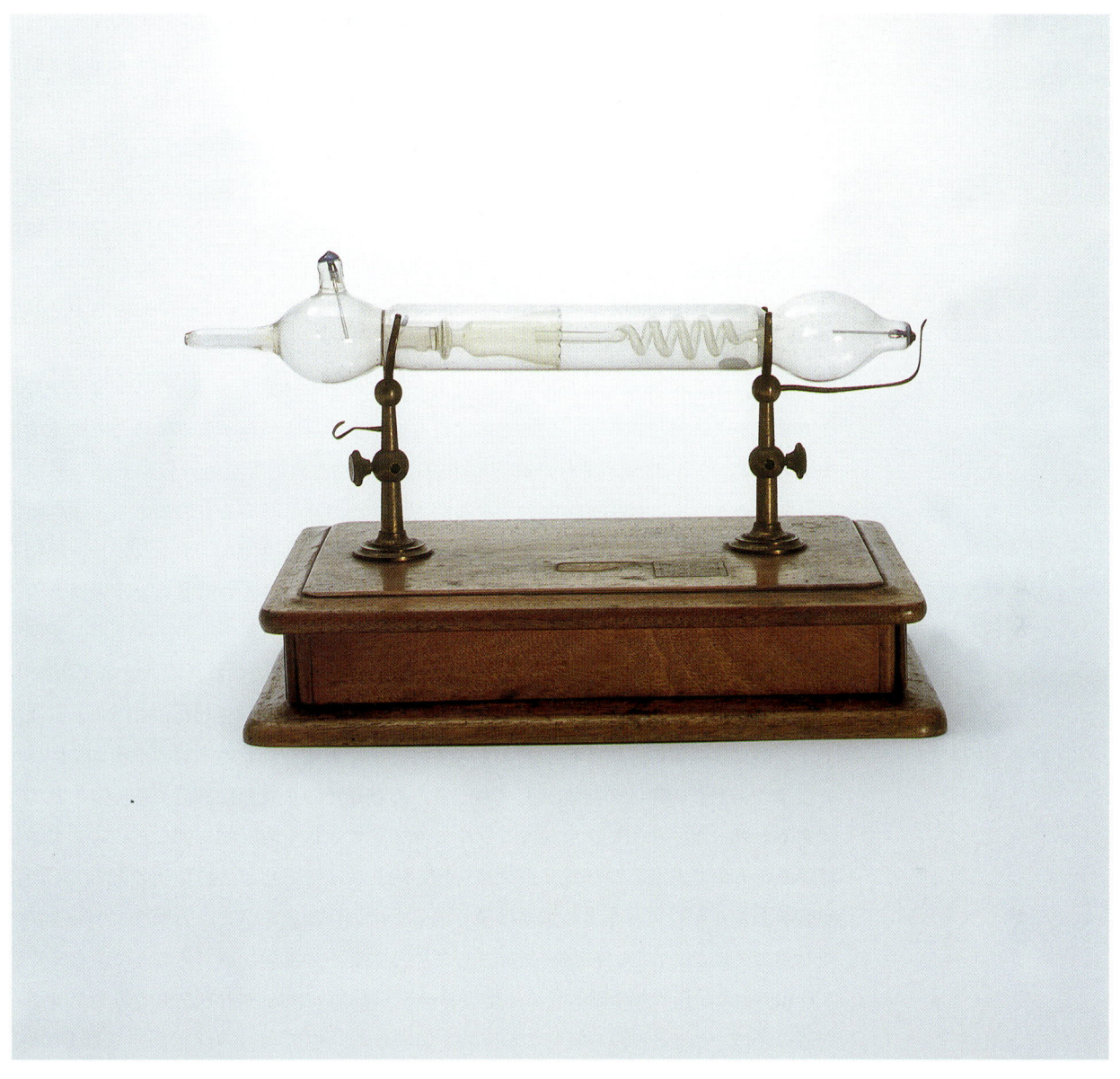

■ガイスラー管
Geissler's Tube (Cat. No. 121)

大きさ：223×157×145　　　納入業者：島津製作所
購入年：1896（明治29）年　　製造業者：不明
購入費：4円　　　　　　　　台帳記入名称：ガイスレル氏管

　　初めて実用的な水銀排気器を考案したGeisslerが，Plückerの依頼を受けて製作した放電管，およびそれと同程度の真空度を持つ放電管をガイスラー管という．当時の真空度は100〜1000 Pa程度と考えられ，いろいろな真空放電の実験に用いられた．
　　本機器はコレクションの中で最も古く購入されたガイスラー管で，ガラスの2重管になっており，木製の台付きである．内管の内側で放電をさせ，外管との間に蛍光液を入れて観察させた．国内では内藤他の教科書に記載されている．

　　文献　Ganot (1906), p. 1016.　内藤卯三郎他 (1931), pp. 343-5.

大陸側のこれらの科学者が真空度を上げることに苦労していた時期に，Crookes は Sprengel のポンプにさらに改良を加えて，真空度を上げてグロー放電のクルックス暗部を発見することができた．そして，放電の発光がなくなって陰極線を安定して観測できるような放電管を作り，陰極線の性質を調べる実験を 1870 年代のはじめに行っている．彼が調べた陰極線の性質をよく演出できる仕掛けを持つ放電管が，各科学機器メーカーのカタログにクルックス管として掲載され，クルックス管の普及に伴って陰極線の存在も強くアピールされることになった．三高コレクションにも数種のクルックス管が残されており，本書ではその一部を紹介している．そのうちの一組 (Cat. No. 158) は，本来 10 本のクルックス管を同時に購入したうち，現在は 8 本残っているという中から，3 本を選んで紹介したものである．うち 1 本は陰極線が当たると燐光を発する物質を入れた放電管で，他の 2 本は真空度が高いと陰極線が直進することを示す実験のために，同じ構造をした真空度の違う 2 本のの放電管を組み合わせたものであって，カタログには図 3-8-6 のような解説図が載せられているものである．また陰極を凹面鏡の形にして，陰極線の熱作用を示すクルックス管 (Cat. No. 225) や，陰極線の力学的な作用を示すために，軽い車輪をガラス棒のレールに載せたクルックス管 (Cat. No. 219) などがある．

Crookes はこのような放電管で実験をしながら，「輻射する物質あるいは第 4 状態」と題する講演を 1874 年に行った．この講演の内容は 1879 年に *Nature* に掲載された．そこで彼は陰極線の本質は粒子的なもので，今までに知られている気体や液体や固体とは違う，物質の第 4 の凝集状態であって，存在がそのまま力に移行する極限の状態であると述べた．そして，車輪入りクルックス管で車輪を陽極側に押しているのは陰極線そのものであり，陰極線が運動量を持つ物質粒子であることの証明であるとした．実験をふんだんに入れたこの講演は多くの人々に強い印象を与え，陰極線に興味を持たせることになったが，同様の研究をしている人からの反論を浴びることにもなった．

Goldstein らドイツの科学者は，陰極線を電磁波の一種と考える立場から Crookes の説の矛盾をつき，自説を証明する実験を追求した．他方，イギリスの科学者は Crookes の説に賛成しなかったものの，陰極線が粒子からなることを証明する議論や実験を重ねた．車輪が動く理由については，1903 年に Joseph John Thomson (1856-1940) が実測値に基づいて陰極線の圧力を計算し，その値が車輪を直接回転させるには小さ過ぎることを証明し，車輪が陰極線による残留気体の分子運動で動くことを示した．この時期の論争は 19 世紀に展開されたあらゆる分野の物理学の成果を総合するような内容であって，きわめて興味深いが，ここでは立ち入らない（広重徹の『物理学史 II』にはこの周辺のことが比較的原論文に当たりながら解説されている[4]．詳しく調べてみたいという人には，この本から原論文がたどれるので，学説的なアプローチの手引き書として奨めたい）．

1897 年，Thomson が行った実験で，陰極線が負電荷を持つ粒子の流れであることを疑問の余地なく証明した時に，この論争は決着した．Thomson は陰極線が磁場と静電場で曲げられることを確かめ，その質量と電荷の比を求めて実体が荷電粒子であるこ

図 3-8-6　クルックス管/島津製作所 (1929) より

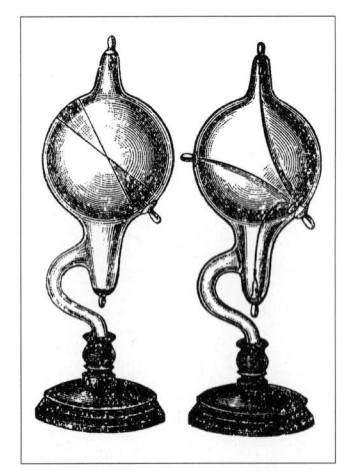

とを示し，その値が気体や電極の金属の種類によらないことを確かめた．陰極線を静電場で曲げる実験は Heinrich Rudolf Hertz (1857-94) がすでに 1893 年に試みたが，成功していなかった．そのことがドイツの科学者を陰極線の波動説に傾けた 1 つの原因でもあった．

　Thomson は Hertz と同様に，放電管の内部に 2 枚の金属板を陰極線の進行方向に平行に取り付けて電圧をかけてみたが，最初は Hertz の場合と同じ結果となった．実験を繰り返すうちに，残留気体分子が陰極線で電離して極板をマスクしていると彼は考えて，放電管の真空度をさらに高めて実験を繰り返した．そして陰極線が静電場で曲がることを確認した．一連の実験の結果は「陰極線」と題する論文にまとめられ，こうして確認された荷電粒子が原子よりもずっと小さく，それは原子がそのような粒子から構成されていることを意味する，と Thomson は指摘した[5]．この荷電粒子が電子という名称で公認されるまでにはまだいくつかの曲折があったが，Thomson のこの指摘は物理学が新しいレベルの現象を扱いだしたということの宣言であった．この一連の実験の論文は，『物理学古典論文叢書　8　電子』の中に関連論文とともに翻訳されて掲載されている．

　この実験の数年前から，数人の科学者が陰極線を磁場で曲げることを試みて成功していたが，Karl Ferdinand Braun (1850-1918) もその一人であった．彼は，高真空に排気したしたクルックス管の中に蛍光物質を塗ったスクリーンを入れ，高周波の電圧による陰極線を線束状にして磁場で曲げ，スクリーン上を走査させることを 1896 年に考案し，以後この型の放電管はブラウン管と呼ばれるようになった．1897 年に Thomson が静電場で陰極線を曲げることに成功すると，Braun と Arthur Rudolph Berthold Wehnert (1871-1944) はブラウン管の中に電極板を入れて，陰極線を静電場で曲げて蛍光スクリーンを走査させることに成功した[6]．1904 年に Wehnert はウェーネルト陰極と呼ばれた酸化物被覆陰極を考案した．陰極を酸化カルシウムなどの酸化物の薄層で被って，比較的低温で陰極からの電子が容易に放出されるようにしたものである．Wehnert はさらにウェーネルト電極と呼ばれる円筒形の電極を考案し，ブラウン管内の電子線を集束するなど，ブラウン管の改良と実用化に大きく寄与した．三高コレクションには 2 本のウェーネルト陰極の陰極線管 (Cat. No. 261, 268) があり，時期が少しずれるが，何れも Max Kohl 社から購入したもので，そのうちの一本はブラウン管である．

　陰極線の性質が分かってくると，放電管を電流の検知や制御に使用することが考えられる．1897 年に Mac Farlan Moore が考案した真空遮断管は真空整流装置の初期のもので，三高コレクションの中では誘導コイルと組み合わせて，逆電流を示す装置 (Cat. No. 196) として保存されている．

　送電事業が始まるのは，Thomas Alva Edison (1947-1931) が発明した白熱電灯を，1982 年にニューヨークやロンドンで点灯するために配送電を行ったのが最初とされていて，その時は直流 110 V を用いた．本格的な交流送電事業は，1894 年ナイヤガラ水力発電所から 11 kV で送電したのが始まりであるが，それに先立って，Nikola

Tesla (1857-1943) のいくつかの技術的な開発があった．Tesla はクロアチアで生まれ，Graz 工業学校を経て，プラハの Karolova 大学で学び，パリで電気技師となり，アメリカに渡ってしばらく Edison のもとで働いた．Tesla は交流による電力輸送の着想を持っていたが，Edison とは意見が違ったために，1887 年に独立して会社を興し，交流電動機やテスラ変圧器を製作し，特許を申請した．George Westinghouse (1846-1914) は Westinghouse Electric 社を 1886 年に設立して，交流による送電事業を目指していたので，Tesla の特許を買い取り，ナイヤガラ水力発電所からの送電を成功させて，それ以後，交流による発送電事業が急速に発達した．

ところで，Tesla が 1891 年にテスラ変圧器（テスラ・コイルともいう）を発表すると，簡単な装置でそれまでに得られなかった高電圧の交流電流が得られることになり，この高周波高電圧の電流の性質を調べるさまざまな実験が工夫された．内藤卯三郎らの『物理学実験法講義』にも，「テスラ二次コイルから発する光芒は電圧の数十万ボルトに達する電流によるものであるが，この振動数がきわめて大であるために人体に対して危害を及ぼすことなく」と書かれて，いくつかの実験が提示されている[7]．三高コレクションの中にあるエベルト燐光管 (Cat. No. 250) もテスラ電流の実験用に作られた真空管で，管球に張り付けた電極を 2 次コイルに繋ぐと管内に光芒が生じる．この機器の考案者 Hermann Ebert (1861-1913) は，ライプチッヒ，キールを経て München 工科大学の数学教授となり，主として電磁気学，光学の研究を行っていた．

1904 年には John Ambrose Fleming (1849-1945) が 2 極管を発明し，以後，検波，整流，増幅などの機能を持つ小型電子管が次々と開発され，実用化された．そして一般にこのような小型電子管を総称して真空管と呼ぶようになった．『理化学辞典』の初版では，真空管の説明に，「ガラス閉管に数個の電極を封じ込み，内部の気体を低圧にせる管．真空放電現象の研究又は他の真空装置に接続して真空度を見るに用いられる．物理学ではガイスラー管，真空放電管，陰極線管，ブラウン管等を云い，工学上では

■偏向極板入り陰極線管
Cathode Ray Tube for Deflection Experiments (Cat. No. 268)

大きさ：328×124×243	納入業者：島津製作所
購入年：1913（大正2）年	製造業者：Max Kohl (Chemnitz)
購入費：28 円	台帳記入名称：マックスコール製品真空管

偏向極板を管内に入れた放電管の 1 種．1897 年に Thomson が陰極線を静電場と磁場で曲げて，陰極線粒子の質量と電荷の比を求め，電子の存在を証明した後，この実験を追試する放電管がいくつか考案された．内藤他の教科書には初期のブラウン氏管と，Thomson の改良型が紹介されている．本機器はこの改良型に Wehnelt が考案した酸化物被膜陰極を用いており，後にオシログラフやテレビジョンに発展するブラウン管の初期の型である．Max Kohl 社のカタログに記載されている．

文献
内藤卯三郎他 (1931), p. 352． Max Kohl (1926), p. 1017． 理化学辞典 (1935), pp. 1291-2．

近代日本と物理実験機器

無線通信用の真空管を単に真空管と云うことが多い．」となっている[8]．時代が下るにつれて，真空度のあまり高くない管を真空管と呼ぶことに抵抗が増していることは否めない．しかし歴史的には，19世紀に出現した放電管はその時々の最高の真空度を求めたものであり，発表された時には「真空管」と呼ばれていたものであった．

なおこのように真空管やブラウン管，また次項に述べるX線管が発達し，生産されるためには，1905年にWolfgang Gaede (1878-1945)が発明した電動式の油回転ポンプをはじめ，より高真空を実現するポンプが出現することが必須条件であった．空気ポンプの発達については本章第2節（流体力学）を参照されたい．

8-2　X線管

X線はWilhelm Conrad Röntgen (1845-1923)によって1895年11月8日に発見された．発見の第1報は同年12月28日付で*Situngsberichte der physikal. -medezin. Gesellschaft, Würzburg*に発表された[9]．その冒頭の部分を見てみよう．「大きなリュムコルフコイルの放電を，Hittolfの真空管あるいは充分に排気されたLenardの装置，Crookesの装置，または類似の装置を通して起こし，管を薄い黒い板紙の覆いでかなりぴったりと覆っておく．完全に暗くした部屋の中で白金シアン化バリウムを塗った紙のスクリーンを装置の付近にもっていくと，放電の度ごとに，スクリーンの塗装面が放電の装置に面するかいなかに関係なくスクリーンが明るく輝く，つまり蛍光を発するのが観察される．蛍光は装置から2m離れたところでもなお認められる．」

「新しい型の放射線について」と題されたこの報告の第1報と第2報は，『物理学古典論文叢書　7　放射能』に和訳したものが納められている．それより前に，Philipp

---

■X線用真空管（初期）
Vacuum tube for X-ray (Cat. No. 115)

大きさ：直径28，107×83 H
購入年：1896（明治29）年
納入業者：笠原光興から寄贈
製造業者：不明

第三高等学校教授村岡範為馳等はX線発見の翌年の1896年初夏から実験に着手したが，用いたクルックス管の排気不十分等のため成功せず，同年10月に笠原光興がドイツから持ち帰った対陰極のない直角型の真空管を用いてX線写真の撮影に成功した．村岡等はこの真空管を絹糸で天井から吊したが，実験中に電極の極性転換に苦労した．本器はその時に使用された真空管である．

この真空管はガイスラー管を折り曲げた特異な形であるが，真空放電の実験で試みられた種々の形の1つである．また，この真空管では直角型の角の外側内壁に白色物質が塗布されていて，それが陰極線照射によるX線発生源であると推測される．しかし，この型のX線管は他には発表された例が無い．

文献
京都医学会 (1896)．　今井正義，原三正 (1950), pp. 23-32．　後藤五郎 (1969), p. 14．

近代日本と物理実験機器

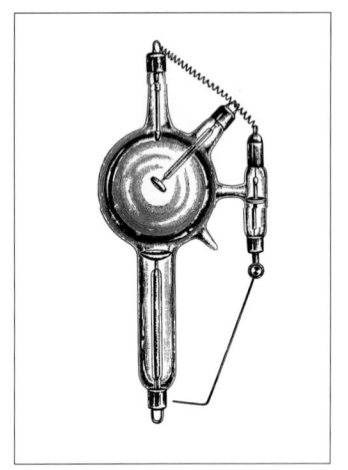

図 3-8-7 ガス入り X 線管/島津製作所 (1929) より

Eduard Anton Lenard (1862-1947) がアルミニウム箔を通して陰極線を放電管の外部に取り出すという実験を行い、陰極線は電磁波であることを証明したと主張していた。Röntgen はこの新しい型の放射線が真空管から発することを確かめた。しかし黒紙を透過するので可視光線、紫外線ではあり得ない。またこの放射線は真空管から漏れ出る陰極線より遙かに空気中を通り易く、しかも磁石によって曲げられないので、陰極線そのものでもない。彼はこの新しい放射線を X 線と名付けた。X 線は種々の物質を透過するが、中でも衝撃的なことは手の影が薄く見える中に手の骨が黒く見えることであった。同年 12 月 28 日に公表されると、このニュースはいち早く世界中に伝わり、各地で追試された。

日本には翌年 2 月下旬頃に伝えられ、追実験が開始された。東京帝国大学では山川健次郎・鶴田賢次・水木友次郎が、第一高等学校では山口鋭之助・水野敏之丞等が実験を行い、3 月 25 日までには X 線写真の撮影に成功した[10]。その時使用したクルックス管はそれぞれが自作した。第一高等学校で撮影された写真は X 線の解説記事とともに 5 月 15 日に発行された[11]。写真家の鹿島兵衛がわが国最初の公開実験を 5 月 11 日に行い、済生学舎の丸毛文良も 5 月 31 日に行った[12]。

京都では第三高等学校教授村岡範為馳 (1853-1929) が、7 月 9 日に京都府教育会において X 線の講演を行って東京で撮影された X 線写真を紹介した[13]。10 月 10 日には、村岡は同校助手糟谷宗資、島津製作所の島津源蔵・源吉とともに島津製大型ウイムズハースト静電起電機を用いて実験に成功し、鮮明な写真を得た。この時の実験の様子が『日本放射線医学史考 (明治大正篇)』に書かれており、その際使用された X 線管は「笠原光興学士がドイツから持ち帰ったなすび型と直角型の 2 個のクルックス管」であって、蛍光を発している直角型 X 線管 (Cat. No. 115) の写真が掲載されている[14]。この実験で、ウイムズハースト静電起電機は 1/8 馬力のファンモータで回転し、火花 20 cm 程度の放電電圧を使用したと書かれている。笠原光興 (1861-1913) は 1894 年 2 月京都府立医学校教諭を辞し、ベルリンに留学して医学を修め、1896 年 4 月に帰国復学、後に京都帝国大学医学部教授となった。

X 線の実験がこれまでの真空放電の実験と根本的に違うところは加圧電圧にある。X 線を発生させるためには数万ボルト以上の電圧を必要とし、そのために、実験室ではウイムズハースト静電起電機と誘導コイルが用いられた。これらの電源に関しては本章第 6 節 (静電気と磁気) に解説されている。X 線の追実験を行ったのと同じ 1896 年に購入された誘導コイル (Cat. No. 117) と白金シアン化バリウム紙 (Cat. No. 116) が

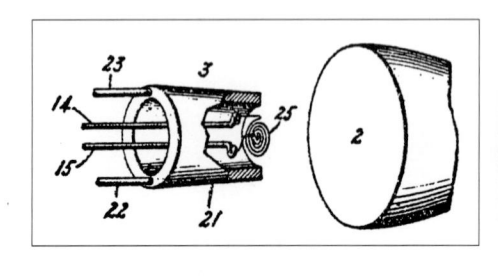

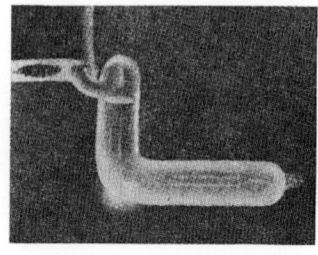

図 3-8-8 クーリッジ管の電極/Coolidge (1913) より
図 3-8-9 初期の X 線管/後藤五郎編 (1969) より

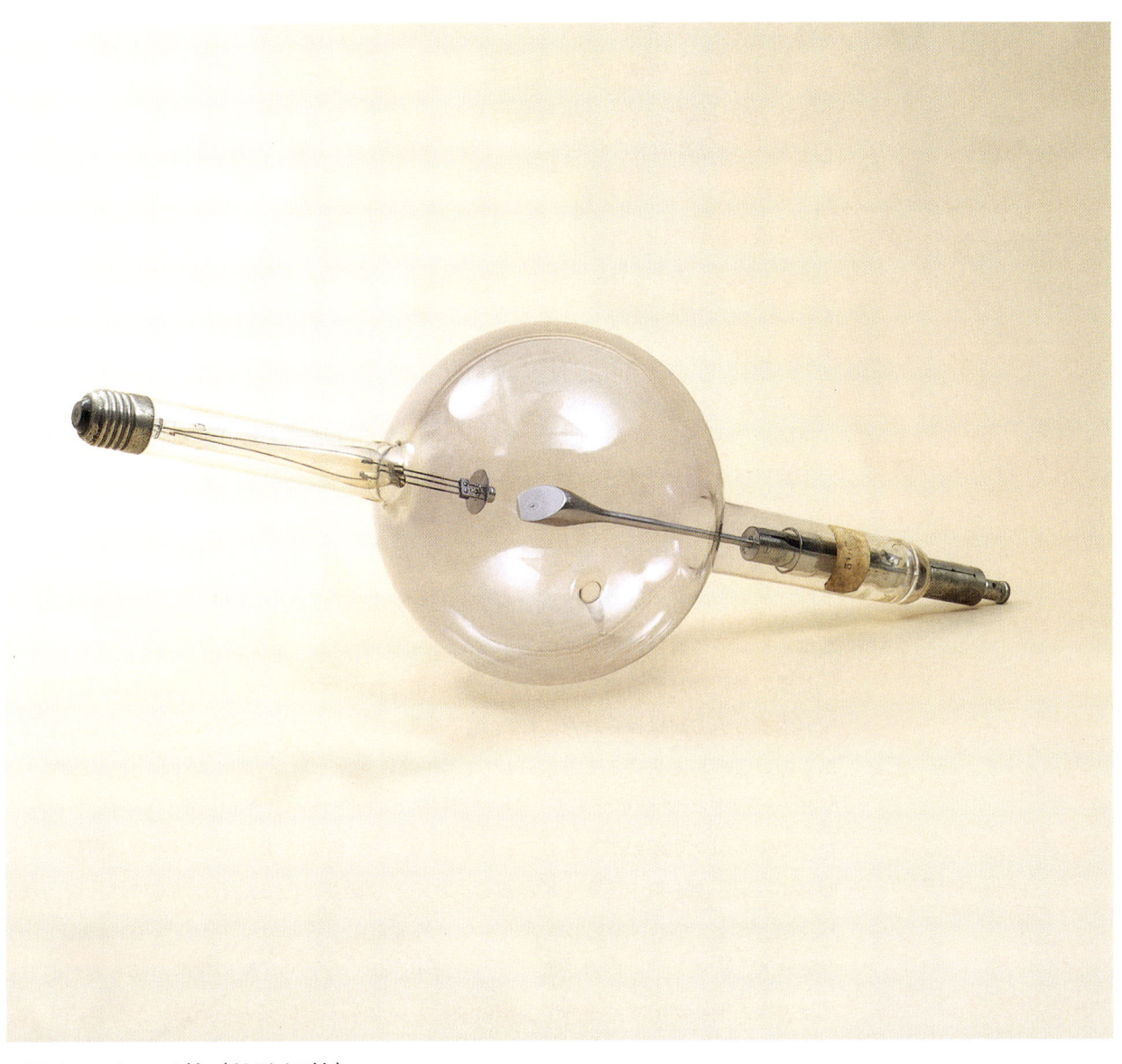

■クーリッジ管（熱陰極管）
Coolidge Tube (Cat. No. 281)

大きさ：管球部の直径 176，全長 560	製造業者：General Electric 社
購入年：1916（大正 5）年	台帳記入名称：クーリッジ管
購入費：350 円	刻印：GE 社マーク（COOLIDGE TUBE の縁取り）
納入業者：島津製作所	1332 PATENTED DEC. 30　1913

陰極の温度を上げると熱電子を放出する現象はエジソン効果とも，リチャードソン効果とも呼ばれるが，General Electric 研究所ではこの現象を詳しく研究して，Coolidge が X 線管への応用を考案し，同社で製作販売した．この管球の出現で，管内のガス圧を調節することは不要になり，安定した X 線が得られるので，X 線管球の主流を占めるようになった．1913 年に Coolidge が発表した原論文と本器を比較すると，管球の大きさ・スパイラル状フィラメント・陰極支持部・陽極は同じであるが，陰極の形状および陽極の支持部が変更されている．

文献
Coolidge (1913), pp. 409-30.

三高コレクションに保存されており，少し遅れて，1908年に購入されたウイムズハースト静電高圧発生装置 (Cat. No. 224) も保存されている．

X線の発見に次いで，暗室なしに人体等の透過X線像を直接観察できる装置が流行したようである．フリュオロスコープ (Cat. No. 129) もその1つで，Edison が1896年3月に発売したものである．納入業者の荒木和一は Edison が製作した活動写真の興行とX線の見世物を大阪の角座，京都祇園会館などで行い好評を博していた．Edison より少し早く，同年2月にイタリーで Enrico Salvioni が，同じく透過X線を見る装置をペルージャ医学外科学会に発表していた[15]．それは，円筒の一端に蛍光物質を塗り，他端に観察用のレンズをはめ込んだという簡単な構造のもので，蛍光物質として，シアン化白金バリウムを使用しクリプトスコープと呼ばれた．

Edison は蛍光物質を数百種類調べて，タングステン酸カルシウムの蛍光板を作って，彼のフリュオロスコープに取り付けた．これはシアン化白金バリウムに比べて6〜10倍明るく，残像が比較的少なく，見やすいので，非常な人気を呼んだという．ところが20世紀に入って出版されている教科書やカタログ類には，フリュオロスコープと同じ外形の機器をクリプトスコープとして記載しているものがある[16]．何れの場合も蛍光物質の物質名は記載されていない．

X線の発明後，直ちにその医学的応用の重要性が認められ，より強力で安定なX線を発生する努力が続けられた．まず，電子線（陰極線）に対して表面が約45度傾く金属から強いX線が発生することが分かり，X線管の陽極と陰極の間に表面が白金（後にタングステン）の対陰極が挿入された．対陰極は陽極と繋がれたが，後に両者は一体となって陽極が対陰極の形をとることになった．また鮮明なX線像を得るには対陰極に照射する電子線を集中させてX線源を小さくする必要がある．そのために陰極表面は放物面とした．このX線管は希薄残留気体の放電によるのでガス入り管（冷陰極管）と呼ばれる．放電とともに真空度が上がり放電し難くなってX線の強度が落ちるが他方ではX線の硬度が増す．そこでX線の強度と硬度を一定に保つために，X線管内の気圧を一定に保つ必要が生じ，そのための調節器が付けられた．封入した雲母等を加熱して気体を放出させ管内気圧を調節したのである．三高コレクションの中には，初期のガス入り調節器付きX線管として，水冷式X線管 (Cat. No. 259)，ヘリウム入りX線管 (Cat. No. 296) および微焦点X線管 (Cat. No. 288) が保存されている．

1913年に General Electric 社の William David Coolidge (1873-1975) が高温フィラメントから放射される電子線を用いた高真空の熱電子管（熱陰極管）を製作した[17]．この管は製作者の名前を冠してクーリッジ管 (Cat. No. 281) と呼ばれた．Coolidge は Paul Karl Ludwig Drude (1863-1906) のもとで金属電子論を学び，学位を取った後，General Electric 社の研究所に入り，タングステン線を白熱電球フィラメントとすることに成功し，その技術を生かして新型のX線管を開発した．この陰極では，X線強度を決める管電流がX線の硬度を決める印加電圧によらず，フィラメント温度だけで決められ，しかもフィラメント温度を自由に調節できるため，管の動作が安定し，X線の強度と硬度を独立に調節できるという長所があった．

Coolidge 管の成功は，管電流とフィラメント温度の関係が Owen Willams Richardson (1881-1953) の熱電子放出理論と一致し，熱電子の存在を実験的に証明したことになった．熱電子X線管としては，1912年に Julius Edgar Lilienfeld がすでに発表したものがあった．しかし General Electric 社では，1910年に熱陰極用のタングステンフィラメントを Coolidge が実用化し，1913年には，タングステンフィラメントの熱電子の特性に関する定量的な実験結果を Langmuir が発表するなど，研究所の集中的な研究で技術的な問題を解決し，基礎研究を積み上げてクーリッジ管に到達していたので，1913年にはある程度完成度の高いものになっていた．高真空が求められるので，真空ポンプの開発も平行して行われ，1916年には Langmuir の凝結式ポンプ (Cat. No. 291) が発表された．以後X線管の主流はクーリッジ管となった．

　General Electric 社は1914年にクーリッジ管の日本における特許権を申請し，1919年に登録されて，この効力は1934年まで続いた[18]．1914年はX線管の国産化が計画された年でもあったが，国産に乗り出した数社は，この特許のために，製造・修理を含めてガス入り管だけに限定されるという不利な状況に置かれた．1910年から General Electric 社と技術提携をしていた東京電気株式会社は，1915 (大正4) 年からガス入り管を製作し始め，以来7社が一時期ガス入り管の製作に取り組んでいた．東京電気は General Electric 社から使用権の譲渡を受け，1920 (大正9) 年から日本では独占的に熱電子管の製作販売を始めている[19]．この頃，東京電気以外の国内のレントゲン管球の製作所は，渋谷レントゲン製作所一社を残して転廃業を余儀なくされていた．この渋谷レントゲン製作所は，1935 (昭和10) 年に独自の熱電子管球の生産を開始して，1937年に日立製作所の傘下に入ることになった．

　X線は物質をよく透過することが大きな特徴であるが，線源の加圧電圧や，対陰極の種類によってX線の持つエネルギーが変わり，物質に対する透過の度合いが変化する．これをX線の硬度という．そしてX線のうち，透過度の大きい部分を硬X線，小さい部分を軟X線と呼んでいた．三高コレクションには Louis Benoist (1856-) が考案したX線硬度計 (Cat. No. 289) が残されている．

　このような区別をした時期には，X線が粒子か波動かという論争に決着が付いていなかった．1907年に William Henry Bragg (1862-1942) がX線とγ線は粒子であると主張してから，特性X線を発見した Charles Glover Barkla (1877-1944) との間で粒子か波動かという論争が起こった[20]．

　この論争の過程で Bragg は，Albert Einstein (1879-1955) の光量子仮説に共鳴し，Max Theodor Felix von Laue (1879-1960) が1912年に結晶によるX線の回折像を発表したのに続いて，息子の William Lawrence Bragg (1890-1971) とともにX線回折の現象を研究し，回折像を原子の配列と把握して，X線による結晶解析の基礎を築いた．この時 Laue は，X線が分子によって回折したと解釈していたので，この回折像を結晶解析に結びつけることができなかった．さらに Bragg 父子は注意深く波動性の強い軟X線を使用することに努めて，結晶によるX線の反射スペクトルを測定し，そこに含まれていた特性X線の波長を確定することができた．これがX線分光器の始まり

である．以後さまざまな結晶のX線による解析が行われ，X線分光器も発達した．W. L. Braggは後にCavendish研究所長となり，同研究所を中心に結晶構造の解析が精力的に行われるようになった．三高コレクションには教育用のX線分光器 (Cat. No. 304) が1台保存されている．

文献

[1] 天野清『量子力学史』中央公論社 (1973), p. 66.
[2] Burau, Werner "Plüker, Julius" in C. C. Gillispie ed., *Dictionary of Scientific Biography*.
[3] Kangro, Hans "Geissler, Johann Heinrich Wilherm" in C. C. Gillispie ed., *Dictionary of Scientific Biography*.および Hessenbruch, Arne "Geissler Tube" in Robert Bud & Deborah Jean Warner ed., *Instruments of Science, An Historical Encyclopedia* pp. 279-281.
[4] 広重徹『物理学史II』「13．X線と電子」培風館 (1968), pp. 89-116.
[5] Thomson, Joseph John "Cathode Ray" Phil. Mag. (5) 44, pp. 293-316, 『物理学古典論文叢書　8　電子』東海大学出版会, pp. 1-28 遠藤真二訳.
[6] BraunおよびWehnert，および彼らの考案した機器に関しては，『理化学辞典』(1935) 所載の関連項目が参考になった．
[7] 内藤卯三郎他『物理学実験法講義』培風館 (1933), p. 320
[8] 『理化学辞典』岩波書店 (1935).
[9] Röntgen, Wilhelm Conrad "Ueber eine neue Art von Strahlen I, II" *Sitzb. Würzburger Phys. -Med.* Vol. 28 (1895), *Wiedemann's Ann. d. Phys.* Vol. 64 (1898), pp. 1-17; 12-17, 『物理学古典論文叢書　7　放射能』東海大学出版会 (1970), pp. 1-16 木村豊訳.
[10] 水野敏之丞「レントゲン氏の大発見」『東洋学芸雑誌』Vol. 13 (1896), pp. 99-102, 川合葉子「実験機器の保存とその史料的価値」『物理学史ノート』創刊号 (1991), pp. 28-36.
[11] 山口鋭之助・水野敏之丞『れんとげん投影写真帳』(1896．5．15) 第一高等学校蔵版，丸善株式会社書店発行．
[12] 今市正義・原三正「本邦におけるX線の初期実験」『科学史研究』(1950), pp. 23-32.
[13] 村岡範為馳講述『レントゲン氏X放射線の話』(1896)，京都府教育会編，同複製 (1956)，島津製作所．
[14] 後藤五郎編『日本放射線医学史考 (明治大正編)』(1969), 日本医学放射線学会発行，p. 19.
[15] 舘野之男『放射線医学史』(1973), 岩波書店, p. 20.
[16] 例えば，Baird & Tatlock LTD. *Physical Apparatus* (1912) p. 616, 島津製作所『物理器械目録』(1929) p. 739, ただし，E. Leybold's Nachforger *Catalogue of Physical Apparatus* (c1907) p. 270には，"Fluoroscope"として記載されている．
[17] Coolidge, William D. "A Powerful Roentgen Ray Tube with a Pure Electron Discharge", *Phys. Rev.* Vol. 2, pp. 409-430.
[18] 小泉菊太『わが国におけるX線管の歩み』(1976), ソフテックス映像研究所, pp. 34-5.
[19] 同上 pp. 32-3.
[20] 川合葉子「X線の粒子理論と結晶構造」『科学史研究』Vol. 23 pp. 1-11

■ガイスラー管
Geissler's Tubes (Cat. No. 132)

大きさ：箱 240×215×66
購入年：1897（明治30）年
購入費：68円85銭（6個分）
納入業者：島津製作所
製造業者：不明
台帳記入名称：クルークス管

ガイスラー管のいろいろ．さまざまな形状の管を作り，管内に気体を封入したり，蛍光性の物質を入れたり，2重管にして外側に蛍光液を入れたりなどして放電を行って見せた．真空度の違いや，封入されている残留気体の種類によって発光の仕方が違うことを理解させた．

本機器は6個まとめて購入したうち，1個を1903年に返却したことになっている．台帳記入名称が内容と一致していないが，今後考証に努めたい．

文献
Hessenbruch in I. S (1998), pp. 279–81.

■ド・ラ・リーヴ管
De la Rive's Tube (Cat. No. 197)

大きさ：113×200×300
購入年：1902（明治35）年
購入費：13円14銭5厘
納入業者：E. Leybold's Nachforger
製造業者：E. Leybold's Nachforger
台帳記入名称：電火の廻転を示す器

ガイスラー管の放電電流が磁石の作用で廻転することを示す装置．排気した管内に軟鉄の棒が立てられ，その周りを取り巻くように金属の輪を取り付けられている．管の頂上と金属の輪を電極にして，通電すると管の頂上から輪に放電光が広がる．この装置を磁石や電磁石の上に置くと，軟鉄棒が帯磁して放電光が棒の周りを回転するようにねじれる様子が見られる．スイスの物理学者 de la Rive が考案した装置である．

1913年の教育品製造合資会社のカタログに記載されている．

文献
Deschanel (1877), p. 766.
Leybold (c1902), p. 371. 教育品製造合資会社 (1913), p. 196.

第 3 章　第三高等学校由来の物理実験機器　8　真空放電と X 線

■ クルックス管
Crookes' Tubes (Cat. No. 158)

大きさ：箱 510×293×295
購入年：1899（明治 32）年
購入費：80 円（10 個購入分，現存は 8 個）
納入業者：島津製作所
製造業者：不明
台帳記入名称：ゴールドスタイン管
刻印：燐光物質入りの放電管に Koroll と書かれたシールがある．

　Crookes が真空放電の研究に使用したものと同程度の真空度を持つ放電管をクルックス管と呼ぶ．10 Pa 程度の真空度で，陰極線が発生する．10 個をセットで購入したもので，それぞれが陰極線のさまざまな性質を理解できるような仕組みを持っている．写真はそのうちの 2 組 3 個である．1 個は管内に硫化カルシウムなどを入れておき，陰極線が当たると燐光を発することを見せるものである．他の 2 個は同じ構造の放電管で，1 個の陰極と 3 個の陽極を持っており，真空度がやや高いものと低いものになっている．真空度が高いと陰極線は直進して陰極の正面の管壁が光ることを確かめられるが，真空度が低いと陰極線は曲げられ，3 個の陽極の方向に引き寄せられる．

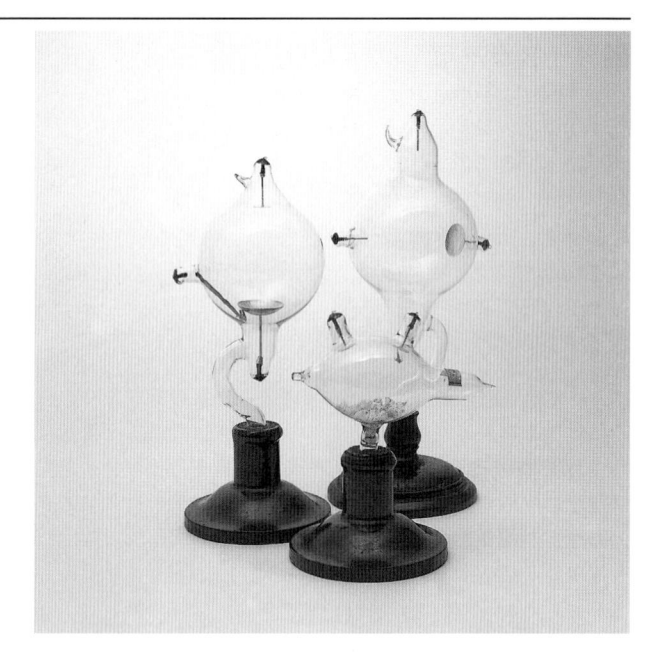

台帳の名称と本体の違いは今後の調査に待ちたい．

文献
Ganot (1906), p. 1018.

■ クルックス管（花形入り）
Crookes' Tube, Containing Phosphorescent Minerals (Cat. No. 213)

大きさ：台の直径 124；ガラス管の直径 104；全高 330
購入年：1905（明治 38）年
購入費：25 円
納入業者：島津製作所
製造業者：不明
台帳記入名称：花形入燐光管

　クルックス管の 1 種で，花形の燐光物質が管内にあって，陰極線が当たると燐光を放つもの．島津製作所のカタログには 1922（大正 11）年から記載されている．国内の教科書では，内藤他のものが早い．

文献
島津製作所 (1922), p. 234.
Fricks (1907), p. 825.
内藤卯三郎他 (1928), p. 407.

図 3-8-10　燐光蝶入りクルックス管／島津製作所 (1929) より

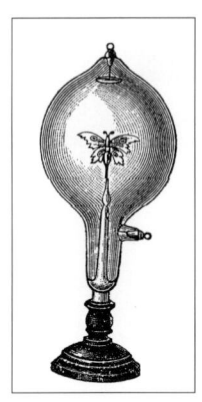

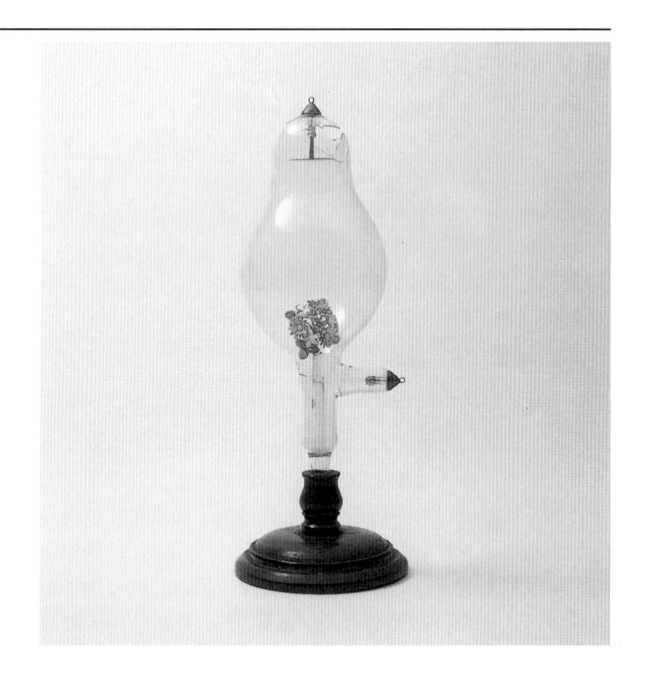

■クルックス管（車輪入り）
Crookes' Tube with Mica Wheel running Glass Rails
(Cat. No. 219)

大きさ：直径 48，全長 304
購入年：1907（明治 40）年
購入費：25 円
納入業者：島津製作所
製造業者：不明
台帳記入名称：クルックス管（車入）

　軽い羽根車が 2 本のガラスのレール上を動くような仕組みが，放電管の中に入っている．陰極線が羽根に当たると車輪が廻転して陽極側に動くように見える．Crookes は，陰極線が運動量を持つ物質粒子の流れであるという仮説を主張し，その仮説を証明するために，1879 年にこの装置を発表した．この仮説はまもなく否定されたが，各機器メーカーのカタログには「陰極線の力学的作用を示す」装置として記載され，内藤他の教科書にも同様の記述が見られる．

文献
　Ganot (1906), p. 1019.
　内藤卯三郎他 (1931), p. 350.

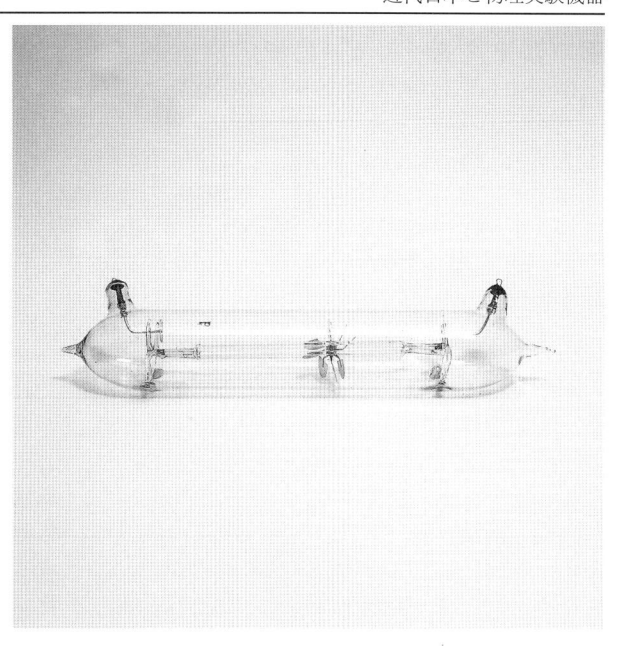

■熱作用を示すクルックス管
Crookes' Tube to show Heating Effect of Cathode Rays
(Cat. No. 225)

大きさ：台の直径 114；ガラス管の直径 118；全高 325
購入年：1907（明治 40）年
購入費：20 円
納入業者：島津製作所
製造業者：不明
台帳記入名称：クルックス管（熱作用ヲ示ス）

　陰極を凹面鏡の形にして，その焦点に金属片を置いたクルックス管の一種．発生した陰極線によって金属片が赤熱することを見せるための放電管である．写真の機器の金属片はアルミ箔である．

文献
　Ganot (1902), p. 1001.
　内藤卯三郎他 (1931), p. 350.

■ゴルトスタイン管（星形）
Goldstein's Tube (Cat. No. 1016)

大きさ：台の直径 115；全高 210
購入年：1915（大正 4）年
購入費：10 円 80 銭
納入業者：島津製作所
製造業者：不明
台帳記入名称：真空管

クルックス管と同じ程度の真空度を持ち，星形の針金で陰極が作られ，管壁に陰極線の影を作ることを目的とした放電管．Goldstain は，1876 年に陰極から放出されている線が陰極面から同じ方向に放出されいて，明確な影を作ることを発見し，それを証明するための管の 1 つとして，これを製作した．Griffin 社，および Leybold 社のカタログにはゴルトスタイン管としてこの管が記載されている．国内の紹介例は，今のところ見つからない．

文献
Anderson in D. S. B (1981), pp. 458-9.
Leybold (1907), p. 261.
Griffin (1910), p. 965.

■陰極線管
Cathode Ray Tube with Phosphorescent Mineral (Cat. No. 261)

大きさ：台の直径 117；管球の直径 122；全高 332
購入年：1911（明治 44）年
購入費：12 円
納入業者：島津製作所
製造業者：Max Kohl (Chemnitz)
台帳記入名称：真空管（酸化カルシウム斑点入）機器記入
　　　　　　事項：台に Cylindrical Rheostat/6Amp/
　　　　　　6Volts と記載されている

Wehnelt の酸化物被覆陰極を使った陰極線管で，この陰極の特性を観察したり，研究するための管球である．この陰極はヴェーネルト陰極とも言われ，1904 年に Wehnelt が考案したもので，熱陰極を酸化物で被うことで電子の放出を容易にして，比較的低温で，加速電圧の低い陰極線を得ることができる．この陰極の出現がブラウン管の発達に大きく寄与した．Max Kohl 社，および島津製作所の 1929 年のカタログに記載されている．

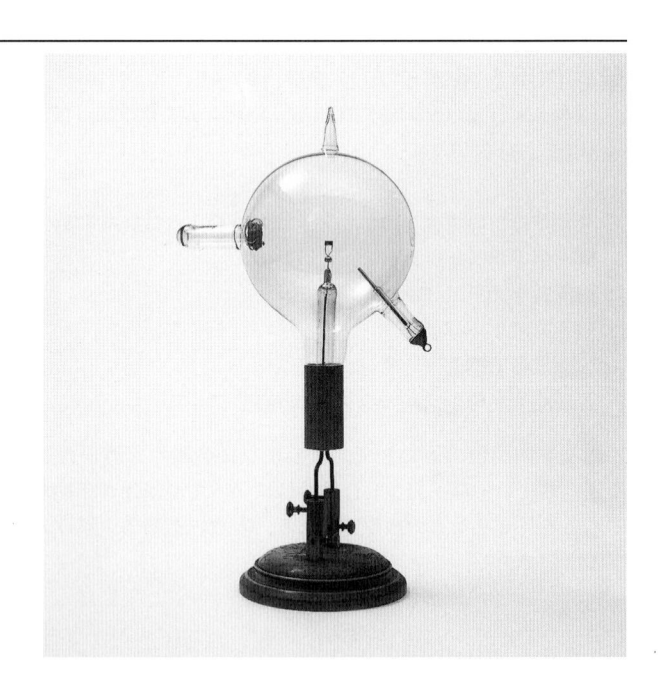

文献
理化学辞典 (1935), p. 597.
Max Kohl (1926), p1024.
島津製作所 (1929), p. 710.

■逆電流を示す装置
Extra Current Apparatus with Vacuum Interruptor
(Cat. No. 196)

大きさ：150×221×362
購入年：1902（明治35）年
購入費：32円8銭4厘
納入業者：E. Leybold's Nachforger
製造業者：不明
台帳記入名称：逆電流を示す器

真空管で逆電流を検知できることを示す装置．誘導コイルや変圧器の2次コイルには整流装置を備えているが，なお整流方向とは逆向きに流れる電流が発生する．真空管に誘導コイルの二次電流を通じると陰極側が燐光で被われるが，逆電流があれば他の極にも同様の燐光が現れる．この燐光の広がりで，逆電流の割合を知ることができる．この装置は1897年に発表されたMac Farlan Mooreの実験によるもので，Leybold社などのカタログに記載された名称は「逆電流発生装置と真空遮断管」となる．

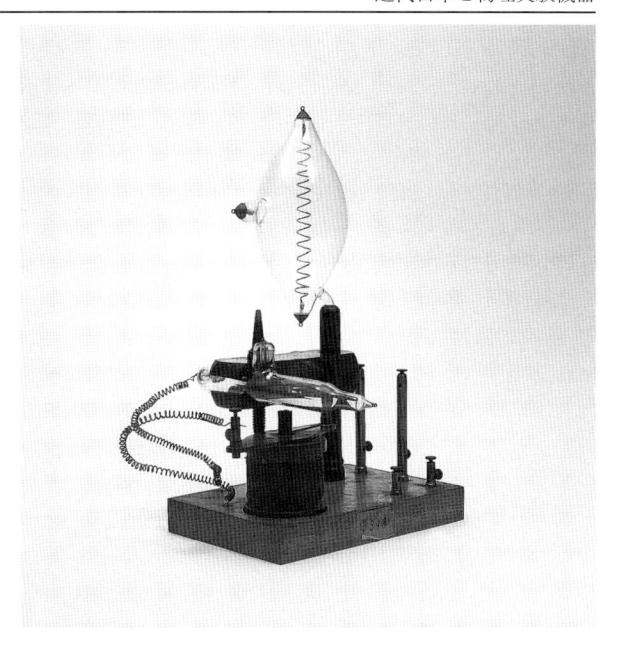

文献
理化学辞典 (1935), p. 363.
Leybold (1902), pp. 362-3.

Fricks (1909), p. 838.

■エベルト燐光管
Ebert's Phosphorescent Lamp (Cat. No. 250)

大きさ：台の直径107；管球の直径88；全高235
購入年：1910（明治43）年
購入費：12円
納入業者：島津製作所
製造業者：不明
台帳記入名称：テスラ電流用鉱石入真空管

テスラコイルで高周波電流が発生する時，近くに無極の真空管を置くと管内が発光する．エベルト燐光管はガラス管上に2つの電極を持ち，管内に燐光体を置いた真空管で，電極にテスラ2次コイルを繋ぐと管内の燐光体に光芒が生じるのを見ることができる．Hermann Ebert (1861-) が考案した．島津製作所の1922年のカタログから記載されている．

文献
島津製作所 (1922), p. 292.
Müller-Pouillets (1907), p. 826.

■X線用シアン化白金バリウム紙
Fluorescent Screen coated with Barium Platinocyanide (Cat. No. 116)

大きさ：200×200；台紙の大きさ 260×260；
　　　　箱 280×278×36
購入年：1896（明治29）年
購入費：13円86銭
納入業者：高田商会
製造業者：不明
台帳記入名称：バリアム青化白金紙

　X線発生実験の造影用に用いられた．購入月日は12月10日，備考欄には弐十センチ平方/高田商会支店石川槇一とある．これは後述の誘導コイルと同一形式であり，ともに輸入されてX線実験に使用されたものである．色はシアン化白金バリウムの黄緑色である．箱には「蛍光板入　第三高等学校」とあり，明治開化展（昭和33年1月12日）の案内書と写真が入っている．

■誘導コイル
Induction Coil (Cat. No. 117)

大きさ：コイルの直径 220，長さ 383；
　　　　鉄芯の直径 55；台板 380×1000×93
購入年：1896（明治29）年
購入費：327円60銭
納入業者：高田商会
製造業者：Paul Altmann (Berlin)
台帳記入名称：スパーク　インダクションコイル
刻印：（金属銘板）Paul Altmann, BERLIN, N. W. Luisenstrasse, 52, FABRIK chemischer u. bacteriologischer Apparate

　X線を発生させる電源として用いられた．台帳には1896年12月10日に購入，備考欄に火花長廿五センチ/高田商會支店石川槇一とある．これは前述のX線用シアン化白金バリウム紙とまったく同一形式であり，また台帳によれば翌年1月7日には同じ高田商会から「レントゲン線用真空硝子管大型2ヶ小型2ヶ」が購入されており，ともに当時X線実験に使用されたものである．

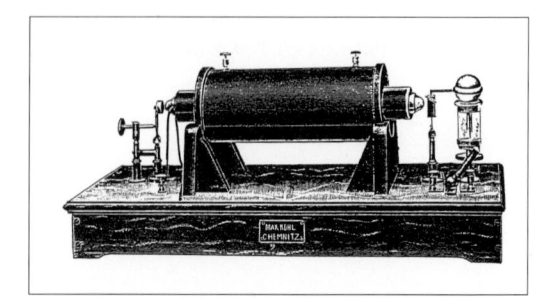

図3-8-10　誘導コイル/Max Kohl (1905) より

■フリュオロスコープ
Fluoroscope (Cat. No. 129)

大きさ：底面 200×246，高さ 265
購入年：1897（明治 30）年
購入費：40 円
納入業者：荒木和一
製造業者：不明
台帳記入名称：エヂソン氏フリュオロスコープ

　本器は人体等の透過X線像を直接観察するために便利な装置の 1 つで，発明王 Thomas A. Edison (1847–1931) がX線発見の翌年 3 月 25 日に発売したものである．皮製の四角錐の頂点にある開口に両眼を当てて外部の光を遮断し，底面のタングステン酸カルシウム蛍光板に生じる透過X線像を暗室なしに観察する．
　納入業者荒木和一は大阪南久宝寺町で西洋雑貨商を営んでいた．

文献
Nature (1896), p. 399.
館野之男 (1973), p. 20.
島津製作所 (1929), p. 739.

■ガス入りX線管（冷陰極管）
Gas-filled Tube for X ray (Cat. No. 259)

大きさ：550×200　管球部直径 195
購入年：1911（明治 44）年
購入費：22 円
納入業者：島津製作所
製造業者：不明
台帳記入名称：エックス線用真空管
刻印：GE 社マーク，東京電気社マーク（GIBA RÖNT-
　　　GEN RÖHRE の縁取り）SERIE. D NR. G270F

　タングステンを銅に埋め込んだ水冷の対陰極が斜めに挿入されており，管球の側部には真空度調節器がある．
　本器には GE マークと東京電気社マークがともに刻印されている．東京電気社は 1915 年から X線管を発売ときめており，1911 年から General Electric 社と提携して，同社から技師を招いて試作を始めていたという．しかし本器が試作品であるか，General Electric 社で製作して，業務提携をした東京電気社から販売したものであるかはよく分からない．島津製作所の 1922 年および 1929 年カタログにある同型のものは管球部の直径が異なり，170 mm である．

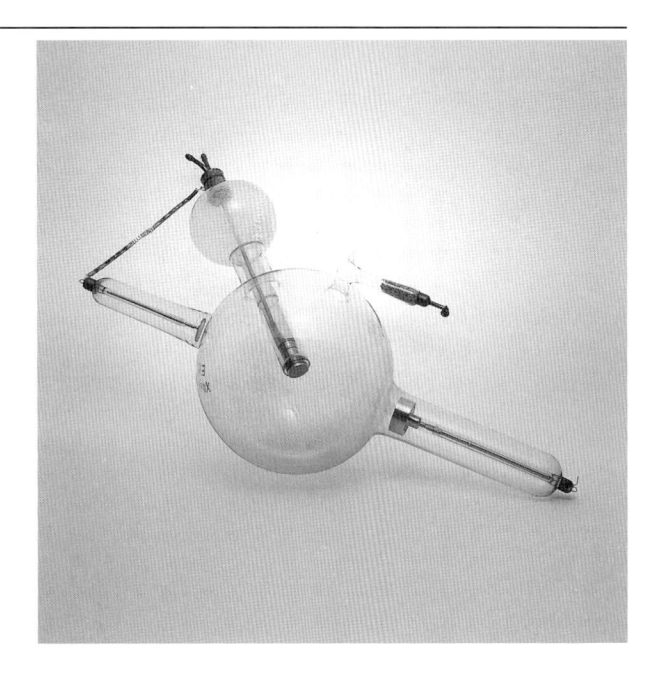

文献
小泉菊太 (1976), p. 23.
島津製作所 (1929), p. 732.

■微焦点ガス入りX線管
Fine Focus Gas-filled X Ray Tube (Cat. No. 288)

大きさ：長さ 546，管球部の直径 160
購入年：1918（大正 7）年
購入費：95 円
納入業者：島津製作所
製造業者：Victor 社
台帳記入名称：タングステン極エックス管
刻印：陽極に PAT'S PENDING PAT SET 5：11 DEC.
　　　30：13 JUNE 23：14 NOV. 30：15；シールに記入
　　　「VICTOR, Fine Focus」

タングステン製陽極の前方に付属の金属製リングが突き出ており，このリングによって電子線の線束を小さくして，X線も細く鋭くする工夫をしたX線管である．管球の側部に真空度調節器がある．Victor Electric 社は，シカゴに本拠をおいて，医療用のX線管およびX線装置を製造販売していた．

　文献
　　加藤富三監訳（1994），p. 276.

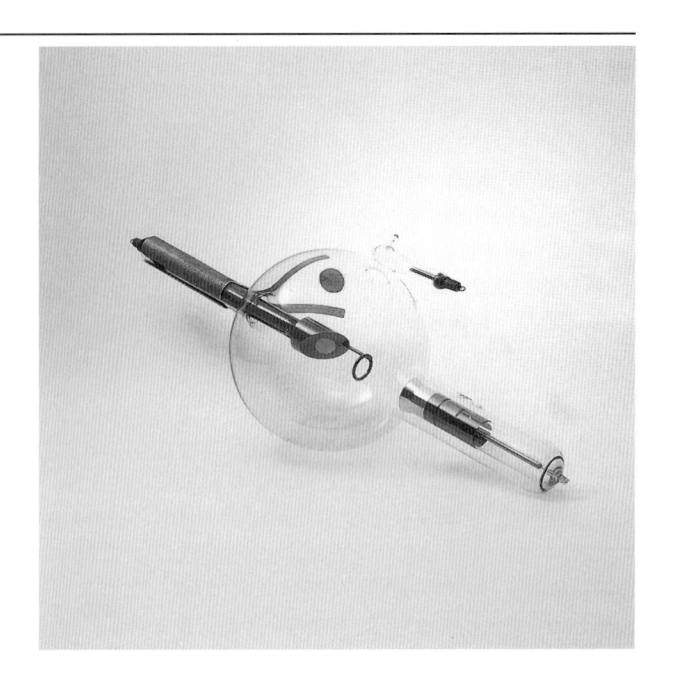

■ガス入りX線管
Gas-filled X Ray Tube (Cat. No. 296)

大きさ：165×373；管球部の直径 120；
　　　　鉛製外箱 304×504×200
購入年：1922（大正 11）年
購入費：170 円
納入業者：島津製作所
製造業者：不明
台帳記入名称：ヘリウム管

管球には斜めに対陰極，側部に真空度調節器がある．陰極は放物面となっている．鉛製容器は手製で，シャッター付き覗き窓があり，使用者が製作使用したものと推測される．
　Max Kohl 社 1926 年カタログおよび島津製作所 1929 年カタログに本器と同型・同大の機種が図示されており，また島津製作所の 1937 年カタログにはドイツ製と国産の両者が記載されているが，無刻印の本器がその何れであるかは判断できない

　文献
　　Max Kohl（1926），p. 988.
　　島津製作所（1929），p. 732.

■ X線硬度計
Benoist's Radiometer (Cat. No. 289)

大きさ：円盤の直径 61；
　　　　柄 37×18
購入年：1918（大正 7）年
購入費：8 円
納入業者：島津製作所
製造業者：不明
台帳記入名称：X線硬度計

X線はよく物質を透過するが，X線管の加圧電圧や対陰極金属の種類によって透過度が変わる．これをX線の硬度と呼ぶ．この硬度を簡易に測定するX線硬度計は Benoist が考案した．Benoist はパリのヘンリーIV世高等学校の物理学教授であって，物体や気体に対するX線の透過性についての研究がある．X線硬度計は，重金属がX線の硬度によって比較的透過性が変わらないことを利用して，中央の薄い銀板（厚さ 0.11 mm）を透過するX線の強度を基準とし，周囲の厚さが 1 mm～11 mm の範囲に 12 分割されたアルミニウム板のうち，それらを透過するX線の強度が基準と一致するものを選び，それから硬度を定める．硬度を測定するときには蛍光板を持つ円筒を裏に装着した．

文献
伊藤靖編（1927），p. 343.
島津製作所（1922），p. 286.

■ X線分光器
X Ray Spectrometer (Cat. No. 304)

大きさ：105×320×180
購入年：1925（大正 14）年
購入費：500 円
納入業者：不明
製造業者：Gebrüder Miller G. m. b. H.（Innsbruck）
刻印：217 GEBRÜDER MILLER G. M. B. H. INSBRUCK　Röntgen-Spectrometer nach March, Staunig, Fritz. D. R. P. und Ausland patente（金属プレート）Instrument No. 217 Model M. III Empfindlichkeit＝0.001 Å

岩塩の単結晶板を用いて連続X線の最短波長を読み取るもので，X線解析の原理を理解させるための分光器である．March, Staunig, および Fritz が考案した．スリット側にX線を当てると，スリットを通り結晶にあたって回折されたX線を蛍光板で直接観察，または写真を撮って観測する．結晶に対する入射角によって定まる一定の波長のX線のみが回折する（ブラッグの反射条件）ので，入射角からX線の波長が求められる．上部に出ているノブで結晶を微少に回転させて対応する波長のズレを求めるが，その分解能は 0.0001 nm である．

本器は島津製作所の 1929 年カタログに写真とともに掲載されている．

文献
島津製作所（1929），p. 742.

9 測量と航海術

　測量と航海術の機器は基本的に同一である．両方とも地球表面の地図や海図を作る測地学に関係した道具であり，位置天文学を利用した実用的な機器であり，角度測定を行う数学的な機器である．そのようなわけで，測量と航海術の機器の両方をまとめてこの節で記述する．また三高コレクションに対応して，ここでは，測量として①経緯儀，②水準器の2つに分類し，航海術機器として，①六分儀，②コンパス，③クロノメーターの3つの分類に分けて述べていく．

9-1　経緯儀

　三角測量は三角形の1辺の長さとその両端の角度が分かれば他の2辺の長さが求められるという原理を利用している．三角形を利用して長さを求める技術がはじめて記述されたのは1533年のGemma Frisiusの書物である[1]．この方法に基づいて，土地測量においてロープや棒を使った原始的な距離測定を駆逐していったのは，水平円盤を備えていて方位角を読み取ることができる角度測定器であった．やがて方位角と高度の両方を測定できる経緯儀が現れた．1571年のLeonard Giggesの著した *Pnatometria* には水平円盤と垂直半円板からなる機器が記述されている[2]．1725年にロンドンの科学機器製造業者Jonathan Sisson (c 1695-1747) が望遠鏡をつけた改良型を作成した[3]．このような高度経緯儀はPlain Theodoliteと呼ばれ，水平度盛盤，副尺，その読み取りレンズ，コンパス，気泡水準器，望遠鏡，および半円度盛盤が備わり，方位角と高度の両方を測定する経緯儀として18, 19世紀にかけて普及した．望遠鏡がついた垂直半円度盛盤はラックアンドピニオンの動きをして，高度を度盛盤で読み取る．

　Plain Theodoliteと異なるタイプの経緯儀が，インド測量局長官George Everest卿 (1790-1866, 世界最高峰のエベレスト山の名はEverestの名にちなんで付けられた) によって考案され，Everest Theodoliteと名付けられた．その特徴は，水平度盛盤についた3つの副尺アームで水平角度を読めること，望遠鏡の両端に2つの副尺付き弧状

図 3-9-1　Plain Theodolite/Stanley (1895) より

枠がついていて構造が堅固で読み取り精度が高いことであった[4].

1840年代には，経緯儀に，その後のトランシットの基本形となる重要な改良が加えられた．360°の垂直円盤が付き，望遠鏡はピボットで180°旋回する構造になった．望遠鏡の動きからTransit Theodoliteと名付けられた[5]．この構造は前視と後視がすばやく簡単にかつ正確に行うことができる利点があった．19世紀末にかけてこのトランシット経緯儀は，さまざまな大きさと精度を持つものが生産された．大きさは普通は水平度盛盤の直径で表示された．三高コレクションの中で，天体経緯儀（フランス製）(Cat. No. 69)は度盛盤の直径が24 cmの測地測量用の高精度経緯儀であり，トランシット（イギリス製）(Cat. No. 1068)は6インチ（約15 cm）の土木測量等に使用するトランシットである．他方，未踏の大地を開拓していった新大陸アメリカでは，トランシットはヨーロッパ諸国とは異なる発展を遂げてきた．遠方の対象物を見るためのスリットと覗き窓が両端についたコンパスが，その出発点であった．やがてコンパスの上に望遠鏡がつけられ，水平軸周りに回転できるようになる．2つの支持枠に垂直度盛円盤がつけられ，水平度盛盤もコンパスの周りにつけられた[6]．したがって，アメリカ式トランシットは方位角と高度の両方が測定できるコンパスと言うことができる．実際にアメリカ式ではその大きさを示すのにコンパスの磁針の長さを用いた．三高コレクション中のトランシット（アメリカ製）(Cat. No. 102)は，磁針の長さが4インチのトランシットである．

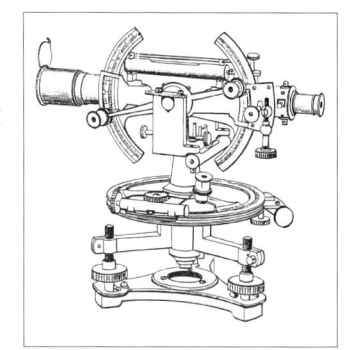

図3-9-2 Everest Theodolite/Stanley (1895) より

図3-9-3 Stanley Theodolite/Stanley (1895) より

9-2　水準器

水準器（Level）は，水平線をきめる，測量における基本的な道具である．水平をとる方法は，古代エジプトでは錘を垂らしてその直行線をとる垂球法が行われていた．またアレクサンドリアのHeronは水面を利用した水管水準法をその著書で記述している[7]．水管は金属製の伝通管の両端を上側に曲げ，その曲げた部分にガラス管を繋いだもので，水がガラス管にまで入るように満たして使用する．2つの水面を結ぶ線は水平線となり，これを使って水平をとる．A. Ganotの物理学教科書に詳細な説明があり[8]，Stanleyの1895年の測量教科書に当時まだ一部の地域で使用されていた方法であることが書かれている[9]．

図3-9-4　水管/Ganot (1906) より

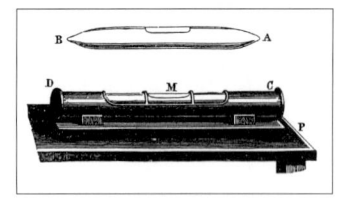

図 3-9-5　気泡管/Ganot (1906) より

水管法は器具取り付けに時間がかかる不便さがあり，水平を即座に読み取れる気泡管に取って代わられた．気泡管水準器はガラス管中に封じ込められたアルコール液上の気泡の静止位置によって水平をとる道具で，1661 年に Melchisedech Thevenot が発明したものである[10]．この気泡管水準器は 18 世紀に望遠鏡と結びついて発展していった．1731 年に Thomas Heath は気泡管の下に 2 つの望遠鏡を気泡管と平行に取り付けた．それらの望遠鏡は互いに反対方向を向いており，本体を動かさずに前視と後視をとることができ，コンパスも付属していた．Jonathan Sisson は 1725 年にすでに望遠鏡の上に気泡管を載せた水準器を発明していたが，Heath の発明に刺激されてその改良を行い，1736 年に王立協会にその図面を示して解説を行った．その改良では，気泡管は望遠鏡の下に入り，望遠鏡の鏡筒は Y の字形に似た 2 つの支持部に載せられていた．望遠鏡を支持部から離して反対方向に向けて置き直すことによって，本体を動かすことなく前視と後視を行うことができた．この設計は水準器においてその後 1 世紀にわたり標準的な構造となり，支持部の形から Y 水準器と呼ばれた[11]．三高コレクションの中にアメリカ Gurley 社製の Y 水準器 (Cat. No. 1115) がある．

1834 年の William Simms (1793-1860) の著した測量機器書に，Edward Troughton (1753-1835) の改良水準器が掲載されている．この水準器は，Y 水準器と異なり，基本的な調整はメーカーで行い，使用時の面倒な機器調整の負担を減らすことができた．望遠鏡は調整の必要のない状態で水準器に固定され，気泡管も望遠鏡の上部に固定されていた．しかし，この構造には行き過ぎの点があった．気泡管は壊れやすく，壊れた場合に，Troughton の水準器では機器そのものが使用できなくなるのである．この水準器はあまり普及しなかったが，その利点は注目され，土木技師 William Gravatt

■天体経緯儀（フランス製）
9 inch Theodolite (Cat. No. 69)

大きさ：全体の高さ 450，水平環と垂直環の直径 240
購入年：1890（明治 23）年
購入費：600 円
納入機関：文部省
製造業者：Balbreck aine Const (Paris)
台帳記入名称：天体経緯儀
刻印：箱に「参謀本部測量課」，機器に「Balbreck aine Const a Paris」「C. & J. Fabre-Brandt, Yokohama Osaka」と記載されている．

天体の高度および方位角を測定して測地測量を行う天体用経緯儀．2 台の望遠鏡を備え，2 方向で観測することができる．水平環の副尺は 4 つ，垂直環の副尺は 2 つである．副尺により 10 秒まで読み取ることができる．1900（明治 33）年のパリ万国博覧会に Balbreck 社が出展した経緯儀と同機種のものであるが，その出品経緯儀は 5 秒まで読み取り可能である．本機器は，横浜と大阪の居留地で機械類の輸入に携わっていた Fabre & Brandt 商会を通して陸軍参謀本部測量課に入り，その後明治 23 年に文部省から第三高等中学校に寄贈されたものである（第 2 章参照）．

文献
陸地測量部 (1922), pp. 11-2, 100.　L'Industrie Française (1901-2), pp. 6-8

近代日本と物理実験機器

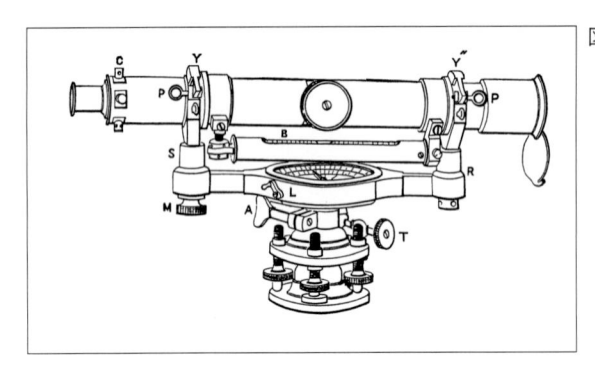

図 3-9-6　Y水準器/Stanley (1895) より

(1806-66) によって Dumpy Level が考案された[12]．Dumpy とは「ずんぐり」という意味で，大口径で短焦点の対物レンズを備えた望遠鏡が「ずんぐり」しているので，その名がついた．レンズ製造技術が進歩し，そのような対物レンズで性能の良いものが現れたのである．その結果，遠方の目標物を短い望遠鏡で読み取ることができるようになり，軽量化し小型化した．気泡管は望遠鏡の上部についているが，修理の際には取り外しが可能となっている．望遠鏡と平行におかれた気泡管に加えて，それと直角に小さい気泡管が付け加えられ，水平調整が容易になった．三高コレクションには，イギリス Barker 社製のダンピーレベル（Cat. No. 1119）がある．

9-3　六分儀

航海中に北極星の高度，太陽の正午高度を測定することによって船舶の緯度を知る

■タキオメーター
Tacheometer (Cat. No. 1291)

大きさ：全体の高さ 280；垂直環の直径 126；水平環の直径 152
購入年：1900（明治 33）年
購入費：250 円
納入機関：東京帝国大学工科大学
製造業者：Richer Guyard & Canary
台帳記入名称：「タケオメートル　東京大学ヨリ保管　移管　付属品　分度器 1　目標 1」
刻印：箱に「工科土木備イ 15」と焼き印が押され，「工科土木工学教室　イ号　第 1 種 15」と書かれたシールが貼られている．機器には「TACHEOMETRE RICHER GUYARD & CANARY SUCCRS D PARIS」と刻印されている．

目標物との水平距離や高低差を直接読み取る経緯儀の一種．水平環の下の望遠鏡は対物レンズがすりガラスになっており，目盛が 20 本刻まれている．この望遠鏡の筒の中には，コンパスが入っており，目標物を見ながら磁北からの方位角を読み取ることができる．このタキオメーターは，1900（明治 33）年に東京帝国大学工科大学より移管された．本機器は 1900（明治 33）年のパリ万国博覧会に Richer Guyard, Canary & Cie 社が出展したタキオメーターと同機種のものである．

文献
L'Industrie Française (1901-02), pp. 240-2.　Bennett (1987), p. 208.

近代日本と物理実験機器

図3-9-7 六分儀/Ganot (1906) より

ことができる．天体を対象とした角度測定器には，16-17世紀に使用されていた航海用アストロラーベ (sea astrolabe) やクロス・スタッフ (cross-staff)，バック・スタッフ (back-staff)，18世紀になって発展してきた八分儀 (octant) と六分儀 (sextant) などがある．

八分儀は8分の1円の形をしているのでこの名称がついている．八分儀と六分儀は，観察者から2つの目標物に対して張る角度，角距離を読み取る機器である．その原理は，2つの目標物のうち，一方を直接見て，他方を鏡に反射させて見て，見かけ上一致させて見ることにある．直視と鏡の間の角度は，求めたい角距離の半分であり，八分儀の場合，鏡の最大回転角度は45°であるので，90°まで測定可能であり，六分儀の場合には鏡の最大回転角度は60°であるので，120°まで測定可能となる．Robert Hooke (1635-1702) と Isaac Newton (1642-1727) はそれぞれ独立にこの反射鏡式角度測定器を発明した．Hooke は1666年に王立協会に，月とその周囲の星の間で作る角距離を測る道具として報告している．Newton は1699年に同じ目的の道具として図解している．月と星の角距離を測ることによって経度を決定する月距法は，イギリス国王 Charles II 世に注目され，Greenwich 天文台は月距法の経験的基礎を確立する目的で設立された．Hooke と Newton の発明の背景にはこの経度決定という実用的要請があった[13]．

イギリス経度局は，John Bird (1709-76) が作成した反射鏡式 reflecting circle をイギリス海軍の Captain John Campbell (c 1720-90) に試験させた．その試験航海は1757年と1759年に行われたが，Campbell は，測定器が円形であることは航海時に扱いにくいが，八分儀より測定角度範囲が広いことは利点であると感じた．彼は八分儀

■六分儀
Sextant (Cat. No. 1290)

大きさ：箱　340×280×128；望遠鏡の直径20
購入年：1881 (明治14) 年
購入費：200円
納入業者：長田銀造
製造業者：G. Whitbread (London)
台帳記入名称：角度測量器 (セキスタント)
刻印：G. Whitbread Hulst Van Keulen, Amsterdam

遠方にある2点が観測者の目に対して作る角度を簡単に測る装置．六分儀の名は，円を六分割した形に由来する．構造が簡単で軽く，片手で保持して使用し，即座に2点間の角度を測ることができるので，船上のような不安定なところでも簡単に精密な結果を得ることができる．そのため航海中に，天体観測を行って観測地点の位置を求めるのによく使用された．本機器の製造業者はロンドンのG. Whitbread で，アムステルダムの Hulst Van Keulen はそれに自社名を入れて販売した (第2章参照)．

文献
倉田吉嗣抄譯 (1887), pp. 85-8.
Bennett (1987), pp. 180-4.

近代日本と物理実験機器

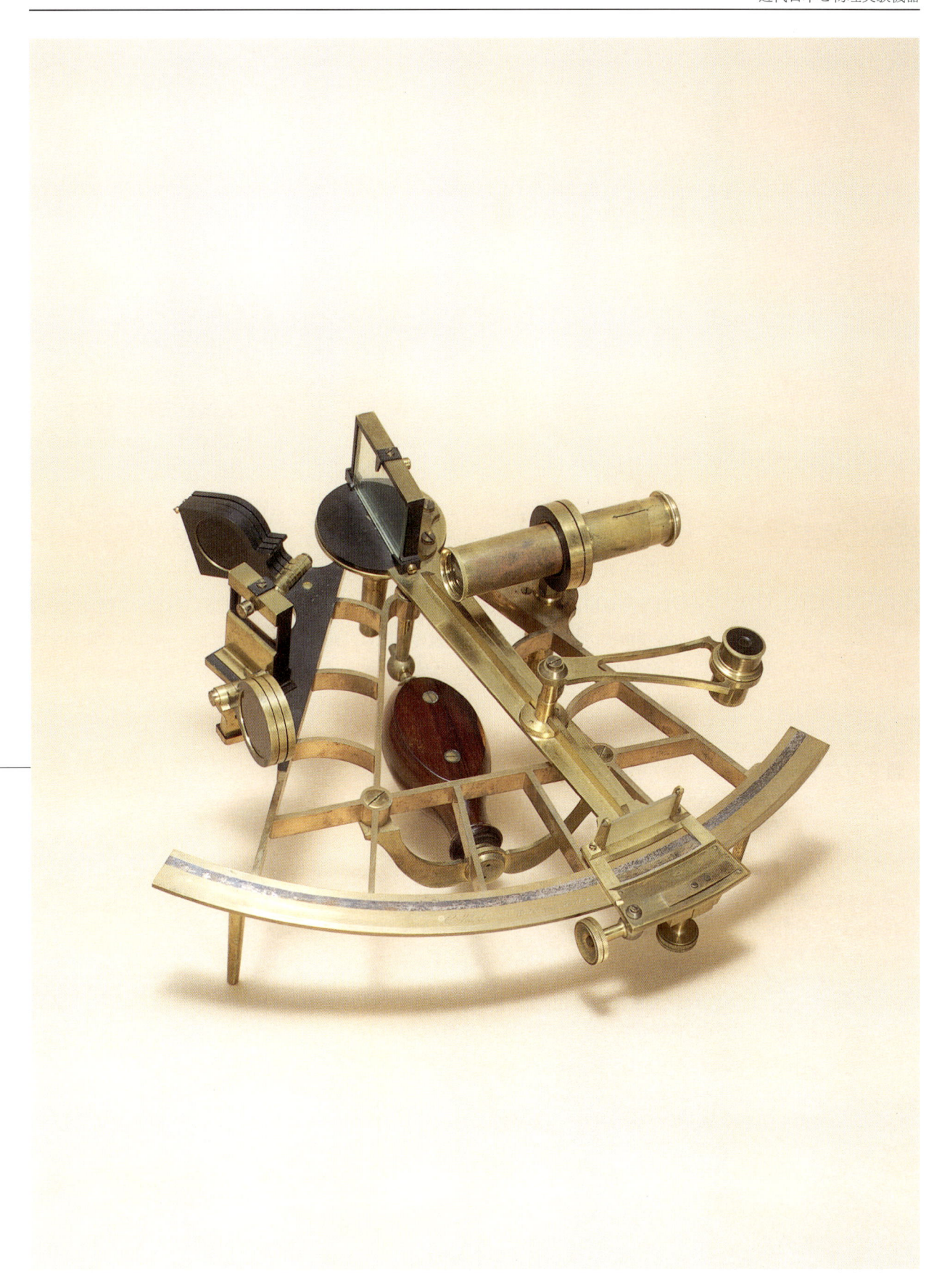

の弧角を60°に広げ，望遠鏡をつけたものをBirdに作らせ，六分儀の発明となった．六分儀は発明当初から大きくて重く，1770年頃のBirdの六分儀は観察者がベルトでつり下げていなければならなかった[14]．

六分儀の小型軽量化を実現させるには，金属板上に正確に円周を割出す技術が必要であった．この課題もまたイギリス経度局の賞金が発明を促進した．Jesse Ramsden (1731-1800) は1766年頃，経度局の賞金に刺激を受けて，円周割出装置の開発を始めた．1台目の装置は，陸地測量用としては十分であったが，海洋での経度測定には不十分であることが分かり，2台目の装置開発を行い，1774年に完成した．経度局はRamsdenの円周割出装置で割り出された六分儀の目盛りをBirdに調査させ，それが非常に正確であることが分かった．Ramsdenは615ポンドの賞金を得た[15]．

このように六分儀はもともと月距法による経度決定に使用する精密機器であったが，実際には，月距測定とともに，八分儀で行っていたさまざまな高度測定にも使用された．八分儀は日常的なありふれた道具として，六分儀は精密測定の必要な時に使用する特別な測定器として使用されていった．19世紀には六分儀の基本的な構造に変化はなかったが，より軽量で堅固な構造にするために，金属枠の形を各メーカーが工夫し，メーカーによりさまざまな形の金属枠が作られていった[16]．三高コレクションにはロンドンのG. Whitbread社の製造になる六分儀 (Cat. No. 1290) がある．

陸地測量用に用いられた六分儀にBox Sextantがある．小さい円筒状の箱に六分儀の光学機構が収められており，鏡の回転は外側に出たノブで行う．鉱山等で使用するので，太陽を見るための遮光ガラスが備わっていない．軍事用にも使用された[17]．三高

■プリズムコンパス
Prismatic Compass (Cat. No. 68)

大きさ：箱　253×249×高さ270；コンパスカードの直径155
購入年：1890 (明治23) 年
購入費：20円
納入機関：文部省
製造業者：不明
台帳記入名称：アシット　コムパス　脚共
刻印：箱に，「参謀本部　測量課」と刻印され，墨書きで「アシュミットコンパス陸軍参謀局」と書かれ，機器本体には「陸軍文庫」，「N°. 17.」と彫り込まれている．

目標物と磁針盤を同時に観察して目標物の磁針方位を知るコンパス．底の浅いコンパスの外縁にプリズムと視準板がついている．プリズムを通して，一方で羅針盤を見て，他方で視準板に張られた馬の毛を通して目標物を通してみる．光軸には赤と緑のフィルターが入っており，太陽を見ることもできる．太陽や星等の天体の方位を知るための反射鏡もついている．島津製作所の明治39年カタログには「プリズマチックコンパス」として28円の値が付けられている．

文献
Ganot (1906), pp. 737-9．島津製作所 (1906), p. 38．

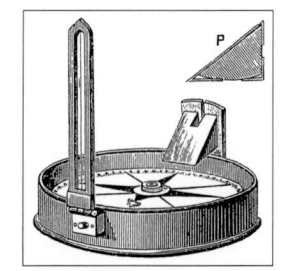

図3-9-8　プリズムコンパス/Ganot (1906) より

近代日本と物理実験機器

コレクションには直径 79 mm の望遠鏡のついていない Box Sextant (Cat. No. 101) がある．

9-4 磁気コンパス

軸針に磁針を載せた磁気コンパスがはじめて記述されたのは 1269 年，コンパスカードは 1380 年で，磁気コンパスは航海の拡大とともに発展していった．コンパスには 2 つの異なったタイプ，すなわち乾式コンパスと液体コンパスがあり，19 世紀末まで併存した．また 19 世紀に入ると，船体に鉄を使用することが増加して，磁気コンパスが正確な磁北を示さなくなる自差が深刻となった[18]．1801 年，M. Finders はオーストラリア大陸を巡航した時，コンパスの近くに軟鉄棒を置いて自差を補正した．この問題を研究したのは，フランスの物理学者 Siméon Denis Poisson (1781-1840) とイギリスの物理学者 George Biddell Airy (1801-92) である．Airy は地磁気によって船体の軟鉄に誘導されるさまざまな磁気効果，さらに造船中に生じる永久磁気を研究し，永久磁気にはそれに対抗する永久磁石を置くこと，誘導磁気にはコンパスの近くに軟鉄を置くことによって解決できると示唆した．その考えを具体的な発明として実現したのは，William Thomson で，1876，1879 年にコンパスとビナクルで特許をとっている[19]．三高コレクションには汽船用コンパス (Cat. No. 253) があり，それは乾式のコンパスである．

プリズムコンパスは，プリズムを使って目標物とコンパスカードを同時に見る装置であるが，これは 1812 年にロンドンの科学機器メーカー Charles Schmalcalder が発明したものである．同様のコンパスは鉱山用としても使われていた[20]．三高コレクションのプリズムコンパス (Cat. No. 68) には太陽光の遮光板が備わっているので鉱山用ではなく測地用か航海用である．

9-5 クロノメーター

航海中の経度測定に時計を使用するには非常に正確な時計が必要である．時間で 4 秒の狂いが経度で 1 分に相応するのである．しかし，16 世紀初頭の南ドイツで生産された最も優れた時計でも 1 日に ±15 分の狂いがあった．17，18 世紀に海上輸送が増え，船舶の遭難が増加するにつれて，船舶の位置の正確な決定が必要となり，クロノメーターの発明が望まれた．ヨーロッパ諸国は高額な賞金を出して，その発明を促そうとした．イギリス政府は 1714 年に 2 万ポンドの賞金を提示したが，その条件は，1 日に誤差 3 秒以内であった．当時大きな関心を引いたにもかかわらず，賞が出されるまでに半世紀がかかり，賞は 1773 年に John Harrison (1693-1776) に送られた[21]．この Harrison の仕事は天才的で，経度測定におけるクロノメーターの可能性を実証したけれども，その後 19，20 世紀に通常使用されたクロノメーターの基本原理を提供したわけではなかった．標準的なクロノメーターとして実用化されるには，より単純な機構

を持っている必要があり，フランスの Pierre Le Roy (1717-85) は，バイメタルを使用して温度変化の影響を軽減するなどの改良を行って，その方向を示した[22].

標準的なクロノメーターはまた，大量に生産されて廉価である必要があった．それを行ったのは，イギリスのメーカー，John Arnold (1736-99) と Thomas Earnshaw (1749-1829) で，Arnold は大量に生産し，Earnshaw はクロノメーターの標準形を作り上げた．19世紀の標準形では，機械部分は椀の形をした銅容器に入れられ，その容器は，直角な2軸方向で回転して常に水平に保つためのジンバルに支持され，マホガニーの箱に収納されていた[23]．三高コレクションにはドイツ製のクロノメーター (Cat. No. 160) がある．

文献

[1] Bennett, J. A., *The Divided Circle, A History of Instruments for Astronomy, Navigation and Surveying* (1987) p. 39.

[2] 同上，p. 44.

[3] 同上，p. 146.

[4] 同上，pp. 195-8.

[5] 同上，p. 199.

[6] 同上，pp. 204-6.

[7] Wess, Jane, "Level", in Bud, Robert & Warner, Deborah Jean ed. *Instruments of Science, An Historical Encyclopedia* (1998), pp. 351.

[8] Ganot, A., *Elementary Theatise on Physics Experimental and Applied* tr. by E. Atkinson (1906) pp. 102-3.

[9] Stanley, William Ford, *Surveying and Levelling Instruments* (1895) p. 142.

[10] 前出 Wess (7), p. 352.

[11] 前出 Benett (1), pp. 151-2.

[12] 同上，pp. 200-1.

[13] 同上，pp. 58-9.

[14] 同上，pp. 136-8.

[15] 同上，pp. 138-9.

[16] 同上，pp. 180-4.

[17] 同上，p. 153.

[18] Wright, Thomas, "Magnetic Compass", in Bud, Robert & Warner, Deborah Jean ed. *Instruments of Science, An Historical Encyclopedia* (1998), pp. 134-5.

[19] 前出 Bennett (1), pp. 187-8.

[20] 同上，pp. 203-4.

[21] Betts, Jonathan, "Chronometer", in Bud, Robert & Warner, Deborah Jean ed. *Instruments of Science, An Historical Encyclopedia* (1998), pp. 112-4.

[22] 前出 Bennett (1), p. 141.

[23] 同上，pp. 184-5.

■ トランジット（イギリス製）
6 inch Transit (Cat. No. 1068)

大きさ：全体の高さ 400；
垂直環と水平環の直径 152（6 インチ）；
望遠鏡の対物レンズの口径 35；コンパスの磁針の長さ 92
購入年：1896（明治 29）年
購入費：295 円
納入業者：玉屋商店
製造業者：不明
台帳記入名称：経緯儀（英製六吋トランジット）
刻印：The American Trading Co. London

土木工事等で使用する測量用トランジット．水平環と垂直環にはそれぞれ 2 つの副尺と拡大鏡がついており，副尺で 1 分まで読み取ることができる．望遠鏡には，気泡水準器がそれと平行に備え付けられている．望遠鏡の像は倒立像で，目盛を読み取りやすくするために，洋銀で加工された目盛盤が埋め込まれてある．垂直環，望遠鏡と本体はそれぞれ分離して箱に納める．American Trading Co. は，横浜の 28 番館で営業していた時計，測量，武器類の輸入商社で，そこから玉屋商店を通して第三高等学校に納入された．同商会からは他にもダンピーレベルやアネロイド気圧計が同じく，玉屋商店を通して購入されている．

文献
Bennett (1987), pp. 195-200. 君島八郎 (1909), pp. 114-22.

■ トランジット（アメリカ製）
4 inch Transit (Cat. No. 102)

大きさ：全体の高さ 350；望遠鏡対物レンズの口径 30；
コンパスの磁針の長さ 102（4 インチ）；
水平環の直径 143；垂直環の直径 114
購入年：1895（明治 28）年
購入費：385 円
納入業者：玉屋商店
製造業者：W. & L. E. Gurley (New York)
台帳記入名称：米国製ニードル四吋トランジット
刻印：W. & L. E. Gurley, Troy N. Y

土木工事等に使用する測量用トランジット．望遠鏡の下に気泡水準器が平行に取り付けられている．水平環と垂直環の主尺の最小目盛は 1 度で，水平環には 2 つの副尺，垂直環には 1 つの副尺がついており，それぞれ 1 分まで読み取ることができる．Gurley 社は 1845 年に創設されたアメリカの著名な測量機器メーカーである．納入業者の玉屋商店の大正 1 年カタログには本機器と同一の機器図が掲載されており，「ガーレー社製トランジット　四吋，一分讀」で 390 円の値がつけられている．

文献
玉屋商店 (1911), p. 6.
Bennett (1987), p. 164.

■経緯儀の模型
Theodolite Model (Cat. No. 221)

大きさ：全体の高さ 312；垂直環の直径 100；
　　　　水平環の直径 125；望遠鏡　直径 26×304 mm
購入年：1907（明治 40）年
購入費：84 円 70 銭
納入業者：不明
製造業者：Max Kohl (Chemnitz)
台帳記入名称：セオトライト模型
刻印：MAX KOHL CHEMNITZ

　経緯儀の使用法を説明するための模型．望遠鏡の上に気泡水準器がついている．水平環，垂直環の両方とも主尺の最小目盛は 1 度で，副尺により 0.1 度まで読み取ることができる．普通，経緯儀の副尺は 60 進法で作られ，単位は分になるが，この模型は教育用に読み取りやすいように 10 進法の副尺となっている．接眼レンズに直角プリズムがついており，光軸が 90 度曲げられる．附属品として，天体用の測量ができるように太陽光を遮光する黒フィルターがついている．Max Kohl 社の 1905 年のカタログにまったく同一の機器図が掲載されており，機器名が「セオドライト模型」で，価格は 110 マルクとなっている．

文献
Max Kohl (1905), p. 408.
Fricks (1907), p. 1458.

■Y レベル
15 inch Y Level (Cat. No. 1115)

大きさ：全体の高さ 196；
　　　　望遠鏡の長さ 372；
　　　　対物レンズの口径 35
購入年：1895（明治 28）年
購入費：230 円
納入業者：玉屋商店
製造業者：W. & L. E. Gurley (New York)
台帳記入名称：Y字水準器　米国カーレー社製　十五吋
刻印：W. & L. E. Gurley, Troy N. Y

　Y レベルは 2 点の高さの差を測定する水準器の一種である．2 つの Y 字形架台が望遠鏡を支えていることから Y 水準器と呼ばれた．望遠鏡を固定している Y リングをゆるめると架台から離すことができる．その特徴は，各種の調整が可能なことであるが，反面，作業中に調整部分が変化するという弱点がある．望遠鏡水準器の場合，その大きさは望遠鏡の長さであらわす．本機器の望遠鏡の長さは 15 インチである．対物レンズは 3 枚のレンズで構成されている．架台は 4 点支持である．納入業者の玉屋商店の大正 1 年カタログには本機器と同一の機器図が掲載されており，「ガーレー社製ワイレベル　十五吋」で 225 円の値がつけられており，本機器の購入費 230 円に非常に近い．

文献
玉屋商店 (1911), p. 21.
Bennett (1987), pp. 200-1.

第3章 第三高等学校由来の物理実験機器　9　測量と航海術

■ダンピーレベル
Dumpy Level (Cat. No. 1119)

大きさ：全体の高さ 381；
　　　　望遠鏡の対物レンズ口径 43；
　　　　望遠鏡の長さ 397
購入年：1895（明治 28）年
購入費：140 円
納入業者：玉屋商店
製造業者：F. Barker & Son (London)
台帳記入名称：水準器（英国製ダンヒーレベル）
刻印：「The American Trading Co. London」，「F. BARKER & SON 12 CLERKENWELL R° LONDON」

ダンピーレベルは2点の高さの差を測定する水準器の一種である．Yレベルと比較すると，鏡筒が短くて太いことから，「ずんぐり」という意味のDumpyの名がつけられた．望遠鏡は架台に固定されており，作業中にレベルに狂いが生じにくい．気泡水準器は本来2個ついているが，小さい方は失われている．英国製トランジット（Cat. No. 1068）の場合と同じく，American Trading Co. から玉屋商店を通して購入された．製造業者のF. Barker & Sonはロンドンの航海用，測量用機器のメーカーである．

文献
君島八郎 (1909), pp. 163-5.
Bennett (1987), pp. 200-1.

■携帯用六分儀
Box Sextant (Cat. No. 101)

大きさ：直径 79×厚み 38
購入年：1895（明治 28）年
購入費：38 円
納入業者：玉屋商店
製造業者：不明
台帳記入名称：ポッケット，セキスタント
刻印：機器に「YOKOHAMA」と記載されている

皮ケース入りの小型携帯用六分儀．当時，袖珍六分儀あるいは懐中六分儀とも言われた．光学装置が箱に内蔵されているので，外に出ているつまみで鏡の回転を操作する．本機器に望遠鏡はついていない．遮光フィルターはない．目盛盤は拡大鏡で読み，副尺による最大読取り精度は1分である．陸地での測量の他に軍事用としても使用された．玉屋商店の大正1年の目録では，同型のヒース社製品に60円の値がつけられている．

文献
倉田吉嗣抄譯 (1887), p. 88.
Bennett (1987), p. 153.
Turner (1983), p. 261.

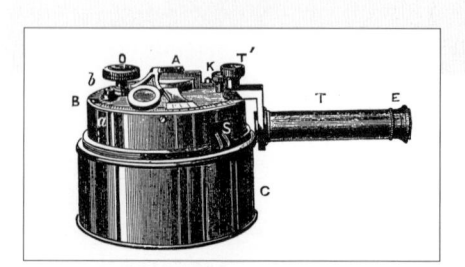

図 3-9-9　懐中六分儀/Stanley (1895) より

■汽船用コンパス
Compass (Cat. No. 253)

大きさ：全体の高さ115；羅盆の外径160
納入年：1910 (明治43) 年
納入費：25円
納入業者：島津製作所
製造業者：不明
台帳記入名称：汽船用コムパス

船上で水平を保つことができるように，直行する2軸で回転できるようにした船舶用の乾式羅針盤．図3-9-10のように船に取り付け，磁気方位を知る．文字盤は直径150 mmの厚手の紙製で，その裏に2個の方位磁石と2個の鉄板が口型に張り付けてある．島津製作所の昭和4年のカタログには羅針盤の模型が掲載されており，本機器も説明用模型として使用されたと思われる．

文献
島津製作所 (1922)，p. 183.
Ganot (1906), pp. 737-9.

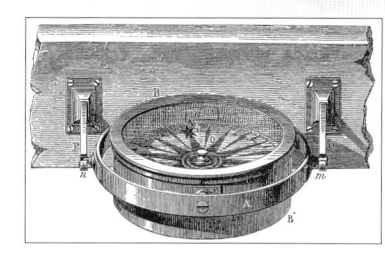

図3-9-10 航海用羅針盤/Ganot (1906) より

■航海用精密時計
Marine Chronometer (Cat. No. 160)

大きさ：箱；344×275×高さ255；文字盤の直径123
購入年：1899 (明治32) 年
購入費：250円
納入業者：島津製作所
製造業者：不明
台帳記入名称：「クロノメートル」，備考欄に「標準時計
　　　　　　　ニュルベルグ製」と記載されている
刻印：時計盤と箱の外側正面の両方に「NIEBERG．
　　　HUMBURG」「553」と記載されている

航海用の精密時計で，海上での経度を知るために用いる．時間で4秒の狂いが経度で1分に当たるため，高度な精密さが要求される．船が傾いても常に水平に保つ必要があることから直角方向の2軸で支えられている．移動時の安全のためにクロノメーターを固定する金具がついている．文字盤はアラビア数字である．二重の箱に収納されており，内側の箱に入れたままで使用する．外側の箱は保管用である．

文献
Turner (1983), pp. 40-2.
Bennett (1987), pp. 139-41.

補論
古典機器を撮影する

「明治時代の科学実験器具を撮ってもらいたい」と依頼されて，どのような撮影方法を取るべきか，すぐにイメージできる写真家は何人いるだろう．

普通，歴史資料と言われて思いつくのは紙の文書であるが，それらは一枚の紙であったり，あるいはそれなりに「本」の形をしていて，撮影も複写という場合がほとんどである．だから，依頼を受けた時点で，ライティングからフィルムの種類まである程度の予想を立てることが可能だ．

しかし，古典的な科学実験器具といわれても，専門的知識のない私には，形をイメージすることすらできない．聞いてみると，金属でできたものもあればガラスもあり，木材もあれば鏡のついたものもある．大きさも様々で，ほとんどが机の上に載るくらいだが，絶対に載りそうもない大きなものもあり，数は200点あまり．実に雑多な被写体らしい．「理科の教材に使われているようなものですか？」と尋ねたが，現代の学校教材感覚で想像することは無理なようだ．何か写真集のようなものがあれば参考になるのだが，日本にはその種のものはなく，本書がはじめてだという．かろうじて，編者の永平幸雄先生から英語で書かれた数冊の本を借りることができ，なんとか全体像はつかめたものの，私自身はもちろん，周囲の写真家にもこうした仕事の前例はない．文字通り，試行錯誤の連続となった．

*　　　*

まず，当然のことだが撮影計画を立てる．ここからがすでに大変だ．いずれも貴重な品々であるうえに，学術書用の撮影という予算も非常に限定された中では，スタジオに移して撮影することができない．京都大学総合人間学部の物理実験室の一室に仮設スタジオを構えることにしたが，もちろん学生のいない夏休みの期間中のみ，つま

り1か月である．できるだけ撮影時間を短縮するための整理が必要になる．

まず大きさから，「大」（撮影台に載らないもの），「中」（撮影台に載る標準的なサイズ），「小」（クローズアップなど，レンズ等の工夫が必要なもの），の3つに分類する．通常は，それをさらに材質や色の似たものごとに分ける．なぜかというと，形が少々違っていても（実は，ここに落とし穴があったのだが），材質や色が同じであれば，ライティングや補正する露出値は似てくるからだ．具体的には，1）黒いもの，2）木材で明るい色をしたもの（木材でもくすんで色の濃いものは「黒いもの」として分類した），3）金属で錆のあるもの，4）錆がなく，金属の輝きが失われていないもの，5）ガラスでできた透明の部分があるもの，などである．

もっとも，ここまでは骨の折れる仕事だが，通常の撮影とさほど変らぬ作業である．問題は，そうした整理が，必要とされる表現にふさわしい整理であるかどうかということであった．被写体は貴重な物理学資料であり，この価値にふさわしい表現方法をとらなければならない．ここが，通常のカタログ撮影等と最も違う点であり，準備の段階からとまどった点であった．

はじめて被写体を目にした私がイメージしたのは，思いきったレンブラントライティングでの撮影であった．レンブラントライティングとは，1灯のライトを被写体の斜め後方から逆光気味に照らして深い陰影を刻み込む照明法のことで，立体感を強調することができる．コレクション機器のどれもが風格と機能美を備えていたために，そうした方法で，より歴史的重みを感じさせる写真としたかったからだ．実際，海外の古典機器カタログの中にはレンブラントライティングを使っているものもあり，ある程度の自由な表現方法は許されると考えていた．

しかし，そうした私の提案は，受け入れられなかった．もちろん印象的な写真は欲しいが，それぞれの機器の機能や構造の特徴に関わる「形」が重視されなければならない．歴史的な重量感を強調することは魅力的だが，だからといって，ライティングによって刻まれた影に重要な構造が隠れてしまっては，物理学史的な意味が損なわれてしまうということだった．もっともな御指摘である．

そこで，それぞれの器具の＜写っていなければならない部分＞を考慮した整理作業が追加された．例えば，元々「中」に分類されていたそれほど大きくないものでも，重要な箇所が機器の上部にある場合は，カメラの位置を上げるか撮影台の高さをずっと低く設定する必要がある．したがって，この場合は，「大」に分類しなおす．また，実験時には他の器具と合わせて使うものは，単体で撮影するだけでなく一組にして撮る必要があるから，こうした場合も，撮影スペースは大きくなる．他にも，非常に重いものや，取り扱いに注意が必要なものは別にまとめた．ガラスの中に水銀の入った機器などは，万が一，落とすととんでもないことになる．危険なものについては，素人の私は極力触れないようにして，専門家の方に扱いをお願いした．

＊　＊　＊

これで準備作業がようやく完了．次はライティングだ．

スタジオ撮影において，ライティングはいのちである．先程述べたレンブラントラ

イティングのような方法もあれば，逆に何灯ものライトを使ってすっかり影をなくしてしまう方法もある．カメラアングルも大切だが，ライティングによって被写体の印象が決まるといっても過言ではない．今回の撮影に相応しい表現方法とは何か．大きく分けて2つの課題が挙げられた．

その1つが「形」であり，もう1つが「材質」の強調である．構造物がはっきりと見えるようにすることはもとより，平らなものか微妙な窪みや傾きのあるものか，材質は木材なのか金属なのかなど，被写体に応じた光と影をライティングによって調節しなければならなかった．様々な形と材質を備えた被写体の中で，とりわけ意識したのは，ガラスの中に構造物があるものと，腐食した金属でできているもの，の2つだった．前者は，ガラスの質感を損なわずに内部を透明に写し出さなくてはならず，後者は，写真にしてみると木材と見分けがつきにくい．

「クーリッジ管」(Cat. No. 281，279頁) は，左右のガラス管が中央の球体のガラスに向かって延びているものだが，写真で分かるように，中に小さく複雑な構造物がある．球面のガラスは，周囲のものすべてを映し込んでしまうので，トレーシングペーパーでテントのようなものを作り，カメラの入る正面だけを「暖簾状」にして全面を囲んだ．ガラスなどの映り込みやすい素材を撮影するときには，普通カメラの入る所だけに小さな穴を開けたトレーシングペーパーで周囲をかこむ．しかし，大量の機器を次々に撮る場合，カメラの位置を変えるためには，暖簾のようにしておいた方が便利である．

ライティングは注意深く写真を見ていただければ分かるように，4灯のライトを使用して，それぞれ微妙に角度を調整し，中心部の構造物に光がこないようにした．できれば光の反射をもう少し抑えたかったが，ライトの数を減らしたり，光を端の方にもってくると，中心部の構造物が暗くなってしまう．この位置が，最も適切であると判断した．

腐食した金属の代表的な例は，「モールス電信機の模型」(Cat. No. 36，239頁) である．写真では結構綺麗に写っているが，実際には印字用テープリール（右側の円形の部分）は全く腐食していて，焦茶色である．露出を適正値にして通常通り撮影すると，黒い木材に見えないこともない．そこで金属には金属らしい光の反射をさせてやろうと，露出は適正値より＋2段〜＋3段上げ，カメラのすぐ左横に置いたプレーンライトの光をテープリールに当ててみた．腐食が進んでいたが金属は金属である．光を加えてやれば，それらしい光を反射してくれた．実物と色が違うということは，通常，写真としては問題である．しかし，この場合は材質を強調させるという目的で，あえてそうしたわけだ．

＊　　＊　　＊　　＊

ライティングに関して言えば，この他にも複雑になったものがたくさんある．ほとんど，1点1点が試行錯誤であった．しかし一度目的が定まれば，あとはファインダーを覗きながら，機器に応じた注意点に目を向けさえすれば，他の撮影と同じく難しい作業ではないと思う．

補　論　古典機器を撮影する

　とはいえ，本書のように，この種の本として日本で初めてのものとなると，ずいぶん気をつかったのは事実である．似たような構造と材質のものであったとしても，1つとして，編著者と打ち合わせしなかったものはなかった．毎日，取り終えたフィルムは即日現像に出され，そのすべてが機器の機能や構造，あるいは本文の記述に沿って正しく撮影されているかどうか細かく調べられた．少しでも気になる点があれば必ず撮り直して改めた．

　撮影に使用した機材は，ハッセルブラッド 503 CX 100ミリ・150ミリ，ライトはタングステン5灯，ブルーライト5灯である．冒頭にも述べたように，機器の破損を恐れて学外へ持ち出すことをせず物理実験室を仮設スタジオにしたが，惜しまれるのは，もう少し広い場所で大きなセットが組めれば，ということである．特に，「友田氏波動模型」(Cat. No. 1144, 121頁) や「天体望遠鏡」(Cat. No. 20, 157頁) については，十分に光を当て，質感を出せなかったことが悔やまれる．ちなみに，前者は，京都大学大学院人間・環境学研究科の地下ホールで，後者は特別に学外に持ち出し，京都国立近代美術館内部の階段で撮影した．わがままを聞いてくださった関係者のみなさんに感謝します．

　多くの方々のご協力と，編者永平先生らの適切なご指示により，限られた場所と時間の中で最大限の撮影ができたと思う．写真家としてまだ若輩者である私にとって，通常ではなかなか経験することのないすばらしい本作りに参加できたことは格別の名誉である．

（不可三　頼子）

資料 I

第三高等学校物理実験機器コレクションの製造者と納入業者

[外国の製造者]

Altmann, Paul[1]

　1906年の住所録ではベルリンの機械メーカーである．特に化学，細菌学，衛生学，顕微鏡の装置を販売していたと記載されている．

Balbreck[2]

　1854年にBalbreck Aineによって創設されたが，後にBalbreck Aine & Filsとなった．測量機器メーカーで，1900年のパリ博覧会に経緯儀や水準器を出品した．

Bausch, Kraus & Lomb[3]

　J. J. Bausch (1830-1926) と Henry Lomb (1828-1908) は両方ともドイツ生まれで，1849年にアメリカへ移住した．二人はニューヨークのRochesterで会い，眼鏡製造を始めた．1866年，硬質ゴムの眼鏡枠を製造するために，Vulcanite Optical Instrument Co. を創業し，同年，単顕微鏡を製造，1874年以降に複顕微鏡を製造した．1874年にBausch & Lomb Optical Co. を設立した．

Becker, F. E. & Co.[4]

　同社の1905年のカタログによると，W. & J. George Ltd. の後継会社であり，ロンドン，バーミンガム，グラスゴー，ダブリン，メルボルンに支店を持ち，度量衡に強いと書かれている．

Cambridge Scientific Instrument Co.[5]

　1881年にHorace Darwin (Charles Darwinの一番下の息子) とAlbert Dew-Smithによって，Cambridge大学生理学研究室に機器を供給するために創設された生理学研究機器メーカー．電気測定機器や温度計等の工業機器の製造にも力を発揮した．

Edelmann[6]

　Max Thomas Edelmann (1845-1913) がミュンヘンで1869年に創設した物理機器・数学機器メーカー．1871年に16人を雇用している．1876年のロンドン博覧会，1882年のミュンヘン博覧会に参加している．

Elliott Brothers[7]

　1817年に William Elliott が創設したロンドンの科学機器メーカーで，1850年に二人の息子が参加して William Elliott & Sons 社となる．1856-7年に，物理・測量・光学機械メーカーの Watkins and Hill 社を吸収して急成長を遂げ，19世紀後半におけるイギリスの有力科学機器メーカーとなった．

Fuess, R.[8]

　Heinrich Ludwig Rudolf Fuess (1838-) が 1876 年に J. C. Greiner & Geissler 社の所有権を得てベルリンで創設した光学・精密器械メーカー．1876年のロンドン博覧会，1900年のパリ博覧会に参加している．鉱物学機器，光学機器，気象学機器等を専門としていた．また学術探検用機器，水路学機器も販売していた．

Goerz, C. P.[9]

　Carl Paul Goerz (1856-1923) が 1886年に創業した光学機器メーカー．1890年に雇用者数25名，1893年に雇用者数100名となり，パリ支店を開設し，Ross & Co. にライセンス供与を行う．1895年に雇用者数200名で，ニューヨーク支店を開設した．1896年に雇用者数300名，1911年に雇用者数2500名と目を見張るばかりに急成長していった．第一次大戦中は大量の光学機器を製造したが，戦後，軍用品の製造が Zeiss 社にのみ許可され，経営は急速に苦しくなり，1926年に Zeiss-Ikon Konzern に買収された．

Griffin, J. J.[10]

　J. J. Griffin は 1848年頃グラスゴーからロンドンに移り，化学機器の製造販売を始めた．1851年の大博覧会に参加している．1876年のカタログには，化学機器，電池，教育用機器が掲載されている．

Gurley, W & L. E.[11]

　1845年に，Jonas H. Phelps (1809-65) の工場に William Gurley (1821-87) が加わって創設された測量機器メーカー．1851年にその弟 Lewis E. Gurley (1826-97) が新たに参画し，Phelps は翌1852年に退職した．

Guyard et Canary & Cie[12]

　1780年に Richer によって創設された会社が子供たちに引き継がれていった．やがて Emile Richer が引継いだが，1870年に Emile の父の弟子であった Guyard と Canary と共同経営となった．測量機械メーカーで，1900年のパリ博覧会に水準器やタキオメーターを出品している．

Hartmann & Braun[13]

　Eugen Hartmann が 1879年にヴュルツブルクで創業した．その工場名は，Optische Anstalt, Physikalisch-Astronomische Werkstäte で，光学，物理機器メーカーとして出発し，後に電気計測器でも有名となる．1882年に W. Braun と共同し，20名を雇用していた．1884年にフランクフルトに移り，1910年時点で650名を雇用するまでに成長した．

Heraeus, W. C.[14]

1851 年にドイツの Hanau で製薬者 William Carl Heraeus が白金の実験を始めたのが，Heraeus 社の始まりであった．1890 年には超高純度の白金を作り出した．さらに水晶からクオルツガラスを作り，クオルツバーナーを用いて真空技術を発展させた．1966 年に Heraeus 社は，同様に高度の真空技術を持っていた E. Leybold 社と合併し，Leybold-Heraeus GmbH を創設した．

Hilger, Adam[15]

Adam Hilger はロンドンに居を構え，1870 年代に分光器を作り始めた．1897 年に Adam は死亡するが，その弟の Otto が経営を引き継ぐ．分光器メーカーとして 20 世紀中葉まで一流の企業として活躍した．

Hughes, Henry & Son[16]

Henry Hughes (-1879) が父 Joseph の後を継いで設立したロンドンの光学機器，航海用機器のメーカーである．1851 年の大博覧会に参加している．1905 年に航海用機器のカタログを発行し，社の説明に海洋光学機器業者と記載している．

Koenig, Rudolph[17]

Karl Rudolph Koenig (1832-1901) はプロイセンのケーニヒスベルグで教師の子として生まれたが，パリに行き，当時有名なバイオリン製造業者であった J. B. Vuillaume (1798-1875) に徒弟奉公に入る．1859 年，パリの Hautefeuille 通りに自分の店を持ち，少なくとも 1876 年まではそこにいた．当時，音響現象が脚光を浴びつつあったが，その音響機器の製造を専門とした．

Kohl, Max[18]

ドイツのザクセン州のケムニッツで 1876 年設立された理化学器械メーカー．1910 年時点で 340 名を雇用し，1883 年のシカゴ博覧会，1900 年のパリ博覧会に参加した．

Leeds & Northrup Co.[19]

Leeds & Northrup 社は，1899 年に Morris E. Leeds が電気測定機器製造の目的で創設した Morris E. Leeds & Company に，1903 年に Edwin F. Northrup が加わって成立したフィラデルフィアのメーカーである．

Leitz, E.[20]

Ernst Leitz (1843-1920) が 1849 年に Wetzlar で創設した光学器械メーカー．1865 年から Carl Kellner と共同で仕事をするが，同年自分の工場を持つ．1890 年には雇用者数 200 名，1907 年には，雇用者数 550 名に成長する．

Leybold, E.[21]

Ernst Leybold (1824-1907) が 1853 年にドイツのケルンで創立した物理学・化学機器メーカー．1876 年ロンドン博覧会に参加した．

Maw, S. Son & Thomson[22]

Solomon Maw の父は George で，二人は 1826 年に Geo. Maw & Son 社をロンドンで創設した．1830 年には最初のカタログを発行した．1860 年に Solomon とその息子で，S. Maw & Son 社に名称を変更する．1870 年に Thompson が加わり，S. Maw, Son & Thomson となる．外科器械，医療用器械を販売した．

Muencke, Robert[23]

1878 年創立のベルリンの精密器械メーカーでガラス吹き工場でもある．化学，物理，細菌学の機器を得意とする．

Negretti & Zambra[24]

Enrico Angelo Ludovico Negretti (1818-79) と Joseph Warren Zambra (1822-97) が 1850 年にロンドンで創設し，同社は二人の子供たちに引き継がれていった．気象機器，航海用機器で高い評判をとり，さらに光学機器，理化学機器にも販売領域を広げていった．

Parkes, J. & Son[25]

James Parkes は 1839 年にバーミンガムで操業したが，1845 年に J. Parkes & Son と社名を変更した．1851 年のロンドンの大博覧会に参加している．1867 年のカタログには光学，数学，物理学機器の製品を記載している．

Pellin, Ph[26]

著名な機器製造者である N. Soleil (1798-1878) の義理の息子として，Jules Duboscq (1817-1886) は光学器械製造を専門とした．Duboscq は 1819 年操業の Soleil 社に 1830 年から参加し，1849 年にその所有者になった．1864 年，店をパリの Odeon 通りに構え，その製品は当時最も優れた光学機器であった．1883 年まで Jules Duboscq は Theodore Duboscq および Albert Duboscq とともに経営に成功していたが，1886 年に所有者は Ph. Pellin に変わった．

Prazmowski, A[27]

Adam Prazmowski (1821-) は 1839 年にワルシャワの天文台の助手となり，1846-49 年にポーランドの測地測量に従事し，1860 年に日食観察のためにスペインへ派遣されるが，政治的な理由で 1863 年にパリに亡命し，光学機器製造業者 Hartnack のもとで働き，共同経営者となった．1878 年に単独経営となり，A. Prazmowski 社を名乗った．

Ritchie, E. S. & Sons[28]

Edward Samuel Ritchie (1814-95) が創設したが，E. S. Ritchie & Sons の名称になったのは 1867 年からである．ボストンの物理学機器・航海用機器メーカーである．Ritchie は，1862 年の液体コンパスの改良，誘導起電器の改良をはじめ，科学機器で多くの特許を取っており，1880 年には 12 人の職人を雇い，年商 4 万ドルの商いを行っていた．

Salleron J.[29]

1855 年にパリで創設された気象学機器，航海用機器のメーカーである．1900 年のパリ博覧会に出品している．後継会社は A. Demichel である．

Schaffer & Budenberg[30]

ドイツの Magdeburg と Buckau で機械，ボイラー部品を製造していた．1904 年のセントルイス博覧会では真空ゲージを出品している．

Seibert[31]

兄弟である Wilhelm Seibert と Heinlich Seibert は 1850 年代に Friedlich Belthle のもとで働いていた．その時の同僚である Ernst Gundlach から工場を買い入れ，1873 年に Wetzlar で操業を始めた．顕微鏡およびその付属品，投影器のメーカーで，1900 年のパリ博覧会に参加している．

Van Keulen, Hulst[32]

Johannes I van Keulen (1634-1715) が「書籍商および直角器製造業者」として 1678 年にアムステルダムの書籍商ギルドに登録して始まった．海図作成で有名となり，六分儀や八分儀等の航海用機器を製造した．4 代目の Gerald Hulst の時代に外国製品を購入して自社名を入れて販売した．1885 年に倒産した．

Weston Electrical Instrument Co.[33]

Edward Weston (1850-1936) はイギリスで生まれたが，1870 年にアメリカに渡った．電気メッキの会社で働く中で，電源として電池から発電機に変える可能性に関心を持ち，電気技術者としての道に進んだ．Weston は Weston Electrical Instrument Co. を 1888 年に設立し，優れた電気測定機器を開発した．可動コイル直流ミリボルトメーターは特に有名で，Weston メーターは世界のスタンダードとなった．1924 年には Franklin Medal を授賞した．

White, J.[34]

James White がグラスゴーで 1850 年から営業した．取扱領域は，光学機器，物理学機器で，William Thomson と深い関係を持ち，Thomson のとった特許機器の製造販売，Thomson のアイデアを基にした試作品の改良を行っていた．1900 年には Kelvin & James White という社名になった．

Wolff, Otto[35]

1889 年創立のベルリンの電気機械製造業者．特に物理工学研究所の方法によるマンガニン線の精密抵抗器，標準抵抗器，可変抵抗器，標準電池を専門としていた．

Zeiss, Carl[36]

Carl Zeiss (1818-88) が 1846 年にイエナで創設した著名なドイツの光学機器メーカー．1866 年から Ernst Abbe と共同研究を行い，Abbe は 1875 年に共同経営者となった．1884 年に Otto Schott とともにイエナで光

学ガラス製造を始めた．Carl Zeiss の死後 1889 年に Carl Zeiss 財団が設立された．1900 年時点での雇用者数は約 1000 名である．

[国内の納入者・製造者]

荒木和一[37]

大阪の雑貨直輸入商である．荒木和一は 1883（明治 16）年大阪中学校に入学し，1894（明治 27）年に商況視察としてアメリカへ渡航した．1897（明治 30）年に帰国する際，エジソンの「大聲発音機」，「活動写真機」，「光線器械」を持ち帰り，注目を浴びた．1900（明治 33）年，「エジソン氏製造会社」日本特約人となっている．

岩井商店[38]

1862（文久 2 ）年に岩井文助が雑貨仲介業・岩井商店を創業した．岩井勝治郎は二代目で，大阪の輸入商社として，1906（明治 39）年の本邦輸入貿易額の 2.8％を占めるまでに成長し，1912（大正元）年に株式会社岩井商店となる．1968（昭和 43）年に日商に合併され，日商岩井となる．

岩本金蔵

1903（明治 36）年の日本紳士録によれば，東京日本橋の医療・器械商である．

尾崎工場[39]

1877（明治 10）年に東京の本所区に創設された物理学用器械を製造する工場である．尾崎米吉が代表で，1906（明治 39）年には職工数 12 名を数えた．

教育品製造合資會社[40]

創業は 1893（明治 26）年で，取扱品目は，理化学器械および博物標本であった．1904（明治 37）年には職工数 22 人を抱え，第 5 回内国勧業博覧会においては，自記雨量計で褒状，水銀排気機，反射電流計，ホイートストン・ブリッジ，インダクションコイルで二等賞を得ている．

古光堂藤島[41]

1873（明治 6 ）年のウィーン万国博覧会に技術伝習生として参加した藤島常興は 1878（明治 11）年に測量器械，理学器械の製作所を設立した．1883（明治 16）年藤島製器学校に改められた．古光堂の名は，藤島の著した 1889（明治 22）年の『大日本古金銀大全一目表』に見られる．

佐賀器械製作所[42]

1872（明治 5 ）年 10 月に創業で，少なくとも 1903-11（明治 36-44）年の期間は野口健蔵が代表であった．佐賀市松原町で，理化学器械，電気器械を製造し，1904（明治 37）年には職工数 32 名を抱えていた．1903（明治 36）年の第 5 回内国勧業博覧会では「自動ヘリオスタット」で学術三等賞を，「インダクションコイル」で学術褒状を授賞した．

杉本宗吉

1900（明治33）年の日本紳士録によれば，東京日本橋で理化学器械および薬種業を営んでいた．

鈴木金一郎

1903（明治36）年の日本紳士録によれば，東京麹町で晴雨計製造業を営んでいた．

守谷製衡所[43]

守谷清三郎が1973（明治6）年に西洋形天秤製造の官許を得て，創業し，天秤，分銅の製造販売を行っていた．養子守谷定吉（1855-）がその後を次ぎ，第3回内国勧業博覧会においては，天秤で有功一等賞を得ている．

島津製作所[44]

1875（明治8）年に初代島津源蔵が京都木屋町二条で理化学器械の製造を始めた．1894（明治27）年に，源蔵の息子梅治郎が家業を継ぎ，2代目源蔵を名乗った．蓄電池やX線装置を扱って業績を伸ばしていった．1917（大正6）年，資本金200万円で株式会社島津製作所を発足させた．15年戦争が勃発して軍需品製造が増加し，マイクロメーター等の精密機器を生産して工場を拡大していった．

玉屋商店[45]

宮田籐左ヱ門（1861-）は東京の時計測量器械商・玉屋商店の主人である．その父は，安政の頃から時計商，鏡商を行っていたが，明治初年から測量器械も販売するようになった．玉屋商店は測量機器の輸入販売とともに，機器の修理製造をも行うようになり，1901（明治34）年に合名会社となり，1906（明治39）年には10人の職工を雇っていた．優良な測量機器を供給して成長し，1919（大正8）年には42人の職工を雇用する規模に至っている．

東京大学理学部工作場[46]

1874（明治7）年に東京開成学校内に開設された製作学教場は明治10年に，東京大学の発足とともに廃止となるが，その工作場は理学部工作場として東京大学に引き継がれ，教育用理化器械の製造を行って，1878（明治11）年まで存続する．

高田商会[47]

高田商会は武器・機械類の輸入商社で，その創業者は高田慎蔵（1852-1921）である．高田は1870（明治3）年に佐渡から上京し，ドイツ国籍のアーレンス商会に勤め，英語を学び，貿易業務を修得した．1881（明治14）年にアーレンスとスコットとともに，高田商会を設立し，二人の共同経営者の死後，1888（明治21）年には名実ともに高田慎蔵が社主となった．多くの欧州メーカーの販売代理店となり，三井物産，大倉組とも並び称される規模に成長するが，1925（大正14）年に経営破綻をきたし，1963（昭和38）年にはニチメンに吸収合併された．

百木製作所[48]

1862（文久2）年の創業である．1911（明治44）年には，百木伊之助が代表で，京都の二条で6名の職工を雇

い，寒暖計，乾湿計を製造していた．第5回内国勧業博覧会の52類，測定器部門において寒暖計で三等賞を得ている．

参照文献

[1] Harrwitz, F., *Adressbuch der Deutschen Präzisionsmechank und Optik* (1906), p. 3.

[2] L'Industrie Française, *L'Industrie Française des Instruments de Précision*, Publie par le Sydicat des Constructeurs en Instruments d'Optique & de Précision (1901-1902), p. 6.

[3] ホームページ American Artifact http://www.americanartifacts.com/smma/index.html

[4] Anderson, R. G. W., J. Burnett and B. Gee, *Handlist of Scientific Instrument-Makers' Trade Catalogues 1600-1914* (1990), p. 11.

[5] Williams, Mari E. W., *The Precision Makers* (1994)，『科学機器製造業者から精密機器メーカーへ』永平幸雄，川合葉子，小林正人訳（大阪経済法科大学出版部 1998)，pp. 37-43.

[6] de Clercq, P. A. ed., *Nineteenth-Century Scientific Instruments and their Makers* (1985), p. 136.

[7] Clifton, G., "An Introduction to the History of Elliott Brothers up to 1900", *Bulletin of the Scientific Instrument Society* No. 36 (1993) pp. 2-7.

[8] 前出 de Clercq (6) p. 139.

[9] Kingslake, Rudolf, *A History of the Photographic Lens* (1989)，雄倉保行訳『写真レンズの歴史』(1999) p. 213.

[10] Bryden, D. J., *Scottish Scientific Instrument-Makers 1600-1900* (1972), p. 49.

[11] Bennet, J. A., *The Divided Circle, A History of Instruments for Astronomy, Navigation and Surveying* (1987), p. 164.

[12] 前出 L'Industrie Française (2), p. 240.

[13] Lagemann, Robert T., *Garland Collection* (1983), p. 221.

[14] *Balzers and Leybold Annual Report* (1994), pp. 8-9.

[15] Bennet, J. A., *The Celebrated Phenomena of Colours, the Early History of the Spectroscope* (1984) pp. 16-7.

[16] Clifton, Gloria, *Directory of British Scientific Instrument Makers 1550-1851* (1995), p. 144.

[17] 前出 Lagemann (13), pp. 223-4.

[18] 前出 de Clercq (6), p. 143.

[19] 前出 Lagemann (13), p. 224.

[20] 前出 de Clercq (6), p. 144.

[21] 同上 p. 144.

[22] Bennion, Elisabeth, *Antique Medical Instruments* (1979), p. 325.

[23] 前出 Harrwiz (1), p. 129.

[24] Read, W. J., "History of the Firm Negretti & Zambra", *Bulletin of the Scientific Instrument Society*. No. 5 (1985), pp. 8-10.

[25] 前出 Clifton (16), p. 208.

[26] 前出 Lagemann (13), p. 216.

[27] Poggendorff, J. C., *Biographisch-Literarisches Handwörterbuch zur Geschichte der Exakten Wissenschaften* (1858-1883) p. 1065.

[28] Warner, Deborah Jean, "Compasses and Coils, The Instrument Business of Edward S. Ritchie", *Rittenhouse* Vol. 9, No. 1 pp. 1-24.

[29] 前出 L'Industrie Française (2), p. 244-5.

[30] *Wissenschaftliche Instrumente* (1904), pp. 125-6.

[31] Turner, G L'E., *The Great Age of the Microscope* (1989), pp. 317-8.

[32] Hackmann, Willem D. による書評, "'In de Gekroonde Lootsmann.' Het Kaarten-, Boekuitgevers en instrumentenmakershuits Van Keulen te Amsterdam 1680-1885 ed. by E. O. van Keulen et al", *Bulletin of the Scientific Instrument Society*. No. 25 (1990) p. 28.

[33] Passer, Harold C., *The Electrical Manufacturers 1875-1900* (1953) pp. 31-4.

[34] 前出 Bryden [10], p. 59.

[35] 前出 Harrwitz [1], p. 209.

[36] 前出 de Clercq [6], p. 152.

[37] 『明治人名辞典II』日本図書センター (1993) 底本：『日本現今人名辞典』(1990, 明治33年).

[38] 『日本の会社100年史』(1975) 東京経済新聞社 p. 664-5.

[39] 『工場通覧 明治39年刊行』農商務省商工局工務課編纂 有隣堂：復刻版『工場通覧II』後藤靖解題 柏書房 (1992).

[40] 『工場通覧 明治37年刊行』農商務省商工局工務課編纂 有隣堂：復刻版『工場通覧II』後藤靖解題 柏書房 (1992).

[41] 中川保雄,「藤島常興：封建時代の伝統的職人と明治初期工業化政策との結びつき（I），（II）」『科学史研究』vol. 18 (1978) 140-7, 206-14.

[42] 前出『工場通覧 明治37年刊行』[40].

[43] メートル法実行期成委員会編：『日本メートル法沿革史』(1967, 昭和42年) 第3, 4, 5章及び巻末付録『日本メートル法沿革史年表』

[44] 前出『日本の会社100年史』[38], p. 324.

[45] 前出『明治人名辞典II』[37].

[46] 中川保雄「明治初期における理化学器械製造業の形成」『科学史研究』Vol. 17 (1978) p. 103-4.

[47] 前出『明治人名辞典II』[37].

[48] 『工場通覧 明治44年刊行』農商務省商工局工務課編纂 有隣堂：復刻版『工場通覧II』後藤靖解題 柏書房 (1992).

資料2

第三高等学校物理実験機器コレクションの一覧表

[凡例]
1：分類については，巻頭の凡例および第2章，第3章を参照されたい．
2：購入金額は，2円50銭を2.50のように記した．ただし，厘の価格まで記載があった場合は，小数点以下3位まで記した．金額は購入年のそれを表示し，特に基準年を設けて換算することはしていない．

Ⅰ：分類順

分類	機器名	登録番号	西暦	和号	和年	納人名	製作所	購入金額	掲載ページ
計量	大型置時計	1127	1895	明治	28	京都時計製造会社		58.70	
計量	掛時計	61	1886	明治	19		Seth Thomas	3	
計量	測角用遊尺模型	1055	1918	大正	7	島津製作所		2.50	
計量	光てこ	204	1903	明治	36				
計量	球面計	1083	1903	明治	36	島津製作所	島津製作所	25	
計量	球面計	1084	1907	明治	40		島津製作所	23	
力学	ばねばかり　3個	1036	1881	明治	14		Chatillon's Balance	1	
力学	ねじプレス	1	1881	明治	14		E. S. Ritchie & Sons	2	
力学	滑車台とろくろ	1060	1881	明治	14		E. S. Ritchie & Sons	4.50	93
力学	円柱状のおもり	1129	1881	明治	14			4	
力学	対円錐	1125	1881	明治	14			.80	
力学	対円錐	1126	1881	明治	14			.60	93
力学	斜塔	1128	1881	明治	14			.30	
力学	遠心力試験器	2	1881	明治	14			6	
力学	ジャイロスコープ	48	1884	明治	17			14	94
力学・質量	もんめ単位の分銅	100	1895	明治	28	守谷定吉	守谷定吉	63.40	
力学・質量	分銅	1239	1895	明治	28	守谷定吉	守谷定吉	55	
力学・質量	分銅	1270	1895	明治	28	守谷定吉	守谷定吉	39.85	
力学・質量	分銅	1047	1889	明治	22	杉本宗吉	守谷定吉	110	
力学・質量	グラム単位の大きい分銅	1209	1897	明治	30	石田音吉		11.50	
力学・質量	グラム単位の分銅　2箱	98	1895	明治	28	津田幸次郎	守谷定吉	6	
力学・質量	分銅	1198	1900	明治	33	島津製作所		4.50	
力学・質量	ポンド分銅	37	1881	明治	14			20	95
力学・質量	分銅	1243	1881	明治	14			12	
力学・質量	化学天秤	99	1895	明治	28	守谷定吉	守谷定吉	39.85	94
力学・質量	上皿天秤と分銅	1167	1890	明治	23	島津製作所	守谷定吉	2.80	
力学・質量	上皿天秤	1187	1923	大正	12		島津製作所	50	
力学・質量	度量衡標本	60	1886	明治	19			7.50	88-89
流体力学	レインボーカップ	271	1914	大正	3	島津製作所	Griffin	21	
流体力学	パスカルの原理説明器	103	1896	明治	29	島津製作所		8	
流体力学	ジョリーばねばかり	1166	1883	明治	16			4.50	
流体力学	水圧計	150	1899	明治	32	高田商会	Schaffer & Budenberg	54.6	
流体力学	オルトマン流速計	104	1896	明治	29	島津製作所		25	
流体力学	牛乳計	38	1883	明治	16			1.50	
流体力学	ニコルスンの浮きばかり	170	1901	明治	34	島津製作所		2.50	111
流体力学	ファーレンハイトの浮きばかり	171	1901	明治	34	島津製作所		1.50	111
流体力学	ボーメ比重計	7	1881	明治	14			2	112

分類	機器名	登録番号	西暦	和号	和年	納人名	製作所	購入金額	掲載ページ
流体力学	比重瓶	86	1894	明治	27	島津製作所		.70	
流体力学・気体	空気ポンプ	3	1881	明治	14			5	
流体力学・気体	ヘロンの噴水器	4	1881	明治	14			6	
流体力学・気体	マグデブルクの半球	5	1881	明治	14			2.50	106
流体力学・気体	空気の浮力を示す装置	6	1881	明治	14			3.50	106
流体力学・気体	真空落下試験器	51	1886	明治	19			5	107
流体力学・気体	真空鈴	53	1886	明治	19			2	107
流体力学・気体	分子式真空ポンプ	1137	1913	大正	2	島津製作所	E. Leybold	660	
流体力学・気体	ラングミュア凝結式ポンプ	291	1919	大正	8	島津製作所	General Electric	295	108
流体力学・気体	ゲーデ水銀ポンプ	254	1911	明治	44	島津製作所		220	108
流体力学・気体	ブルドン真空計	151	1899	明治	32	島津製作所	Schaffer & Budenberg	14.5	109
流体力学・湿度計	ダニエル湿度計	70	1891	明治	24	島津製作所	島津製作所	6.50	110
流体力学・湿度計	ダニエル湿度計	153	1899	明治	32	島津製作所		6.50	
流体力学・湿度計	露天湿度計	256	1911	明治	44		島津製作所	5.50	
流体力学・気圧計	携帯用アネロイド気圧計	105	1896	明治	29	玉屋商店	American Trading Co.	30	
流体力学・気圧計	携帯用アネロイド気圧計	169	1901	明治	34	島津製作所	Rogers	39	
流体力学・気圧計	説明用アネロイド気圧計	168	1901	明治	34	島津製作所		35	102-103
流体力学・気圧計	アネロイド気圧計	62	1888	明治	21			10	110
流体力学・気圧計	携帯用アネロイド気圧計	52	1886	明治	19			30	101
流体力学・気圧計	フォルタン気圧計	1145	1901	明治	34	島津製作所	島津製作所	100	109
音・振動	友田氏波動模型	1144	1908	明治	41	教育品製造合資會社	教育品製造合資會社	150	121
音・振動	カレイドフォン	240	1910	明治	43	島津製作所	島津製作所	17	126
音・振動	ケイターの可逆振子	1162	1894	明治	27	島津製作所		8	
音・振動	トレヴェリアンロッカー	106	1896	明治	29	島津製作所		1.70	124
音・振動	エアリーの複振子	1141	1898	明治	31	当校製		1	126
音	躍動炎実験器と回転鏡	81	1894	明治	27	岩本金蔵		12.80	127
音	弓	1114	1896	明治	29	島津製作所		2	
音	メトロノーム	10	1881	明治	14			3	
音	音波干渉管	180	1902	明治	35	E. Leybold		5.784	124
音	サヴァールの応響器	109	1896	明治	29	島津製作所		3.50	129
音	共鳴器一組	239	1910	明治	43	島津製作所		32	128
音	鐘	14	1881	明治	14			1.50	
音	サヴァールの歯車	15	1881	明治	14			3	125
音	リード・オルガンパイプ	1075	1881	明治	14			2.50	130
音	サイレン板	1094	1922	大正	11	島津製作所		9	
音	サイレン	16	1881	明治	14		Negretti & Zambra	20	116-117
音	ガルトン調子笛	297	1923	大正	12	島津製作所	E. Leybold	82	
音	ガルトン調子笛	232	1909	明治	42	島津製作所	Edelmann	45	125
音	オルガン管	174	1901	明治	34	島津製作所		75	
音	オルガンパイプ	13	1881	明治	14			.80	130
音	モノコード	88	1895	明治	28	島津製作所		2.80	
音	モノコード 2台	181	1902	明治	35	島津製作所		6	
音	モノコード	12	1881	明治	14			11	
音	メルデの振動実験装置	78	1893	明治	26	島津製作所		4.50	127
音	電磁石による金属板振動器	107	1896	明治	29	島津製作所		18	
音	電磁石による金属板振動器	108	1896	明治	29	島津製作所		18	
音	標準音叉	202.3	1903	明治	36	岩井商店	Rudolph Koenig	16.50	129
音	音叉	202.2	1903	明治	36	島津製作所	L. Landry	15.47	
音	音叉 8個	231.1	1909	明治	42	島津製作所	Max Kohl	56	
音	音叉 8個	201.1	1903	明治	36	島津製作所	Rudolph Koenig	15.49	
音	音叉 3個	63	1890	明治	23	島津製作所		2	
音	音叉 5個	209	1905	明治	38	島津製作所		23	
音	音叉	11	1881	明治	14			.50	128
音	電磁おんさ	238	1910	明治	43	島津製作所		55	
音	電磁おんさ 2台	1105	1922	大正	11		島津製作所	45	
音	電磁おんさ	1112	1923	大正	12		島津製作所	45	
熱	チンダル摩擦熱試験器	200	1903	明治	36	島津製作所	島津製作所	7	
熱	バイメタルスイッチ	255	1911	明治	44	島津製作所		4.50	149

分類	機器名	登録番号	西暦	和号	和年	納人名	製作所	購入金額	掲載ページ
熱	水最大密度試験器	1030	1884	明治	17			7	
熱	線膨張率測定器	222	1908	明治	41	島津製作所	島津製作所	28	
熱	熱膨張試験器	8	1881	明治	14			1	
熱	炭酸液管　2本	152	1899	明治	32	島津製作所		14.625	
熱	沸騰点試験器	80	1894	明治	27	島津製作所		4	148
熱	沸騰点試験器	87	1895	明治	28	島津製作所		5.80	
熱	金属反射凹鏡一対と球	21	1881	明治	14			4	132-133
熱	金属反射凹鏡　1対	42	1883	明治	16			20	
熱	コルベの示差温度計	208	1905	明治	38	山科吉之助		28	145
熱	ルーベンスの熱電堆	264	1911	明治	44	島津製作所	Max Kohl	40.90	146
熱	メローニの熱電堆	50	1884	明治	17			11	134-135
熱	ガソリンエンジンの模型	280	1916	大正	5	松本		25	151
熱	ラジオメーター	128	1897	明治	30	島津製作所		5.50	
熱・温度計	摂氏温度計	1201	1892	明治	25	島津製作所		2	
熱・温度計	摂氏温度計	1252	1901	明治	34	島津製作所		2.30	
熱・温度計	摂氏温度計	1253	1907	明治	40	島津製作所		3.50	
熱・温度計	摂氏温度計　2本	1202	1910	明治	43	島津製作所		3	
熱・温度計	摂氏温度計	1199	1895	明治	28	鈴木金一郎		1.75	
熱・温度計	摂氏温度計	9.1	1881	明治	14		Robert Muencke	3	
熱・温度計	摂氏温度計	9.2	1881	明治	14			4	
熱・温度計	温度計（紙箱入り）	1200	1891	明治	24			2.50	147
熱・温度計	ランフォード示差温度計	54	1886	明治	19		J. Salleron	3	145
熱・温度計	標準温度計	136	1898	明治	31	島津製作所	R. Fuess	45	147
熱・温度計	ベックマン温度計	230	1909	明治	42	島津製作所		28	148
熱・温度計	最高最低金属温度計	177	1902	明治	35	E. Leybold		16.825	149
熱・温度計	最高最低温度計	1189	1899	明治	32	島津製作所		4.50	
熱・温度計	ボロメーター	148	1898	明治	31	島津製作所	C. P. Goerz	75.20	146
熱・温度計	リース電気空気温度計	76	1891	明治	24	島津製作所		8	138-139
熱・熱量計	ラヴォアジェとラプラスの氷熱量計	172	1901	明治	34	島津製作所		12	150
熱・熱量計	ライヘルトの氷熱量計	178	1902	明治	35	E. Leybold		7.361	150
熱・熱量計	ブンゼン氷熱量計	282	1917	大正	6	島津製作所	島津製作所	11.50	
熱・熱量計	水熱量計	173	1901	明治	34	島津製作所		6	
熱・熱量計	アンドリューズのカロリファー	179	1902	明治	35	E. Leybold		8.413	151
光	光の回折試験装置および付属品	182	1902	明治	35	E. Leybold		52.58	180
光	光の再合成器	183	1902	明治	35	E. Leybold		39.435	154-155
光	光学台	1063	1903	明治	36	岩井商店	Max Kohl	291.47	
光	立体鏡	89	1895	明治	28	島津製作所	島津製作所	4.50	179
光	蛍光液　10瓶	241	1910	明治	43	島津製作所	島津製作所	22	
光・反射	円柱鏡	139	1898	明治	31	島津製作所		3	178
光・反射	魔鏡（2個）	43	1883	明治	16			.80	179
光・反射	凹面鏡と凸面鏡	72	1891	明治	24	島津製作所		2	
光・反射	反射凸面鏡　2台	1186.1	1903	明治	36	島津製作所		7	
光・反射	反射凹面鏡の支持台　2台	1186.2	1903	明治	36	島津製作所		7	
光・反射	反射測角器	90	1895	明治	28	島津製作所	島津製作所	100	183
光・屈折	三角プリズムと支持台	17	1881	明治	14			5	177
光・屈折	三角プリズムと支持台	18	1881	明治	14			2	177
光・屈折	液体プリズム	154	1899	明治	32	島津製作所	Hartmann & Braun	92.40	
光・屈折	プリズム（6個）	155	1899	明治	32	島津製作所	Hartmann & Braun	97.68	178
光・屈折	直角プリズム	1251	1909	明治	42	島津製作所		5	
光・屈折	レンズ　6個	233	1909	明治	42	島津製作所	島津製作所	12	
光・屈折	レンズ	206	1904	明治	37	島津製作所		9	
光・干渉	ニュートンリング板	71	1891	明治	24	島津製作所	当校製	2.50	
光・干渉	フレネルの複鏡	137	1898	明治	31	島津製作所		43.20	180
光・望遠鏡	天体望遠鏡	83	1894	明治	27	島津製作所		5	
光・望遠鏡	天体望遠鏡	20	1881	明治	14		A. Prazmowski	400	156-157
光・望遠鏡	読み取り望遠鏡	1195	1902	明治	35	E. Leybold		105.16	
光・望遠鏡	読み取り望遠鏡	270	1913	大正	2	島津製作所	Hartmann & Braun	102.60	
光・望遠鏡	読み取り望遠鏡	126	1896	明治	29	島津製作所	島津製作所	15	

分類	機器名	登録番号	西暦	和号	和年	納人名	製作所	購入金額	掲載ページ
光・望遠鏡	読み取り望遠鏡	1003	1895	明治	28	島津製作所		5	
光・顕微鏡	顕微鏡	40	1883	明治	14		J. Parkes & Son	80	
光・顕微鏡	顕微鏡	41	1883	明治	14		J. Parkes & Son	80	181
光・顕微鏡	顕微鏡	39	1883	明治	16		Seibert	80	181
光・顕微鏡	顕微鏡	55	1886	明治	19		Seibert	180	
光・顕微鏡	カーディオイド集光器とアダプター	272	1914	大正	3	カール・ツアイス	Carl Zeiss	28.95	
光・顕微鏡	限外顕微鏡用集光器	1169	1926	大正	15		E. Leitz	88	
光・顕微鏡	日光顕微鏡	110	1896	明治	29	島津製作所		30	185
光・顕微鏡	水平顕微鏡	252	1910	明治	43	島津製作所	E. Leitz	75	182
光・顕微鏡	手持ち型読取り顕微鏡	279	1915	大正	4	島津製作所	E. Leitz	24	
光・顕微鏡	対物マイクロメーター	205	1903	明治	36	島津製作所	Kraus Bausch & Lomb	7	
光・顕微鏡	読み取り顕微鏡（測微顕微鏡）	216	1906	明治	39	島津製作所	Max Kohl	227.50	158-159
光・顕微鏡	移動顕微鏡	229.1	1908	明治	41	島津製作所	Becker	142	
光・顕微鏡	移動顕微鏡	229.2	1908	明治	41	島津製作所	Becker	153.75	182
光・光学器械	カメラのシャッター	265	1912	大正	1	山下友次郎		7	
光・光学器械	カメラ	138	1898	明治	31	島津製作所	Zeiss, E. Krauss	130	
光・光学器械	顕微鏡用カメラルシダ	203	1903	明治	36	島津製作所	Kraus Bausch & Lomb	24	184
光・光学器械	カメラルシダ	210	1905	明治	38	島津製作所	Kraus Bausch & Lomb	26.75	
光・光学器械	写景用カメラルシダ	19	1881	明治	14		Negretti & Zambra	7	183
光・光学器械	顕微鏡用カメラルシダ	303	1924	大正	13		Zeichenprisma G. S. & Co	10	184
光・光学器械	投影器	161	1900	明治	33	教育品製造合資會社	Duboscq Ph Pellin	98	185
光・光学器械	投影器	162	1900	明治	33	教育品製造合資會社	Duboscq Ph Pellin	123.75	186
光・光学器械	反射・透過両用投影器	242	1923	大正	12	島津製作所	E. Leitz	642	187
光・光学器械	メガスコープ	257	1911	明治	44	島津製作所	Max Kohl	77.50	187
光・光学器械	幻灯機用スライド画（32枚）	1035	1908	明治	41		E. Leybold		186
光・光学器械	幻灯機のスライド	56	1886	明治	19		進成堂	15	162-163
光・光学器械	投影器と反射用鏡台	242.2	1923	大正	12	島津製作所	E. Leitz		
光・偏光	ファラデー効果実験装置	185	1902	明治	35	E. Leybold		47.322	
光・偏光	偏光試験装置	113	1896	明治	29	高田商会		247.80	188
光・偏光	教育用簡易偏光器	287	1918	大正	7	吹田長次郎	E. B. Benjamin	25	189
光・偏光	ネーレンベルグの偏光装置	244	1910	明治	43	島津製作所	島津製作所	12	
光・偏光	ネレンベルグの偏光装置	23	1881	明治	14		東京大学理学部工作場	11	164-165
光・偏光	検糖計	65	1889	明治	22	杉本宗吉	Hermann & Pfister	155	166-167
光・偏光	ミッチェルリッヒの検糖計	211	1905	明治	38	島津製作所		60	188
光・偏光	半影検糖計	1088	1922	大正	11		C. P. Goerz	230	189
光・分光	分光器	207	1904	明治	37	岩井商店	Max Kohl	174.58	
光・分光	定偏角分光器（写真機）	292	1921	大正	10	島津製作所	Adam Hilger	877	192
光・分光	分光器	91	1895	明治	28	島津製作所		80	
光・分光	友田式スペクトル投影装置	243	1910	明治	43	島津製作所		45	191
光・分光	分光器　2台	299	1923	大正	12		Adam Hilger	193	
光・分光	分光器	22	1881	明治	14		Negretti & Zambra	300	190
光・分光	分光器	57	1886	明治	19			70	
光・分光	ヒルガー小型水晶分光写真機	305	1926	大正	15		Adam Hilger	715	192
光・分光	回折格子	298	1923	大正	12	シェービームクドーウェル		300.90	
光・分光	回折格子	92	1895	明治	28	島津製作所		65	
光・分光	回折格子	140	1898	明治	31	島津製作所		88	
光・分光	回折格子	234	1909	明治	42	島津製作所		50	
光・分光	回折格子	1238	1923	大正	12			55	
光・分光	ルンマーゲールケ板	273	1914	大正	3	島津製作所	Adam Hilger	408	193
光・分光	階段格子	293	1921	大正	10	島津製作所	Adam Hilger	462	194
光・分光	スペクトル管	141	1898	明治	31	島津製作所	Franz Müller	3.60	
光・分光	直視分光器	164	1900	明治	33	教育品製造合資會社	Duboscq Ph Pellin	123.75	190
光・分光	携帯用直視分光器	184	1902	明治	35	E. Leybold		46.7	191
光・分光	携帯用分光器	175	1901	明治	34	教育品製造合資會社		75	

分類	機器名	登録番号	西暦	和号	和年	納人名	製作所	購入金額	掲載ページ
光・分光	顕微分光器	111	1896	明治	29	高田商会		35.80	168-169
光・分光	分光光度計	306	1926	大正	15		Adam Hilger	450	
光・光源	手動ヘリオスタット	64	1889	明治	22	教育品製造合資會社	教育品製造合資會社	23.5	172-173
光・光源	自動ヘリオスタット（時計仕掛）	163	1900	明治	33	教育品製造合資會社	佐賀器械製作所	130	174-175
光・光源	石英水銀灯	258	1911	明治	44	島津製作所	W. C. Heraeus	200	193
電磁気	ヒューズ誘導平衡装置	192	1902	明治	35	E. Leybold	E. Leybold	37.857	
電磁気	電磁磁石の円錐型鉄部	1260	1913	大正	2	黒板傳作		400	
電磁気	ウイルソン霧箱	310	1926	大正	15	島津製作所	E. Leybold	95	
電磁気	高電圧変圧器	307	1926	大正	15	島津製作所	Thordarson Electric	198	
電磁気	エラフトムソンの実験装置	245	1910	明治	43	島津製作所	島津製作所	105	
電磁気	磁気歪による音波発生装置	143	1898	明治	31	島津製作所		28.80	
電磁気	継電器	217	1907	明治	40	島津製作所		25	
電磁気	電動ベル	274	1915	大正	4	島津製作所		1.75	
電磁気	水晶共振器	308	1926	大正	15		Adam Hilger	51	
電磁気	ワルテンフォーフェルの振子	248	1910	明治	43	島津製作所	島津製作所	23	249
電磁気	エールステズ試験器	26	1881	明治	14			2	247
電磁気	ロジェーの跳躍螺旋	29	1881	明治	14			3	249
電磁気	導線が磁石に巻き付く実験装置	186	1902	明治	35	E. Leybold	E. Leybold	13.145	250
電磁気	電流による磁石の回転を示す装置	188	1902	明治	35	E. Leybold	E. Leybold	11.42	248
電磁気	交番及廻転電流試験器	190	1902	明治	35	E. Leybold	E. Leybold	39.435	
電磁気	導線が磁石の周りを回転する器	187	1902	明治	35	E. Leybold		3.68	250
電磁気	三相回転磁場説明器	246	1910	明治	43	島津製作所	島津製作所	12	251
電磁気	交流発電機	247	1910	明治	43	島津製作所	島津製作所	120	
電磁気	直流電動機	24	1881	明治	14			5	251
電磁気	電流旋転器	45	1883	明治	16			4.50	248
電磁気	電磁石	1061	1897	明治	30	島津製作所		96	
電磁気	棒磁石　2箱	1131	1924	大正	13		大阪理学電気製作所	60	
電磁気	馬蹄形磁石	1070	1881	明治	14			1.50	
電磁気・静電気	火花電圧計	191	1902	明治	35	島津製作所	島津製作所	9	213
電磁気・静電気	チャージング・ロッド	275	1915	大正	4	島津製作所	島津製作所	4.50	
電磁気・静電気	ビオ二重球	32	1881	明治	14		島津製作所	3.50	213
電磁気・静電気	放電叉	1021	1881	明治	14			3	
電磁気・静電気	起電盆	46	1883	明治	16			3.50	214
電磁気・静電気	ウイムズハースト静電高圧発生装置	224	1908	明治	41	島津製作所	島津製作所	25	214
電磁気・静電気	ラムスデンの摩擦起電機	34	1881	明治	14		W. E. Statham	18	196-197
電磁気・静電気	クーロン力測定器	33	1881	明治	14			12	
電磁気・電気計	トムソン象限電位計	130	1897	明治	30	高田商会	J. White	279.245	200-201
電磁気・電気計	ドレザレック象限電位計	249	1910	明治	43	島津製作所	Cambridge Scientific Instrument	102	202-203
電磁気・電気計	トムソン象限電位計	131	1897	明治	30	島津製作所		95	216
電磁気・電気計	フェヒナー型はく検電器	144	1898	明治	31	島津製作所		38.40	215
電磁気・電気計	ヴォルタの凝集検電器	194	1902	明治	35	島津製作所		2.50	215
電磁気・電気計	はく検電器	30	1881	明治	14			1.50	
電磁気・電気計	はく検電器	31	1881	明治	14			.80	
電磁気・地磁気	地磁気感応器	189	1902	明治	35	E. Leybold	E. Leybold	26.29	210-211
電磁気・地磁気	磁力計	156	1899	明治	32	島津製作所	Hartmann & Braun	161	
電磁気・地磁気	振動磁力計　5台	93	1895	明治	28	島津製作所		1.60	
電磁気・地磁気	振動磁力計	142	1898	明治	31	当校製	当校製	.80	218
電磁気・地磁気	伏角計	44	1883	明治	16		古光堂藤島	90	208-209
電磁気・地磁気	伏角針	27	1881	明治	14			1.50	217
電磁気・医療	電気誘導試験器	212	1905	明治	38	島津製作所		6	217
電磁気・医療	クラーク磁石発電機	25	1881	明治	14		S. Maw, Son & Thomson	16	204-205
電磁気・医療	誘導電流刺激装置	28	1881	明治	14			18	216
電磁気・コイル	誘導コイル	193	1902	明治	35	島津製作所		4.80	
電磁気・コイル	誘導コイル	66	1889	明治	22			55	

分類	機器名	登録番号	西暦	和号	和年	納人名	製作所	購入金額	掲載ページ
電磁気・抵抗	標準抵抗器	120	1896	明治	29	高田商会		44.45	253
電磁気・抵抗	標準抵抗器	214	1906	明治	39	島津製作所		105	
電磁気・可変抵抗	木枠加減抵抗器	1218	1898	明治	31	教育品製造合資會社		25	
電磁気・可変抵抗	単心すべり抵抗器	1095	1916	大正	5	島津製作所	島津製作所	20	
電磁気・可変抵抗	枠型加減抵抗器	1217	1911	明治	44	島津製作所		42	
電磁気・可変抵抗	木枠加減抵抗器	1140	1911	明治	44	当校製	当校製	2	
電磁気・可変抵抗	複式スライド抵抗器	1147.1	1922	大正	11		島津製作所	50	
電磁気・可変抵抗	複式スライド抵抗器 3台	1147.2	1924	大正	13		島津製作所	45	
電磁気・可変抵抗	すべり抵抗器	47	1883	明治	16			5.50	252
電磁気・抵抗測定	PO型ホイートストンブリッジ	73	1891	明治	24	玉屋商店	Elliott Brothers	220	224-225
電磁気・抵抗測定	PO型ホイートストンブリッジ	1076	1895	明治	28	教育品製造合資會社	教育品製造合資會社	68.50	
電磁気・抵抗測定	コールラウシュブリッジ	218	1907	明治	40	島津製作所	Max Kohl	130	254
電磁気・抵抗測定	PO型ホイートストンブリッジ	119	1900	明治	33	島津製作所	Otto Wolff	320	
電磁気・抵抗測定	栓型ホイートストンブリッジ	166	1900	明治	33	島津製作所	Otto Wolff	410	253
電磁気・抵抗測定	メートルブリッジ 2台	195	1902	明治	35	島津製作所	島津製作所	18	
電磁気・抵抗測定	コールラウシュ万能ブリッジ	294	1921	大正	10	島津製作所	島津製作所	125	
電磁気・抵抗測定	PO型ホイートストンブリッジ	1124	1921	大正	10	島津製作所	島津製作所	125	
電磁気・抵抗測定	コールラウシュ万能ブリッジ	1039	1922	大正	11	島津製作所	島津製作所	125	
電磁気・抵抗測定	PO型ホイートストンブリッジ	1077	1896	明治	29	島津製作所		90	
電磁気・抵抗測定	コールラウシュ万能ブリッジ	1109	1917	大正	6	島津製作所		100	
電磁気・抵抗測定	メーターブリッジ	67	1889	明治	22	尾崎工場		15	252
電磁気・蓄電器	標準蓄電器	260	1911	明治	44	島津製作所	Max Kohl	58.60	
電磁気・蓄電器	可変容量蓄電器	300	1923	大正	12		東京無線電気KK	90	
電磁気・蓄電器	可変容量蓄電器 2個	301	1923	大正	12		東京無線電気KK	6.50	
電磁気・電池	クラーク標準電池	159	1899	明治	32	島津製作所	Hartmann & Braun	23.2	246
電磁気・電池	ダニエル標準電池	134	1897	明治	30	島津製作所	The Edison-Swan Co.	18	246
電磁気・電池	ザンボニーの乾電堆	122	1896	明治	29	島津製作所		4.80	247
電磁気・電圧計	トムソングレーデッド電圧計	84	1894	明治	27	高田商会	J. White	220.74	231
電磁気・電圧計	ウエストン電圧計	311	1926	大正	15	総代理店三菱商事	Weston Elec. Inst. Co	290	
電磁気・電圧計	ウエストン可動コイル型電圧計	135	1897	明治	30	島津製作所	Weston Elec. Inst. Co	150	263
電磁気・電圧計	配電盤用ウエストン電圧計	228	1908	明治	41	島津製作所	Weston Elec. Inst. Co	60	
電磁気・電圧計	蓄電池用ウエストン電圧計	1247	1921	大正	10	島津製作所	Weston Elec. Inst. Co	40	
電磁気・電圧計	センコ電圧計 3台	1102	1921	大正	10	島津製作所	米国セントラル・サイエンチフィク社	75	
電磁気・電圧計	火花電圧計 3台	165	1900	明治	33	島津製作所		7	
電磁気・電圧計	説明用電圧計	235	1909	明治	42	島津製作所		30	255
電磁気・電圧計	センコ電圧計	1066	1924	大正	13		米国セントラル・サイエンチフィク社	60	
電磁気・電流計	検流計	79	1893	明治	26	島津製作所		2.50	255
電磁気・電流計	倍率器(電流計) 2台	114	1896	明治	29	島津製作所		2	
電磁気・電流計	説明用電流計	236	1909	明治	42	島津製作所		30	
電磁気・電流計	携帯用無定位電流計	123	1896	明治	29	島津製作所	島津製作所	25	
電磁気・電流計	携帯用無定位電流計	124	1896	明治	29	島津製作所	島津製作所	20	
電磁気・電流計	無定位電流計	125	1896	明治	29	島津製作所	島津製作所	25	
電磁気・電流計	無定位電流計	95	1895	明治	28	島津製作所		25	256
電磁気・電流計	正接正弦電流計	176.1	1901	明治	34	教育品製造合資會社		150	257
電磁気・電流計	正弦示差兼用電流計	215	1906	明治	39	島津製作所	Max Kohl	91	258
電磁気・電流計	正接正弦電流計	96	1895	明治	28	島津製作所		28	257
電磁気・電流計	正切正弦電流計	176.3	1898	明治	31	島津製作所		192	
電磁気・電流計	正切電流計	1096	1903	明治	36	島津製作所		65	
電磁気・電流計	正切電流計	226	1908	明治	41	島津製作所		15	
電磁気・電流計	正切正弦電流計	1097	1908	明治	41	島津製作所		65	
電磁気・電流計	正接電流計	59	1886	明治	19			19.50	228-229
電磁気・電流計	大形正切電流計	237	1909	明治	42			15	
電磁気・電流計	ダルソンバール電流計	199	1902	明治	35	E. Leybold	E. Leybold	84.128	262
電磁気・電流計	トムソン反射検流計	74	1891	明治	24	玉屋商店	Elliott Brothers	93.50	61

分類	機器名	登録番号	西暦	和号	和年	納人名	製作所	購入金額	掲載ページ
電磁気・電流計	トムソングレーデッド電流計	75	1891	明治	24	玉屋商店	J. White	121	
電磁気・電流計	講義用ダルソンバール電流計	263	1911	明治	44	島津製作所	Cambridge Scientific Instrument	150.70	261
電磁気・電流計	ダルソンバール電流計	284	1917	大正	6	島津製作所	島津製作所	15	261
電磁気・電流計	読み取り望遠鏡	82	1894	明治	27	島津製作所		5.30	
電磁気・電流計	ヴィーデマン電流計	97	1895	明治	28	島津製作所		6.80	258
電磁気・電流計	PO型水平検流計	145	1898	明治	31	高田商会	Elliott Brothers	57.9	260
電磁気・電流計	保線工夫用検流計	146	1898	明治	31	高田商会	Elliott Brothers	57.9	260
電磁気・電流計	携帯用無定位電流計	147	1898	明治	31	高田商会	Elliott Brothers	95.14	259
電磁気・電流計	投影用電流計	167	1900	明治	33	教育品製造合資會社		89.10	256
電磁気・電流計	リーズ型ダルソンバール電流計	286	1917	大正	6	島津製作所	Leeds & Northrup Co.	69.90	262
電磁気・電流計	リーズ型ダルソンバール電流計	1123	1917	大正	6	島津製作所	Leeds & Northrup Co.	62.50	
電磁気・電流計	リーズ型ダルソンバール電流計 3台	1255	1917	大正	6	島津製作所	Leeds & Northrup Co.	40	
電磁気・電流計	リーズ型ダルソンバール電流計 2台	285	1920	大正	9	島津製作所	Leeds & Northrup Co.	90	
電磁気・電流計	携帯用電圧電流計	283	1917	大正	6	島津製作所	Nippon Electric Meter Works	6.50	
電磁気・電流計	ミリアンペア計	339.1	1917	大正	6	島津製作所	島津製作所	68	
電磁気・電流計	電流電圧計	290	1918	大正	7	島津製作所	島津製作所	18	263
電磁気・電流計	携帯用電圧電流計	220	1907	明治	40	島津製作所		22	
電磁気・電流計	ウエストン電流計	312	1926	大正	15	総代理店三菱商事	Weston Elec. Inst. Co	380	
電磁気・電流計	ダッデル熱電流計	269	1913	大正	2	島津製作所	Cambridge Scientific Instrument	235.80	234-235
電磁気・電流計	ウエストン電流計	1171	1897	明治	30	島津製作所	Weston Elec. Inst. Co	160	
電磁気・電流計	配電盤用ウエストン電流計	227	1908	明治	41	島津製作所	Weston Elec. Inst. Co	60	
電磁気・電流計	ウエストン学生用電流計	1203	1921	大正	10	島津製作所	Weston Elec. Inst. Co	40	
電磁気・電流計	センコ電流計 3台	295	1921	大正	10	島津製作所	米国セントラル・サイエンチフィク社	75	
電磁気・電流計	ウエストン学生用電流計	1204.1	1922	大正	11		Weston Elec. Inst. Co	38	
電磁気・電流計	ウエストン学生用電流計 2台	1204.2	1922	大正	11		Weston Elec. Inst. Co	38	
電磁気・電流計	ウエストン電圧電流計	302	1923	大正	12		Weston Elec. Inst. Co	95	
電磁気・電流計	センコ電流計 2台	1103	1924	大正	13		米国セントラル・サイエンチフィク社	60	
電磁気・真空放電	ド・ラ・リーヴ氏管	197	1902	明治	35	E. Leybold	E. Leybold	13.145	283
電磁気・真空放電	逆電流を示す装置	196	1902	明治	35	E. Leybold		32.84	287
電磁気・真空放電	蛍光管	133	1897	明治	30	高田商会		178.164	
電磁気・真空放電	陰極線管	261	1911	明治	44	島津製作所	Max Kohl	18	286
電磁気・真空放電	偏向極板入り陰極線管	268	1913	大正	2	島津製作所	Max Kohl	28	274-275
電磁気・真空放電	ガイスラー管	121	1896	明治	29	島津製作所		4	271
電磁気・真空放電	ガイスラー管	132	1897	明治	30	島津製作所		68.85	283
電磁気・真空放電	クルックス管	158	1899	明治	32	島津製作所		80	284
電磁気・真空放電	クルックス管(花形入り)	213	1905	明治	38	島津製作所		25	284
電磁気・真空放電	クルックス管(車輪入り)	219	1907	明治	40	島津製作所		25	285
電磁気・真空放電	熱作用を示すクルックス管	225	1908	明治	41	島津製作所		20	285
電磁気・真空放電	エベルト燐光管	250	1910	明治	43	島津製作所		12	287
電磁気・真空放電	真空管台	1026	1913	大正	2	島津製作所		21	
電磁気・真空放電	ゴルトスタイン管(星形)	1016	1915	大正	4	島津製作所		10.80	286
電磁気・真空放電	クルックス管	276	1915	大正	4	柳本富五郎		5.50	
電磁気・照明	グロー放電管	267	1913	大正	2	島津製作所	Max Kohl	23.50	267
電磁気・照明	白熱電灯製造順序標本	251	1910	明治	43	島津製作所	島津製作所	5.50	266
電磁気・照明	電球ソケット	1046	1910	明治	43	島津製作所	島津製作所	1.50	
電磁気・照明	タングステンアーク燈始動器	309	1926	大正	15		東京電機	45	
電磁気・照明	タングステンアーク燈始動器	1223	1926	大正	15		東京電機	45	
電磁気・X線	クーリッジ管(熱陰極管)	281	1916	大正	5	島津製作所	JEC	350	279
電磁気・X線	微焦点ガス入りX線管	288	1918	大正	7	島津製作所	Victor	95	290
電磁気・X線	ガス入りX線管(冷陰極管)	259	1911	明治	44	島津製作所	東京電機	22	289
電磁気・X線	ガス入りX線管	296	1922	大正	11	島津製作所		170	290

分類	機器名	登録番号	西暦	和号	和年	納人名	製作所	購入金額	掲載ページ
電磁気・X線	X線用真空管（初期）	115	1896	明治	29				276-277
電磁気・X線	フリュオロスコープ	129	1897	明治	30	荒木和一		40	289
電磁気・X線	誘導コイル	117	1896	明治	29	高田商会	Paul Altmann	327.60	288
電磁気・X線	X線用シアン化白金バリウム紙	116	1896	明治	29	高田商会		13.86	288
電磁気・X線	蛍光板	223	1908	明治	41	島津製作所		50	
電磁気・X線	X線硬度計	289	1918	大正	7	島津製作所		8	291
電磁気・X線	X線分光器	304	1925	大正	14		Gebruder Miller	500	291
電磁気・音響機器	エジソンの蓄音器	157	1899	明治	32	島津製作所	Thomas A Edison	110	
電磁気・音響機器	平板蓄音器	1139	1910	明治	43	島津製作所	Victor	115	
電磁気・電信機	モールス電信機	49	1884	明治	17		W. Fix	130	264
電磁気・電信機	電信機の模型	58	1886	明治	19		尾崎工場	24	265
電磁気・電信機	ダイヤル電信機	35	1881	明治	14			18	264
電磁気・電信機	モールス電信機の模型	36	1881	明治	14			5	239
電磁気・電信機	チクレル無線電信機	198	1902	明治	35	E. Leybold		52.58	242-243
電磁気・電信機	火花コヒラー説明用無線電信機	278	1915	大正	4	島津製作所	島津製作所	17	240-241
電磁気・電信機	ロッジ電気共鳴装置	262	1911	明治	44	島津製作所		25	266
電磁気・電信機	ヒューズマイクロフォン	77	1892	明治	25	島津製作所		2.50	265
測量・六分儀	六分儀	127	1896	明治	29	玉屋商店	Henry Hughes & Son	85	
測量・六分儀	携帯用六分儀	101	1895	明治	28	玉屋商店		38	306
測量・六分儀	六分儀	1290	1881	明治	14		Hulst Van Keulen	200	298
測量・トランシット	トランシット（イギリス製）	1068	1896	明治	29	玉屋商店	American Trading Co.	295	304
測量・トランシット	トランシット	149	1898	明治	31	玉屋商店	Rogers	300	
測量・トランシット	トランシット（アメリカ製）	102	1895	明治	28	玉屋商店	W & L. E. Gurley	385	304
測量・トランシット	トランシットの支持台	1164	1895	明治	28	玉屋商店		255	
測量・トランシット	タキオメーター	1291	1901	明治	34	東京大学より移管	Guyard & Canary	250	296-297
測量・トランシット	天体経緯儀（フランス製）	69	1890	明治	23	文部省	Balbreck	600	294-295
測量・トランシット	経緯儀の模型	221	1907	明治	40		Max Kohl	84.70	305
測量・水準器	ダンピーレベル	1119	1895	明治	28	玉屋商店	American Trading Co.	140	306
測量・水準器	ダンピーレベル	1118	1897	明治	30	玉屋商店	E. P. U. Manufacturing	160	
測量・水準器	ダンピーレベル	1117	1899	明治	32	玉屋商店	E. P. U. Manufacturing	142.50	
測量・水準器	ダンピーレベル	1116	1910	明治	43	玉屋商店	E. R. Watts & Son	127.40	
測量・水準器	ダンピーレベル	1120	1898	明治	31	玉屋商店	The American Trading Co	140	
測量・水準器	ダンピーレベル	1121	1916	大正	5	宇那木唯四郎	E. R. Watts & Son	127	
測量・水準器	Yレベル	1115	1895	明治	28	玉屋商店	W & L. E. Gurley	230	305
測量・水準器	Yレベルの支持台	1160	1914	大正	3	宇那木唯四郎	W & L. E. Gurley	121	
測量・航海機器	航海用精密時計	160	1899	明治	32	島津製作所	Nieberg, Hamburg	250	307
測量・航海機器	汽船用コンパス	253	1910	明治	43	島津製作所		25	307
測量・航海機器	プリズムコンパス	68	1890	明治	23	文部省		20	300-301
製図	製図用具	1191	1898	明治	31	玉屋商店	玉屋商店	34.50	
製図	製図用具	1193.3	1892	明治	25	田原鑛之助	K. Tagima	5	
製図	製図用具 2冊	1193.2	1890	明治	23	田原鑛之助	S. Fukui	4.2	
製図	製図用具	1193.1	1900	明治	33	島津製作所	島津製作所	19	
製図	メートル尺 2本	1234	1890	明治	23	島津製作所		.90	
製図	メートル尺 3本	1235	1890	明治	23	島津製作所		1.30	
製図	メートル尺	1233	1898	明治	31	島津製作所		3.80	
製図	T字定木	1057	1895	明治	28	玉屋商店		1.20	
製図	T字定木	1289	1895	明治	28	玉屋商店		.750	
その他	水平台 4台	1028	1903	明治	36	島津製作所		1.35	
その他	コルクボール	1020	1909	明治	42	島津製作所		1.50	
その他	木槌	1049	1881	明治	14			.15	

2：購入年順

西暦	和号和年	機器名	登録番号	分類	納人名	製作所	購入金額	掲載ページ
1881	明治 14	ばねばかり　3個	1036	力学		Chatillon's Balance	1	
1881	明治 14	ねじプレス	1	力学		E. S. Ritchie & Sons	2	
1881	明治 14	滑車台とろくろ	1060	力学		E. S. Ritchie & Sons	4.50	93
1881	明治 14	円柱状のおもり	1129	力学			4	
1881	明治 14	対円錐	1125	力学			.80	
1881	明治 14	対円錐	1126	力学			.60	93
1881	明治 14	斜塔	1128	力学			.30	
1881	明治 14	遠心力試験器	2	力学			6	
1881	明治 14	ポンド分銅	37	力学・質量			20	95
1881	明治 14	分銅	1243	力学・質量			12	
1881	明治 14	ボーメ比重計	7	流体力学			2	112
1881	明治 14	空気ポンプ	3	流体力学・気体			5	
1881	明治 14	ヘロンの噴水器	4	流体力学・気体			6	
1881	明治 14	マグデブルクの半球	5	流体力学・気体			2.50	106
1881	明治 14	空気の浮力を示す装置	6	流体力学・気体			3.50	106
1881	明治 14	メトロノーム	10	音			3	
1881	明治 14	鐘	14	音			1.50	
1881	明治 14	サヴァールの歯車	15	音			3	125
1881	明治 14	リード・オルガンパイプ	1075	音			2.50	130
1881	明治 14	サイレン	16	音		Negretti & Zambra	20	116-117
1881	明治 14	オルガンパイプ	13	音			.80	130
1881	明治 14	モノコード	12	音			11	
1881	明治 14	音叉	11	音			.50	128
1881	明治 14	熱膨張試験器	8	熱			1	
1881	明治 14	金属反射凹鏡一対と球	21	熱			4	132-133
1881	明治 14	摂氏温度計	9.1	熱・温度計		Robert Muencke	3	
1881	明治 14	摂氏温度計	9.2	熱・温度計			4	
1881	明治 14	三角プリズムと支持台	17	光・屈折			5	177
1881	明治 14	三角プリズムと支持台	18	光・屈折			2	177
1881	明治 14	天体望遠鏡	20	光・望遠鏡		A. Prazmowski	400	156-157
1881	明治 14	写景用カメラルシダ	19	光・光学器械		Negretti & Zambra	7	183
1881	明治 14	ネレンベルグの偏光装置	23	光・偏光		東京大学理学部工作場	11	164-165
1881	明治 14	分光器	22	光・分光		Negretti & Zambra	300	190
1881	明治 14	エールステズ試験器	26	電磁気			2	247
1881	明治 14	ロジェーの跳躍螺旋	29	電磁気			3	249
1881	明治 14	直流電動機	24	電磁気			5	251
1881	明治 14	馬蹄形磁石	1070	電磁気			1.50	
1881	明治 14	ビオー二重球	32	電磁気・静電気		島津製作所	3.50	213
1881	明治 14	放電叉	1021	電磁気・静電気			3	
1881	明治 14	ラムスデンの摩擦起電機	34	電磁気・静電気		W. E. Statham	18	196-197
1881	明治 14	クーロン力測定器	33	電磁気・静電気			12	
1881	明治 14	はく検電器	30	電磁気・電気計			1.50	
1881	明治 14	はく検電器	31	電磁気・電気計			.80	
1881	明治 14	伏角針	27	電磁気・地磁気			1.50	217
1881	明治 14	クラーク磁石発電機	25	電磁気・医療		S. Maw, Son & Thomson	16	204-205
1881	明治 14	誘導電流刺激装置	28	電磁気・医療			18	216
1881	明治 14	ダイヤル電信機	35	電磁気・電信機			18	264
1881	明治 14	モールス電信機の模型	36	電磁気・電信機			5	239
1881	明治 14	六分儀	1290	測量・六分儀		Hulst Van Keulen	200	298-299
1881	明治 14	木槌	1049	その他			.15	
1883	明治 16	ジョリーばねばかり	1166	流体力学			4.50	
1883	明治 16	牛乳計	38	流体力学			1.50	
1883	明治 16	金属反射凹鏡　1対	42	熱			20	
1883	明治 16	魔鏡 (2個)	43	光・反射			.80	179
1883	明治 14	顕微鏡	40	光・顕微鏡		J. Parkes & Son	80	

西暦	和号和年	機器名	登録番号	分類	納人名	製作所	購入金額	掲載ページ
1883	明治 14	顕微鏡	41	光・顕微鏡		J. Parkes & Son	80	181
1883	明治 16	顕微鏡	39	光・顕微鏡		Seibert	80	181
1883	明治 16	電流旋転器	45	電磁気			4.50	248
1883	明治 16	起電盆	46	電磁気・静電気			3.50	214
1883	明治 16	伏角計	44	電磁気・地磁気		古光堂藤島	90	208-209
1883	明治 16	すべり抵抗器	47	電磁気・可変抵抗			5.50	252
1884	明治 17	ジャイロスコープ	48	力学			14	94
1884	明治 17	水最大密度試験器	1030	熱			7	
1884	明治 17	メローニの熱電堆	50	熱			11	134-135
1884	明治 17	モールス電信機	49	電磁気・電信機		W. Fix	130	264
1886	明治 19	掛時計	61	計量		Seth Thomas	3	
1886	明治 19	度量衡標本	60	力学・質量			7.50	88-89
1886	明治 19	真空落下試験器	51	流体力学・気体			5	107
1886	明治 19	真空鈴	53	流体力学・気体			2	107
1886	明治 19	携帯用アネロイド気圧計	52	流体力学・気圧計			30	101
1886	明治 19	ランフォード示差温度計	54	熱・温度計		J. Salleron	3	145
1886	明治 19	顕微鏡	55	光・顕微鏡		Seibert	180	
1886	明治 19	幻灯機のスライド	56	光・光学器械		進成堂	15	162-163
1886	明治 19	分光器	57	光・分光			70	
1886	明治 19	正接電流計	59	電磁気・電流計			19.50	228-229
1886	明治 19	電信機の模型	58	電磁気・電信機		尾崎工場	24	265
1888	明治 21	アネロイド気圧計	62	流体力学・気圧計			10	110
1889	明治 22	分銅	1047	力学・質量	杉本宗吉	守谷定吉	110	
1889	明治 22	検糖計	65	光・偏光	杉本宗吉	Hermann & Pfister	155	166-167
1889	明治 22	手動ヘリオスタット	64	光・光源	教育品製造合資會社	教育品製造合資會社	23.5	172-173
1889	明治 22	誘導コイル	66	電磁気・コイル			55	
1889	明治 22	メーターブリッジ	67	電磁気・抵抗測定	尾崎工場		15	252
1890	明治 23	上皿天秤と分銅	1167	力学・質量	島津製作所	守谷定吉	2.80	
1890	明治 23	音叉 3個	63	音	島津製作所		2	
1890	明治 23	天体経緯儀（フランス製）	69	測量・トランシット	文部省	Balbreck	600	294-295
1890	明治 23	プリズムコンパス	68	測量・航海機器	文部省		20	300-301
1890	明治 23	製図用具 2冊	1193.2	製図	田原鑛之助	S. Fukui	4.2	
1890	明治 23	メートル尺 2本	1234	製図	島津製作所		.90	
1890	明治 23	メートル尺 3本	1235	製図	島津製作所		1.30	
1891	明治 24	ダニエル湿度計	70	流体力学・湿度計	島津製作所	島津製作所	6.50	110
1891	明治 24	温度計（紙箱入り）	1200	熱・温度計			2.50	147
1891	明治 24	リース電気空気温度計	76	熱・温度計	島津製作所		8	138-139
1891	明治 24	凹面鏡と凸面鏡	72	光・反射	島津製作所		2	
1891	明治 24	ニュートンリング板	71	光・干渉	島津製作所	当校製	2.50	
1891	明治 24	PO型ホイートストンブリッジ	73	電磁気・抵抗測定	玉屋商店	Elliott Brothers	220	224-225
1891	明治 24	トムソン反射検流計	74	電磁気・電流計	玉屋商店	Elliott Brothers	93.50	232-233
1891	明治 24	トムソングレーデッド電流計	75	電磁気・電流計	玉屋商店	J. White	121	
1892	明治 25	摂氏温度計	1201	熱・温度計	島津製作所		2	
1892	明治 25	ヒューズマイクロフォン	77	電磁気・電信機	島津製作所		2.50	265
1892	明治 25	製図用具	1193.3	製図	田原鑛之助	K. Tagima	5	
1893	明治 26	メルデの振動実験装置	78	音	島津製作所		4.50	127
1893	明治 26	検流計	79	電磁気・電流計	島津製作所		2.50	255
1894	明治 27	比重瓶	86	流体力学	島津製作所		.70	
1894	明治 27	ケイターの可逆振子	1162	音・振動	島津製作所		8	
1894	明治 27	躍動炎実験器と回転鏡	81	音	岩本金蔵		12.80	127
1894	明治 27	沸騰点試験器	80	熱	島津製作所		4	148
1894	明治 27	天体望遠鏡	83	光・望遠鏡	島津製作所		5	
1894	明治 27	トムソングレーデッド電圧計	84	電磁気・電圧計	高田商会	J. White	220.74	231
1894	明治 27	読み取り望遠鏡	82	電磁気・電流計	島津製作所		5.30	
1895	明治 28	大型置時計	1127	計量	京都時計製造会社		58.70	
1895	明治 28	もんめ単位の分銅	100	力学・質量	守谷定吉	守谷定吉	63.40	
1895	明治 28	分銅	1239	力学・質量	守谷定吉	守谷定吉	55	

西暦	和号和年	機器名	登録番号	分類	納入名	製作所	購入金額	掲載ページ
1895	明治 28	分銅	1270	力学・質量	守谷定吉	守谷定吉	39.85	
1895	明治 28	グラム単位の分銅 2箱	98	力学・質量	津田幸次郎	守谷定吉	6	
1895	明治 28	化学天秤	99	力学・質量	守谷定吉	守谷定吉	39.85	94
1895	明治 28	モノコード	88	音	島津製作所		2.80	
1895	明治 28	沸騰点試験器	87	熱	島津製作所		5.80	
1895	明治 28	摂氏温度計	1199	熱・温度計	鈴木金一郎		1.75	
1895	明治 28	立体鏡	89	光	島津製作所	島津製作所	4.50	179
1895	明治 28	反射測角器	90	光・反射	島津製作所	島津製作所	100	183
1895	明治 28	読み取り望遠鏡	1003	光・望遠鏡	島津製作所		5	
1895	明治 28	分光器	91	光・分光	島津製作所		80	
1895	明治 28	回折格子	92	光・分光	島津製作所		65	
1895	明治 28	振動磁力計 5台	93	電磁気・地磁気	島津製作所		1.60	
1895	明治 28	PO型ホイートストンブリッジ	1076	電磁気・抵抗測定	教育品製造合資會社	教育品製造合資會社	68.50	
1895	明治 28	無定位電流計	95	電磁気・電流計	島津製作所		25	256
1895	明治 28	正接正弦電流計	96	電磁気・電流計	島津製作所		28	257
1895	明治 28	ヴィーデマン電流計	97	電磁気・電流計	島津製作所		6.80	258
1895	明治 28	携帯用六分儀	101	測量・六分儀	玉屋商店		38	306
1895	明治 28	トランシット（アメリカ製）	102	測量・トランシット	玉屋商店	W & L. E. Gurley	385	304
1895	明治 28	トランシットの支持台	1164	測量・トランシット	玉屋商店		255	
1895	明治 28	ダンピーレベル	1119	測量・水準器	玉屋商店	American Trading Co.	140	306
1895	明治 28	Yレベル	1115	測量・水準器	玉屋商店	W & L. E. Gurley	230	305
1895	明治 28	T字定木	1057	製図	玉屋商店		1.20	
1895	明治 28	T字定木	1289	製図	玉屋商店		.750	
1896	明治 29	パスカルの原理説明器	103	流体力学	島津製作所		8	
1896	明治 29	オルトマン流速計	104	流体力学	島津製作所		25	
1896	明治 29	携帯用アネロイド気圧計	105	流体力学・気圧計	玉屋商店	American Trading Co.	30	
1896	明治 29	トレヴェリアンロッカー	106	音・振動	島津製作所		1.70	124
1896	明治 29	弓	1114	音	島津製作所		2	
1896	明治 29	サヴァールの応響器	109	音	島津製作所		3.50	129
1896	明治 29	電磁石による金属板振動器	107	音	島津製作所		18	
1896	明治 29	電磁石による金属板振動器	108	音	島津製作所		18	
1896	明治 29	読み取り望遠鏡	126	光・望遠鏡	島津製作所	島津製作所	15	
1896	明治 29	日光顕微鏡	110	光・顕微鏡	島津製作所		30	185
1896	明治 29	偏光試験装置	113	光・偏光	高田商会		247.80	188
1896	明治 29	顕微分光器	111	光・分光	高田商会		35.80	168-169
1896	明治 29	標準抵抗器	120	電磁気・抵抗	高田商会		44.45	253
1896	明治 29	PO型ホイートストンブリッジ	1077	電磁気・抵抗測定	島津製作所		90	
1896	明治 29	ザンボニーの乾電堆	122	電磁気・電池	島津製作所		4.80	247
1896	明治 29	倍率器（電流計） 2台	114	電磁気・電流計	島津製作所		2	
1896	明治 29	携帯用無定位電流計	123	電磁気・電流計	島津製作所	島津製作所	25	
1896	明治 29	携帯用無定位電流計	124	電磁気・電流計	島津製作所	島津製作所	20	
1896	明治 29	無定位電流計	125	電磁気・電流計	島津製作所	島津製作所	25	
1896	明治 29	ガイスラー管	121	電磁気・真空放電	島津製作所		4	271
1896	明治 29	X線用真空管（初期）	115	電磁気・X線				276-277
1896	明治 29	誘導コイル	117	電磁気・X線	高田商会	Paul Altmann	327.60	288
1896	明治 29	X線用シアン化白金バリウム紙	116	電磁気・X線	高田商会		13.86	288
1896	明治 29	六分儀	127	測量・六分儀	玉屋商店	Henry Hughes & Son	85	
1896	明治 29	トランシット（イギリス製）	1068	測量・トランシット	玉屋商店	American Trading Co.	295	304
1897	明治 30	グラム単位の大きい分銅	1209	力学・質量	石田音吉		11.50	
1897	明治 30	ラジオメーター	128	熱	島津製作所		5.50	
1897	明治 30	電磁石	1061	電磁気	島津製作所		96	
1897	明治 30	トムソン象限電位計	130	電磁気・電気計	高田商会	J. White	279.245	200-201
1897	明治 30	トムソン象限電位計	131	電磁気・電気計	島津製作所		95	216
1897	明治 30	ダニエル標準電池	134	電磁気・電池	島津製作所	The Edison-Swan Co.	18	246
1897	明治 30	ウエストン可動コイル型電圧計	135	電磁気・電圧計	島津製作所	Weston Elec. Inst. Co	150	263
1897	明治 30	ウエストン電流計	1171	電磁気・電流計	島津製作所	Weston Elec. Inst. Co	160	
1897	明治 30	蛍光管	133	電磁気・真空放電	高田商会		178.164	
1897	明治 30	ガイスラー管	132	電磁気・真空放電	島津製作所		68.85	283

西暦	和号和年	機器名	登録番号	分類	納人名	製作所	購入金額	掲載ページ
1897	明治 30	フリュオロスコープ	129	電磁気・X線	荒木和一		40	289
1897	明治 30	ダンピーレベル	1118	測量・水準器	玉屋商店	E. P. U. Manufacturing	160	
1898	明治 31	エアリーの複振子	1141	音・振動	当校製		1	126
1898	明治 31	標準温度計	136	熱・温度計	島津製作所	R. Fuess	45	147
1898	明治 31	ボロメーター	148	熱・温度計	島津製作所	C. P. Goerz	75.20	146
1898	明治 31	円柱鏡	139	光・反射	島津製作所		3	178
1898	明治 31	フレネルの複鏡	137	光・干渉	島津製作所		43.20	180
1898	明治 31	カメラ	138	光・光学器械	島津製作所	Zeiss, E. Krauss	130	
1898	明治 31	回折格子	140	光・分光	島津製作所		88	
1898	明治 31	スペクトル管	141	光・分光	島津製作所	Franz Müller	3.60	
1898	明治 31	磁気歪による音波発生装置	143	電磁気	島津製作所		28.80	
1898	明治 31	フェヒナー型はく検電器	144	電磁気・電気計	島津製作所		38.40	215
1898	明治 31	振動磁力計	142	電磁気・地磁気	当校製	当校製	.80	218
1898	明治 31	木枠加減抵抗器	1218	電磁気・可変抵抗	教育品製造合資會社		25	
1898	明治 31	正切正弦電流計	176.3	電磁気・電流計	島津製作所		192	
1898	明治 31	PO型水平検流計	145	電磁気・電流計	高田商会	Elliott Brothers	57.9	260
1898	明治 31	保線工夫用検流計	146	電磁気・電流計	高田商会	Elliott Brothers	57.9	260
1898	明治 31	携帯用無定位電流計	147	電磁気・電流計	高田商会	Elliott Brothers	95.14	259
1898	明治 31	トランシット	149	測量・トランシット	玉屋商店	Rogers	300	
1898	明治 31	ダンピーレベル	1120	測量・水準器	玉屋商店	The American Trading Co	140	
1898	明治 31	製図用具	1191	製図	玉屋商店	玉屋商店	34.50	
1898	明治 31	メートル尺	1233	製図	島津製作所		3.80	
1899	明治 32	水圧計	150	流体力学	高田商会	Schaffer & Budenberg	54.6	
1899	明治 32	ブルドン真空計	151	流体力学・気体	島津製作所	Schaffer & Budenberg	14.5	109
1899	明治 32	ダニエル湿度計	153	流体力学・湿度計	島津製作所		6.50	
1899	明治 32	炭酸液管 2本	152	熱	島津製作所		14.625	
1899	明治 32	最高最低温度計	1189	熱・温度計	島津製作所		4.50	
1899	明治 32	液体プリズム	154	光・屈折	島津製作所	Hartmann & Braun	92.40	
1899	明治 32	プリズム (6個)	155	光・屈折	島津製作所	Hartmann & Braun	97.68	178
1899	明治 32	磁力計	156	電磁気・地磁気	島津製作所	Hartmann & Braun	161	
1899	明治 32	クラーク標準電池	159	電磁気・電池	島津製作所	Hartmann & Braun	23.2	246
1899	明治 32	クルックス管	158	電磁気・真空放電	島津製作所		80	284
1899	明治 32	エジソンの蓄音器	157	電磁気・音響機器	島津製作所	Thomas A Edison	110	
1899	明治 32	ダンピーレベル	1117	測量・水準器	玉屋商店	E. P. U. Manufacturing	142.50	
1899	明治 32	航海用精密時計	160	測量・航海機器	島津製作所	Nieberg, Hamburg	250	307
1900	明治 33	分銅	1198	力学・質量	島津製作所		4.50	
1900	明治 33	投影器	161	光・光学器械	教育品製造合資會社	Duboscq Ph Pellin	98	185
1900	明治 33	投影器	162	光・光学器械	教育品製造合資會社	Duboscq Ph Pellin	123.75	186
1900	明治 33	直視分光器	164	光・分光	教育品製造合資會社	Duboscq Ph Pellin	123.75	190
1900	明治 33	自動ヘリオスタット(時計仕掛)	163	光・光源	教育品製造合資會社	佐賀器械製作所	130	174-175
1900	明治 33	PO型ホイートストンブリッジ	119	電磁気・抵抗測定	島津製作所	Otto Wolff	320	
1900	明治 33	栓型ホイートストンブリッジ	166	電磁気・抵抗測定	島津製作所	Otto Wolff	410	253
1900	明治 33	火花電圧計 3台	165	電磁気・電圧計	島津製作所		7	
1900	明治 33	投影用電流計	167	電磁気・電流計	教育品製造合資會社		89.10	256
1900	明治 33	製図用具	1193.1	製図	島津製作所	島津製作所	19	
1901	明治 34	ニコルスンの浮きばかり	170	流体力学	島津製作所		2.50	111
1901	明治 34	ファーレンハイトの浮きばかり	171	流体力学	島津製作所		1.50	111
1901	明治 34	携帯用アネロイド気圧計	169	流体力学・気圧計	島津製作所	Rogers	39	
1901	明治 34	説明用アネロイド気圧計	168	流体力学・気圧計	島津製作所		35	102-103
1901	明治 34	フォルタン気圧計	1145	流体力学・気圧計	島津製作所	島津製作所	100	109
1901	明治 34	オルガン管	174	音	島津製作所		75	
1901	明治 34	摂氏温度計	1252	熱・温度計	島津製作所		2.30	
1901	明治 34	ラヴォアジェとラプラスの氷熱量計	172	熱・熱量計	島津製作所		12	150

西暦	和号和年	機器名	登録番号	分類	納人名	製作所	購入金額	掲載ページ
1901	明治 34	水熱量計	173	熱・熱量計	島津製作所		6	
1901	明治 34	携帯用分光器	175	光・分光	教育品製造合資會社		75	
1901	明治 34	正接正弦電流計	176.1	電磁気・電流計	教育品製造合資會社		150	257
1901	明治 34	タキオメーター	1291	測量・トランジット	東京大学より移管	Guyard & Canary	250	296-297
1902	明治 35	音波干渉管	180	音	E. Leybold		5.784	124
1902	明治 35	モノコード 2台	181	音	島津製作所		6	
1902	明治 35	最高最低金属温度計	177	熱・温度計	E. Leybold		16.825	149
1902	明治 35	ライヘルトの氷熱量計	178	熱・熱量計	E. Leybold		7.361	150
1902	明治 35	アンドリューズのカロリファー	179	熱・熱量計	E. Leybold		8.413	151
1902	明治 35	光の回折試験装置および付属品	182	光	E. Leybold		52.58	180
1902	明治 35	光の再合成器	183	光	E. Leybold		39.435	154-155
1902	明治 35	読み取り望遠鏡	1195	光・望遠鏡	E. Leybold		105.16	
1902	明治 35	ファラデー効果実験装置	185	光・偏光	E. Leybold		47.322	
1902	明治 35	携帯用直視分光器	184	光・分光	E. Leybold		46.7	191
1902	明治 35	ヒューズ誘導平衡装置	192	電磁気	E. Leybold	E. Leybold	37.857	
1902	明治 35	導線が磁石に巻き付く実験装置	186	電磁気	E. Leybold	E. Leybold	13.145	250
1902	明治 35	電流による磁石の回転を示す装置	188	電磁気	E. Leybold	E. Leybold	11.42	248
1902	明治 35	交番及廻転電流試験器	190	電磁気	E. Leybold	E. Leybold	39.435	
1902	明治 35	導線が磁石の周りを回転する器	187	電磁気	E. Leybold		3.68	250
1902	明治 35	火花電圧計	191	電磁気・静電気	島津製作所	島津製作所	9	213
1902	明治 35	ヴォルタの凝集検電器	194	電磁気・電気計	島津製作所		2.50	215
1902	明治 35	地磁気感応器	189	電磁気・地磁気	E. Leybold	E. Leybold	26.29	210-211
1902	明治 35	誘導コイル	193	電磁気・コイル	島津製作所		4.80	
1902	明治 35	メートルブリッジ 2台	195	電磁気・抵抗測定	島津製作所	島津製作所	18	
1902	明治 35	ダルソンバール電流計	199	電磁気・電流計	E. Leybold	E. Leybold	84.128	262
1902	明治 35	ド・ラ・リーヴ氏管	197	電磁気・真空放電	E. Leybold	E. Leybold	13.145	283
1902	明治 35	逆電流を示す装置	196	電磁気・真空放電	E. Leybold		32.84	287
1902	明治 35	チクレル無線電信機	198	電磁気・電信機	E. Leybold		52.58	242-243
1903	明治 36	光てこ	204	計量				
1903	明治 36	球面計	1083	計量	島津製作所	島津製作所	25	
1903	明治 36	標準音叉	202.3	音	岩井商店	Rudolph Koenig	16.50	129
1903	明治 36	音叉	202.2	音	島津製作所	L. Landry	15.47	
1903	明治 36	音叉 8個	201.1	音	島津製作所	Rudolph Koenig	15.49	
1903	明治 36	チンダル摩擦熱試験器	200	熱	島津製作所	島津製作所	7	
1903	明治 36	光学台	1063	光	岩井商店	Max Kohl	291.47	
1903	明治 36	反射凸面鏡 2台	1186.1	光・反射	島津製作所		7	
1903	明治 36	反射凹面鏡の支持台 2台	1186.2	光・反射	島津製作所		7	
1903	明治 36	対物マイクロメーター	205	光・顕微鏡	島津製作所	Kraus Bausch & Lomb	7	
1903	明治 36	顕微鏡用カメラルシダ	203	光・光学器械	島津製作所	Kraus Bausch & Lomb	24	184
1903	明治 36	正切電流計	1096	電磁気・電流計	島津製作所		65	
1903	明治 36	水平台 4台	1028	その他	島津製作所		1.35	
1904	明治 37	レンズ	206	光・屈折	島津製作所		9	
1904	明治 37	分光器	207	光・分光	岩井商店	Max Kohl	174.58	
1905	明治 38	音叉 5個	209	音	島津製作所		23	
1905	明治 38	コルベの示差温度計	208	熱	山科吉之助		28	145
1905	明治 38	カメラルシダ	210	光・光学器械	島津製作所	Kraus Bausch & Lomb	26.75	
1905	明治 38	ミッチェルリッヒの検糖計	211	光・偏光	島津製作所		60	188
1905	明治 38	電気誘導試験器	212	電磁気・医療	島津製作所		6	217
1905	明治 38	クルックス管(花形入り)	213	電磁気・真空放電	島津製作所		25	284
1906	明治 39	読み取り顕微鏡(測微顕微鏡)	216	光・顕微鏡	島津製作所	Max Kohl	227.50	158-159
1906	明治 39	標準抵抗器	214	電磁気・抵抗	島津製作所		105	
1906	明治 39	正弦示差兼用電流計	215	電磁気・電流計	島津製作所	Max Kohl	91	258
1907	明治 40	球面計	1084	計量		島津製作所	23	
1907	明治 40	摂氏温度計	1253	熱・温度計	島津製作所		3.50	
1907	明治 40	継電器	217	電磁気	島津製作所		25	
1907	明治 40	コールラウシュブリッジ	218	電磁気・抵抗測定	島津製作所	Max Kohl	130	254

西暦	和号和年	機器名	登録番号	分類	納人名	製作所	購入金額	掲載ページ
1907	明治 40	携帯用電圧電流計	220	電磁気・電流計	島津製作所		22	
1907	明治 40	クルックス管(車輪入り)	219	電磁気・真空放電	島津製作所		25	285
1907	明治 40	経緯儀の模型	221	測量・トランシット		Max Kohl	84.70	305
1908	明治 41	友田氏波動模型	1144	音・振動	教育品製造合資會社	教育品製造合資會社	150	121
1908	明治 41	線膨張率測定器	222	熱	島津製作所	島津製作所	28	
1908	明治 41	移動顕微鏡	229.1	光・顕微鏡	島津製作所	Becker	142	
1908	明治 41	移動顕微鏡	229.2	光・顕微鏡	島津製作所	Becker	153.75	182
1908	明治 41	幻灯機用スライド画 (32枚)	1035	光・光学器械		E. Leybold		186
1908	明治 41	ウイムズハースト静電高圧発生装置	224	電磁気・静電気	島津製作所	島津製作所	25	214
1908	明治 41	配電盤用ウエストン電圧計	228	電磁気・電圧計	島津製作所	Weston Elec. Inst. Co	60	
1908	明治 41	正切電流計	226	電磁気・電流計	島津製作所		15	
1908	明治 41	正切正弦電流計	1097	電磁気・電流計			65	
1908	明治 41	配電盤用ウエストン電流計	227	電磁気・電流計	島津製作所	Weston Elec. Inst. Co	60	
1908	明治 41	熱作用を示すクルックス管	225	電磁気・真空放電	島津製作所		20	285
1908	明治 41	蛍光板	223	電磁気・X線	島津製作所		50	
1909	明治 42	ガルトン調子笛	232	音	島津製作所	Edelmann	45	125
1909	明治 42	音叉 8個	231.1	音	島津製作所	Max Kohl	56	
1909	明治 42	ベックマン温度計	230	熱・温度計	島津製作所		28	148
1909	明治 42	直角プリズム	1251	光・屈折			5	
1909	明治 42	レンズ 6個	233	光・屈折	島津製作所	島津製作所	12	
1909	明治 42	回折格子	234	光・分光	島津製作所		50	
1909	明治 42	説明用電圧計	235	電磁気・電圧計	島津製作所		30	255
1909	明治 42	説明用電流計	236	電磁気・電流計	島津製作所		30	
1909	明治 42	大形正切電流計	237	電磁気・電流計			15	
1909	明治 42	コルクボール	1020	その他	島津製作所		1.50	
1910	明治 43	カレイドフォン	240	音・振動	島津製作所	島津製作所	17	126
1910	明治 43	共鳴器一組	239	音	島津製作所		32	128
1910	明治 43	電磁おんさ	238	音	島津製作所		55	
1910	明治 43	摂氏温度計 2本	1202	熱・温度計			3	
1910	明治 43	蛍光液 10瓶	241	光	島津製作所	島津製作所	22	
1910	明治 43	水平顕微鏡	252	光・顕微鏡	島津製作所	E. Leitz	75	182
1910	明治 43	ネーレンベルグの偏光装置	244	光・偏光	島津製作所	島津製作所	12	
1910	明治 43	友田式スペクトル投影装置	243	光・分光	島津製作所		45	191
1910	明治 43	エラフトムソンの実験装置	245	電磁気	島津製作所	島津製作所	105	
1910	明治 43	ワルテンフォーフェルの振子	248	電磁気	島津製作所	島津製作所	23	249
1910	明治 43	三相回転磁場説明器	246	電磁気	島津製作所	島津製作所	12	251
1910	明治 43	交流発電機	247	電磁気	島津製作所	島津製作所	120	
1910	明治 43	ドレザレック象限電位計	249	電磁気・電気計	島津製作所	Cambridge Scientific Instrument	102	202-203
1910	明治 43	エベルト燐光管	250	電磁気・真空放電	島津製作所		12	287
1910	明治 43	白熱電灯製造順序標本	251	電磁気・照明	島津製作所	島津製作所	5.50	266
1910	明治 43	電球ソケット	1046	電磁気・照明	島津製作所	島津製作所	1.50	
1910	明治 43	平板蓄音器	1139	電磁気・音響機器	島津製作所	Victor	115	
1910	明治 43	ダンピーレベル	1116	測量・水準器	玉屋商店	E. R. Watts & Son	127.40	
1910	明治 43	汽船用コンパス	253	測量・航海機器	島津製作所		25	307
1911	明治 44	ゲーデ水銀ポンプ	254	流体力学・気体	島津製作所		220	108
1911	明治 44	露天湿度計	256	流体力学・湿度計		島津製作所	5.50	
1911	明治 44	バイメタルスイッチ	255	熱	島津製作所		4.50	149
1911	明治 44	ルーベンスの熱電堆	264	熱	島津製作所	Max Kohl	40.90	146
1911	明治 44	メガスコープ	257	光・光学器械	島津製作所	Max Kohl	77.50	187
1911	明治 44	石英水銀灯	258	光・光源	島津製作所	W. C. Heraeus	200	193
1911	明治 44	枠型加減抵抗器	1217	電磁気・可変抵抗	島津製作所		42	
1911	明治 44	木枠加減抵抗器	1140	電磁気・可変抵抗	当校製	当校製	2	
1911	明治 44	標準蓄電器	260	電磁気・蓄電器	島津製作所	Max Kohl	58.60	
1911	明治 44	講義用ダルソンバール電流計	263	電磁気・電流計	島津製作所	Cambridge Scientific Instrument	150.70	261
1911	明治 44	陰極線管	261	電磁気・真空放電	島津製作所	Max Kohl	18	286

西暦	和号和年	機器名	登録番号	分類	納人名	製作所	購入金額	掲載ページ
1911	明治 44	ガス入りX線管（冷陰極管）	259	電磁気・X線	島津製作所	東京電機	22	289
1911	明治 44	ロッジ電気共鳴装置	262	電磁気・電信機	島津製作所		25	266
1912	大正 1	カメラのシャッター	265	光・光学器械	山下友次郎		7	
1913	大正 2	分子式真空ポンプ	1137	流体力学・気体	島津製作所	E. Leybold	660	
1913	大正 2	読み取り望遠鏡	270	光・望遠鏡	島津製作所	Hartmann & Braun	102.60	
1913	大正 2	電磁磁石の円錐型鉄部	1260	電磁気	黒板傳作		400	
1913	大正 2	ダッデル熱電流計	269	電磁気・電流計	島津製作所	Cambridge Scientific Instrument	235.80	234-235
1913	大正 2	偏向極板入り陰極線管	268	電磁気・真空放電	島津製作所	Max Kohl	28	274-275
1913	大正 2	真空管台	1026	電磁気・真空放電	島津製作所		21	
1913	大正 2	グロー放電管	267	電磁気・照明	島津製作所	Max Kohl	23.50	267
1914	大正 3	レインボーカップ	271	流体力学	島津製作所	Griffin	21	
1914	大正 3	カーディオイド集光器とアダプター	272	光・顕微鏡	カール・ツアイス	Carl Zeiss	28.95	
1914	大正 3	ルンマーゲールケ板	273	光・分光	島津製作所	Adam Hilger	408	193
1914	大正 3	Yレベルの支持台	1160	測量・水準器	宇那木唯次郎	W & L. E. Gurley	121	
1915	大正 4	手持ち型読取り顕微鏡	279	光・顕微鏡	島津製作所	E. Leitz	24	
1915	大正 4	電動ベル	274	電磁気	島津製作所		1.75	
1915	大正 4	チャージング・ロッド	275	電磁気・静電気	島津製作所	島津製作所	4.50	
1915	大正 4	ゴルトスタイン管（星形）	1016	電磁気・真空放電	島津製作所		10.80	286
1915	大正 4	クルックス管	276	電磁気・真空放電	柳本富五郎		5.50	
1915	大正 4	火花コヒラー説明用無線電信機	278	電磁気・電信機	島津製作所	島津製作所	17	240-241
1916	大正 5	ガソリンエンジンの模型	280	熱	松本		25	151
1916	大正 5	単心すべり抵抗器	1095	電磁気・可変抵抗	島津製作所	島津製作所	20	
1916	大正 5	クーリッジ管（熱陰極管）	281	電磁気・X線	島津製作所	JEC	350	279
1916	大正 5	ダンピーレベル	1121	測量・水準器	宇那木唯次郎	E. R. Watts & Son	127	
1917	大正 6	ブンゼン氷熱量計	282	熱・熱量計	島津製作所		11.50	
1917	大正 6	コールラウシュ万能ブリッジ	1109	電磁気・抵抗測定	島津製作所		100	
1917	大正 6	ダルソンバール電流計	284	電磁気・電流計	島津製作所	島津製作所	15	261
1917	大正 6	リーズ型ダルソンバール電流計	286	電磁気・電流計	島津製作所	Leeds & Northrup Co.	69.90	262
1917	大正 6	リーズ型ダルソンバール電流計	1123	電磁気・電流計	島津製作所	Leeds & Northrup Co.	62.50	
1917	大正 6	リーズ型ダルソンバール電流計 3台	1255	電磁気・電流計	島津製作所	Leeds & Northrup Co.	40	
1917	大正 6	携帯用電圧電流計	283	電磁気・電流計	島津製作所	Nippon Electric Meter Works	6.50	
1917	大正 6	ミリアンペア計	339.1	電磁気・電流計	島津製作所	島津製作所	68	
1918	大正 7	測角用遊尺模型	1055	計量	島津製作所		2.50	
1918	大正 7	教育用簡易偏光器	287	光・偏光	吹田長次郎	E. B. Benjamin	25	189
1918	大正 7	電流電圧計	290	電磁気・電流計	島津製作所	島津製作所	18	263
1918	大正 7	微焦点ガス入りX線管	288	電磁気・X線	島津製作所	Victor	95	290
1918	大正 7	X線硬度計	289	電磁気・X線	島津製作所		8	291
1919	大正 8	ラングミュア凝結式ポンプ	291	流体力学・気体	島津製作所	General Electric	295	108
1920	大正 9	リーズ型ダルソンバール電流計 2台	285	電磁気・電流計	島津製作所	Leeds & Northrup Co.	90	
1921	大正 10	定偏角分光器（写真機）	292	光・分光	島津製作所	Adam Hilger	877	192
1921	大正 10	階段格子	293	光・分光	島津製作所	Adam Hilger	462	194
1921	大正 10	コールラウシュ万能ブリッジ	294	電磁気・抵抗測定	島津製作所	島津製作所	125	
1921	大正 10	PO型ホイートストンブリッジ	1124	電磁気・抵抗測定	島津製作所	島津製作所	125	
1921	大正 10	蓄電池用ウエストン電圧計	1247	電磁気・電圧計	島津製作所	Weston Elec. Inst. Co	40	
1921	大正 10	センコ電圧計 3台	1102	電磁気・電圧計	島津製作所	米国セントラル・サイエンチフィク社	75	
1921	大正 10	ウエストン学生用電流計	1203	電磁気・電流計	島津製作所	Weston Elec. Inst. Co	40	
1921	大正 10	センコ電流計 3台	295	電磁気・電流計	島津製作所	米国セントラル・サイエンチフィク社	75	
1922	大正 11	サイレン板	1094	音	島津製作所		9	
1922	大正 11	電磁おんさ 2台	1105	音		島津製作所	45	
1922	大正 11	半影検糖計	1088	光・偏光		C. P. Goerz	230	189
1922	大正 11	複式スライド抵抗器	1147.1	電磁気・可変抵抗		島津製作所	50	
1922	大正 11	コールラウシュ万能ブリッジ	1039	電磁気・抵抗測定	島津製作所	島津製作所	125	
1922	大正 11	ウエストン学生用電流計	1204.1	電磁気・電流計		Weston Elec. Inst. Co	38	
1922	大正 11	ウエストン学生用電流計 2台	1204.2	電磁気・電流計		Weston Elec. Inst. Co	38	

西暦	和号和年	機器名	登録番号	分類	納入名	製作所	購入金額	掲載ページ
1922	大正 11	ガス入りX線管	296	電磁気・X線	島津製作所		170	290
1923	大正 12	上皿天秤	1187	力学・質量		島津製作所	50	
1923	大正 12	ガルトン調子笛	297	音	島津製作所	E. Leybold	82	
1923	大正 12	電磁おんさ	1112	音		島津製作所	45	
1923	大正 12	反射・透過両用投影器	242	光・光学器械	島津製作所	E. Leitz	642	187
1923	大正 12	投影器と反射用鏡台	242.2	光・光学器械	島津製作所	E. Leitz		
1923	大正 12	分光器　2台	299	光・分光		Adam Hilger	193	
1923	大正 12	回折格子	298	光・分光	シェービームクドーウェル		300.90	
1923	大正 12	回折格子	1238	光・分光			55	
1923	大正 12	可変容量蓄電器	300	電磁気・蓄電器		東京無線電気KK	90	
1923	大正 12	可変容量蓄電器　2個	301	電磁気・蓄電器		東京無線電気KK	6.50	
1923	大正 12	ウエストン電圧電流計	302	電磁気・電流計		Weston Elec. Inst. Co	95	
1924	大正 13	顕微鏡用カメラルシダ	303	光・光学器械		Zeichenprisma G. S. & Co	10	184
1924	大正 13	棒磁石　2箱	1131	電磁気		大阪理学電気製作所	60	
1924	大正 13	複式スライド抵抗器　3台	1147.2	電磁気・可変抵抗		島津製作所	45	
1924	大正 13	センコ電圧計	1066	電磁気・電圧計		米国セントラル・サイエンチフィク社	60	
1924	大正 13	センコ電流計　2台	1103	電磁気・電流計		米国セントラル・サイエンチフィク社	60	
1925	大正 14	X線分光器	304	電磁気・X線		Gebruder Miller	500	291
1926	大正 15	限外顕微鏡用集光器	1169	光・顕微鏡		E. Leitz	88	
1926	大正 15	ヒルガー小型水晶分光写真機	305	光・分光		Adam Hilger	715	192
1926	大正 15	分光光度計	306	光・分光		Adam Hilger	450	
1926	大正 15	ウイルソン霧箱	310	電磁気	島津製作所	E. Leybold	95	
1926	大正 15	高電圧変圧器	307	電磁気	島津製作所	Thordarson Electric	198	
1926	大正 15	水晶共振器	308	電磁気		Adam Hilger	51	
1926	大正 15	ウエストン電圧計	311	電磁気・電圧計	総代理店三菱商事	Weston Elec. Inst. Co	290	
1926	大正 15	ウエストン電流計	312	電磁気・電流計	総代理店三菱商事	Weston Elec. Inst. Co	380	
1926	大正 15	タングステンアーク燈始動器	309	電磁気・照明		東京電機	45	
1926	大正 15	タングステンアーク燈始動器	1223	電磁気・照明		東京電機	45	

第3章 各機器の参考文献と図版の出典

[和文]

飯盛挺造纂訳 (1879)『物理學　上編』，飯盛挺造 (明治12年)．
飯盛挺造纂訳 (1881)『物理學　中編』『物理学　下編』，飯盛挺造 (明治14年)．
石野亨 (1977)『魔鏡』，産業技術センター．
板倉聖宣他 (1973)『長岡半太郎伝』，朝日新聞社．
伊藤靖編 (1927)『萬有科学大系　第5巻』，萬有科学大系刊行会 (昭和2年)．
今市正義，原三正 (1950)「本邦におけるX線の初期実験」『科学史研究』Vol. 16, pp. 23-32
ウイリアムズ (1998) Mari E. W. Williams, *The Precision Makers* (1994) 永平幸雄，川合葉子，小林正人訳『科学機器製造業者から精密機器メーカーへ』(1998, 大阪経済法科大学出版部)．
宇田川準一 (1876)『物理全志』，煙雨樓 (明治9年)．
大塚明郎監修 (1966)『理科実験図解辞典　機器構造・操作編』，全国教育図書株式会社．
オルソン (1969) H. F. オルソン (平岡正徳訳)『音楽工学』，誠文堂新光社．
加藤富三監修 (1994) ギー・パラルディ他『図説放射線医学史』講談社，Guy Pallardy, Marie-Jose Pallardy and Auguste Wackenheim, *Historie Illustriee de la Radiologie* (1989)
川本清一訳述 (1879)『士都華氏物理学』，東京大學理學部 (明治12年)．
君島八郎 (1909)『測量学』，丸善 (明治42年)．
教育品製造合資会社 (1913)『物理学器械目録』，教育品製造合資会社 (大正2年)．
京都医学会 (1896)『京都医学会雑誌』101号，京都医学会 (明治29年)．
倉田吉嗣抄譯 (1887)『測量教科書續篇』，白井練一 (明治20年)．
小泉菊太 (1976)『わが国におけるX線管の歩み』，ソフテックス映像研究所．
工場通覧 (1906) 後藤靖解題の復刻版 (柏書房) で，元本は『工場通覧　明治39年刊行』農商務省商工局工務課編纂．
後藤五郎編 (1969)『日本放射線医学史考 (明治大正編)』，日本医学放射線学会．
酒井佐保編 (1893)『物理学教科書　上巻』，冨山房 (明治26年)．
酒井佐保編 (1895)『物理学教科書　中巻』，冨山房 (明治28年)．
酒井佐保編 (1896)『物理学教科書　下巻』，冨山房 (明治29年)．
島津製作所 (1882)『明治十五年六月理化器械目録表』，島津源蔵 (明治15年)．
島津製作所 (1906)『物理学化学器械カタログ』，島津製作所 (明治39年)．
島津製作所 (1922) 上山正英編『物理学器械目録』，株式会社島津製作所 (大正11年)．
島津製作所 (1929)『物理器械目録』，株式会社島津製作所 (昭和4年)．
島津製作所 (1937)『島津理化学器械目録』第500号，株式会社島津製作所 (昭和12年)．
島津理化器械株式会社 (1977)『理化器械100年の歩み』，島津理化器械株式会社 (昭和52年)．
清水輿七郎 (1934)『電気磁気測定法並測定器具　上巻』，裳華房 (昭和9年)．
舘野之男 (1973)『放射線医学史』，岩波書店．
田邊尚雄 (1908)『音響と音楽』，弘道館 (明治41年)．
玉屋商店 (1911)『合名會社玉屋商店商品目録』，合名会社玉屋商店 (大正1年)．
友田鎮三 (1905)「新案波動模型」『東洋学芸雑誌』第22巻，pp. 422-430．
友田鎮三 (1910)『物理学実験法』，開成館 (明治43年)．
内藤卯三郎他 (1928)『物理学実験法講義　上巻』，培風館 (昭和3年)．
内藤卯三郎他 (1931)『物理学実験法講義　下巻』，培風館 (昭和6年)．

中川保雄 (1979)「藤島常興：封建時代の伝統的職人と明治初期工業化政策との結びつき (I)」,「藤島常興：封建時代の伝統的職人と明治初期工業化政策との結びつき (II)」『科学史研究』Vol. 18, pp. 140-7, 207-14.
中村清二 (1902) 中村清二譯述 (エミル, ワールブルヒ原著)『実験物理学』, 冨山房 (明治35年).
布施光男 (1978)「順天堂大学所蔵の磁石発電機について」『科学史研究』No. 17, pp. 111-4.
フレミング, J. A. (1942)『近代電気技術発達史』, 科学主義工業社 (昭和17年) Fleming, John Ambrose, *Fifty years of Electricity* (1921).
物理学辞典編集委員会編 (1996)『物理学辞典』, 培風館.
物理学測定研究會 (1939)『高等物理学実験指針』, 三省堂 (昭和14年).
ペルソン, C. F. (1880)「日本青銅鏡奇性説」『学芸志林』7巻, pp. 276-89.
正木修 (1942)『参考物理学』, 冨山房 (昭和17年).
宮下晋吉 (1996)「近代顕微鏡・光学ガラス発達史」『立命館産業社会論集』第32巻1号, pp. 97-116；2号, pp. 59-78.
村岡範為馳 (1883)「魔境ノ解」『東洋学芸雑誌』No. 25, pp. 133-7.
村岡範為馳 (1884)「魔境ノ解」『東洋学芸雑誌』No. 39, pp. 227-8.
村岡範為馳・森總之助 (1907)『物理学 光学』(明治40年).
村岡範為馳・森總之助 (1925)『物理学 電気及磁気学』(大正14年).
メートル法実行期成委員会編 (1967)『日本メートル法沿革史』, 日本計量協会.
森總之助編 (1914)『中等物理学教科書』, 積善館 (大正3年).
文部省編輯局 (1886)『物理器械使用法』, 文部省編輯局 (明治19年).
山口鋭之助・水野敏之丞 (1896)『れんとげん投影写真帖』1896年5月15日, 第一高等学校蔵版 (丸善株式会社書店, 明治29年).
『理化学事典』(1935) 岩波書店 (昭和10年).
『理化学事典』(1958) 岩波書店 (昭和33年).
陸地測量部 (1922)『陸地測量部沿革誌』(大正11年).

[欧文]

Anderson in D. S. B. (1981) David L. Anderson, "Goldstein, Eugen" in C. C. Gillispie ed., *Dictionary of Scientific Biography*, pp. 458-9
Anderson in I. S. (1998) Robert G. W. Anderson, "Balance, Chemical", in Robert Bud & Deborah Jean Warner ed. *Instruments of Science, An Historical Encyclopedia* pp. 45-7
Baird & Tatlock (1912) *Physical Apparatus*
Bennett (1984) J. A. Bennett, *The Celebrated Phenomena of Colours, the Early History of the Spectroscope*
Bennett (1987) J. A. Bennett, *The Divided Circle, A History of Instruments for Astronomy, Navigation and Surveying*
Brachner (1985) A. Brachner, "German nineteenth-century scientific instrument makers", in Clercq, P. A. de ed., *Nineteenth-Century Scientific Instruments and their Makers*, pp. 117-57
Brenni in I. S. (1998) Paolo Brenni, "Tuning Fork", in Bud, Robert & Warner, Jean ed. *Instruments of Science, An Historical Encyclopedia* pp. 635-7
Brown in I. S. (1998) C. N. Brown, "Wheatstone Bridge", in Bud, Robert & Warner, Jean ed. *Instruments of Science, An Historical Encyclopedia* pp. 663-5
Cambridge Scientific Instrument Co. (1891) *Instruments Manufactured and Sold by Cambridge Scientific Instrument Co.*
Clifton (1995) Gloria Clifton, *Directory of British Scientific Instrument Makers 1550-1851*
Coolidge (1913) W. D. Coolidge, "A Powerful Röntgen Ray Tube with a Pure Electron Discharge" *Phys. Rev.* Vol. 2, pp. 409-30
Debus (1968) Allen G. Debus ed., *World Who's Who in Science* (A. N. Marquis Co.)
Deschanel (1877) A. P. Deschanel, *Elementary Treatise on Natural Philosophy* tr. by J. D. Everett
Elliott Brothers (c1892) *Elliott Brothers, Catalogue of Electrical Test Instruments Manufactured by Elliott Brothers*

Fitsa (1993) M. S. Fitsa, *Weights and Measures and Their Marks*

Francis (1842) G. Francis, *Dictionary of the Arts, Science and Manufactures*

Fricks (1907) Otto Lehmann, *J. Fricks Physikalische Technik*

Ganot (1890) A. Ganot, *Elementary Treatise on Physics Experimental and Applied* tr. by E. Atkinson

Ganot (1902) A. Ganot, *Elementary Treatise on Physics Experimental and Applied* tr. by E. Atkinson

Ganot (1906) A. Ganot, *Elementary Treatise on Physics Experimental and Applied* tr. by E. Atkinson

Gerhardt (1902) C. Gerhardt, *Physikalische Apparate, Instrumente und Geratschaften*

Good in I. S. (1998) A. Gregory Good, "Magnetometer", in Bud, Robert & Warner, Jean ed. *Instruments of Science, An Historical Encyclopedia* pp. 368-71

Green (1970) George Green & John T. Lloyd, *Kelvin's Instruments and the Kelvin Museum*

Griffin (1873) John Joseph Griffin, *Scientific Handicraft, a Descriptive, Illustrated and Pirced Catalogue of Apparatus suitable for the Performance of Elementary Experiments in Physics*, Volume first

Griffin (1910) *John J. Griffin & Sons, Scientific Handicraft*, reprint by The Gemmary (1997)

Guillemin (1891) Amedee Guillemin, *Electricity and Magnetism*, tr. by S. P. Thompson

Hackmann (1978) Willem D. Hackmann, *18th Electrostatic Measuring Devices*

Hackmann (1985) Willem D. Hackmann, "The Nineteenth-Century Trade in Natural Philosophy Instruments in Britain" in de Clercq, P. A. ed.., *Nineteenth-Century Scientific Instruments and their Makers* pp. 53-91

Hackmann (1995) Willem D. Hackmann, *Catalogue of Pneumatical, Magnetical and Electrical Instruments*

Hackmann in I. S. (1998) Willem D. Hackmann, "Electrometer", in Bud, Robert & Warner, Jean ed. *Instruments of Science, An Historical Encyclopedia* pp. 208-11

Hessenbruch in I. S. (1998) Arne Hessenbruch, "Geissler Tube", in Bud, Robert & Warner, Jean ed. *Instruments of Science, An Historical Encyclopedia* pp. 279-81

Houston (1898) Edwin J. Houston, *Dictionary of Electrical Words, Terms and Phrases*

Kennedy (1902) Rankin Kennedy, *Electrical Installations of Electric Light, Power, Traction and Industrial Electrical Machinaery*

Lagemann (1983) Robert T. Lagemann, *Garland Collection*

Larden (1887) W. Larden, *Electricity for public schools and colleges*

Leeds & Northrup (1911) Leeds & Northrup Co. *Moving Coil Galvanometers Catalogue 21*

Leitz (1905) Ernst Leitz, *Mikroskope und Nebenapparate* Nr. 41

Leybold (c1902) *E. Leybold's Nachfolger, Preisverzeichnis Physikalisches Apparate von E. Leybold's Nachfolger*

Leybold (c1907) *E. Leybold's Nachfolger, Catalogue of Physical Apparatus*

L'Industrie Française (1901-02) *L'Industrie Française des Instruments de Précision*, Publie par le Sydicat des Constructeurs en Instruments d'Optique & de Précision (1901-1902)

Lyall (1991) Kenneth Lyall, *Electrical and Magnetic Instruments*

Max Kohl (1905) *Max Kohl, Physikalische Apparate* Nr. *21*

Max Kohl (c1911) *Max Kohl, Equipments for Physics and Chemistry Class Rooms Price List* No. 50 Vol. I, *Max Kohl, Physkalische Apparate Price List* No. 50 Vols II and III

Max Kohl (1926) *Max Kohl, Physkalische Apparate* Nr. 100, *Max Kohl, Physical Apparatus* No. 100

Mollan (1994) Charles Mollan & John Upton, *Scientific Apparatus of Nicholas Callan*

Müller-Pouillets (1905) Leop. Pfaundler, *Müller-Pouillets Lehrbuch der Physik und Meteorologie I*

Müller-Pouillets (1906) Leop. Pfaundler, *Müller-Pouillets Lehrbuch der Physik und Meteorologie I*

Müller-Pouillets (1907) Leop. Pfaundler, *Müller-Pouillets Lehrbuch der Physik und Meteorologie II*

Müller-Pouillets (1909) Leop. Pfaundler, *Müller-Pouillets Lehrbuch der Physik und Meteorologie II*

Müller-Pouillets (1909) Leop. Pfaundler, *Müller-Pouillets Lehrbuch der Physik und Meteorologie III*

Müller-Pouillets (1914) Leop. Pfaundler, *Müller-Pouillets Lehrbuch der Physik und Meteorologie IV*

Nature (1896) Vol. 53

Negretti & Zambra (c1871) *Negretti & Zambra, Illustrated and Descriptive Catalogue*

Pellin (1906) Ph. Pellin, *Instruments D'optique et de Précision*

Pike (1856) Benjamin Pike, Jr. *Pike's Illustrated Catalogue of Scientific Instruments*

Poggendorff (1894-1904) J. C. Poggendorff, *Biographisch-Literarisches Handwörterbuch zur Geschichte der Exakten Wisseenschaften*

Rayleigh (1896) John William Strutt (Lord Rayleigh), *The Theory of Sound* II

Ritchie (c1857) E. S. Ritchie, *Ritchie's Illustrated Catalogue of Philosophical Instruments, and School Apparatus*

Sherman in I. S. (1998) Roger E. Sherman, "Heliostat", in Bud, Robert & Warner, Deborah Jean ed. *Instruments of Science, An Historical Encyclopedia* pp. 305-8

Stein (1958) I. Melville Stein, *Mesuring Instruments, A Measure of Progress Leeds & Northrup Company*

Stanley (1895) William Ford Stanley, *Syrveying and Levelling Instruments*

Stock (1983) John T. Stock et al, *The Development of Instruments to Measure Electric Current*

Turner (1973) G. L'E. Turner, *Van Marum's Scientific Instruments*

Turner (1983) G. L'E. Turner, *Nineteenth Century Scientific Instruments*

Turner (1989) G. L'E. Turner, *The Great Age of the Microscope, The Collection of the Royal Microscopical Society through 150 Years*

Turner (1996) G. L'E. Turner, *The Practice of Science*

Turner in I. S. (1998) Steven C. Turner, "Goniometer", in Bud, Robert & Warner, Deborah Jean ed. *Instruments of Science, An Historical Encyclopedia* pp. 290-2

Walmsey (1911) R. M. Walmsey, *Electricity in the Service of Man*

Wissenschaftliche Instrumente (1904)

Zickler (1898) Karl Zickler, "Lichtelektrische Telegraphie", *Elektrotechnische Zeitschirift* pp. 478-6

Zeitschrift für Instrumentenkunde (1881) Vol. 1

■索　引（人名・製造業者名索引／機器名索引／一般事項索引）

◎人名・製造業者索引

[数字・アルファベット]

Abbe, Ernst　160, 162, 184, 317
Airy, George Biddell　302
Airy, Hubert　118, 126
Altmann, Paul 社　68, 71, 288, 313
Amici, Giovannti Battista　162, 166, 171, 184
Ampère, André Marie　221, 227-228
Andrews, Thomas　142, 151
Arago, Dominique François Jean　166, 221-223
Arnold, John　303
Babinet, Jacques　161
Baird & Tatlock 社　148, 154
Balbreck 社　58, 64, 66, 294, 313
Barker, F. & Son　296, 306
Bauduin, Antonius Franciscus　20
Baumé, Antoine　104
Bausch, J. J.　313
Baush, Kraus & Lomb 社　184, 313
Becker, F. E. & Co　182, 313
Beckmann, Issac　158
Beckmann, Ernst Otto　141, 148
Becqerel, Antoine Henri　136
Becquerel, Antoine César　136, 228
Bell, Alexander G.　238
Benjamin, E. B.　189
Bennet, Abraham　199
Benoist, Louis　281, 291
Berson, C.F.　153
Berthelot, Pierre Eugène Marcellin　142
Biot, Jean Baptiste　166
Bird, John　298, 300
Birkbeck, George　6-7
Black, Joseph　8, 91, 140-142, 150
Bohenberger, Johann Gottlieb Friedrich von　199
Borda, Jean Charles　207
Borelli, Giovanni　172
Bourdon, Eugène　99
Boyle, Robert　97, 100, 102
Boys, Charles Vernon　236
Bragg, William Henry　281
Bragg, William Lawrence　281-282
Braun, W.　314
Braun, Karl Ferdinand　273

Brewster, David　154, 166, 179
Bréguet, Abraham-Louis　141
Bunsen, Robert Wilhelm　141, 170
Busch, Emil　140
Cagniard de la Tour, Charles　115-116
Callan, Nicholas Joseph　206
Callendar, Hugh Longbourne　136
Cambridge Scientific Instrument Co　10, 202, 207, 234, 236, 261, 313
Canton, John　199
Carnot, Nicolas Leonard Sadi　142
Celsius, Anders　140
Chladni, Ernst Florens Friedrich　113
Clark, Josiah Latimer　220, 246
Clarke, Edward Montague　204, 206
Cooke, William F.　237
Coolidge, William D.　279-281
Cornu, Maria Alfred　168
Count Rumford → Thompson, Benjamin　132
Crookes, William　270, 272, 276, 284-285
Cumming, James　227
Cuthbertson, John　196
D'Arsonval, Jacques Arsène　234
Daimler, Gottlieb　143, 151
Daniell, John Frederic　102, 110, 219
Darwin, Horace　10, 236, 313
Davy, Sir Humphry　219, 240
De la Rive, Auguste Arthur　270, 283
Deprez, Marcel　234
Dew-Smith, Albert　10, 313
Dolezalek, Friedrich　202
Dolivo-Dobrowosky, Michael von　223
Dollond, Peter　196
Drude, Paul Karl Ludwig　280
Du Bois-Reymond, Emil　54, 206, 216
Duboscq, Jules　154, 168, 171, 190, 316
Duddell, William du Bois　236
Dyer, Henry　7, 13, 18-19, 27
E. Leybold's Nachforger　149-150, 283, 287
Earnshaw, Thomas　303
Eaton, Isaac　46-47
Edelmann, Max Thomas　116, 125, 313
Edelmann 社　116, 125, 258, 313
Edison, Thomas Alva　96, 174, 242, 273-

274, 280, 289
Einstein, Albert　171, 281
Elliott, William　62, 226, 314
Elliott Brothers 社　53-54, 58, 61-62, 72, 206-207, 216, 224, 226, 230-232, 234, 259-260, 314
Erman, Paul　221
Everest, George　292
Ewing, James Alfred　53
Fabre & Brandt 商会　64, 66, 294
Fahrenheit, Daniel Gabriel　104, 140, 147
Faraday, Michael　113-114, 204, 206, 208, 222, 250, 268, 270
Fechner, Gustav Theodor　199, 223
Ferraris, Galileo　223
Fitzroy, Robert　55
Fix, W. 社　264
Fleming, John Ambrose　220, 246, 274
Fortin, Jean Nicolas　100, 109
Foucault, Jean Bernard Léon　87, 166, 174, 222
Franklin, Benjamin　199
Fraser, Fredrick W. D.　52-53
Fraunhofer, Joseph　156, 158, 170, 172
Fresnel, Augustin Jean　154, 156, 166, 180
Fuess, Heinrich Ludwig Rudolf　141, 314
Fuess, R. 社　140, 147, 314
Gaede, Wolfgang　98-99, 108, 276
Galilei, Galileo　85, 100, 113, 132, 152, 156
Galton, Francis　116, 125
Gauss, Karl Friedrich　27, 199, 207-208
Gebrüder Miller G. m. b. H.　291
Geissler, Heinrich　8-9, 98-99, 268-271
General Electric 社　99, 108, 279-281, 289
Gerhaldt, C. 社　200, 220
Gilbert, William　195, 207
Glaisher, James　55
Goerz, Carl Paul　314
Goerz, C. P. 社　138, 146, 314
Goldstein, Eugen　270, 272
Gratama, Koenraad Wolter　4, 19-22, 24, 28, 43-44, 46, 48
Gravatt, William　294
Griffin, J. J.　314
Griffis, William Eliot　25, 28
Griffiths, Ernest Howard　136

Guericke, Otto von 96-97, 106, 195, 268
Gurley, Lewis E. 314
Gurley, William 314
Gurley 社 68, 294, 304-305, 314
Guyard et Canary & Cie 296, 314
Halske, Johann Georg 136
Harris, William Snow 142, 196
Harrison, John 302
Hartmann, Eugen 314
Hartmann & Braun 社 74, 78, 178, 246, 314
Hartmann, Georg 207
Hauksbee, Francis 195
Helmholtz, Hermann Ludwig Ferdinand von 8
Helmholtz, Hermann Von 8, 10, 118-119, 128, 137, 141, 206
Hen, Hendrik 131
Henry, Joseph 206
Heraeus, W. C. 社 193, 315
Heraeus, William Carl 315
Hermann & Pfister 58, 166
Hertz, Heinrich Rudolf 60, 238, 273
Hilger, Adam 315
Hilger, Adam 社 74-75, 171, 192-194, 315
Hittorf, Johann Willhelm 270
Hooke, Robert 97, 158, 161, 298
Hughes, Henry & Son 315
Hughes, Henry 315
Hughes, David E. 238
Humboldt, Alexander von 222
Huygens, Cristiaan 162, 164
Jansen, Zacharias 156
Joule, James Prescott 131
Kelvin & James White 63, 200, 317 → White, J. 社
Kemp 社 53
Kinnersley, Ebenzer 142
Kirchihoff, Kustav Robert 170
Klemenčič, Igaz 236
Koenig, Karl Rudolph 8, 118-119, 126-128, 315
Koenig 社 75, 119, 126, 129, 315
Kohl, Max 社 74, 145-146, 158, 186-187, 217, 227, 242, 246, 254-255, 258, 273-274, 286, 290, 305, 315
Kohler, Fritz 148
Kohlrausch, Friedrich Wilhelm Georg 227
Kurlbaum, Ferdinand 137-138
Langley, Samuel Pierpont 136-137

Langmuir, Irving 98-99, 281
Laplace, Pierre Simon de 141, 150
Laue, Max Theodor Felix von 281
Lavoisier, Antoine Laurent 6, 141, 150
Le Roy, Jean Baptiste 196, 303
Le Roy, Pierre 303
Leeds, Morris E. 315
Leeds & Northrup 社 74, 234, 262, 315
Leitz, E. 社 75, 182, 187, 315
Leitz, Ernst 315
Lenard, Philipp Eduard Anton 276, 278
Lenoir, Jean Joseph Etienne 143
Leslie, John 102, 114, 132, 145
Lewis, Henry King 53
Leybold, E.社 41, 74-75, 79, 124, 141, 154, 164, 180, 186, 191, 210, 217, 223, 242, 248, 250, 262, 286-287, 315
Leybold, Ernst 315
Lissajous, Jules Antoine 116, 118
Lister, Joseph Jackson 160
Lodge, Sir Oliver J. 238
Lomb, Henry 313
Lummer, Otto Richard 137, 193
Macfarlan 社 53
Mallet, Friedrich 207
Malus, Étinne Louis 164, 166
Maroconi, Guglielmo M. 238
Mascart, Éleuthère Élie Nicolas 210
Matheson, Jardin 商会 7-8
Maw, Solomon 316
Maw Son, S. & Thompson 204, 316
Maxwell, James Clerk 87, 114
Melde, Franz Emil 118, 127
Melloni, Macedonio 134
Michelson, Albert Abraham 171, 194
Milne, John 53
Mitscherlich, Eilhard 168
Morse, Samuel F.B. 237
Muencke, Robert 316
Murray, David 13, 17, 28-29, 32
Müller, Johannes 206
Negretti, Enrico Angelo Ludovico 316
Negretti & Zambra 社 8, 54-55, 73, 115-116, 183, 190, 247, 316
Newton, Isaac 152-153, 168, 170, 172, 177, 298
Nicholson, William 104, 111, 219
Nicol, William 166
Nobili, Leopoldo 134, 227-228
Nolle, Jean Antoine 199
Norman, Robert 207

Nörrenberg, Johann Gottlieb Christian 164, 166
Oersted, Hans Christian 221-222, 227
Ohm, Georg Simon 223
Otto, Nikolaus August 143
Page, Charles Grafton 206
Papin, Denis 97
Parkes, J. & Son 53, 316
Parkes, James 316
Parkes, James 社 53
Parkes, James & Son 社 54, 160, 181, 316
Pascal, Blaise 96, 99-100
Pellin, Ph 社 78, 185-186, 190, 256, 316
Phelps, Jonas H. 314
Phillips, Richard 222
Pictet, Marc 131
Pike & Sons 社 26, 239, 251
Pixii, Hyppolyte 204
Planck, Max 138
Plücker, Julius 270-271
Poggendorff, Johann Christian 224, 228
Pouillet, Claude Servais Matthias 228
Prazmowski, Adam 50, 316
Priestry, Joseph 198
Ramsden, Jesse 196, 300
Rankine, William John Macquorn 7
Rayleigh (John William Strutt) 113
Reichert, Emil 142
Richardson, Owen Williams 281
Richer, Emile 314
Riess, Peter Theophil 138, 142, 196, 198
Ritchie, E. S. & Sons 社 9, 56-57, 86, 88, 93-94, 98, 107, 251, 316
Ritchie, Edward Samuel 9, 56, 86, 316
Ritchie, William 223
Ritter, Herman 46
Robertson, Etienne Gasper 162
Roget, Peter Mark 221
Rubens, Heinrich 136-137, 146
Ruhmkorff, Daniel 269
Réaumur, René Antoine Ferchault de 104, 140
Röntgen, Wilhelm Conrad 70, 278
s'Gravesande, Willem Jacob 172
Salleron, J. 134, 145, 317
Saussure, Horace Bénédict de 100, 131
Savart, Félix 113-114, 125, 129
Saxton, Joseph 204
Schaffer & Budenberg 社 109, 317
Schmalcalder, Charles 302
Schneider, J. 社 53

Schott, Friedrich Otto 140, 147, 317
Schweigger, Johann Salomo Christoph 227
Seebeck, Thomas Johann 114, 134
Seibert, Heinlich 317
Seibert, Wilhelm 317
Seibert 社 160, 181, 317
Siemens, Charles William 136
Siemens, Ernst Werner Von 10, 136-137, 226
Siemens-Halske 商会 136, 202
Sisson, Jonathan 292, 294
Snel, Willebrot 153
Sprengel, Hermann Johann Philipp 98, 242, 270, 272
Statham, W. E. 196
Swan, Joseph 242
Tesla, Nicola 223, 274
The Ediosn-Swan Company 246
Thompson, Benjamin (Count Rumford) 132, 145
Thomson, Joseph John 272-274
Thomson, William 9, 61-63, 72, 87, 114, 199-200, 220, 230, 232, 302, 317
Toepler, August Joseph Ignaz 98, 198, 270
Torricelli, Evangelista 96, 99-100, 270
Trevelian, Walter Calverley 114
Troughton, Edward 294
Van Keulen, Hurst 社 48, 298, 317
Verbeck, Guido Herman Fridolin 4, 16-18, 20, 22-26, 28, 36
Victor Electric 社 290
Vidie, Lucien 100, 110
Volta, Alessandro 195, 198-199, 214, 219
von Bohnenberger, Johann 87-88
Wagener, Gottfried 12, 18-19, 26-29, 32-34
Waltenhofen, Adalbert Carl von 222
Watkins & Hill 社 62, 206, 226, 314
Watt, James 8, 142
Weber, Wilhelm Edward 199, 208
Wehnert, Arthur Rudolph Berthold 273
Weston, Edward 220, 236, 317
Weston Electrical Instrument 社 69, 74-75, 236, 263, 317
Wheatstone, Charles 154, 223-224, 237, 260
Whitbread, G. 社 48, 298, 300
White, J. 社 9, 58, 62-63, 68, 72-73, 200, 230-231, 317

Wiedemann, Gustav Heinrich 113, 230
Wien, Wilhelm 77, 137
Wild, Heinrich 208
Williamson, A. W. 8, 52
Wimshurst, James 198
Winckler, Johann Heinrich 195
Wolff, Otto 社 75, 226, 253, 317
Wollaston, William Hyde 160-162, 166, 170, 183, 219
Young, Archibald 社 53
Young, Thomas 154, 170-171
Zamboni, Giuseppe 220-221
Zambra, Joseph Warren 316
Zeichenprizma G. S. 社 184
Zeiss, Carl 318
Zeiss 社 160, 314, 317

[ア行]
荒木和一 67, 71-72, 280, 289, 318
一戸隆次郎 77
井上毅 66-67
岩井勝治郎 75, 318
岩井商店 318
岩倉具視 4, 12, 16, 25, 47
大隈重信 16, 22
尾崎米吉 58, 252, 318
尾崎製造/尾崎工場 252, 265, 318

[カ行]
笠原光興 72, 276, 278
金武良哲 14-15
木戸孝允 13, 27
木村正路 77
教育品製造合資会社 58, 67, 75, 78-79, 120-121, 172, 185, 187, 255-256, 283, 318
九鬼隆一 49-50
久米邦武 13-15, 18, 23, 35
古光堂藤島 56, 208, 318
後藤牧太 153

[サ行]
西園寺公望 67
佐賀器械製作所 78, 174, 318
酒井佐保 118, 124, 126, 210
佐野常民 12, 19, 26-27, 34
島津源蔵 34, 128, 198, 278, 319
島津製作所 34, 42, 57-58, 63, 67-69, 71-75, 78-79, 86-88, 94, 97-99, 102, 106, 108-111, 121, 124-127, 129-130, 132, 137-138, 146-151, 158, 172, 174, 177-180, 182-194, 198-199, 202, 204, 206, 213-217, 222-223, 232, 234, 239-240, 246-249, 251-258, 261-263, 265-267, 271, 274, 278-279, 283-287, 289-291, 300, 307, 319
進成堂 162
杉本宗吉 319
鈴木金一郎 319
製煉社 33, 79, 86

[タ行]
高田商会 55, 58, 61-63, 67-69, 71-73, 75, 168, 188, 200, 231, 253, 259-260, 288, 319
高田慎蔵 73, 319
高良二 34, 48-49
田中久重 27, 33-34
田中不二麻呂 13, 27, 30, 32, 49
玉名程三 76-77, 83, 213, 215, 217
玉屋商店 63, 67, 69, 73, 75, 224, 232, 304-306, 319
田丸卓郎 78-79, 256
田村初太郎 46-47, 54-55, 59-60, 80
丹下丑之介 76
手島精一 13, 27, 29, 32, 34
友田鎮三 120-122, 191

[ナ行]
長岡半太郎 60, 70, 79, 122, 194
中川元 50
長田銀造 21, 27-29, 33-34, 42, 48-49, 80, 86, 298
鍋島直正 13, 23-24, 26
野口健蔵 78, 318

[ハ行]
畠山義成 13-14, 26
服部一三 50, 53
広瀬玄恭 26, 34
藤島常興 32-34, 37, 42, 56, 86, 94, 208, 318
二見鏡三郎 68-69

[マ行]
正木退蔵 50, 52-54
三崎嘯輔 20-21
水野敏之丞 47, 60-63, 70, 77, 230, 234, 278
宮田籐左ヱ門 58, 61, 63, 67-68, 224, 232, 319
村岡範為馳 50, 60, 68-72, 76-78, 124, 153, 180, 256, 258-260, 276, 278
百木伊之助 319
百木製作所 320
森有礼 13, 59, 63, 198
守随彦太郎 88, 90
森總之助 34, 76-77

守谷清三郎　319
守谷定吉　67, 88, 90-91, 94, 319
守谷製衡所　94, 319

[ヤ行]
山尾庸三　7-8, 13

◎機器名索引

[数字・アルファベット]
PO型ホイートストンブリッジ　58, 61, 224, 226-227
PO型水平検流計　260
X線管　71-72, 268, 276, 278-281, 289-291
　　ガス入りX線管　290
　　ガス入りX線管（冷陰極管）　280, 289
　　水冷式X線管　280
　　微焦点X線管　280
　　微焦点ガス入りX線管　290
　　ヘリウム入りX線管　280
X線硬度計　281, 291
X線分光器　281-282, 291
X線用シアン化白金バリウム紙　71, 278, 288
Yレベル　68, 294, 305-306

[ア行]
アーク灯　240, 242
アネロイド気圧計　55, 58, 100, 102, 110, 304
　　携帯用アネロイド気圧計　54, 100-101
　　説明用アネロイド気圧計　100, 102
アラゴ円板　222
アルコール温度計　140, 147
アンドリューズのカロリファー　142, 151
移動顕微鏡　160, 182
陰極線　268-270, 272-274, 276, 278, 280, 284-286
陰極線管　273-274, 286
　　偏向極板入り陰極線管　274
ヴィーデマン電流計　230, 258
ウイムズハースト静電高圧発生装置　198, 214, 278, 280
ウエストン電流計　69
　　配電盤用ウエストン電流計　75
ウエストン可動コイル型電圧計　69, 263
ウエストン標準電池　220
ヴォルタの凝集検電器　199, 215
ヴォルタ電堆　199, 220, 247
浮きばかり　102, 104
エアリーの複振子　118, 126
エールステズ試験器　247
液体コンパス　57, 302
エベルト燐光管　274, 287
円柱鏡　154, 178
オルガンパイプ　119-120, 130
音叉　52, 75, 113, 116, 118-119, 127-129
　　標準音叉　116, 118-119, 129
温度計（紙箱入り）　140, 147
音波干渉管　114, 124

[カ行]
ガイスラー管　8, 54, 98, 269-271, 274, 276, 283
回折格子　156, 161, 170, 183, 194
階段格子　171, 192, 194
化学天秤　85, 88, 91, 94
ガス入りX線管　290
　　ガス入りX線管（冷陰極管）　280, 289
ガソリンエンジンの模型　143, 151
滑車台とろくろ　5, 56, 86, 93
カニャールのサイレン　5, 116
可変抵抗器　224, 252, 317
カメラルシダ　52, 74, 152, 161-162, 184
　　顕微鏡用カメラルシダ　184
　　写景用カメラルシダ　183
ガルトン調子笛　116, 125
カレイドフォン　118, 126
カロリメーター　141, 150
干渉計　171, 192
乾電堆　199, 215, 220-221, 247
汽船用コンパス　302, 307
起電盆　198, 214
気泡管水準器　294
逆電流を示す装置　273, 287
牛乳計　56
教育用簡易偏光器　168, 189
共鳴器一組　128
金属温度計　141
　　最高最低金属温度計　149
金属反射凹鏡一対と球　131-132
空気の浮力を示す装置　97-98, 106
クーリッジ管　279-281, 311
　　クーリッジ管（熱陰極管）　279-280
クラーク磁石発電機　204, 206
クラーク標準電池　78, 220, 246
クルックス管　71, 272-273, 276, 278, 284-286
　　熱作用を示すクルックス管　272, 285
　　クルックス管（花形入り）　284
　　クルックス管（車輪入り）　272, 285
グロー放電管　267
クロノメーター　292, 302-303, 307
経緯儀　58, 63-64, 66, 292-294, 296, 304-305, 313 →天体経緯儀
経緯儀の模型　305
蛍光管　73
携帯用アネロイド気圧計　54, 100-101
携帯用直視分光器　191
携帯用無定位電流計　69, 259
携帯用六分儀　302, 306
ゲーデ水銀ポンプ　98, 108
検電器　195, 198-199, 213, 215, 220-221, 232, 247
　　ヴォルタの凝集検電器　199, 215
　　フェヒナー型はく検電器　215
幻灯機のスライド　162
幻灯機用スライド画（32枚）　186
検糖計　58, 152, 164, 166, 168, 188-189
　　半影検糖計　168, 189
　　ミッチェルリッヒの検糖計　188
顕微鏡　42, 50, 53-54, 72, 152, 154, 156, 158, 160-162, 166, 168, 174, 181-182, 184, 313, 317
　　移動顕微鏡　160, 182
　　水平顕微鏡　160, 182
　　単式レンズ顕微鏡　160
　　日光顕微鏡　164, 172, 185
　　複式顕微鏡　160
　　読み取り顕微鏡（測微顕微鏡）　158, 160, 182
顕微鏡用カメラルシダ　184
顕微分光器　73, 168, 171
検流計　61-63, 232, 252, 255, 260, 263
　　トムソン反射検流計　58, 61-62, 232
　　保線工夫用検流計　260
　　無定位検流計　256
　　PO型水平検流計　260
航海用精密時計　307
講義用ダルソンバール電流計　261
氷熱量計　141, 150
　　ライヘルトの氷熱量計　142, 150
　　ラヴォアジェとラプラスの氷熱量計　141, 150
コールラウシュブリッジ　227, 254
コヒーラー　238, 240
　　火花コヒーラー説明用無線電信機　240
ゴルトスタイン管　270, 286
　　ゴルトスタイン管（星形）　286
コルベの示差温度計　134, 145

[サ行]

最高最低金属温度計　149
サイレン　5, 52, 115-116, 120, 143
サヴァールの応響器　120, 129
サヴァールの歯車　46, 115, 125
差動電流計　228
三角プリズムと支持台　177
三相回転磁場説明器　223, 251
三相誘導電動機　223
ザンボニーの乾電堆　220, 247
磁気渦動電流制振器　222
磁気コンパス　302
示差温度計　102, 132, 134, 145
　　　ランフォード示差温度計　145
自動ヘリオスタット　78, 174, 318
ジャイロスコープ　85, 87-88, 94
写景用カメラルシダ　183
手動ヘリオスタット　164, 172
蒸気機関　109, 142-143
象限電位計　199-200, 202, 216
　　　トムソン象限電位計　68, 72-73, 200, 216
　　　ドレザレック象限電位計　202
磁力計　78
真空落下試験器　97, 107
真空鈴　97-98, 107
振動磁力計　208, 218
水銀温度計　140, 147-149, 151
水銀気圧計　55, 100, 102, 109
水銀抵抗器　226
水平顕微鏡　160, 182
水冷式X線管　280
ストローマイクロメーター　199
スパークマイクロメーター　196, 198
すべり抵抗器　224, 252
正弦示差兼用電流計　258
正弦電流計　228, 230, 257-258
正接正弦電流計　257
正接電流計　228, 230, 255, 257
石英水銀灯　193
絶対電位計　199
説明用アネロイド気圧計　100, 102
説明用電圧計　255
栓型抵抗箱　226
栓型ホイートストンブリッジ　75, 253

[タ行]

対円錐　93
ダイヤル電信機　237, 264
タキオメーター　296, 314
ダッデル熱電流計　234, 236
ダニエル湿度計　102, 110

ダニエル電池　219-220, 246
　　　ダニエル標準電池　220, 246
ダルソンバール電流計　234, 236, 261-262
　　　講義用ダルソンバール電流計　261
　　　リーズ型ダルソンバール電流計　234, 262
単式レンズ顕微鏡　160
単針電信機　237
ダンピーレベル　296, 304, 306
チクレル無線電信機　242
地磁気感応器　79, 208, 210
地中導体無線電信　238
直視分光器　78, 168, 171, 190
　　　携帯用直視分光器　191
直流電動機　223, 251
抵抗温度計　136, 142, 146
抵抗器
　　　可変抵抗器　224, 252, 317
　　　水銀抵抗器　226
　　　すべり抵抗器　224, 252
　　　栓型抵抗箱　226
　　　標準抵抗器　226-227, 253, 317
定偏角分光器　171, 192-194
テスラの実験装置　198, 213
電気空気温度計　138, 142
　　　リース電気空気温度計　58, 138
電気誘導試験器　217
電磁誘導式無線電信　238, 240
電信機→無線電信/無線電信機
　　　ダイヤル電信機　237, 264
　　　単針電信機　237
　　　電信機の模型　265
　　　モールス電信機　237, 264
　　　モールス電信機の模型　239, 311
天体経緯儀　293-294
　　　天体経緯儀（フランス製）　63-64, 293-294
天体望遠鏡　42, 49-50, 52, 156, 158, 312
電流による磁石の回転を示す装置　40-41, 248
電流旋転器　221, 248
電流電圧計　263
電話　60, 186, 227, 238, 254
ド・ラ・リーヴ管　270, 283
投影器　78, 152, 161, 164, 185-187, 256, 317
　　　反射・透過両用投影器　75, 187
投影用電流計　78, 256
導線が磁石に巻き付く実験装置　222, 250
導線が磁石の周りを回転する器　79, 222, 250
トムソングレーデッド電圧計　61-62, 72
トムソングレーデッド電流計　61-62, 230-231

トムソン象限電位計　68, 72-73, 200, 216
トムソン反射検流計　58, 61-62, 232
友田式スペクトル投影装置　171, 191
友田氏波動模型　121, 312
トランシット　68, 160, 293, 304, 306
　　　トランシット（アメリカ製）　293, 304
　　　トランシット（イギリス製）　293, 304
度量衡標本　88, 90
トレヴェリアンロッカー　114, 124
ドレザレック象限電位計　202

[ナ行]

内燃機関　131, 142-143, 151
ニコルソンの浮きばかり　104, 111
ニコルプリズム　166, 168, 188-189
日光顕微鏡　164, 172, 185
ねじプレス　56, 86
熱作用を示すクルックス管　272, 285
熱電堆　54, 134, 136, 138, 146, 236
　　　メローニの熱電堆　134, 136, 146
　　　ルーベンスの熱電堆　136-137, 146
熱電流計　234, 236
　　　ダッデル熱電流計　234, 236
ネレンベルグの偏光装置　32, 52, 164

[ハ行]

倍増器　227
配電盤用ウエストン電流計　75
バイメタル　141, 149, 303
　　　バイメタルスイッチ　141, 149
倍率器　227-228
白熱電球　70, 96, 98, 242, 266, 280
白熱電灯製造順序標本　266
反射・透過両用投影器　75, 187
八分儀　48, 298, 300, 317
波動模型　113, 119-120
　　　友田氏波動模型　121, 312
半影検糖計　168, 189
反射測角器　69, 160-161, 183
ビオ二重球　42, 213
光の回折試験装置および付属品　156, 180
光の再合成器　154
比重計　96, 102, 111-112
微焦点X線管　280
　　　微焦点ガス入りX線管　290
火花コヒーラー説明用無線電信機　240
火花電圧計　213
ヒューズマイクロフォン　265
標準音叉　116, 118-119, 129
標準温度計　136, 141, 147

347

標準抵抗器　226-227, 253, 317
標準電池　220, 246, 317
　　ウエストン標準電池　220
　　ダニエル標準電池　220, 246
　　クラーク標準電池　78, 220, 246
ヒルガー小型水晶分光写真機　75, 192
ファーレンハイトの浮きばかり　111
フィラメント電球　242
フェヒナー型はく検電器　215
フォルタン気圧計　100, 109
複式顕微鏡　160
伏角計　42, 56, 207-208, 210, 217
伏角針　217
沸騰点試験器　140, 148
ブラウン管　273-274, 276, 286
プリズム　66, 78, 152-154, 156, 161-162, 166, 168, 170-171, 177-178, 183-184, 188, 190-193, 300, 302, 305
　　プリズム（6個）　153, 178
プリズムコンパス　63, 66, 300, 302
プリズム分光器　152, 168, 170-171, 190
フリュオロスコープ　71, 280, 289
プリュッカー管　269
ブルドン真空計　99, 109
フレネルの複鏡　180
分光器　42, 52, 75, 152, 156, 161, 168, 170-171, 183, 190-192, 291, 315
　　X線分光器　281-282, 291
　　顕微分光器　73, 168, 171
　　直視分光器　78, 168, 171, 190
　　定偏角分光器　171, 192-194
　　プリズム分光器　152, 168, 170-171, 190
分子式真空ポンプ　75
ベックマン温度計　141-142, 148
ヘリウム入りX線管　280
ヘリオスタット　50, 152, 164, 172, 174, 185, 191
　　自動ヘリオスタット　78, 174, 318

手動ヘリオスタット　164, 172
ヘルムホルツ共鳴器　119, 128
偏光
　　教育用簡易偏光器　168, 189
　　偏光計　166, 168, 189
　　偏光試験装置　73, 168, 188
　　ネレンベルグの偏光装置　32, 52, 164
偏向極板入り陰極線管　274
ホイートストンブリッジ　60, 79, 136, 146, 224, 226-227, 252-254, 265
　　栓型ホイートストンブリッジ　75, 253
　　PO型ホイートストンブリッジ　58, 61, 224, 226-227
望遠鏡　49-50, 63-64, 74, 152, 156, 158, 160-161, 166, 170-171, 180, 182-183, 190, 192-193, 236, 292-294, 296, 298, 300, 302, 304-306 →天体望遠鏡
ボーメ比重計　104, 112
保線工夫用検流計　260
ボロメーター　100, 136-138, 146
ポンド分銅　91, 95
ボンベ熱量計　142

[マ行]
マイクロホン　238, 265
魔鏡　70, 153, 179
マグデブルクの半球　41, 46, 96-97, 106
摩擦起電器　195-196, 198
ミッチェルリッヒの検糖計　188
無線電信/無線電信機　60, 137, 238, 240, 242
　　チクレル無線電信機　242
　　火花コヒーラー説明用無線電信機　240
　　地中導体無線電信　238
　　電磁誘導式無線電信　238, 240
無定位検流計　256
無定位電流計　69, 256, 259
　　携帯用無定位電流計　69, 259
メーターブリッジ　252

メガスコープ　187
メルデの振動実験装置　118, 127
メローニの熱電堆　134, 136, 146
モールス電信機　237, 264
　　モールス電信機の模型　239, 311

[ヤ行]
躍動炎実験器と回転鏡　118-119, 127
誘導コイル　54, 61, 68, 71, 73, 75, 151, 206, 227, 242, 254, 265-266, 273, 278, 287-288
誘導電動機　223, 251
誘導電流刺激装置　54, 206-207, 216
読み取り顕微鏡（測微顕微鏡）　158, 160, 182

[ラ行]
ライデン瓶　54, 195, 202, 216-217, 266
ライヘルトの氷熱量計　142, 150
ラヴォアジェとラプラスの氷熱量計　141, 150
ラムスデンの摩擦起電機　196
ラングミュア凝結式ポンプ　98, 108, 281
ランフォード示差温度計　145
リーズ型ダルソンバール電流計　234, 262
リース電気空気温度計　58, 138
リード・オルガンパイプ　120, 130
立体鏡　154, 179
ルーベンスの熱電堆　136-137, 146
ルンマーゲールケ板　171, 192-193
六分儀　42, 48, 56, 64, 292, 296, 298, 300, 306, 317
　　携帯用六分儀　302, 306
ロジェーの跳躍螺旋　221, 249
ロッジ電気共鳴装置　266

[ワ行]
ワルテンフォーフェルの振子　222, 249

◎事項索引

[数字・アルファベット]
Anderson's College　6-7
Bonn 大学　9
Cambridge 大学　9-10, 227, 236, 313
Edinburgh 大学　53
Glasgow 大学　6-9, 140
Philosophical Magazine　122, 222
Philosophical Transactions　104
Rutgers College　13, 25
St. Andrews 大学　199

St. Patrick College　206
University College　8, 13, 52, 220
Zeitschrift für Instrumentenkunde　10, 136
X線　60, 70-73, 120, 146, 198, 268-269, 276, 278-282, 288-291, 319

[ア行]
色収差　156, 158, 160, 180
岩倉使節団　12, 16, 22, 27, 32
ウィーン万国博覧会　12, 18-19, 27, 56, 208,

270, 318
渦電流　222-223, 249
エコール・ポリテクニク　6
炎光スペクトル　170
大阪英語学校　33-34, 43-49, 52, 56, 59, 71
大阪開明学校　43-44
大阪専門学校　43-45, 49-50, 52-53, 55
大阪中学校　44, 46, 48, 56
オームの法則　199, 223-224, 228
岡山医学専門学校　67

オランダ改革派教会　23, 25

[カ行]
海軍省水路局　55, 73
開成所　22, 43, 47
拡散ポンプ　99
教育博物館　13, 32-33, 42, 86
京都舎密局　34
京都帝国大学　3, 39, 45, 60, 69-70, 256, 276, 278
京都帝国大学理工科大学　60, 67, 70, 74, 76-78
空気ポンプ　54, 96-99, 106-107, 268, 270, 276
クラドニの図形　113-114, 124
月距測定　300
工部省工学寮　32
工部省製作寮　56
工部大学校　7, 13, 18, 30
国立物理工学研究所　10, 137, 141, 147, 226-227

[サ行]
職工学校　6-7

舎密局　3-4, 19, 21-22, 24, 28, 34, 39, 43-45, 47, 49
セント・ルイス博覧会　226, 253

[タ行]
大英科学振興協会　226
第三高等学校　3-4, 21, 39, 41-47, 57, 59-60, 66-67, 69-79, 124, 126, 143, 183, 198, 208, 210, 213, 215, 217-218, 230, 248, 256, 258-260, 262, 268, 276, 278, 288, 304
大西洋横断海底電線　232
帝国大学理科大学　47, 60, 70, 77-79
電磁誘導　54, 204, 208, 222, 238, 240
東京開成学校　21, 26, 28, 30, 32-33, 42-44, 46, 48-49, 52, 79-80, 153, 319
東京職工学校　30, 34
東京大学理学部工作場　32, 52, 164, 166, 319
東京大正博覧会　63
東京物理学校　76, 79
東洋学芸雑誌　71, 120, 122

[ハ行]
パリ万国博覧会　12, 23, 27, 32, 49, 64, 294, 296, 313-315, 317
火花放電　60, 142, 196, 213-214, 242
フィラデルフィア万国博覧会　29, 32, 118, 238
輻射熱　10, 97, 120, 131-132, 134, 234
藤島製器学校　56, 318
仏語物理学科　76
分光分析　170
米欧回覧実記　12-14, 17, 19
ボーメ度　104, 112

[マ行]
丸善　55-56

[ラ行]
理学所　21, 22, 28, 44, 46, 47
陸軍参謀本部測量課　66, 294
陸軍文庫　66, 300
リサージュの図形　118, 126
留学生監得　50, 52-53
ロンドン大博覧会　9, 54, 100, 115, 154, 162, 196, 314-316

[編著者紹介]

永平幸雄
1947 年生
1975 年　京都大学大学院理学研究科博士課程単位取得（物理学専攻）
1981 年　京都大学理学博士学位取得（物理学専攻）
現在　大阪経済法科大学教養部教授
専門　科学技術史
共　訳
D. S. L. カードウェル著『科学の社会史』（昭和堂，1989 年）
マリ・ウイリアムズ著『科学機器製造業者から精密機器メーカーへ』（大阪経済法科大学出版部，1998 年）
論　文
「第三高等中学校（明治 19-27 年）時代の京都大学旧教養部所蔵物理実験機器の分析」（『科学史研究』1996，No. 199）他

川合葉子
1931 年生
1955 年　京都大学理学部物理学科卒業
1995 年　京都大学総合人間学部（助手）退職
専門　科学技術史
共　著
『新版　自然科学概論』（青木書店，1991 年）
『増補　原爆はこうして開発された』（青木書店，1997 年）
共　訳
C. R. チャップマン・D. モリソン著『コスミック・カタストロフィー　宇宙から見た地球環境』（吉岡書店，1991 年）
マリ・ウイリアムズ著『科学機器製造業者から精密機器メーカーへ』（大阪経済法科大学出版部，1998 年）
論　文
「第三高等中学校（明治 19-27 年）時代の京都大学旧教養部所蔵物理実験機器の分析」（『科学史研究』1996，No. 199）他

[執筆者紹介]

加藤利三
元京都大学理学部物理学科教授，京都大学名誉教授

木方洋
元京都大学教養部教授（物理学），京都大学名誉教授

高橋哲郎
元龍谷大学理工学部教授（物理学）

鉄尾実与資
現職　京都大学総合人間学部　技術専門官

不可三頼子
写真家

近代日本と物理実験機器
——京都大学所蔵　明治・大正期物理実験機器

2001（平成13）年7月15日　初版第一刷発行

編著者	永　平　幸　雄
	川　合　葉　子
発行者	佐　藤　文　隆
発行所	京都大学学術出版会

京都市左京区吉田河原町15-9
京大会館内（606-8305）
電　話　075-761-6182
ＦＡＸ　075-761-6190
振　替　07000-8-64677

印刷・製本　株式会社クイックス

© Yukiko NAGAHIRA, Yohko KAWAI, 2001, Printed in Japan
ISBN4-87698-419-0　定価はカバーに表示してあります